高等院校通识教育系列教材

科学技术史

（第三版）

主　编　张密生
副主编　左汉宾

图书在版编目(CIP)数据

科学技术史/张密生主编 . —3 版.—武汉:武汉大学出版社,2015.9(2024.6 重印)
高等院校通识教育系列教材
ISBN 978-7-307-16530-4

Ⅰ.科…　Ⅱ.张…　Ⅲ. 自然科学史—世界—高等学校—教材
Ⅳ.N091

中国版本图书馆 CIP 数据核字(2015)第 196581 号

责任编辑:胡国民　　责任校对:汪欣怡　　版式设计:马　佳

出版发行:**武汉大学出版社**　(430072　武昌　珞珈山)
(电子邮箱:cbs22@ whu.edu.cn 网址:www.wdp.com.cn)
印刷:武汉中科兴业印务有限公司
开本:787×1092　1/16　印张:18　字数:410 千字　插页:1
版次:2005 年 11 月第 1 版　2009 年 3 月第 2 版
2015 年 9 月第 3 版　2024 年 6 月第 3 版第 10 次印刷
ISBN 978-7-307-16530-4　定价:39. 00 元

总　序

进入新世纪，中国高等教育发展形成的共识之一，就是要着力教育创新。教育创新共识的形成，是以对时代发展的新特点的理解为基础的，以对当今世界和我国教育发展的新趋势的分析为背景的，以实现中华民族的伟大复兴和社会主义教育事业发展的历史任务为目标的，深刻地反映了高等教育确立“以人为本”新理念的必然要求。

教育创新的首要之义就在于，教育要与经济社会发展的实际相结合，要与我国社会主义现代化建设对各类高层次人才培养的需要相适应，努力造就具有创造精神和实践能力的全面发展的人才。为了达到教育创新的这些要求，高等教育不仅要实行教育理论和理念的创新，而且还要深化教育教学改革，着力提高教育教学质量和水平。特别要注重学科与专业设置的调整和完善，形成有利于先进科学技术发展和提高国民经济发展水平的学科专业和教学内容；要注重人才培养结构的优化，形成既能适应现代化建设对各级各类高层次人才的需求，又能体现和反映高校优秀的办学特色、办学风格和办学传统的人才培养模式。教育教学创新的这些措施，必然提出怎样对传统意义上的以“学科”、“专业”为主体的教育教学结构进行整合，并使之与现代社会发展要求相适应的“通识”教育相兼容和相结合的重大问题。

高等教育人才培养模式中的“专”、“通”关系问题，并不是现在才提出来的。至于与“专业”教育相对应的“通识”教育的思想，出现得更早些。在亚里士多德那里，就有与“自由”教育相联系的“通识”教育的思想。这里所讲的“通识”教育，通常是指对学生普遍进行的共通的文化教育，使学生具有一定广度的知识和技能，使学生的人格与学识、理智与情感、身体与心理等各方面得到自由、和谐和全面的发展。

世界高等教育的发展曾经经历过时以“通识”教育为主、时以“专业”教育为主，或者两者并举、并立的发展时期。从高等教育发展历史来看，早期的高等教育似倚重于“通识”教育。随着经济、科技和社会分工的不断发展和进步，高等教育也相应地细分为不同学科、专业，分别培养不同领域的专业人才，“专业”教育的比重不断增大。20世纪中叶以来，经济的迅猛发展、科技的飞速进步、知识的不断交叉融合，使学科之间更新频率加快，高度分化和高度综合并存，“专才”与“通识”的需求同在。但是在总体上，“通识”似更多地受到重视。这是因为，新时代高等教育培养的人才，应该具有很强的应变能力和适应能力，应该具有更为宽厚的知识基础和相当广博的知识层面，应该具有更强的信息获取能力和多方面的交流能力。显然，仅仅依靠知识领域过窄的专业教育，是难以培养出这样的人才的。

我国大学本科教育专业一度划分过细，学生知识结构单一，素质教育薄弱，人才的社会适应性多有不足。随着国家经济体制改革的深入、产业结构调整步伐的加快和国民经济的飞速发展，国家和社会对人才需求的类型和结构发生了急剧变化，对人才的规格和质量的要求也不断提高，划分过细的专业教育易于造成人才供给的结构性短缺。经济全球化发展和我国加入 WTO，对我国高等教育人才培养提出了更为严峻的课题，继续走划分过窄、过细的专业教育之路，就可能出现一方面人才短缺、另一方面就业困难的严峻局面，将严重阻碍我国经济社会的发展，也将使我国高等教育陷于困境。我国教育界的有识之士和国家教育主管部门，已经深切地认识到这种严峻的形势。教育部前几年就在多方征求意见的基础上，推出了经大幅度修订的新的本科专业目录，使本科专业种类调整得更为宽泛些。各高等学校也在进一步加大教学改革力度，研究和修订教学计划，改革教学内容，努力使专业壁垒渐趋弱化，基础知识教育得到强化。这些都将有利于学生拓宽知识面，涉猎不同学科和专业领域，增强适应能力，全面提高综合素质。

在高等教育“通”、“专”关系的处理上，教育创新提供了解决问题的根本方法。通过教育创新，一方面能构筑高水平的通识教育的平台；另一方面也能增强专业教育的适应性，目的就是做好“因材施教”，实现“学以致用”。在这一过程中，除了要解决好选人制度即招生制度创新和教师队伍建设创新外，还要注重教学内容、教学方式和方法，以及教材建设等方面的创新。

近些年来，武汉大学出版社经过精心组织与策划，奉献给广大读者的这套通识教育系列教材，力图向大学生展示不同学科领域的普遍知识及新成果、新趋势或新信息，为大学生提供感受和理解不同学术领域和文化层面的基本知识、思想精髓、研究方法和理论体系，为大学生日后的长远学习提供广阔的视野。我们殷切地希望能有更多更好的通识教材面世，不仅要授学生以知识、强学生之能力，更要树学生之崇高理想、育学生之创新精神、立学生以民族振兴志向！

武汉大学校长　**顾海良**

第三版前言

时光荏苒，岁月如梭，借用时下的一句流行语，时间都去哪儿了？自2005年我们编写《科学技术史》第一版以来，已有10年；2009年《科学技术史》第二版出版已6年有余。多年来我们一直密切关注世界科技成果的最新发展，一再为中国科技的最新成果而欢心喜悦，我们深知科技是国家强盛之基，创新是民族进步之魂，科技创新是提高社会生产力和综合国力的战略支撑，实现中华民族的伟大复兴的中国梦——国家富强，民族振兴，人民幸福，需要我们每一个中国人自强不息，努力奋斗。

历史是最好的老师，科学技术史是人类文明发展史的一个重要组成部分，不懂得科学技术史就不能真正理解社会发展的历史。我们非常高兴地看到，经过同仁多年的不懈努力，“科学技术史”课程已经成为高校高等教育通识课的重要组成部分，成为当代高校大学生启发心智、唤醒心灵，提高综合素质，理解社会发展的历史最好的知识素养。为了更好地做好高等学校通识课科学技术史的教学工作，我们在《科学技术史》第二版的基础上对教材作了进一步的修订，本次修订中，第十二章第一节和第二节由左汉宾编写，其余部分由张密生修订完成。本次修订主要对教材的部分内容作了修改和更新，全书由张密生统稿、定稿。《科学技术史》是一部浓缩了的科学技术发展的“百科全书”，修订后的《科学技术史》教材还会存在一定的问题，我们衷心希望得到专家、学者和读者的批评、指正。

本次修订得到了武汉大学出版社王雅红副总编辑、胡国民编辑的大力支持和积极鼓励，同时他们也为本书的出版做了大量辛勤的工作，借此机会表示衷心的感谢。

张密生

2015年6月28日于武汉

第二版前言

为了全面提高大学生的科学文化素质，在多年本科生和研究生教学与研究的基础上，我们于2005年编写了高等学校通识教育教材——《科学技术史》。教材出版三年多来，已多次印刷，很多高校的本科生和研究生教学选用了本教材，并对教材给予了极大肯定，这对我们是一个巨大的鼓励和鞭策。

2007年，我们将本书申报了教育部普通高等教育“十一五”国家级教材规划选题立项并获批准。在此基础上，我们对教材作了修订。本次内容修订的原则是：第一，对一些文字的表述进行了修改，以使内容更加准确、科学。第二，将近几年的现代科学技术的最新进展和成果适当补充进来。第三，对原有的内容作出适当的调整和增补，使其更加全面、合理，如第十二章第一节在基础科学的进展方面，补充了数学、天文学和地质学的内容。

本次修订重点对现代科学技术的部分内容进行了调整和增补，第十一章第一节、第二节由张密生编写，第十二章第一节、第二节由左汉宾编写，其他部分由张密生完成。全书由张密生统稿、定稿。修订后的教材可能还会存在一些问题，我们衷心希望得到专家、读者的批评、指正。

张密生

2009年1月10日于武汉

第一版前言

纵观人类社会发展的历史，我们可以清楚地看到，科学技术的发展对人类社会的生产方式和生活方式乃至思维方式都产生了全面而深刻的重大影响，正是这种影响使我们深刻认识到：科学技术是人类的伟大实践之一，是一种在历史上起推动作用的革命力量。科学技术是先进生产力的集中体现和主要标志，是经济和社会发展的主要动力。因此，我们需要全面而深刻地理解科学技术发展的历史，把握科学技术的本质和规律，并在此基础上利用现代科学技术实现我国的现代化发展。正如著名哲学家陶德麟教授在童鹰教授的《现代科学技术史》之序言中所言：作为生活在现代社会中的人，无论从事何种职业，如果对科学技术的本质和规律过于无知，就应当说是缺乏现代人的必备素质，就很难成为积极的社会成员。为了全面提高大学生的科学文化素质，武汉大学在全校开设了50门通识教育课程，科学技术史即是其中的一门，可以说，这是一个良好的开端和积极的创新。

为了做好通识教育课程科学技术史的教学工作，我们编写了《科学技术史》这本教材，它以科学技术的历史为基础，本着史论结合、博古通今的原则，概括和总结了古代、近代和现代中外科学技术发展的主要成就、发展特点和发展规律，并触及了科学技术发展的相关问题，展望了其发展趋势。其内容通俗易懂，并带有一定的知识性、趣味性和时代感，对于人们理解科学技术在人类历史发展中的巨大作用，理解科学技术是先进生产力的集中体现和主要标志，培养科学精神和掌握科学方法，增强科技意识，普及科学技术知识，拓宽知识面，提高科学文化素质，陶冶情操，净化心灵，都大有裨益。它既是高校大学生学习科学技术史的必读课本，又是党政干部、科技工作者、企业管理人员学习科技史的理想读物。

本书由张密生、杨德才二人拟定编写提要，并在编写人员集体讨论的基础上编写而成。具体分工如下：绪论、第一章、第二章、第三章——张密生；第四章、第五章、第六章、第九章——左汉宾；第七章、第八章——周祝红；第十章——刘和胜、张密生；第十一章——杨德才；第十二章——邵丽霞、张密生；第十三章——凌志。全书最后由张密生统稿、定稿。

本书的出版，得到了武汉大学教务部、武汉大学出版社领导的大力支持和帮助，编辑任翔也为本书的出版做了大量的工作，在此，特向他们表示衷心的感谢。科学技术史所涉及的知识广泛，限于作者的知识和水平，书中难免会有这样或那样的问题，衷心希望专家、读者批评指正。

编　者

2005年5月15日

目　录

绪　论

一、科学技术史的研究对象和内容

科学是人类对客观世界的认识，是反映客观事实和规律的知识体系。人类在实践中对自然规律的认识积累，在理论上的不断总结与概括，就是科学的发展过程。技术是人类为了满足社会需要，利用自然规律，在改造和控制自然的实践中所创造的劳动手段、工艺方法和技能体系的总和。在长期的生产实践中，人类不断地积累着生产经验和劳动技能，又不断地用这些经验和技能改进劳动工具和其他生产资料，这种生产经验和劳动技能的积累过程，就是技术的发展过程。科学和技术是人类认识自然和改造自然的经验的总结。科学和技术的共同本质，就在于它们都反映了人对自然的能动关系。科学表现为人对自然的能动的认识和反映关系；技术表现为人对自然能动的控制和改造关系。这就是科学技术的力量之所在。作为一种社会现象，人类的科学技术活动有其自己的发生和发展的历史和规律。就其研究对象而言，科学技术史是一门研究科学技术的历史发展及其客观规律的科学。

马克思主义认为，人类的实践对科学技术的产生和发展起着决定作用，但同时，科学技术的发展还有其相对的独立性。我们知道，自然界是一个相互联系的整体，反映这个客观整体的科学技术，也同样是一个整体。当对自然知识积累到一定程度时，它的内部就会产生矛盾，原有的概念、理论与新的观察事实之间，科学与技术之间，各个学科之间，只要有某一方面的突破和发展，都会影响和带动其他方面的发展。这些都是推动科学技术发展的内部因素，说明科学技术的发展有其相对的独立性和继承性。因此，科学技术史要考察科学认识的逻辑，揭示科学技术发展的内在规律。但另一方面，科学技术要解决人和自然的矛盾，这只有在一定的社会关系中才能进行。社会是包含许多运动过程的复合体，科学技术活动只是其中之一，它的发展必然受到其他社会因素的影响和制约。这里包括：科学的发展离不开一定的生产水平，离不开一定的经济基础；一种社会制度是处于发展还是没落时期，统治阶级采取什么样的方针政策，以及哲学、宗教等其他上层建筑，对科技的发展方向和速度有深刻的影响。此外，科学技术的发展与民族传统、教育水准、一个国家所处的外部条件等均有密切关系。因此，科学技术史还必须研究科学技术发展的社会历史条件。科学技术的发展是在复杂的联系之中、影响之下实现的，只有把科学技术放在整个社会发展的历史背景中，只有把科学技术发展的内部因素和外部条件结合起来，正确阐明它们之间的辩证关系，才能揭示科学技术发展的规律。

科学技术史绪论综上所述，科学技术史的研究内容可概括为三个方面：一是研究科学技术的发展，揭示其内在规律；二是研究社会因素对科学技术发展的影响，揭示科学技术发展的社会历史条件；三是研究科学技术对社会的反作用，预测科学技术未来的发展。可以说，它是一门特殊的历史科学，是横跨自然科学和社会科学的一门综合性科学。

二、科学技术史的发展历程

科学技术史是一门古老而年轻的学科。早在古希腊时期，随着科学的繁荣，古希腊人就曾对当时的科学史进行过最初的研究，亚里士多德的学生，古希腊数学家和天文学家欧得曼斯（公元前4世纪）曾著有《算术史》、《几何史》和《天文学史》等科学史著作，他被人们认为是世界上第一位科学史家。亚里士多德的另一个学生，古希腊生物学家和物理学家得奥弗拉斯特（公元前372—前287）曾写过《物理学史》。而古希腊著名数学家欧几里得（公元前330—前275）正是在研究古希腊几何史的基础上，才写出了《几何原本》。

在科学技术史的产生和发展过程中，科学技术史作为一门相对独立的学科，它的真正发展始于近代科学革命的兴起。在西方，18世纪中叶才开始出现较多的科学史著作，如德国曼得拉的《数学史》，普利斯特列（1733—1804）的《电学的历史和现状》等。在早期的科学史学家中最杰出的人物是英国的惠威尔（1794—1866），他于1837年发表了《归纳科学的历史》，这是世界上第一部综合性科技史专著。

到20世纪初，科学技术史成为一门独立的学科，其主要标志是科学技术史从大量的史料搜集整理、简单记述日益走向理论化，有了比较完整的体系。1912年萨顿（1884—1956）创办科学史刊物，以古埃及自然女神Isis命名，此刊物至今已出版100多年，为促进科学史研究与学术交流发挥了重大作用。1920年萨顿在美国哈佛大学首次开设了系统的科学史课程。1924年，美国科学史学会成立，这是世界上第一个科技史学术组织。1929年，第一届国际科学史代表大会召开。1936年在李约瑟（1900—1995）博士的积极倡导下，英国剑桥大学创立了科学史系。随后，美国、加拿大、阿根廷、丹麦、英国、俄罗斯、日本、澳大利亚等国的许多大学相继设立了科学史系或科学史专业，如哈佛大学、麻省理工学院、普林斯顿大学、耶鲁大学、斯坦福大学、加州大学伯克利分校、牛津大学、伦敦大学学院等世界一流大学；有的还设有分科史系，如数学史系、化学史系等。由此，科学技术史进入全面发展时期，所以它又是一个非常年轻的学科。

中国的科学技术史研究与教学近几十年来得到了快速的发展。科学技术史研究的主要刊物有《自然科学史研究》、《中国科技史杂志》等。其研究主体是中国科学院自然科学史所和一些大学，如上海交通大学、中国科技大学、内蒙古师范大学等设有科技史系，很多大学设有科技史专业和科技史课程，据初步统计，目前国内有科技史博士点15个，硕士点30多个。中国的科技史研究队伍与国际的合作交流也在日益深入，2005年在北京召开了第22届国际科学史大会。2006年由中国科学技术史学会、北京大学哲学系主办的首届全国科技史教学研讨会在北京召开。

从各学科史到综合性的科学史，是科学史发展历程中的一个重要转变；从内史到外史，是科学史发展历程中的又一个重要转变。所谓内史，是指把科学史的研究对象局限于科学内部，把科学史仅看做是科学知识体系形成和发展的历史。所谓外史，是把科学看做是社会的一个组成部分，研究它与社会其他部分的相互关系，诸如与经济、教育、政治、文化等方面的关系。我们在学习和研究科学技术史的时候，既要注意把握科学技术本身的发展线索，又要注意把握科学技术与社会相互关系的发展线索。假如我们只注重其中的一个方面而忽视另一方面，就不可能真正理解科学技术发展的历史。

三、学习科学技术史的意义

学习科学技术史的意义是多方面的，具体来说，体现在以下几个方面：

第一，学习科学技术史，有助于我们理解科学技术在人类社会发展中的作用。科学技术是推动人类社会前进的重要动力之一，科学技术史是人类文明发展史的一个重要组成部分，不懂得科学技术史就不能真正理解社会发展的历史。科学技术是人类的伟大实践之一，是一种在历史上起推动作用的革命力量。人类社会的发展，就是先进生产力不断取代落后生产力的历史进程，科学技术作为第一生产力，已经成为经济发展和社会进步的最具革命性的推动力，它是先进生产力的集中体现和主要标志。世界范围内的经济竞争、综合国力的竞争在很大程度上表现为科学技术的竞争，我们必须从人类文明发展进程的角度深刻认识和理解科学技术的地位和作用，把握科学技术的发展特点和趋势。简而言之，了解科学技术史，有助于我们理解现实世界和创造更加美好的未来。

第二，学习科学技术史，有助于我们掌握科学技术发展的规律性，更好地为全面建设小康社会服务。党的十六大明确提出了在 2020 年全面建设小康社会的历史任务，全面建设小康社会，最根本的是坚持以经济建设为中心，不断解放和发展生产力。近代以来，人类文明进步取得的丰硕成果，主要得益于科学发现、技术创新和工程技术的进步，得益于科学技术应用于生产实践中形成的先进生产力。当今世界，科学技术日益渗透到经济发展、社会进步和人类生活的各个领域，成为生产力中最活跃的因素。我们必须把全面建设小康社会同发展先进的科学技术结合起来，这是实现我国生产力快速发展和社会全面进步的必然要求。世界发达国家如英、法、德、美、日等国的现代化进程告诉我们，科学技术的发展是有规律的，这就要求我们认真研究总结世界各国现代化建设的经验教训，特别是发达国家科技发展的经验教训，掌握科学技术发展的规律性，制定正确的科技发展战略和规划，提高科技决策和科技管理水平，为全面建设小康社会奠定坚实的科学技术基础。

第三，学习科学技术史，有助于我们掌握科学方法，培养科学精神，强化科技意识。科学技术史既是一部人类认识与改造自然的历史，又是一部科学思想、科学方法和科学精神演化的历史。通过学习科学技术史，我们可以学到许多科学家的科学思想和科学方法，从他们的成功中获得启示，从他们的失败中吸取教训，从而进一步开发我们的智力，增强科研能力。许多科学家的成功就在于他们的思想超前，方法得当，如爱因斯坦（1879—1955）、钱学森（1911—2009）等。学习与研究科学技术史，能使人更善于思维，使人变得更聪明、更睿智；正如培根（1561—1626）所言，读史使人明智。同时，学习科学技术史，有助于我们陶冶情操，净化心灵，培养科学精神，强化科技意识。科学技术给人类带来了巨大的物质财富，而人类则从科学技术中得到了更大的精神财富，这就是科学精神。科学作为一种创造性活动，充满着人类的激情，充满着最高尚、最纯洁的生命力，永远激励着人们去追求、去探索。正是这种科学精神激励着一代又一代的科学家艰苦奋斗、追求真理、不断进取，创造了科学史上一个又一个辉煌的奇迹。科学研究所凝聚的科学精神是先进文化的具体体现，在科技发展和社会进步中具有特别重要的意义。

第四，学习科学技术史，有助于我们优化知识结构，提高人才素质。人类社会已进入知识经济时代，科学与技术之间，自然科学与社会科学之间彼此交叉、相互渗透，这就要求我们培养的人才，必须具有广博的知识结构。科学技术史是一部浓缩了的科学技术的百科全书，它囊括了上自天文，下至地理，从无机界到有机界，从微观到宏观，从科学到技术，从历史到现实各个领域中的主要科技成果，其信息量大，且融汇了主要的高新技术知识，触及了自然科学和高新技术的发展前沿。学习科学技术史，可以开阔视野，扩大知识面，优化和完善知识结构，从而提高科技素养，增长才干。学习科学技术史，可以了解和掌握现代科学技术提供的新知识、新思想、新方法，使自己的知识结构和思维方式得到不断补充、调整和更新，跟上时代发展的步伐。

◎ 思考题

1. 简述科学技术史的研究对象和研究内容。
2. 简述学习科学技术史的意义。

第一章　科学技术的起源

科学技术发展的历史，就是人类认识和改造自然的历史，科学技术随着人类的产生而产生，随着人类的发展而发展。人类生存在地球上已有300多万年的历史，自从人类从自然界中分化出来，就开始进行生产劳动，同时在生产劳动中逐渐认识自然和改造自然。人类认识自然和改造自然正是通过科学技术这个中介来完成的，可以说，自从有了人类就有了科学技术的萌芽，科学技术的历史也由此发端。

第一节　古代技术的发端

一、古代技术发端的第一个标志：打制石器

科学技术的历史和整个人类的历史同样古老。然而科学成为一种系统化的知识，技术成为科学知识的自觉运用，那是很久以后的事了。严格地说，在远古之初，只有技术经验还没有技术理论。因此，要追寻科学技术的起源，还必须探求技术的发端。

人类以自己的活动来引起、调节和控制人与自然之间物质变换的劳动过程，是从制造工具开始的。人类祖先最初制造的劳动工具，就是石器。最初的石器主要是打制石器，也就是把石块打碎，挑选形状合适的碎块当做砍砸器、刮削器和手斧等。打制石器标志着人类掌握了第一种最基本的材料加工技术，因而它也就成为古代技术发端的第一个标志。由此，揭开了人类改造自然的第一个时代——石器时代的序幕。历史上，通常把石器时代划分为旧石器时代和新石器时代。在旧石器时代早期，人在体质结构上还近似于猿，故称为猿人。这一时期猿人制造的典型石器是用“以石击石”的办法敲打而成的石斧和石刀，它们被用来袭击野兽、挖掘植物，被当做万能的工具来使用。现已发现的最早的石器出土于非洲的肯尼亚，距今已有260万年。在我国云南元谋出土的石器也有170万年的历史。到旧石器时代晚期，即距今4万~5万年以前，人体形态已进化到与现代人相似的程度，称为新人或智人，他们制造的石器更加精细，并学会给石斧和石刀装上木柄或骨柄。这一方面标志着人类已学会利用杠杆等最简单的力学原理，另一方面也说明了石器本身已开始走向复合化了。后来人类又发明了弓箭，它在当时已是很复杂的工具，因为发明这些工具需要有长期经验的积累和比较发达的智力。在我国山西朔县旧石器时代遗址中发现的石镞，说明在28000年前人们已经使用了弓箭。大约距今10000年前，人类进入了新石器时代。人们学会了在石器上钻孔，创造了石器磨制工艺，还为制造石器而专门开采和选择石料，石器的功效更高，类型更多，用途也更专一。新石器时代最有代表性的工具是石斧、石铲、石镰和石刀等，它们不仅被用于狩

猎、捕鱼，而且被用于原始的手工业和农业。在整个石器时代，正是靠石器工具的不断改进，才使人类得以更加有效地采集植物、猎取动物，直到进行手工制造和农业耕种，从而促进原始社会生产力不断地向前发展。

二、古代技术发端的第二个标志：人工取火

猿人在技术上取得的一项决定性的进步是学会了用火。原始人在长期的劳动中逐渐认识到火的用途，并发明了取火的方法。早在旧石器时代，人类已开始用火。我国距今170万年前的云南元谋人和距今80万年前的陕西蓝田人，都留下了用火的遗迹。距今40万~50万年前的北京猿人，在他们居住过的洞穴里留下厚达6米的灰烬，说明他们已掌握保存火种和控制燃烧的能力。但是，人类最初利用的还是天然火，为了用火，他们不得不把从森林或草原野火取得的火种，视为神圣的东西悉心加以保存。后来，人类才终于掌握了人工取火——“钻木取火”或“击石取火”的方法。在我国古籍中多有记载，如《庄子·外物篇》中有“木与木相摩则燃”和“燧人氏钻木取火，造火者燧人也，因以为名”。韩非子在《五蠹》中也指出：“钻燧取火以化腥臊，而民悦之，使王天下，号之曰燧人氏。”

火的使用在人类进化史上具有特别重要的意义。有了火，人类才能从“茹毛饮血”进步到熟食，食物的种类和范围扩大了，营养丰富了，进而促进了人体特别是大脑的发育。有了火，人类可以用火防止野兽的侵袭，又能用火围攻猎取野兽。有了火，人类还能用火取暖、照明，从而扩大了人类活动的时空范围。有了火，人类渐渐学会用火烧制陶器、冶炼金属并在火的利用过程中积累了越来越多的化学知识……可以说，火的使用和人工取火的发明具有划时代的意义，没有火就不可能有文明世界的出现。所以，恩格斯对此给予了高度评价，他说：“尽管蒸汽机在社会领域中实现了巨大的解放性变革……但是，毫无疑问，就世界性的解放作用而言，摩擦生火还是超过了蒸汽机，因为摩擦生火第一次使人支配了一种自然力，从而最终把人同动物分开。”①

三、古代技术发端的第三个标志：创造文字

原始人创造文字主要是因为生活中需要记忆的事情越来越多，如节日和祭祀日、不同集团之间的协议和誓约等。个人的记忆力是不够精确的，而且对同一件事情可能会有不同的记忆，这就需要寻找一种客观的方式来记载。在一种为社会公众所公认的记录还未产生的时候，任何客观的记录符号都有很大的主观性。古人存在结绳记事的习惯，但每个绳结代表的具体事件只有记录者自己才清楚。中国古代氏族或部落间立誓约时有刻木为契的习惯，这是为了避免相互承诺的数目引起争端而刻的信物。当然，这些刻痕的含义也只有当事人才清楚，显然，图画所具有的直观而确定的优点恰好是记号所缺乏的。这样，在记录事件、事物和思考方面，二者结合再好不过了。

通过对图画的简化和对记号的改造，人类逐渐创造出了文字。文字不仅可以用来记录事件、契约，还能用来表达人的思想感情。随着某一地区人们交往范围的扩大，规定

---

① ［德］恩格斯：《反杜林论》，人民出版社1970年版，第112页。

的记号和象形文字的含义就被越来越多的人所接受，随后在这些人中也就越来越多地创造出一些新的大家所公认的记号和符号来。这样，一种特定的氏族文字就产生和发展起来了。从古代文字到现代文字经历了复杂的演变。今日汉字的源头可以追溯到殷商的甲骨文，一直到半坡村彩陶上的符号。而西方文字的始祖则可一直追溯到古代西亚腓尼基人的文字，乃至古埃及人的象形文字和古巴比伦的楔形文字。

由于文字的产生，一种可以跨越时间、空间传递信息的工具出现了。有了文字，人类就有了记载的历史，人类对历史的认识更加确切和完整；有了文字，描述人类感情和命运的文学不再仅是口头形式的了，因而流传和影响也更为广远；有了文字，人类的生产经验和自然知识才容易传播、继承和积累，并开始了有文字记载的文明历史。

四、古代技术发端的意义

除了上述三个标志性技术之外，人类在古代还创造了原始的植物栽培技术、动物驯养技术、制陶技术、冶金技术、纺织技术、建筑技术和运输技术等。在旧石器时代，人们经过长期的采集活动掌握了一些植物的生长规律，开始了人工栽培的尝试。石器的发展和火的利用，也为人们进行“刀耕火种”的原始耕作提供了可能。经过长期的狩猎实践，特别是在弓箭发明以后，原始人的狩猎效率得以提高。狩猎量的增加使人食用有余，人们便对一些被捕获的野兽进行人工驯养和繁殖。从采集、渔猎到种植、畜牧，开启了人类原始的农业和畜牧业，标志着技术的进步改变了人与自然界的关系。在长期用火的基础上，人类发展到利用陶土烧制陶器。在用兽皮缝制衣物和用枝条编制器物的基础上，发展到利用植物纤维纺织。在用木枝、兽皮搭造原始居室的基础上，发展到利用石块或泥砖构筑房屋。在使用滚木、木排和独木舟的基础上，人类又学会制造有轮车辆和木船。在烧制陶器的长期实践中，人们学会了冶炼金属，最早使用的金属是天然铜，在大约公元前3000年，人类发明了青铜。青铜是铜锡合金，熔点为800℃左右，比纯铜低，硬度比纯铜高，易于锻制，被用来制造武器、工具、生活用具和装饰品。由于铜矿匮乏，产量有限，这时的青铜器还不能取代石器作为生产工具被普遍使用。在这许多技术成就中，我们把打制石器、人工取火和创造文字作为古代技术发端的主要标志，是因为这三种技术分别标志着古代人类经过百万年的进化和劳动，已经全面掌握了迄今为止现代技术最重要也是最基本领域的萌芽知识。

我们知道，一切技术都是人类改造自然的武器。几千年来技术发展的历史表明，人类改造自然，就其所要改造的对象而言，主要是自然界中三类最基本的东西：物质、能量和信息。迄今人类所掌握的主要技术，都与改造这三类东西有关，都是在材料技术、能源技术和信息技术的基础上发展起来的。物质、能源和信息已成为现代文明的三大要素。材料技术、能源技术、信息技术也已成为现代技术的三个最基本的领域。古代人学会打制石器、人工取火和创造文字，表明人类在其改造自然的初期就已经建立这三大技术最原始的雏形。打制石器标志着人类已学会使用石头作为材料，把它加工成自己需要的器具。人工取火标志着人类掌握了取得热能的能量转化方式，并为后来的制陶技术、冶金技术打下了坚实的基础。文字的创造和使用则标志着人类除了有声语言之外，又创造出一种新的、十分重要的信息存储和传递手段。这三大技术纵贯整个人类古代历史，经历了漫长的发展历程。在近代技术产生之后，材料技术、能源技术和信息技术的依次发展，也绵延至今长达数百年。而且，这些古代技术出现的次序，恰好就是近代历次技术革命的顺序。古代技术发端的历史，好像为近代技术的发展预示了一个原型。

第二节　古代科学的萌芽

一、科学知识的起源

在原始社会里，科学知识只能以萌芽状态存在于生产技术之中。石器的加工、人工取火、弓箭的发明、捕鱼打猎、驯养家畜、栽培植物、建造房屋、制陶冶炼、纺织印染等，无一不是科学知识萌发的土壤。制造石器，要求人们摸索岩石的性能和对石头进行加工的方法；人工取火，要求人们掌握发热的方法、燃烧的条件和加热的知识；制作弓箭，要求人们综合利用木、竹、石、骨、角、筋、腱、皮革等多种材料的机械性能；采集狩猎，要求人们熟悉野生植物的生长环境、成熟时间和野生动物的生活习性、活动特点，以及这些野生动、植物的食用价值；农耕和畜牧，要求人们了解并遵循动植物生长、生存和繁育等规律，为掌握农牧季节还需观测天象、物候，确定天象、物候的变化周期；制陶、纺织、建筑、造车和造船，更需要了解和运用有关各种物料的属性以及改变这些属性的知识。在这些知识中，事实上已经包含着后来形成力学、物理学、化学、生物学、天文学等科学知识的萌芽。

在这些知识的萌芽中，由于实践的需要，天文学和数学知识是发展得比较早的。无论是以耕种为生的氏族还是游牧部落，都需要确定季节，这就使天文学知识的积累加快了。天空中最显眼的是太阳、月亮和行星的运动，恒星的方位则是相对固定的，其周期容易观察到。尽管古代人类关于天文学的一切经验是建立在大地不动的虚假基础上，但地球的运行并不妨碍人们认识天空中星体运行的周期。在原始社会，乃至整个古代，绝大多数民族的天文学是为制定历法服务的。除了确定四季循环的时限之外，历法还确定宗教的和世俗的节日，人们用天上日月星辰的周期性作为地上社会生活的节律。

数学知识的萌芽是与人们认识“数”和“形”分不开的。人们认识“数”是从“有”开始的，起初略知一二，以后在社会生产和社会实践中不断积累，知道的数目才逐渐增多。在没有数字之前，计数是与具体事物相联系的，如屈指计算，或用一堆小石子计算。英文“计算”一词来源于拉丁文 calculus，而后者的意思就是小石子。在我国古代也有“结绳记事”和“契木为文”的传说。人们对“形”的认识也很早，当原始人制造出尖的骨针、圆的石球、弯的弓箭和背厚刃薄的石斧等形状各不相同的工具时，表明那时人们对各种几何图形已经有了一定的认识和应用，而且为了制作不同形状的物体，还创造了绘制方、圆和直线的简单工具和方法，几何学就是来源于丈量土地，英文“几何”一词就是测地术。

二、原始科学和宗教

在人类意识苏醒的幼年，相对于生存环境而言，人的力量是非常弱小的。在自然界面前，众多的神秘莫测的自然现象使人类迷惑不解：大气层中经常变幻的风云雷电，太空中恒常高悬的星座和运行的日月星斗，宁静的湖泊，奔流的江河，神秘的海洋，养育万物的山林原野和四季的变化，植物的枯荣和动物的生长衰亡，以及人自身的生老病死，偶然出现的地震、洪水、山崩等，都成了刚刚从朦胧中苏醒的幼年人类意识所不能理解的神秘力量。于是，便产生了原始宗教。

原始宗教是自发的宗教，以自然物为主要崇拜对象，它相信万物有灵，相信灵魂不死，从而构成了与各种崇拜对象相称的宗教仪式。如为了祈雨，就学蛙鸣；为了五谷丰收，就表演季节的循环。由此，产生了原始的巫术和祭祀仪式。原始宗教以其对象和内容来分，可分为两大类型：一是对自然物和自然力的直接崇拜，二是对精灵和灵魂的崇拜。原始崇拜大多经历了自然崇拜、动物崇拜、图腾崇拜和祖先崇拜，这些宗教形式往往又是同时并存的。

自然崇拜是由于原始人类在同自然界的斗争中无能为力，对自然现象如日月星辰、风雨雷电、春夏秋冬、火山爆发等无法理解，对自然的威力产生恐惧，从而产生了对大自然的崇拜，于是出现了太阳神、月亮神、风神、雷神等自然神。几乎在所有古老民族的早期文明中都能发现大量的自然崇拜形式。

图腾崇拜亦称民族崇拜，它是由动物崇拜演变而来，是最早的氏族宗教形式之一。“图腾”系北美阿尔贡金人的部族方言 totem 的音译，意为“他的族”和“他的族的标志”，指一个民族分别源于各种特定的物类，其中大多数为动物。图腾既是维系氏族成员团结一致的纽带，又是氏族社会人们用以区别婚姻界限的标志，如龙就是中华民族的图腾。

祖先崇拜则是对祖先之灵的崇拜。祖先崇拜的出现，是人类将在改造自然的过程中涌现的英雄、原始社会的氏族部落、宗教族长的权威作为其崇拜的对象。由于人类还没有脱离动物崇拜，因此，原始人认为这些英雄人物是人和动物交合产生的，于是出现了半人半兽神。如埃及神话中的墓地之神阿纽比斯是豹面人身，尼罗河神赫比是虎面人身，中国的女娲伏羲是人身蛇尾。

从对原始宗教的认识中可以看出，宗教是科学没有诞生的时代人类处理自身同自然界关系的一种方式。宗教所预先占据的人类精神之所正是科学将要占据的营地。在人类理智之花还未开放的时代，宗教对于人类精神是一剂虚幻的安神药。人类虽然没有从宗教中找到真实的力量，但却找到了精神的皈依。不过，这并不是一个可靠的、永恒的皈依之所。按照《金枝》的作者英国人弗雷泽（1854—1941）的意见，当人们用巫术企图直接控制自然界失败以后，就用崇拜与祈祷的方式，祈求神给予这种能力，在人们看到这样做也没有效力并且认识到天律不变时，就踏入了科学之门。

从科学发展的历程来看，科学在解开一连串的自然之谜的同时，也始终面对着一系列新的自然之谜；从社会发展的角度来看，人类社会中所面临的许多问题总是不能够仅仅靠科学和技术完全解决的；人类在依靠自身的力量面对已知世界、现实世界、有限世界和此岸世界的同时，总不能非常确定地认识和把握未知世界、未来世界、无限世界和彼岸世界。因此，宗教在某种意义上也就成了人类由于自身能力在文明发展过程中的局限性而借以把握这些对人类来说总是处于模糊不定和明暗相间的未知世界、未来世界、无限世界和彼岸世界的一种方式。

◎ 思考题

1. 简述古代技术的发端及其历史意义。
2. 简述原始科学和宗教的关系。

第二章　古代河流文明的科学技术

原始人从狩猎和采集经济过渡到农业经济是人类文明的一个重大进步，它标志着人类由单纯依赖自然环境到利用、控制自然环境的转变，标志着定居生活的开始。这种原始农业出现于新石器时代，一些水力充沛、土壤肥沃的地区，如尼罗河流域、底格里斯河和幼发拉底河流域、印度河和恒河流域、黄河和长江流域等，为农业的发展提供了优越的天然条件，使这些地区成为世界古代文明的发祥地，进而也孕育了古代河流文明的科学技术。

第一节　古代巴比伦的科学技术

一、古巴比伦的变迁

古巴比伦是世界上最古老的文明发源地之一，它位于西亚地区的底格里斯河和幼发拉底河流域，通常称为两河流域。两河之间的平原，史称美索不达米亚，这里土地肥沃，适宜发展农业。古巴比伦周围有丰富的自然资源，自古以来就居住着众多部落和民族，他们共同在这块土地上繁衍生息，在语言、科学、技术、宗教和文化上相互影响，相互融合，培育了人类古代文明的奇丽花蕾。

公元前 3500 年以前，苏美尔人在两河流域建立了奴隶制国家。大约在公元前 30 世纪初期，来自西方的闪米特人侵入两河流域，他们在现今的巴格达附近建立起一个名叫阿卡德的城邦国。大约在公元前 20 世纪初，巴比伦城发达起来，它位于幼发拉底河中游东岸，距现今巴格达以南 100 多公里。继之而起的阿摩利人以巴比伦为都城建立起巴比伦王国，史称古巴比伦王国，它的第六代国王汉谟拉比（前 1792—前 1750）制定的《汉谟拉比法典》是现代人了解古巴比伦王国的重要文献。公元前 13 世纪末，两河流域进入亚述帝国称霸时期。公元前 7 世纪末，亚述帝国被两河流域南部的迦勒底人打垮，在它的废墟上建立起一个新巴比伦王国。公元前 538 年，新巴比伦王国被波斯帝国征服。

古巴比伦的文明史，是从公元前 3500 年前苏美尔王国的文明起，到公元前 538 年止。苏美尔王国、古巴比伦王国、亚述帝国、新巴比伦王国是其文明发展的四个阶段。人们常常将古代两河流域的文明简称为古巴比伦文明。

二、古巴比伦的数学和天文学

数学的产生源于生产、交换和天文计算的需要。在古巴比伦，人们采用十进制和六十进制并用的记数法，并编制了乘法、倒数、平方、平方根、立方、立方根等数学表。在代数方面，已能解一元一次方程和简单的多元一次方程、一元二次方程、特殊的一元三次方程和四次方程，而且答案相当准确。在几何方面，已经知道半圆的圆周角，正方形的对角线为边长的 2 倍，还有了计算直角三角形、等腰三角形和梯形面积的正确公式，并把圆周率定为 $\pi=3$ 或 3. 125，把圆周分为 360°，1°分为 60′，1′分为 60″。

在天文学方面，古巴比伦人认为宇宙是个箱子，大地是它的底板。底板中央有冰雪覆盖的高山，幼发拉底河就发源在这里。大地四周有水，水外有天山支撑天穹。公元前 2000 年，古巴比伦人就注意到金星运动的周期性。从公元前 7 世纪起，他们对行星、恒星、彗星、流星、日食和月食等天文现象做了系统的记录，积累了大量天文学知识。公元前 6 世纪，古巴比伦人已经能够预告日食、月食。他们测定出一个太阳月的精确数值同现代天文学测定的数据只有三分之一秒的误差。他们根据月亮盈亏制定了太阳历，把一个月定为 29 日或 30 日，大小相间，每月四周，每周七天，用太阳、月亮和水、火、木、金、土五大行星的名字命名，这就是星期的来源。他们把一年定为 12 个月，即 354 日，由于这个数值比实际数值小，所以每隔几年就要加上一个闰月，他们把一天分为 12 小时，每小时 60 分钟，每分钟 60 秒钟。

古巴比伦的天文学之所以能够取得这样的成就，除了生产需要之外，也与古巴比伦的地理环境、宗教观念有一定的关系。两河流域的河水泛滥不像尼罗河那样有规律，给人们带来了许多灾难，因此，古巴比伦人认为人的命运受制于天上的各种星神，于是一种用观测天象来预测人间祸福的占星术在这里特别发达，僧侣祭司每晚观察天空的星象，积累了大量的天象资料。占星术本来是想了解神灵的旨意，但它在客观上却促进了古巴比伦天文学的发展。

三、古巴比伦的技术

生活在古巴比伦南部的苏美尔人早在公元前 4000 年就创造了一种图形文字。随着社会生活的发展，图形文字很难表达复杂而抽象的概念，于是图形文字就发展为表意文字，即用各种字形的结合作为语言意义的记号。随后又出现了谐声文字，即同声的词往往用同一个符号来表示。苏美尔人的文字最初刻在石头上，但因美索不达米亚的石头很少，于是他们就把文字写在软泥板上，然后把它烘干。他们用削成三角尖头的芦苇秆、木棒或骨棒当“笔”，写出来的文字是楔形体，所以被称为楔形文字，这种文字被西亚的古代人民广泛采用。用泥板写出的“书”很笨重，只能“摆着读”，而不可能“捧着读”。但是这种泥板书能长久保存，近现代人正是通过这种泥板书了解古巴比伦文明的。

公元前 13 世纪前后，地中海东岸（即现在的叙利亚地区）的腓尼基人创造了世界上第一批字母文字，对人类的文明作出了重大贡献。腓尼基地处西亚和地中海海陆交通的要冲，有利于发展商业和航海活动，所以腓尼基人是历史上著名的商业和航海的民族，他们受古埃及和古巴比伦文字的影响，创造的字母文字共有 22 个。这些字母最初也由图画演变而来，但后来这种符号只作一个音来使用，代表不同音的字母结合起来就可以构成无数的词。古代希腊人在腓尼基字母上又增加了元音字母，制定成更为完整的希腊字母系统，而希腊字母又是现代欧洲各国字母的祖先。腓尼基字母还是希伯来字母、阿拉伯字母的祖先。古代西亚各族人民在公元前后就用先进的字母文字代替了楔形文字，印度在公元前不久也接受了腓尼基的字母，由此可见，腓尼基字母在历史上的重要价值。从世界文字发展的历史来看，由象形文字发展到表意文字，再发展到拼音文字，这是文字发展的历史规律。

农业生产和农业技术在古巴比伦的历史中占有重要的地位，古巴比伦人充分利用两河流域的水利资源进行灌溉网的建设，并开始使用畜力耕作，他们用国家法律的形式保障水利设施的合理利用，还专门设立了管理水利的官员，这些措施显著地提高了农业生产力。巴比伦王国时期，青铜器已被大量用于刀、剑、犁、斧等工具的制造。最早的铁器是用天然陨铁制成的。公元前 2000 年前后，在西亚一些富有铁矿的地区，人们发现一些砌炉灶的石头经过长期焙烧，可以炼出铁来，经过多次试验改进，发明了炼铁的方法。公元前 12 世纪，铁在腓尼基和美索不达米亚的北部已经得到广泛的使用，这标志着一个新的时代——铁器时代的到来。我们知道，炼铁技术是比较复杂的，所以它的出现比炼铜要晚得多。但是一经建立起来，炼铁技术比较容易掌握，所需设备也比较简单，更为重要的是，铁矿比铜矿要丰富得多，几乎每个地区都能找到足够的铁矿。所以，冶铁术很快从西亚传播到地中海沿岸的国家，铁器时代是金属真正普及的时代。两河流域的亚述王国的崛起，与铁器的较早使用有很大的关系，公元前 12 世纪，两河流域北部的亚述人开始使用铁器。亚述人从公元前 11 世纪开始，凭借手中的铁制武器东征西讨，建立了从西亚到北非的强大帝国。铁器在农业上的使用使耕地逐步扩大，超出了两河流域的限制，促进了人类文明向更大范围的扩展。可以说，铁是人类历史上起过革命作用的、最重要的材料之一。铁器的使用和文字的发明是这个时期两项最重要的成就，二者的推广是使古代青铜文化解体的重要力量，它们极大地推动了社会生产力的发展，使人类从青铜器时代进入了铁器时代，并且给希腊文化高潮的到来准备了物质基础。

古巴比伦的城市建筑十分宏伟，据记载，新巴比伦王国都城呈正方形，边长 22.5 公里，有一百座城门，城门的门框和横梁都是铸铜造的。幼发拉底河穿城而过，河上有吊桥，河下有隧道。都城里有三道城墙，城墙上有很多塔楼，城门高达 12 米，城内宽敞的道路用石板铺成，王宫中的空中花园被人们称为世界七大奇迹之一。

第二节　古代埃及的科学技术

一、古埃及的历史

埃及的历史源远流长，其文明的起源可以上溯到公元前 4000 多年，在这块土地上忠实地屹立了 4600 年的金字塔向世人证明了它曾经的辉煌。埃及是尼罗河的女儿，古老的埃及就位于尼罗河中下游的一个狭长地带，这里东部是平均海拔 800 米的阿拉伯沙漠高原，南部是山地，尼罗河水穿越其中，西部是难以穿越的撒哈拉大沙漠，北部是浅滩密布、暗礁罗列的地中海海岸。尼罗河水每年7月中旬开始泛滥，差不多到11月以后，河水才开始退却。水退的时候，洪水所带来的含有大量的腐烂水草和矿物质的淤泥都留在了地里。因此，尼罗河流域的土地十分肥沃，适宜农耕，正是这样优越的自然条件孕育了古埃及的农业文明。

公元前4000年左右，古埃及就已进入农耕社会，是世界上农业文明发展最早的地区之一。大约在公元前3500年尼罗河三角洲地区形成一个王国，人称下埃及；孟菲斯以南的河谷地带形成另一个王国，人称上埃及。大约在公元前3100年埃及形成了统一的国家，建立了古埃及王国第一王朝，以后埃及王国的势力不断向外扩张，现今的埃塞俄比亚、苏丹、利比亚、叙利亚、以色列等地，都曾在埃及王国控制之下。公元前525年，埃及亡于波斯帝国。从第一王朝到公元前525年，古埃及共经历了26个王朝。公元前332年，马其顿王亚历山大打败波斯，占领埃及，在尼罗河口附近建立了亚历山大城，成为希腊化世界的经济文化中心。

二、古埃及的数学、天文学和医学

我们对古埃及数学的了解，主要是依据这一时期的纸草文献。公元前30世纪中叶，埃及已经使用十进位制，在文字中有了特别的符号表示一、十、百、千、万、十万甚至百万。由于尼罗河每次泛滥后都要重新丈地划界，埃及人积累了丰富的几何学知识，建筑神庙和金字塔应用并推进了这些知识。他们能够确定长方形、三角形的面积，特别是能够求得等腰三角形、梯形甚至圆的面积，得出圆周率为3.16；同时，他们还掌握了计算立方体、柱体、截棱锥体等体积的公式。埃及人还能进行简单的四则运算，但他们的算术并不高明，他们使用的是“成倍”、“二等分”这样一些极为简单的算法。例如，求5×12的积，要经过1×12=12，2×12=24，再成倍4×12=48，最后得出5×12的值是4×12=48加上1×12=12，即48+12=60。除法法则被看成是一种乘法，对1/2、1/3、1/4、3/4等分数，都采取特殊的记号，运算起来十分麻烦。

古埃及人对宇宙结构已有了初步的原始认识，他们把宇宙设想成一个长方形的大盒子，稍呈凹形的大地是盒底，天是盒盖，撑在从大地四角升起的四座大山顶上。环绕大地周围的是宇宙之河，尼罗河是宇宙之河从南方分出来的一条支流，流经大地的中央，太阳神乘着船每天在宇宙之河上经过一次，这就是日出和日落。

尼罗河一年一度的定期泛滥对于农业生产是至关重要的。埃及人在公元前2781年采用了人类历史上最早的太阳历，根据这个历法，每当天狼星和太阳共同升起的那一天（公历7月），就是尼罗河水开始泛滥的时候，这是一年的开始。首先是泛滥季节，接着是播种季节和收获季节，这三季共12个月，每月30天，再加上年终五天宗教节日。一年共有365天，每年只有1/4天的误差，是现今大多数国家通用公历的原始基础。古埃及人在确定一天的时间方面，主要是通过观察天狼星的起落，把从黄昏到黎明这段时间分为12小时。对小时的计算是用水钟来掌握的。夜间既然是12小时，根据对称性的概念，白天也应该为12小时，这样一天就成了24小时。后来又进一步把1小时分为60分钟。古埃及人已经认识到行星和恒星的区别。他们已经能用图画来表示星体在天空中的位置，大约在公元前1500年，埃及陵墓天花板上的壁画表明，在北部天空画有大熊星座和小熊星座，在南部天空画有猎户星座和天狼星座。

古埃及的医学较为发达，他们留下的较完整的医学纸草书有六七部。其中埃伯斯纸草书是一部宽 0.3 米、长 20.23 米的医学巨著，成书于第 18 王朝，该书记载了 700 种病症的医疗方法，包括内科、妇科、眼科、解剖、生理、病理等多方面的知识，载有 877 个药方。另一个重要的埃及纸草书是 1862 年发现的“史密斯医学纸草”。该书写于公元前 1700 年，被称为世界上第一部外科学著作。书中记载了 48 种外伤的诊断与治疗方法，所使用的药物有植物药、矿物药、动物药，还有人体的分泌物；药物制剂有涂抹的药膏、内服药，还有熏蒸剂、嗅药等。

古埃及人相信灵魂不死，人有来生。因此，古埃及人有制作木乃伊的传统。大约在公元前 30 世纪以后，古埃及人发现了可以保存尸体的特殊方法，他们把尸体的内脏取出，用盐液、树脂、香料等多种药物进行处理以防腐败，尸体干后即成木乃伊，有些4000年前的木乃伊一直保存到现在。古埃及人在制作木乃伊的过程中积累了许多解剖和防腐知识，他们已经认识到心脏和血液循环的关系，认为从心脏发出的 22 根脉管通到全身各部位，也认识到大脑对人的重要性。

三、古埃及的技术

大约在公元前 3500 年，古埃及人创造了自己的文字。最初的文字是图形文字，如一个圆圈中间加一点表示太阳，三条波形横线上下排列起来表示水。后来出现了标示音节的符号——24 个辅音字母，这是人类最早创造的标音字母，它对后来腓尼基人发明文字产生了重要影响。在古埃及第一王朝和第二王朝时期，形成了以表形符号、表意符号和表声符号相结合的象形文字，但始终没有发展为纯粹的拼音文字。古埃及人在庙宇、墓室的墙壁以及纪念碑上保留了他们的文字。古埃及人还将盛产于尼罗河下游的一种类似芦苇的植物，剖开、压平、粘连成纸，用烟黑制成墨汁在上面书写，这种书写材料被称为纸草，其形成的书叫纸草书。我们现在所了解的关于古埃及的文明信息，就来自于这些纸草书。

建筑技术是一种综合性技术，它是一定社会总体技术水平的反映，金字塔则是古埃及科学技术的最好见证。金字塔是国王法老的陵墓，底座是四方形，每面按照三角形向上砌垒，整体呈现为一个四棱锥形。金字塔中最著名的是公元前 2680—前 2560 年建造的第四王朝法老胡夫的金字塔。该塔塔底为正方形，每边长 230 米，塔高 146 米，全塔用 230 万块巨石砌成，每块重约 2.5 吨，这些石头经过细工磨平后，角度精确，砌缝虽未施泥灰，却仍很严密。在当时人们仍使用石器和青铜器而无铁器的情况下，建造如此巨大、雄伟、令人惊叹的建筑，不仅是建筑史上的奇迹，而且至今仍是一个谜。据说这座塔用了 10 万人，花费 30 年时间才建成。金字塔的角度、面积和体积都有严格要求，必须经过周密计算才能建成，这反映了当时的数学和力学已经达到了相当高的水平。古埃及的另一惊人建筑是神庙，其中位于尼罗河畔卡纳克的一座神庙建于公元前 14 世纪，它的主殿占地约 5000 平方米，矗立着 134 根巨大的圆形石柱，其中最大的 12 根直径为 3.6 米，高 21 米。可以想象，那是一座何等壮观的建筑！

第三节　古代印度的科学技术

一、古印度的回顾

古印度是世界四大文明发源地之一。从地理上看，古印度与现在的印度次大陆相当，它包括尼泊尔、印度、巴基斯坦、孟加拉等国。印度河和恒河是南亚的两条大河，正如西亚的底格里斯河和幼发拉底河、东亚的黄河和长江、非洲的尼罗河一样，哺育了人类古老的农业文明。发源于中国境内冈底斯山脉的印度河，在众多的支流汇聚中从东北向西南方向穿越巴基斯坦的领土，注入阿拉伯海。这里气候干燥，在河谷不远处就有沙漠。东部的恒河发源于喜马拉雅山的雪峰丛中，它的条条支流由西北向东南横贯雨量充沛、森林茂密的次大陆东北部，在孟加拉国境内注入孟加拉湾。次大陆的南部是德干高原，这里气候炎热，森林稠密，矿产资源丰富。

古印度在公元前3000年中期已形成了相当发达的农业文明，是世界上最早实行农耕的地区之一。这种文明的遗址首先发现于巴基斯坦旁遮普省蒙哥马利县的哈拉巴，故被称为“哈拉巴文明”。其年代大约是公元前2500年至公元前1500年，这个时代也被称为古印度的哈拉巴时代。

大约在公元前1500年，来自中亚一带的游牧部落——雅利安人南下进入印度河和恒河流域。自认为出身高贵的雅利安人通过战争征服了低鼻梁、浅黑皮肤的当地居民，把他们变为奴隶。之后，印度河流域开始由铜器时代向铁器时代转变。雅利安人的宗教是婆罗门教，其宗教文献《吠陀》记载了婆罗门学者们所掌握的大量知识，因此，这个时期的古印度被称为吠陀时代。

公元前500年左右，印度河和恒河流域形成了20个左右的奴隶制国家，古印度进入列国时代，各国之间征战不断，经历了多次分裂与统一。公元前4世纪到公元前2世纪的孔雀王朝、公元1世纪到3世纪的贵霜帝国、公元4世纪的笈多王朝是古印度列国时代比较著名的王朝和帝国。这个时代，迦毗罗王国的王子乔达摩·悉达多（公元前566—前486）创立了佛教，他被后人称为释迦牟尼，意为生于释迦部落的修行者，而佛即是彻底觉悟的人。佛教主张通过修行来灭欲，从而摆脱人生的苦难。佛教打破了婆罗门教的精神等级制度，各个阶层的人们在佛面前是平等的，各种人不同的苦难也融入佛的苦海中。

在列国时代，又发生了多次外族人入侵古印度的事件。公元前6世纪时波斯帝国、公元前4世纪时亚历山大帝国，其势力都曾进入古印度。公元5世纪，匈奴人入侵古印度。公元13世纪到16世纪初，又先后有突厥人在古印度建立德里苏丹国、蒙古人后裔在古印度建立莫卧儿帝国。1849年英国殖民主义者占领印度全境，此后，印度次大陆沦为英国的殖民地，古印度的历史就此结束。

二、古印度的天文学、数学和医学

古印度的天文学是和历法联系在一起的，同时也与宗教活动有着密切的联系。早在吠陀时代，古印度人就把一年分为12个月，一年360天，并采用19年7闰的置闰方法。同时，他们认为，天地的中央是须弥山，天如伞盖，由须弥山支撑着，日月星辰均绕着它运行，太阳绕山一周为一昼夜时间。现存最早的古印度天文学著作是《太阳悉檀多》，“悉檀多”是知识的意思，在这部书中讲到了日食、月食以及时间的测定方法等。公元505年，古印度人汇集了古代各种天文历法成果，编辑了一部综合性的天文著作《五大历书》。

古印度的数学成果突出。古印度人采取的是十进制，在公元9世纪时就已知道使用“零”的符号，创立了用1、2、3、4、5、6、7、8、9等字母记数的十进制记数法，后来经阿拉伯人传入欧洲，才有了今天通用的阿拉伯记数法。古印度最古老的数学著作是成书于公元前400—前300年的《准绳经》，该书的主要内容是讲如何建筑祭坛，书中已有勾股定理，使用的圆周率 $\pi=3.09$，并且给出了世界上最早的正弦三角函数表。古印度著名的天文学家圣使写作的《圣使集》中也有许多数学知识，如书中有乘方、开方的运算方法，两个无理数相加的方法，还给出圆周率 $\pi=3.1416$。古印度的数学成就在公元7—13世纪达到了高峰，这一时期主要数学著作有《计算精华》、《算法概要》、《因数算法章》、《历数全书头珠》等，著名的数学家有大雄（生卒年不详）、梵藏（598—?）、室利驮罗（999—?）、作明（1114—?）等，他们不但正确地理解了零及其运算，而且已经会解一元一次方程和多种方程组，得出了计算球的面积和体积的公式，并算出 $\pi=3.1416$。

古印度的医药学也很发达，在公元前1世纪出现了一部医学著作《阿柔吠陀》——长寿的知识。在这部书中，巫术已经被朴素的理论所取代，这时的医学理论认为，自然界中的地、水、火、风、空五大元素与人体的躯干、体液、胆汁、气、体腔分别对应，如果比较活泼的水、火、风三大元素失调，人就会生病。书中还记有内科、外科、儿科很多疾病的疗法和药物，《阿柔吠陀》为古印度的医学奠定了理论基础。

《妙闻集》和《阇罗迦集》这两部医学经典的出现，是古印度医学知识体系成熟的标志。生活于公元前一些时候的名医妙闻把自己多年行医的经验撰写成书，经后人多次修订而成的《妙闻集》论述了1120种疾病，内容涉及病理学、生理学和解剖学；书中所记载的外科手术尤其高超，它们包括拔白内障、剖宫产、除疝气、治疗膀胱结石等，而所用的外科器材有120种，治疗药物有160种。《阇罗迦集》是名医阇罗迦（120? —162?）留下的，这本书经后人增改后被誉为古印度的医学百科全书，它提出了营养、睡眠和节食的规则，研究了病因、病理和一些疑难杂症的诊断和治疗用药，从而进一步阐发了古印度的医学理论。

三、古印度的技术

公元前2350—前1750年，古印度已进入青铜时代。考古发现，哈拉巴文化时期的古印度农牧业非常发达，已经开始种植大麦、小麦、水稻、豌豆和棉花，饲养水牛、山羊、绵羊、猪、狗、象等动物。古印度人是最早的棉花种植者，纺织技术也源于此。人们在哈拉巴文化时期的遗址中发现了一些棉花残片，并有染色，说明他们早在公元前3000年前就有了棉纺技术。到孔雀王朝（公元前4世纪）时期，棉纺技术已达到相当高的水平，许多城市都以棉纺业发达而著称，产品可大宗外销。

古印度人是最早使用烧制过的砖建造房屋的人，烧砖的发明是建筑史上的一件大事。在印度河流域的考古发掘中，人们发现哈拉巴文化时期的建筑已采用砖木结构。哈拉巴和摩亨约·达罗是那个时期最大的两座城市，占地面积 200~300 公顷，后者保存比较完整，可以清楚地看到它分为卫城和下城两部分。卫城内建有许多公用建筑，如一座大浴室建筑面积 1800 平方米，一座大谷仓面积为 1200 平方米，一座类似会议厅的公共建筑面积为 600 平方米。下城为居民区，建有许多住宅，其中还有二三层的楼房，城内有平直相交的道路网和完善的给排水系统。

在印度河流域城市遗址中发现的青铜器有刀、斧、镰、锯、矛和剑，这些器物表明当时人们已经掌握了锻打、铸造和焊接技术。公元前 9—前 8 世纪，古印度开始使用铁，他们的冶铁技术可能是由外地传入的。据史料记载，古印度人在公元前 4 世纪已能炼钢。至今仍矗立于印度的公元 5 世纪初笈多王朝时期制造的一根大铁柱，高 7.25 米，重 6.5 吨，几乎没有锈蚀，可见当时冶铁技术之高超。

第四节　古代中国的科学技术

一、古代中国的兴衰

中国是世界四大文明古国之一，在七八千年前，黄河和长江流域已进入农业社会。古老的中国从地理位置来看，它的东面是世界最浩瀚的大洋——太平洋，南面是东南亚半岛上的丛林山地，西面是世界屋脊青藏高原，北面是蒙古高原和戈壁沙漠。中华民族有着 5000 年的文明史，常被称做黄河儿女、炎黄子孙。这是因为在古代，黄河流域温暖湿润，水量充沛，遍地是森林和草原，非常适合农牧业的发展。黄河对古代中国的影响，就像尼罗河对古埃及、两河对古巴比伦、印度河和恒河对古印度一样。至于黄帝，他是公元前 3000 年前后黄河流域一个原始部落的首领。传说在黄帝时代出现了舟车、弓矢、养蚕、文字等。史书根据传说记载，历史上的尧、舜、禹以及夏、商、周三代的帝王都是黄帝的后裔。

在公元前 21 世纪到前 16 世纪的夏朝，我国开始了从原始社会向奴隶社会的过渡。公元前 16 世纪到前 11 世纪的商朝确立了奴隶制国家。公元前 11 世纪周朝的建立，标志着我国封建社会的开始。史学界另一种观点认为，经过春秋时期的过渡，到战国时期（公元前 475—前 221 年）才进入封建社会。中国是世界上最早进入封建社会的国家，从秦统一六国之后，经过巩固和发展，至唐朝达到了它的极盛时期。唐代以后，中国的封建社会逐渐走向衰落，忽必烈（1215—1294）灭南宋，统一南北而建立起来的元朝，是中国自汉唐以来所建立的规模最大的统一国家。总之，中国的封建社会是最发达的，它从经济基础到上层建筑所实行的一套制度是非常完备和稳定的。从秦统一中国到宋元时期，将近 1500 年，除少数年代处于分裂状态外，大部分时间是封建大一统的局面，从而在客观上有利于科学技术的发展，使中国在秦汉至宋元时期创造了远远高于西方的科学文化。

中国的科学技术自萌芽以后，经过了很长时间的积累，到秦汉时期形成了比较完备的体系。魏晋以后，在秦汉的基础上充实提高，继续发展，至宋元时期，中国古代科学技术达到了自己的高峰，对世界文明作出了伟大的贡献。因而这一时期世界的科学技术发展的中心就自然而然地转移到中国，正如著名的英国科技史家李约瑟在《中国科学技术史》的序言中所言："中国的这些发明和发现往往远远超过同时代的欧洲，特别在15世纪之前更是如此。"①

二、古代中国的天文学和数学

1. 天文学

我国是天文观测记录持续时间最长的国家，也是保存天文记录资料最丰富的国家。如日食记录1000多次，太阳黑子记录100多次，哈雷彗星记录29次。从汉朝起，在日食的观测记录中，已经有了日食的方位、初亏和复圆的时刻以及亏起的方向等；对日食和月食现象已经作出科学的解释。关于太阳黑子的观测，我国早在《汉书》中就记载了公元前28年的一次黑子现象："日出黄，有黑气，大如钱，居日中央。"这是世界公认的最早的黑子记录。公元前134年汉武帝时期记载的一颗新星，被世界上公认是第一次新星记载。到17世纪末，我国记载了大约70颗新星和超新星，这些记录为现代天文学家对中子星的探讨提供了极为宝贵的资料，具有很高的科学价值。

星图或星表常常能够代表恒星观测的水平。星表是把测量的若干恒星坐标汇编而成。世界上最早的星表就出自我国，在公元前4世纪就有了石氏星表，记载了120颗恒星的位置。星图是恒星观测的形象记录，就像地理学上的地图一样。14世纪以前的星图，世界上只有我国保存下来了。敦煌石窟中发现的约公元8世纪的星图是利用圆筒投影法绘制的，载有恒星1350颗。现存于苏州市博物馆的苏州石刻星图，公元1247年刻在石碑上，一直保存至今，上面载有恒星1434颗。

历法是人类最古老的文化之一，据历史记载，我国商周时期就有了春分、夏至、秋分、冬至，战国时期发展为24节气，这是我国历法最鲜明的特色。公元前5世纪（春秋末年）我国已开始使用"四分历"，即定一回归年为365.25日，比古希腊早100多年。到汉代时，中国的历法已基本定型，不仅确定了年、月和24节气，安排了闰月，还包含了对日食、月食和五大行星运行的推算。南宋时期的"统天历"（1199年定）把一回归年定为365.2425日，与今天世界通用的阳历（1582年定）所用数据相同。以后的历法又进行了多次修订，进一步提高了精度。中国的历法俗称农历或者阴历，阴历本来是按月亮运动来定历法的，而阳历却是按太阳运动来定历法的。我国的历法既考虑了太阳运动，也考虑了月亮运动，它实质是一种阴阳历合一的历法，为了同阳历区别，被简称为阴历。

我国丰富和准确的观测记录是以先进的观测仪器为基础的。东汉时期大科学家张衡（78—139）发明了世界上第一台自动天文仪——浑天仪，他还制造了世界上第一台观

① ［英］李约瑟：《中国科学技术史》，科学出版社1975年版，第3页。

测地震方位的仪器——地动仪和世界上第一台观测气象的仪器——候风仪。元代郭守敬（1231—1316）对浑天仪进行了一次大的改造，制成了简仪，其设计和制造水平在世界上遥遥领先。简仪的原理在现代的工程测量、地形测量、航空和航海仪器中得到广泛应用。公元 11 世纪，宋朝苏颂（1020—1101）等人制造了水运仪象台，它的活动屋顶是现代天文台可以开启的祖先，它的旋转机构是现代天文台跟踪机构的祖先。

在宇宙结构方面我国古代也进行了多种多样的探索，提出了“盖天说”、“浑天说”、“宣夜说”等宇宙结构思想。“盖天说”产生于公元 1 世纪，它认为“天圆如张盖，地方如棋局”，后又发展为“天似盖笠，地法覆槃”。公元 2 世纪初的东汉时期，张衡总结和发展了“浑天说”，认为“浑天如鸡子，天体如弹丸，地如鸡中黄”，也就是说，天是圆的，像个鸡蛋；地是圆球形，好像蛋黄。天大地小，天靠气支撑，地浮在水上，半边天在地上，半边天在地下；日月星辰附在天壳上，随天周日旋转。后来，张衡为了避免解释天上星体要通过载地之水的困难，把地浮在水上改为地悬在气中。“宣夜说”否认存在像蛋壳一样的天，它认为天是无限的，日月星辰自由地浮在无限的宇宙空间。宣夜说没有涉及天地形状和天体运动，它主要是从哲学角度提出一种对宇宙的看法。

2. 数学

同古代天文学一样，我国古代数学发展也是源远流长，而且具有独特的风格、概念和体系。早在春秋时期就有了分数概念和九九表。《海岛算经》、《五曹算经》、《孙子算经》、《夏侯阳算经》、《张丘建算经》、《五经算术》、《缉古算经》、《缀术》、《周髀算经》、《九章算术》号称我国古代十大数学名著。宋、元两代是我国数学发展的高峰，出现了秦九韶（1202—1261）、李冶（1192—1279）、杨辉、朱世杰四大著名数学家。宋元之后，我国的数学逐渐衰落，相反，欧洲的数学却飞速发展。下面介绍几个影响巨大的数学成就。

（1）两汉时期的《周髀算经》。《周髀算经》成书于公元前 1 世纪，是我国现存最早的天文学著作，也是古代算经中最早的一部书，它主要阐述了“盖天说”和四分历法，但在数学方面也有重要的成就，主要是总结了勾股定理、分数运算和开平方法等数学问题及其在天文、生产中的应用。

（2）东汉时期的《九章算术》。《九章算术》是我国古代最重要的一部数学著作，它系统地总结了我国从先秦到东汉初年的数学成就，标志着我国古代数学体系的形成，它的价值可以与欧几里得几何学相媲美，在世界上占有一席之地。全书分为九章，内容包括 246 个应用问题，分方田、粟米、衰分、少广、商功、均输、盈不足、方程、勾股九个部分。方田主要讲如何计算田亩面积和关于分数的各种运算；粟米讲的是粮食交易时的计算方法；衰分讲的是按比例分配的计算方法，主要用来分配税收；少广讲的是已知面积和体积，求一边之长的问题，并正确地提出开平方和开立方的方法；商功讲的是计算各种体积的几何方法，主要是解决筑城、修渠等实际工程上的问题；均输讲的是按户口多少、路途远近进行较合理地摊派赋税和民工的问题；盈不足讲的是盈亏类问题的算法；方程讲的是把算筹摆成方形来求解一次方程组；勾股讲的是利用勾股定理进行计算的问题。所有这些内容，都充分显示了它的实用特点，涉及算术、初等代数、初等几何等各个方面，其中关于多元一次方程组的解法，关于正负数以及一些体积的计算在世界上都是最早的。《九章算术》很早就传到了朝鲜和日本，曾经被当做教科书来使用。在阿拉伯和欧洲也有广泛影响，被译成多种文字。书中的“盈不足”算法，在国外被称为“中国算法”。

（3）三国魏人刘徽的《九章算术注》。公元260年前后，我国魏晋时期的杰出数学家刘徽在《九章算术》许多特殊解法的基础上，进一步抽象出它共同的特性，作了理论性的探讨，写成《九章算术注》10卷。他不但正确地解释了《九章算术》中的各种解法，还对其中的全部公式和定理给出了证明，对一些重要概念也作出了较严格的定义，提出了许多超出原著的新理论。刘徽的一个杰出贡献是他创立的割圆术，割圆术就是用圆内接正多边形来近似代替圆，它包含初步的极限概念和直线曲线转化的思想，在当时能运用这种思想是非常难能可贵的。有了割圆术，也就有了计算圆周率的理论和方法。圆周率是圆周长和直径的比值，简称π值。π值是否精确，直接关系到天文历法、度量衡、水利工程和土木建筑等许多方面。所以，精确的π值就成了数学家的一个重要任务。刘徽利用割圆术，求出圆内接正3072边形的面积，算出$\pi=3.1416$。在刘徽之后，我国伟大的数学家祖冲之（429—500）把π值的精确度提高到小数点后七位，即在3.1415926和3.1415927之间，这是当时世界上最精确的值，直到1000年以后，阿拉伯和法国的数学家才超过它。

（4）南宋秦九韶的《数书九章》。南宋四川人秦九韶（1202—1261）的《数书九章》共18卷，按81个数学问题，分为9大类，每类各9个问题的格式编排。其中的数学成果很多，最重要的是他提出的高次方程的解法，列出26个二次和三次以上方程的解法，最高为10次方程，这一解法比西方早500年。

三、古代中国的医药学和地学

1. 医药学

在长期的医疗实践中，中华民族自古以来形成了独具一格的中医、中药理论，其内容博大精深，具有极大的医学科学价值。概括起来，我国的医药学的主要成就如下。

（1）战国时期的《黄帝内经》。这是我国现存最早最完整的古典医学名著，它以黄帝与岐伯、雷公等医师谈话、问答的方式讨论医学问题，全书共18卷，内容从基本的医学理论，疾病的症状诊断和治疗、针灸，一直到养身之道，均有详细的记载。特别是医学基本理论部分，不但是以往中医基本理论的总结，而且是以后近两千年中医实践的准则，如中医诊断法的望、闻、问、切四项原则一直沿用至今。《黄帝内经》是中医理论形成的标志，其中有些医疗观点，如在预防与治疗的关系中强调防重于治的思想等都是难能可贵的。《黄帝内经》和以后的晋代名医王叔和所著《脉经》在隋唐时期传到了日本，后又传到了阿拉伯。

（2）东汉张仲景的《伤寒杂病论》。张仲景（150—219），南阳郡人（今河南省南阳县），著有《伤寒杂病论》，后人把它分为《伤寒论》和《金匮要略》两书。张仲景根据临床医疗经验，在《黄帝内经》的理论基础上完成此书，可以说它是中医理论与临床经验相结合的产物，具有很高的学术价值。张仲景在书中提出运用四诊（望、闻、问、切）分析病情，大大发展了脉学，他“勤求古训”、“博采众长”，创立了“六经”分症和辩证施治“八纲”原则。“六经”是把伤寒病分作太阳、阳明、少明和太阴、少阴、厥阴六类，“八纲”是指：虚实、寒热、表里、阴阳，治疗中要辩证考虑。他把《内经》中的病因、脏腑经脉学说，同四诊、八纲辩证联系起来，总结出多种治疗大法，后人把这些大法归纳为“八法”，这就是汗、吐、下、和、温、清、补、消。

（3）西汉的药物学专著《神农本草经》。“本草”是我国传统医学中药物学著作的专称，我国古代记载各种药物的书籍统称为“本草”。《神农本草经》是我国药物学史上第一部较全面的药物学著作，传说是秦汉之际神农所著。该书共收集药物 365 种，分上、中、下三品。上品药 120 种，为无毒性药物，对人体无害，为君；中品药 120 种，为毒性小药物，需斟酌其宜，为臣；下品药 125 种，为剧毒性药品，不可久服，为佐使。这里，他把君、臣、佐使与药性挂钩是不科学的。每一品又按照药物的自然属性分为玉石、草、木、兽、禽、虫、鱼、果、米谷、菜等排列，还分别提出了一些炮制原则，为我国药物学的发展奠定了基础。汉朝以后药学不断发展，新编的药书也不断出现，各种药书一般仍旧沿用“本草”做书名。唐朝时，由官方组织编修《本草》，朝廷通令全国各郡县，把所产的药物详细记录下来，并且要描绘成图，送到京城长安汇总。公元 659 年编成《新修本草》，该书图文并茂，收集药物 844 种，分作九类。这种官方制定的药书现在称为药典，我国的《新修本草》比西方最早的药典要早 800 年左右。

（4）明代李时珍的《本草纲目》。李时珍（1518—1593），明代杰出的医药学家，湖北蕲州（今蕲春县）人。蕲州山水秀丽，盛产药材。李时珍原打算金榜题名，进入仕途之路，但几次应考失败，便一改初衷，继承父业，走上了学医、行医的道路，二十多岁就因为医术高明而远近闻名。李时珍先后阅读了 800 多种医药书籍，精读和详细评注药书 40 部、医书 270 部。他不畏艰险，多次外出旅行，露宿风餐达数年之久，走遍大江南北，积累了大量关于药草的第一手资料和民间偏方，经过近 30 年的努力，终于在 1569 年完成了长达 190 万字、52 卷、享誉中外的医药学名著——《本草纲目》。他不仅亲自行医、采访、搜集资料，还对宋代留下的本草书中的药物进行考证、归类、整理和吸收，同时把自己搜集的资料、药物整理出来，形成了 374 种新药。这样，《本草纲目》共记载药物 1892 种，附方 11096 个。他还绘制药物形态图 1160 幅，并归纳为 60 类。书中还记载了动物性状和药性 340 种，植物性状及药性 1195 种，所以《本草纲目》既是一部医药学巨著，又是一本关于生物分类学的著作。《本草纲目》把动物分成虫（昆虫）、鳞（鱼类）、介（软体动物）、禽（鸟类）、兽（哺乳类）和人这几类，体现了进化的思想。《本草纲目》1590 年在南京开始刻印，直到李时珍逝世后第三年的 1596 年才得以出版。《本草纲目》是我国古代最重要的文化遗产之一，该书出版后，相继被译成日、英、法、德、俄等多种文字，流传于世，成为世界重要的科学文献，达尔文把该书誉为“中国古代的百科全书”。

自春秋战国到汉唐，我国已建立了一个独特的完整的古医药学体系，这个体系包括中医学、中药学、脉学、针灸学、外科学和骨科学等一整套医学理论。同时，我国还涌现出一大批民间著名的医学家，如春秋战国时期的扁鹊，医术全面，开创了我国古代医学学派之先河。三国时期著名的外科医生华佗（约141—203），创造了全身麻醉术，比西方要早1600年。唐朝民间大医学家孙思邈（581—682），他的《千金要方》和《千金翼方》具有较高的学术价值。

2. 地学

地学是我国古代成就较大的学科之一，主要表现在地理、地图绘制和地质等方面。

我国最早的地理、地质专著是春秋战国时期的《山海经》。从这本书中可以看出，这一时期的人们对区域的考察已扩大到了黄河和长江流域之外。《山海经》记载了70多种矿物，170多处金属产地，还记载了一些山脉和河流的位置、水文、动植物和矿物特产等情况。成书于战国时期的《禹贡》把古代中国分为九州，并对土壤、矿产和动植物资源作了记载。成书于春秋战国时期至汉初年间的《管子》一书中的《地员》篇，记述了不同土壤和肥料对植物生长的影响，被认为是我国最早的植物地理。《度地》篇则记述了河流的侵蚀作用及河曲形成过程。

汉代的《汉书·地理志》是我国历史上第一部正式以“地理”命名的著作，系东汉班固（32—92）所作，书中既讲自然地理又讲人文地理，以疆域政区为纲，依次叙述了103个郡及所辖1587个县的建置沿革和自然、经济、古迹、关寨、庙宇、水利、工矿等情况。

北魏大地理学家郦道元（466—527）于公元512—518年间完成巨著《水经注》。全书30多万字，对我国以往地学知识进行了一次全面的总结和发展，是我国地学发展的一个重要阶段。它记述了1252条河流的源头、河道、支流及流域的水文、地形、气候、土壤、物产等细节。这些对于今天的城市规划、运河选线、寻找地下水源、研究气候波动、海岸变迁、港口选择等仍有一定的参考价值。《水经注》对春秋战国以来的水利工程建设、治山治水的情况都作了详细的描述，并记录了古代冶炼业、盐业以及农业发展的情况。可以说，它是一部内容丰富的综合性地理巨著。

北宋人沈括（1031—1095）在他的科学巨著《梦溪笔谈》中提出了许多有价值的地理知识。例如，他认为太行山石壁上的螺蚌壳，是由于海陆变迁造成的，是“昔日之海变成了今日之山”。他还对实地考察时所见到的陕北地区类似竹子的化石进行研究，认为过去陕北像南方一样温暖湿润。这些见解实际上已经涉及地球演变的许多内容。明代的徐宏祖，字霞客（1587—1641），曾不辞辛苦，用30年的时间走遍大半个中国，对地理现象进行了深入的考察，做了大量的笔记，他去世后，后人根据他的笔记整理出版了《徐霞客游记》，成为我国古代地理学名著。该书对中华大地的地理、水文、地质、植物、风土人情进行了十分生动详细的描述。

明代航海家郑和（1371—1433）七下西洋，为中国地理学竖起一块新的里程碑。在随从郑和航海的队伍中有各种专业技术人员，他们每到一地都详细记录了该地的地理、气候、物产、宗教信仰、风俗习惯等，这对人们后来了解南洋各国的情况有很高的参考价值。同时，它丰富了中国人对南洋、红海、非洲东海岸的地理知识，并把中国人的视野向西扩展到了非洲东海岸，对以后航海事业与南洋的开发都有重要的作用。

我国的地图绘制技术早在西汉时期就达到相当水平。长沙马王堆出土的3幅西汉初的地图，描绘了湖南中部至广东珠江口一带的地域，其中的山脉、河流、城市等与实际情况基本吻合，精度相当高，比例尺为1∶18000。西晋地图学家裴秀（224—271）在总结前人经验的基础上，提出了"制图六体"的原则，为我国古代地图学奠定了理论基础，并与人合作绘制了《禹贡地域图》，这是见于记载最早的地图集。元代的朱思本（1273—1333）于1320年绘成《舆地图》，这是一部大型全国地图，绘制精度大为提高。到明代时，1561年罗洪先（1504—1564）又对《舆地图》加以增补，制成了地图册。清朝康熙年间（1718年）曾进行全国性的测量，并在此基础上绘制成《皇舆全览图》，这是当时世界上最好、绘制实际面积最大的地图。

明代航海家郑和于1405—1433年七下西洋，访问过几十个国家和地区，最远到达非洲的肯尼亚，并绘制了《郑和航海图》。这是人类历史上第一次大规模的远航和海洋考察，后来郑和把考察结果绘制成详细的图示，记载了沿途亚非海岸和30多个国家和地区的方位、海上暗礁、浅滩等，这是世界上现存最早的航海图集。这部图文并茂的海图不仅是具有很高使用价值的航海手册，而且是近代西方地理学传入中国以前，当时最精确的，在中国占统治地位达200年之久的一幅亚非地图，它在中国地理学史上占有重要的地位。

四、古代中国的技术

1. 农业和农业技术

我国自古以来就是一个以农业为主体的社会，进入封建社会以后，历代统治者都重视农业的发展。我国古代农业技术成熟较早，发展水平较高，从古代中国的农具发展来看，汉代已出现了牛耕，到了唐代耕犁已基本定型。汉代赵过发明的三脚耧播种机，东汉灵帝时宦官毕岚首创、后又由三国时期马钧改进的龙骨水车，晋代杜豫、崔亮发明的水碾，还有刘景宜发明的牛转连磨等农业机械，在英国产业革命之前世界上还没有其他农业机具可以与之相比。

在总结农业生产经验的基础上，我国形成了多种多样内容丰富的农业专著，从这些农书中，我们可以看出古代中国农业和农业技术的发展水平。众多的农业专著中最有代表性的是《齐民要术》、《王祯农书》和《农政全书》。

《齐民要术》是公元6世纪北魏农学家贾思勰所著。此书是我国保存最早的一部农书，对战国以来的农作物的栽培理论和耕作技术作了全面总结，分为92篇，11万多字，内容十分丰富。书中分别论述了蔬菜、果树、竹木等农作物栽培，家畜、家禽等饲养和疾病防治，农副产品加工、酿造等知识，是对当时农、林、牧、副、渔五个方面生产经验的系统总结，是我国古代第一部农业百科全书。

《王祯农书》是元代木刻活字发明家兼农学家王祯所著。全书共22卷，约13万字，分为三个部分。第一部分为"农桑通诀"，主要阐述农桑起源及农、林、牧、副、渔五业的生产经验；第二部分为"百谷谱"，专论作物栽培；第三部分为"农器图谱"，是全书的重点，占全书的4/5，其中绘制了306幅实物图片，介绍了许多农业生产和手工业生产的工具，用简单的文字扼要地说明了它们的构造和用法。像这样图文并茂、切合实际的农书，是王祯的一大创造。在这部分还画有黄道婆创造的各种纺织工具和四头牛拉的元朝大农具，东汉杜诗制造的鼓风炼铁器械——水排，西晋刘景宜制造的用一头牛转动八台石磨的连磨，还有他自己设计的器械如水转翻车、水转连磨等图样。王祯制作的水转连磨，一个水轮能够带动九个磨同时工作，磨米可以供应千家。

《农政全书》是明末政治家兼科学家徐光启（1562—1633）的著作，集我国古代科学技术之大成。于1609年写成的《农政全书》共60卷，50多万字，引用文献229种。它的内容十分广泛，分为农本、田制、农事、水利、农器、树艺、蚕桑、广类、种植、牧养、制造、荒政12个门类。与以往农学著作只侧重于纯技术不同，《农政全书》的重点侧重于农业生产措施、农业生产管理和技术政策，因而比以往的各种农书更加全面。

除了以上三部系统完整的农书外，我国古代农书还有《氾胜之书》、《荔枝谱》、《菊谱》、《蚕书》、《茶经》等。

2. 纺织和瓷器制造

我国是世界上最早饲养家蚕和织造丝绸的国家，曾以“丝绸之国”闻名于世。古代纺织品种花色众多，其中以丝织品水平最高，这种曾为古罗马恺撒大帝赞美的丝织品，又可分为绫、罗、绸、缎、绢、锦等品种，尤以锦最为华丽。明代的妆花丝绸可称为最高级的织物。

在纺织机械方面，我国早在春秋战国时期已出现手摇纺车，两汉时期出现了脚踏单锭纺车，东晋时出现了三锭纺车，南宋时出现了32个锭子的水力纺车。在纺织工具方面，春秋时代出现了脚踏织机，到了汉代，脚踏提花机和梭子已被普遍使用。提花机是织机中结构最复杂、原理最玄妙也最能体现织花生产技术水平的一种机械，三国时期马钧对它作了改进，使其生产效率大大提高。宋末元初，黄道婆对纺织技术进行了革新，使棉纺织技术在江南一带得到了广泛的推广。

陶瓷是我国伟大发明之一，是富有民族特色的科技与艺术的结晶。制瓷技术是在制陶技术的基础上发展起来的，我国早在东汉时期就已有了制瓷技术。瓷器的烧制和工艺过程不同于制陶技术，它要求有较纯的瓷土，采用高温窑型，其烧成温度必须高于1100℃，配备各种釉料；瓷器的质地致密，不吸水不渗水，制成后叩之能发出清脆的金属声音。在没有化工理论的指导和没有测试仪器的条件下，这么严格的技术要求主要是靠制瓷工人的手艺与经验，可见我国古代制瓷技术之高超。

我国瓷器的发展大约经历了青瓷—白瓷—红瓷—彩瓷的过程。

青瓷约在晋代出现，烧出青瓷，就要用还原焰烧炼，把釉料中的氧化亚铁的含量控制在0.8%~5%。唐代越窑盛产青瓷。古人曾用“九秋雨露越窑开，夺得千峰翠色来”的诗句赞美它。五代之一的周代柴窑出产的青瓷更加精美，享有“青如天、明如镜、薄如纸、声如磬”的声誉。

白瓷萌芽于南北朝。唐朝的邢窑和江西的昌南镇（宋代改称景德镇）生产的白瓷闻名中外。从呈色原理来说，从青瓷到白瓷是一次技术上的飞跃。只有在使釉中铁的含量大大地减少，掌握好高温技术，同时瓷胎含氧化钙又较多的情况下，才能生产出白瓷。白瓷的出现为后来青花瓷、彩瓷的发展打下了基础。

宋朝是古代瓷器发展的成熟时期。这时出现了五光十色的色瓷，这是制瓷技术的又一次突破，因为它打破了以往青、白瓷的单色产品结构，就技术方面来说，它是对火焰不同的特性（氧化还原性和温度高低）恰如其分控制的结果，而釉的红色则是运用铜盐的呈色作用而形成的。

明朝和清朝初期是古代瓷器发展的黄金时代。自宋朝之后，特别是到了明、清时期，江西的景德镇已成为全国瓷业中心，这里不仅有分工很细的御窑，而且出现了具有资本主义萌芽的民窑。明末清初时，官、民窑总计已达3000座，每年烧制瓷器达几十万件。明清时期生产的青花瓷、一道釉瓷、彩瓷的烧制技术和工艺水平远远超过了宋元时期。这时的生产已能严格地掌握火焰的性质和配制釉药的准确性，同时还能很好地掌握瓷土的物理性能。清朝康熙、雍正、乾隆三个时期在色釉上有许多新的创造，制造出了各种各样、五彩缤纷的瓷器。这一时期，可以说是中国瓷器历史上“炉火纯青”的时代。

3. 四大发明及其历史意义

中国古代的四大发明——指南针、造纸术、印刷术与火药是中华民族的伟大创举，并对人类历史的发展产生了重要影响。

北宋时，曾公亮（999—1078）于1044年主编的《武经总要》记载了“制南鱼”的制作方法，首先把薄铁片剪成鱼形，然后加热到红炽，再按一定的方向和倾角冷却，让地磁场使之磁化。这样做成之后把它漂浮在水面上，就能指出南北方向。稍后的北宋人沈括（1031—1095）在《梦溪笔谈》中说明了用铁针与磁石摩擦，使铁针磁化，然后做成指南针的方法。指南针发明之后不久，就被制成各式“罗盘”用在航海上，12世纪传入阿拉伯，后又传入欧洲，并大大推动了欧洲航海业的发展，导致了一系列新大陆的发现，从而促进了商业贸易的扩大和工业的发展。

早在植物纤维造纸之前，我国古代人民用龟甲、兽骨作文字记载材料，这种刻在龟甲、兽骨上的文字称为甲骨文。春秋战国时期，又把文字刻在木片或竹片上，叫竹简、木简，后来又写在纤帛上。这些书写材料或使用不便，或价格昂贵。为了适应社会发展的需要，人们又发明了植物纤维纸。我国公元前2—前1世纪开始用大麻和苎麻纤维制纸，这由1922年新疆出土的西汉麻纸可以证明。麻纸粗糙，书写不便，东汉宦官蔡伦（？—121）于公元105年改用树皮、破布、废麻为原材料，制成了质地较好的纸张，并被广泛使用。东汉末年造纸业已成为一种独立的手工业。随后，造纸术在公元8世纪传入阿拉伯，后又传入欧洲，有力地推动了科学文化事业的发展。在18世纪机器造纸出现以前的长时期内，世界各国造纸大多采用我国汉代发明的技术和设备。

印刷术大体上经历了雕版印刷和活字印刷两个大的阶段。雕版印刷在汉唐时就已很普及了，现存的雕版印刷古籍仍有宋代以前的，印刷之精妙，令人惊叹。活字印刷是北宋人毕昇发明的，毕昇在1041—1048年发明了用胶泥制成活字，经烧制以后排版印刷的方法，其基本原理与近代铅字印刷基本相同。元代时王祯又研制成功了木活字，并同时发明了转轮排字架，从此活字印刷就在中国普及了。印刷术传入欧洲以后，改变了僧侣垄断文化的状况，为欧洲文艺复兴提供了重要的物质条件。

火药是古代劳动人民的集体创造。火药最初是由炼丹方士们在炼丹过程中发现和积累起来的，对碳、硫、硝三种物质性能的认识，为火药的发明准备了条件，特别是硝的引入是制造火药的关键。人们在掌握了硝、硫、碳的配制及其燃烧爆炸的性能后，制成了火药。公元808年，唐代炼丹家清虚子在其所著《铅汞甲辰至宝集成》卷二记有原始火药制造法，唐代的名医孙思邈在他的《孙真人丹经》中也记录了黑火药的配方。大约在公元8世纪的唐代，中国的炼丹术传到阿拉伯地区。中国的炼丹术使用硝石，阿拉伯的炼丹术也使用硝石，不过他们把硝石称作"中国雪"，波斯人把硝石称作"中国盐"。火药传入欧洲后，对资产阶级战胜封建专制制度起了重要作用。

中国的四大发明传入西方，对欧洲的文艺复兴和科学技术的发展起了非常重大的作用。马克思曾把火药、指南针、印刷术看做"是预告资产阶级社会到来的三大发明"①，遗憾的是，四大发明在中国却没有起到它们应有的作用。

4. 建筑技术和水利工程

我国古代建筑历史悠久、规模宏大、风格独特，在世界建筑史上独树一帜，自成一派，具有显著的民族特色和完整的体系，是人类文化遗产的重要组成部分。在长期的实践中，我国形成了以木结构为主的建筑体系，建造了风格各异的古建筑群。这些建筑有雄伟壮丽的、金碧辉煌的皇宫如明清的北京故宫，有各种不同布局的皇陵、陵园，有规模宏大、精心设计的都城建筑；有不愧为世界建筑史上奇迹的万里长城；有因地制宜、结构多样的桥梁，如河北的赵州桥、北京的卢沟桥、福建的万安桥；有中外艺术相结合而又不失为中国气派的寺院、宝塔、天坛、地坛和石窟群；还有独具匠心、风景秀丽的各种园林建筑，等等，这一切成为中国灿烂文化的重要组成部分。这些建筑物在布局、造型、装饰、彩画、室内布置等方面都是技术和艺术高度和谐与统一的杰作，是我国古代人民的聪明才智和血汗的结晶。

水利是农业和交通的命脉，为了促进农业和交通的发展，我国从春秋战国起，先后兴建了许多大型水利工程。

都江堰是我国历史上著名的水利工程。公元前250年，秦朝太守李冰父子领导修建了位于四川成都境内的都江堰，它由鱼嘴、飞沙堰、宝瓶口三个部分组成。其设计周密，布局合理，具有灌溉、防洪等多种效益。2000多年来，这项水利工程使成都平原成为旱涝保收的"天府之国"。

郑国渠是公元前246年（秦始皇元年）由名为郑国的人设计和领导建筑的。它在陕西省关中地区，是一个连接泾河和洛河的大型灌溉工程，干渠东西长三百多里。郑国渠建成以后，关中200多万亩盐碱地变成了良田，它大大增强了秦始皇统一中国的经济实力。

黄河千里大堤也是我国古代巨大的水利工程，该大堤于秦始皇时代统一治理，宋明

① ［德］马克思：《机器、自然力和科学的应用》，人民出版社1978年版，第67页。

以来，出现了大批治黄专家，明朝潘季驯提出的“筑堤束水，以水治沙”的理论使大堤工程不断完善，至今还有一定的实用价值。

南北大运河是世界上开凿最早、规模最大、里程最长的航运运河。为了南粮北运，公元605年隋炀帝动用200万民工，用6年时间开通了以洛阳为中心，东北通向北京，东南到达杭州的大运河，全长2700公里，高度差达40余米，沟通了海河、黄河、淮河、长江和钱塘江五大水系。随着大运河的开凿和使用，杭州、镇江、扬州、淮安、济南等城市也得到了迅速发展。

5. 冶金和造船技术

从夏、商、周到春秋战国时期，我国古代青铜冶炼和铸造技术达到很高水平，这不仅表现为那时已制造出一大批世上少见的精致美观的青铜祭品，而且表现在战国时期的《考工记》对铜锡合金的配方所制定的“六齐”这一工艺上，“六齐”即六种不同比例的铜锡合金，这是世界上最早的关于合金成分的研究成果。1965年在湖北省江陵县楚墓中出土的战国时期越王勾践的两把宝剑是这一时期冶铜技术的代表。

冶铁技术始于战国时期。我国先后发明了块炼铁、生铁和铸铁技术，战国以后的展性铸铁中出现了石墨球化的产品，把铸铁质量提高到类似现代球墨铸铁的水平。欧洲到公元14世纪才开始生产生铁，公元18世纪才发现展性铸铁，公元20世纪才出现现代球墨铸铁，因此，在古代铸铁技术的发展上，中国超过欧洲2000年。

我国古代炼钢技术在世界上也处于领先地位。战国晚期人们发明了渗碳钢；西汉后期又发明了炒钢技术，欧洲人直到18世纪才掌握这一技术；南北朝时期，人们又发展了灌钢技术，用此技术制得的宿铁刀极其锋利，能够“斩甲过三十扎”。

我国造船历史悠久，早在新石器时代就已学会“刳木为舟”。春秋战国时代造船业已有相当的规模。秦汉三国时期的古代造船技术已趋成熟，当时的楼船已用了橹、风帆和舵，这种船型具有稳定与快速等特点。宋元时期是我国古代造船技术的鼎盛时期，这时出现了破冰船、工程船和远洋巨型海船。明清两代，造船技术在大型化、高速化方面又有新的发展，唐代就已定型了的沙船成为明、清时期的主要船型。我国古海船，在结构性、稳定性和安全可靠性等方面于唐代起就已领先于世界各国，特别是“水密隔舱”的发明，比欧洲早六七百年，欧洲人在18世纪才掌握这一技术。郑和七次下西洋(1405—1433)，历时28年，途经30多个国家，是世界航海史上早期一次大规模的远航。郑和下西洋所用的“宝船”长约150米，张帆9~12面，是当时世界上最大的船只，航行中综合利用了世界上最先进的航海技术，不仅应用指南针定向，还用牵星术测定船舶方位，郑和的远航充分显示了我国古代造船和航海技术的先进水平。在造船方面，中国曾远远走在欧洲的前面，只是到了18世纪末期以后，欧洲才逐步赶上。

◎ 思考题

1. 简述古代巴比伦的科学和技术成就。
2. 简述古代埃及的科学和技术成就。

3. 简述古代印度的科学和技术成就。
4. 简述古代中国的科学成就。
5. 简述古代中国的技术成就。

第三章　古希腊罗马的科学技术

希腊位于欧洲南部的希腊半岛和附近的一些岛屿，其地理位置使它容易接近古代河流文明，渡海向南经过克里特岛可以到达埃及，向东从小亚细亚半岛可以到达巴比伦等国。古希腊从公元前8—前6世纪相继建立起一系列奴隶制城邦，随后奴隶制在古希腊有了长足的发展。古希腊人在吸收了古埃及、古巴比伦的科学技术的基础上创造了古代辉煌的文明，成为当时欧洲的文化中心，也是近代科学技术的主要发源地。从公元前334年开始，希腊北部的马其顿人击败雅典以后，在亚历山大（公元前356—前323）大帝统率下侵入小亚细亚，征服了巴比伦，并进占埃及，在埃及建立了亚历山大城。公元前323年亚历山大死去，亚历山大帝国分裂为三个部分，直到公元前30年被罗马帝国占领。这三百年是古希腊的后期，史称希腊化时期。这时期希腊科学中心从雅典转向埃及的亚历山大城，自然科学开始从自然哲学中分化出来，形成了独立的学科。公元前510年古罗马建立起奴隶制国家，随后日渐强大，公元前300年一跃成为地中海沿岸的强国，公元前100年又成为横跨欧、亚、非三大洲的大帝国。公元395年帝国分裂为东西两个部分，公元476年西罗马帝国灭亡，欧洲进入中世纪。古希腊罗马时代形成了奴隶社会科学技术发展的高峰。古希腊罗马的科学技术和古代中国的科学技术相比，各有千秋，它们都为人类文明的发展作出了巨大的贡献。

第一节　古希腊的科学技术

一、古希腊的科学

1. 古希腊的自然哲学

古希腊人把自然界作为一个整体来研究，那时自然科学都包括在哲学里，称为自然哲学，这既是希腊人对自然界的哲学思考，又是早期自然科学的一种特殊形态。这时的哲学家同时也是自然科学家。小亚细亚西岸中部的爱奥尼亚地区是古希腊自然哲学的发源地，在这里，形成了古希腊自然哲学的不同流派：米利都学派、毕达哥拉斯学派和德谟克利特学派。

米利都学派的主要代表人物是泰勒斯、阿那克西曼德、阿那克西米尼和赫拉克利特。米利都学派的共同特点是他们把世界的本原归结为某些具体的物质形态，认为宇宙万物是由某种基本的东西演化而来的。例如，古希腊的第一个科学家和哲学家泰勒斯（约公元前624—前546）认为世界的本原是水，万物起源于水并复归于水，地球是漂浮在水中的圆盘，天空是由稀薄的水汽形成的盖子。阿那克西曼德（约公元前610—前546）认为，万物的本原不具有固定性的东西，而是“无限者”，就是没有固定的限界、形式和性质的物质。“无限者”在运动中分裂出冷和热、干和湿等对立面，就产生了万物。阿那克西米尼（约公元前585—前526）认为，空气是万物的始基，空气稀薄时变成火，空气浓厚时变成风，再浓厚时又变成云、水、土、石头。赫拉克利特（约公元前540—前480）则主张火是一切自然现象的物质始源。在他看来，火产生一切，一切都由火的转化而形成，并且复归于火。他还认为，一切皆流，万物常新。

毕达哥拉斯学派的主要代表人物是毕达哥拉斯和菲罗劳斯。毕达哥拉斯（约公元前580—前500）认为数才是万物的本原，并企图用数学关系来解释自然现象。他们认为数学的本原就是万物的本原，万物的本原是一，从一产生二，产生各种数目；从数产生点、线、面、体；产生水、火、土、气四种元素，它们的相互转化创造出有生命的、精神的、球形的世界。所以数不仅是万物的本原，而且是万物存在的性质和状态的描述。在数学上，毕达哥拉斯证明了勾股定理，为此还举行了一次盛大的“百牛宴”以示庆祝；提出了区分奇数、偶数和质数的方法。毕达哥拉斯学派断言，地球、天体和整个宇宙是一个圆球，天体运动是和谐的，一切天体都做均匀的圆周运动，因为球形和正圆形是最完善、最理想的几何体。

德谟克利特学派，也称原子论学派，其代表人物是留基伯和德谟克利特。古代原子论的创立者留基伯（约公元前500—前440）第一个提出了关于原子和虚空学说，他把原子理解为不可分割的物质粒子。留基伯的继承者是他的学生德谟克利特（约公元前460—前370），一位博才多学的百科全书式的人物。他认为，宇宙中万事万物都是“原子和虚空”组成的，原子是组成世界的基本元素，但原子必须在虚空中活动，虚空或空间是不存在什么东西的，它是原子活动的场所。原子是永恒运动的，不生不灭的，原子在运动中结合，万物就产生，原子在运动中分离，万物就毁灭。正是由于原子的结合方式不同，数量的多少不同，在虚空中的排列的位置和方式不同，因而组成的世界是多样的。无限的宇宙中包含着无限的原子和无限的虚空，有了无限的原子和虚空，就可以组成无限多的世界。伊壁鸠鲁（公元前341—前270）继承和发展了原子论，他认为世界就是原子和虚空，原子是“不可分的坚实固体”，“原子和虚空是永恒的”，等等。德谟克利特只说了原子有形状、大小的区别；伊壁鸠鲁则认为原子还有重量的不同，所以恩格斯曾说：“伊壁鸠鲁已经按照自己的方式知道原子量和原子体积了。”① 原子论是古希腊自然哲学中最重要、最高的成果之一，虽然它还只是建立在直观经验的基础上的哲理思辨和天才猜测的结果，但它在思想上和方法上对后人产生了重大影响。

古希腊的自然哲学对人类文明的影响深刻而广泛。恩格斯曾说：“在希腊哲学的多种多样的形式下，差不多可以找到以后各种观点的胚胎、萌芽。因此，如果理论自然科学想要追溯自己今天的一般原理发生和发展的历史，它也不得不回到希腊人那里去。”②

---

① ［德］恩格斯：《自然辩证法》，人民出版社1971年版，第28~29页。

② ［德］恩格斯：《自然辩证法》，人民出版社1971年版，第30~31页。

2. 古希腊的天文学

在了解和学习古埃及、古巴比伦人天文学知识的基础上，古希腊人在天文学方面表现出独特的创见。他们以更清醒的态度来看待迷人的宇宙，并以更大的理论热情来探索天体运动规律。据说泰勒斯能够预言日食，还发现了北极星，腓尼基人就是根据他的发现在海上航行的。阿那克萨哥拉（约公元前500—前428）设想月亮上有山，月光是日光的反射，用月影盖着地球的设想解释日食，用地影盖着月亮的设想来解释月食。毕达哥拉斯学派则设想地球、天体和整个宇宙都是球形，而天体的运动也都是均匀的圆周运动，因为圆是最完善的几何图形。这个思想一直主宰着天文学，甚至还对后来的哥白尼（1473—1543）产生了重要影响。柏拉图（公元前427—前347）创办的学校里的学生欧多克索（公元前409—前356）根据对天体的观察，建立了一个同心球宇宙几何模型，他是第一个把几何学同天文学结合起来的人。他的宇宙模型是以地球为中心，日月和五大行星及恒星分别附在同心球壳层上围绕地球均匀旋转。行星的运动由四个大小不等的同心球的复合运动所致，而整个宇宙中的同心球共有27个。

希腊化时期亚历山大城有一个著名的天文学家阿利斯塔克（约公元前315—前230）在两千多年前就提出过日心说，他认为太阳和恒星是不动的，地球和行星以太阳为中心，沿圆周轨道运动。地球每天绕自己的轴自转一周，每年沿圆周轨道绕日一周。他在《论日月大小和距离》一文中，应用几何学方法，首次测量和计算了太阳、月亮、地球的直径比例和相对距离，已经认识到太阳比地球大得多。他的太阳中心说走在了时代的前面，在当时有一定的影响，但并没有得到一般人的广泛认同。

希腊化时期亚历山大城图书馆馆长埃拉托色尼（约公元前275—前194）坚持地球是个球形的看法，对地球的形状和大小作了定量的描述。他从太阳对同一子午线上两个地点的阴影长度不同，先算出这两个地点的距离和纬度，再算出地球圆周长是38700公里，地球和太阳的距离是14800万公里。这两个数字与现代科学计算的40000公里和14970万公里是惊人的接近。他还从大西洋和印度洋潮汐相同的现象出发，推测出两洋是相通的，启发了后人绕过非洲去远航。

希腊化时期天文学家希帕克（约公元前190—约前120）收集并且仔细研究了巴比伦和希腊的天文观测记录，自制和发明了一些天文仪器，发明了平面三角和球面三角，改进了阿利斯塔克关于太阳、地球、月亮相对大小和距离的计算。他算出月亮直径是地球的三分之一，月亮和地球的距离是地球直径的33倍，这和现代计算的数值只相差10%左右。他发展了地心说，建立了一套描述和计算星体运动的办法。他提出每个星体有自己的圆周轨道运动，就是本轮运动；各个本轮的中心又以地球为中心进行圆周运动，就是均轮运动。这样就可以解释太阳、月亮和行星对地球的运动关系。根据观测计算，可以确定本轮和均轮的位置和大小，制定出数字表；根据这些数字表就可以预测太阳、月亮和行星的位置，并预测日食和月食。

3. 古希腊的物理学和数学

亚里士多德（公元前384—前322）是古希腊伟大的思想家、百科全书式的学者，是古代科学思想的主要代表。其父是马其顿国王的御医，他本人当过亚历山大大帝的教师。亚里士多德师从柏拉图，在雅典的柏拉图学院学习了20年，直到柏拉图死后才离开。后来亚里士多德在雅典创立了自己的学园和学派。亚里士多德生活的时代是由古希腊前期向后期的转变时期，与此相应的是自然哲学开始向经验自然科学转变，亚里士多德显示了希腊科学的一个重要转折点，在他之前，科学家和哲学家都力图用一个完整的世界体系从总体上来解释自然现象，他是最后一个提出完整世界体系的人。在他之后，许多科学家开始放弃提出完整体系的企图，转而研究具体问题，他又是最先从事经验考察来研究具体问题的人。亚里士多德的研究兴趣广泛，知识渊博，著作很多。他是形式逻辑的创始人，是第一个专门而又系统地研究思维和它的规律的人。他的逻辑学著作后来被人汇编成书，取名《工具论》，这是因为他们继承亚里士多德的看法，认为逻辑学既不是理论知识，又不是实际知识，只是知识的工具。《工具论》主要论述了演绎法，为形式逻辑奠定了基础，对这门科学的发展产生了重大影响。亚里士多德是第一个全面认真研究物理现象的人，他写了世界上最早的物理学专著《物理学》，他反对原子论，不承认有虚空的存在；他认为物体只有在外力推动下才运动，外力停止，运动也就停止。

阿基米德（公元前287—前212）是“古代世界第一位也是最伟大的近代型物理学家”①，是科学史上最早把观察、实验同数学方法相结合的杰出代表。他的力学著作有《论浮力》、《论平板的平衡》、《论杠杆》、《论重心》等。他发现的杠杆原理和浮力定律是古代力学中最伟大的定律，也是今天机械设计和船舶设计计算时最基本定律之一。阿基米德解决“王冠之谜”的故事，至今还脍炙人口。阿基米德不但是一个科学家，而且是一个发明家。他把数学知识和力学知识应用到技术中去，做了一个紧贴圆筒壁旋转的螺旋推进器，螺旋一转，水就抽上来了。这个发明被用于农田灌溉和船舱排水，还是后来轮船螺旋桨的起源。他制作过一具行星仪，能够把天体运动表现得很逼真，甚至连日月食也能够形象地表现出来。他发明的抛石机，把罗马军队阻止在叙拉古城外达3年之久。公元前212年，城被攻破，正在专心研究的阿基米德被罗马士兵所杀。

阿基米德与雅典时期的科学家有显著不同，他非常重视实验，亲自动手制作各种仪器和机械；他不是力图提出一个完整的宇宙模型，而是着重在解决某些具有实际价值的问题；他首先把科学和生产、战争结合起来，所有这些都对后来文艺复兴时期的达·芬奇和伽利略等人产生了重要影响。

泰勒斯根据埃及土地丈量术创立了几何学。几何学最初含义是测地术，古埃及人在测量土地和建造金字塔的长期实践中，形成了一些不证自明的经验定律。古希腊人把这些经验定律称为公理或公设。古希腊最早的几何学家泰勒斯已知下列各个定理：等腰三角形两个角对应相等；若三角形的两个角和它所夹的边对应相等，则它们全等；两直线相交，对顶角相等；若三角形两个角对应相等，则它们的对应边成比例；圆被任一直径所平分；半圆内的圆周角是直角等。毕达哥拉斯和他的弟子对数学和几何学的发展作出了巨大的贡献，并给数学的研究注入了新的思想方法，即要求对任何几何定律和结论都

① ［英］丹皮尔：《科学史》，商务印书馆1975年版，第86页。

必须有演绎的证明。毕达哥拉斯还发现了音乐中的谐和律，并从建筑物、雕像的各部分的正确比例关系的研究中得出“黄金分割”的理论。

古希腊几何学的集大成者、伟大的数学家欧几里得（公元前330—前275），系统地总结了自泰勒斯以来的几何学成果，写出了13卷巨著《几何原本》，他从10个公理出发按严格的逻辑证明推出467个命题。欧几里得的工作把几何学组成为一个严密的科学体系，不仅为几何学的研究和教学提供了蓝本，而且对整个自然科学的发展产生了深远的影响，牛顿的《自然哲学的数学原理》就是仿效欧几里得《几何原本》体裁和推理方法写成的。正如爱因斯坦所说：“西方科学的发展是以两个伟大的成就为基础，那就是：希腊哲学家发明形式逻辑体系（在欧几里得几何学中），以及通过系统的实验发现有可能找到因果关系（在文艺复兴时期）。”①

希腊化时期在应用数学方面阿基米德作出了独特的贡献，他正确地得出了球体、圆柱体的体积和表面积的计算公式，提出抛物线所围成的面积和弓形面积的计算方法，最著名的还是求阿基米德螺线所围面积的方法。阿基米德还证明了圆面积等于以周长为底、半径为高的正三角形的面积，并由此求出圆周率的值为 $3\frac{10}{71}<\pi<3\frac{1}{7}$，他还用圆锥曲线的方法解出了一元三次方程。

古希腊的著名数学家阿波罗尼（公元前247—前205）对圆锥曲线进行了系统研究，著有《圆锥曲线论》，把几何学大大推进了一步。他第一个根据同一圆锥的不同截面，分别研究了抛物线、椭圆和双曲线。在《圆锥曲线论》中，他对这三种曲线的一般性质及共轭径、渐近线、焦点等作了详细论述；还根据三种圆锥曲线的不同性质，用“齐曲线”、“亏曲线”、“超曲线”分别给抛物线、椭圆和双曲线进行了命名；他还是第一个发现双曲线有两支的人。阿波罗尼的理论为后来的开普勒（1571—1630）和牛顿（1643—1727）在天文学上的研究提供了很大帮助，该理论所达到的水平一直到17世纪才被超过。美国应用数学家克莱因在他的《古今数学思想》一书中对阿波罗尼的贡献作了高度评价。他说：“按成绩来说，它是这样一个巍然屹立的丰碑，以致后代学者至少从几何上几乎不能再对这个问题有新的发言权。这确实可以看成是古希腊几何的登峰造极之作。”②

总之，古希腊人在几何学上取得的成就很大，但在代数计算上却比较落后。而在东方国家，如中国、阿拉伯和印度，代数都有高度的发展。

4. 古希腊的生物学和医学

亚里士多德是古代生物学的开拓者，他所采用的解剖和观察方法，在生物学史上是首创的。他的著作记载了540种动物，他亲手解剖了50种动物并绘有解剖图；他研究过小鸡的胚胎发育过程，提出鲸鱼是胎生的；他还对动物进行了科学分类，其中级进分类是按形态、胚胎和解剖方面的差异来划分的，这是一个从低级到高级的排列，说明亚

① ［美］爱因斯坦：《爱因斯坦文集》第1卷，商务印书馆1976年版，第574页。
② ［美］克莱因：《古今数学思想》，上海科技出版社1979年版，第102页。

里士多德已经注意到了各种动物间的连续性。他还提出生物体是由水、气、火、土四种元素组成的复杂的有机体，生命的本质是生命力等观点。

希波克拉底（约公元前460—前377）是古希腊最有名的医生，被西方称为“医学之父”。他不仅具有极其丰富的临床经验，而且提出了“体液说”医学理论。他认为，人体内有红色血液、白色黏液、黄色胆汁和黑色胆汁，这四种体液之间协调人则健康，失调则产生疾病。他还根据四种体液在人体内的混合比例不同，把人分为四种气质类型，即多血质、黏液质、胆汁质和抑郁质，不同气质的人有不同的性格特征，这种气质类型的划分和名称沿用至今。

赫罗菲拉斯（公元前4—前3世纪）和埃拉西斯特拉塔（约公元前310—前250）是希腊化时期最负盛名的医生和解剖学家。赫罗菲拉斯通过解剖正确了解了人体的许多器官，他第一个区分了动脉和静脉，并批评了亚里士多德认为心脏是思维器官的错误观点，指出大脑是智慧之府。埃拉西斯特拉塔是把生理学作为独立学科来研究的第一个希腊人，他做了很多解剖工作，对人体动脉和静脉分布和大脑的研究尤其充分，他确认了大脑的思维功能，认为呼吸时呼入的空气经过肺，在心脏内变成活力灵气，随动脉通过全身，一部分在进入大脑后变为灵魂灵气，再通过神经系统遍及全身。

总之，2000多年前，古希腊人所创造的光彩夺目的科学文化为现代文明奠定了基础，正如著名科技史专家丹皮尔所言：“古代世界的各条知识之流都在希腊汇合起来，并且在那里由欧洲的首先摆脱蒙昧状态的种族所产生的惊人的天才加以过滤和澄清，然后再导入更加有成果的新的途径。”①

二、古希腊的技术

古希腊的冶金技术发展较快，大约在公元前4000年前已开始使用铜器，公元前1900年左右开始使用青铜器，米诺王朝时期已开始掌握铸造技术。公元前16世纪左右有了铁器，到公元前9世纪，冶铁业已经成为一个重要的手工业部门。希腊人居住和活动的地区铜矿不够丰富，但银矿和铁矿是丰富的。山地和丘陵的耕作、手工制造业和兵器制造等需要作为工具和材料，这使他们迅速地采用了铁器。

除冶金技术外，古希腊还有制陶、制革、家具、榨油、酿酒、食品等手工业。工匠们的分工也很细，有铁匠、石匠、金匠、青铜匠、纺织工、制鞋工等。有些手工技术精湛、高超，如制陶业，不仅陶器品种繁多，制作精美，而且常饰以彩绘，画面生动；制作金银饰物技艺精湛，纯度很高，银币的含银量达98%。另外，古希腊还有一些技术发明，如克达希布斯曾制出柱塞式手压水泵、水风琴、水钟等；希腊人还促进了向高地提水这种繁重劳动的机械化，他们制成一些精致的机械，如水库轮、提水轮及阿基米德螺旋提水器等。

古希腊的造船业相当发达，这得益于它三面环海，水上交通便利，贸易往来兴旺，这些得天独厚的条件使古希腊的造船业发展迅速。公元前5世纪，就能制造250吨的商用大帆船和桨帆并用的战舰，有的战舰设有2～3层桨座，可容较多划手，由这种战舰

① ［英］丹皮尔：《科学史》，商务印书馆1975年版，第40页。

组成的古希腊舰队一度在地中海称雄。

古希腊人的建筑遗产十分丰富。约公元前1900年开始修建的克里特岛上的米诺斯王宫，总面积约16000平方米，它是古希腊世界最早的大型建筑，主要以木材和泥砖为材料，同两河流域和小亚半岛的风格接近。后来古希腊人更多地学习古埃及人，以石材建筑，风格发生了变化，他们最善于运用的柱廊建筑有浑厚、单纯、刚健的多里安式，轻快、柔和、精致的爱奥尼亚式和纤巧、华丽的科林斯式。现存最著名的建筑物是石砌的雅典卫城，它是雅典城邦国家全盛时代建筑技术的代表作。屹立于卫城最高处的帕特农神庙庄严雄伟，古风犹存，它由白色大理石砌成，阶座上层面积为30.89米×65米，四周矗立46根10.4米高的大圆柱，雄伟壮观，雕刻精致，是古希腊全盛时期的代表作。托勒密王朝首都亚历山大城为长5000米、宽1600米的长方形城，中间有一条宽90米的中央大道，它的港口处设有高120米、装有金属反射镜的巨大灯塔，60公里外的船只能遥望到灯塔的灯位。

第二节 古罗马的科学技术

一、古罗马的科学

1. 古罗马的自然哲学

古罗马时期大约从公元前2世纪中叶到公元5世纪。卢克莱修（公元前99—前55）是古罗马时代最伟大的思想家和诗人，也是古希腊原子论的继承者和发扬者，他的主要著作是《物性论》。他认为世界是无限的，是由原子组成的，同时它又是不断变化和发展的。地球是世界变化发展的产物，它还会变，最后必将灭亡。他还用原子论的观点去说明雷电、雨露、风雹、霜雪、地震和火山等现象。他从原子和空间的联系中探索了空间的本性，认为空间是不能离开物的，这如同虚空不能离开原子一样；反之，物也不能离开空间。由于原子是运动的，所以，物也是运动的，原子不能无中生有，也不能被消灭，物也不能无中生有，物的运动也不会被消灭。这里，卢克莱修似乎朦胧地猜测到物质和运动的守恒性。

卢克莱修对人类和人类文明的起源有过认真的研究。他认为人是地球发展的产物，在遥远的古代地球上最早出现的是植物，随后出现的才是动物，动物中最早的是卵生动物，再往后才出现胎生动物，这样从鸟类进化出兽类。地球最早的资源是丰富的，足以供给鸟兽食用，但是，随着地球年龄的增长，它的负担能力越来越小，难以提供足够的食物，这样一来，有许多能力差的物种就得不到食物，或者某些物种逐步丧失了保护自己的能力，这些物种就灭绝了。在这里，卢克莱修是用自己的方式叙述"适者生存，不适者被淘汰"的自然选择。他还指出，人也像其他动物一样，是随着自然的发展而产生的，最早只不过是一个自然采食者，只能简单地向大自然索取生活必需的东西。随着历史的前进，人们学会了用火，从此以后人类文明的历史才真正开始了。在他看来，人类的发展是一个自然历史过程，但是他看不到技术和生产发展的意义，认为人类文明会不可避免地衰落下去。

总之，古罗马的自然哲学成就远远不能和古希腊相比，古希腊的自然哲学到了古罗马时的卢克莱修就终结了，再也没有什么闪光的思想可言了。这大概和古罗马人注重实用技术，轻视理论思维有关。

2. 古罗马的天文学

托勒密（90—168）是古罗马时代的科学巨人，其《天文学大成》被誉为古代天文学的百科全书，他的主要功绩在于：把古代的地心思想发展为系统的地心思想，并用模型方法成功地解释了他的宇宙理论。托勒密很重视天文观测，他认为天文学理论应当同天文观测相符。为了更好地与天文观测事实相符合，他决心对希帕克地心体系进行修正，他在希帕克的体系上加上许多圆形轨道，构成了一个由 80 个圆形轨道组成的复杂体系。这样一来，虽然使体系更加复杂了，但却能较好地说明当时观测到的天体运动，也能比较准确地预测天体的运动。托勒密集以往地心体系之大成，使之更加系统化，从而建立了一个完整的地心体系。在这个体系中，地球是宇宙的中心，太阳、月亮、水星、金星、木星和土星都在各自的轨道上绕地球旋转，自下而上，由近及远，形成了所谓的月亮天、水星天、金星天、太阳天、火星天、木星天和土星天，再远处是恒星天，在恒星天之外就是最高天，最高天也叫原动天，是诸神居住的地方。所有的天层都是在原动天的推动下，绕地球运动。

托勒密的地心说能对当时观测所及的天体运动，特别是行星运动作出十分精确的说明，能准确地预测行星的方位，因而在长达 1000 多年的时间里被人们在航海、生产和生活实践中所采用，并成为天文历法的依据。直到哥白尼的日心说确立之前，托勒密的地心说在欧洲一直居于统治地位。

托勒密还是一个杰出的地理学家，著有《地理学》8 卷。他主张地理学和天文学的统一，用天文方法来测定经纬度和地理位置，以测量所得绘制了各种地理图，列出了 8000 多个地点的经纬度表，虽然有些地点的经纬度没有经过实测，也没有经过准确计算，但这个古老的经纬度表在地学史上还是有重大意义的。托勒密在光学、数学等领域也作出了许多贡献，他探讨了光学上的入射角和折射角的关系；提出许多球面三角的计算方法。可以说，托勒密的科学成果是古罗马科学的顶峰。

3. 古罗马的医学

作为实用科学的医学，在古罗马还是比较受重视的，这一时期出现了许多有价值的医药学著作。如底奥斯可里底斯（约 60—97）著有《论药材》，这本书研究了某些草药的治疗价值，提到过 500 多种植物。赛尔苏斯（14—37）曾写过《论药物》，包括一篇导言，8 卷正文。书中对发烧、精神病、肺结核、黄疸病、瘫痪以及一些急性病都作了介绍，还提出了一些古老的治疗方法，这既是一本古代医学史专著，也是一本医学专著。

古罗马时代的著名医生和医学家盖仑（129—200）是当时实用科学的集大成者之一。盖仑在许多地方行医，并成为古罗马皇帝的御医。他的医学著作据说有 131 部，被视为医学和生理学的金科玉律，现存的有 83 部。他把古希腊的解剖知识和医学知识系统化，继承了希波克拉底等人重视观察和实验的传统，对动物（主要是猕猴）进行过解剖研究，考察了心脏的作用和脊椎的功能，在解剖学、生理学、病理学方面发现了许多新的事实，特别在医疗方法上有很大的贡献。然而，由于历史的局限，在盖仑的医学思想中也有一些谬误。例如，他认为动物和人体的构造是上帝有目的地造就的；认为人体由不同等级的器官、体液和灵气组成：第一级是肝脏、静脉血、自然灵气，第二级是心脏、动脉血、活力灵气，第三级是脑髓、神经液、动物性灵气。级别不同的血液各自流动，但不能产生循环。盖仑在医学中的地位就像托勒密在天文学中的地位一样，在医学界占统治地位达 1000 多年，直到哈维（1578—1657）建立血液循环学说，才把盖仑的错误理论抛弃。

二、古罗马的技术

古罗马人是一个以农业为主的民族，在古罗马帝国建立之前，其农业就已相当发达，牛耕和铁制农具已得到普及，耕种方法上实行了“二圃制”，懂得让田地休耕以恢复地力。西方最早的一部农学著作是罗马监察官加图（公元前 234—前 149）写的《论农业》，它总结了当时的农业生产知识和各种农耕技术。后来，瓦罗（公元前 116—前 27）在加图的基础上，又重写了一部《论农业》，所含内容更加齐全。

古罗马的手工业种类很多，冶金、制陶、制革、铸造、毛纺、木工都很发达，产品也很精美。帝国建立后，应用东方技术，再加上辽阔的帝国里丰富的矿藏，原来的民族壁垒被打破，交通和贸易更加便利，手工业大大繁荣起来，并且在整个帝国境内持续发展了两个世纪。公元 79 年被火山灰埋葬的庞贝城有许多呢绒、香料、珠宝、玻璃、铁器、磨面和面包作坊，其中仅面包作坊就有 40 多所。罗马、亚历山大等大城市的铜铁制造业、毛纺织、制陶、榨油、酿酒、玻璃和装饰品手工业规模更为可观。

公元 1 世纪，古罗马亚历山大城的著名工程师赫伦曾有许多技术发明。他创造了复杂的滑轮系统、鼓风机、计程器、虹吸管、测准仪等多种机械器具。其中最惊人的发明是蒸汽反冲球，这个发明是第一次把热能转换成机械能的技术设计，已经走到发明蒸汽机的边缘，它所包含的原理实际上已延伸到了近代和现代。

建筑是古罗马人的主要技术成就。公元前 1 世纪，古罗马著名的建筑师维特鲁维奥写了一本《论建筑》，这部书被称为世界第一部建筑学著作，书中论及的建筑有王宫、教堂、高架引水桥、公共设施（戏院、竞技场、公共浴池等）、民房以及多类军事工具（攻城梯、投石机、破城槌等）等。古罗马的引水道工程堪称世界建筑史上的丰碑，从公元前 4 世纪起，古罗马人为供应城市用水，逐步修筑了 9 条总长 90 公里的水道工程。在帝国时期，水道工程扩展到其他区域，并且还用于灌溉，引水渠通过洼地的时候以石块砌成高架拱槽，在法国和叙利亚境内的引水槽有的高达 50~60 米。

罗马斗兽场是古罗马最大的建筑。它形状为椭圆形，长径 185 米，短径 156 米，四周为看台，外墙高 48.5 米，可容纳 5 万~8 万名观众，以石砌筑。公元 120—124 年，古罗马还建立了一座万神庙，它是一座直径为 43.5 米的圆形建筑物，其造型奇巧，气势宏伟，这是古罗马人的杰作，至今尚存。

在公路建设方面，古罗马帝国时期四通八达的公路网总长达到8万公里，干线和支线延伸盘绕在以意大利为中心的帝国大地上。这些公路的设计有一定的标准，多数地段以石板铺地，并在沿途立有里程碑，通过河流时则架设石桥。它们的残迹今天依然可见，“条条道路通罗马”正是当时的写照。

第三节　古代中、西科学技术的发展特点

一、古代西方科学技术的发展特点

1. 善于吸收先进的科学文化

古希腊人进入奴隶制社会时就使用了铁器，并以腓尼基人的字母来拼写自己的文字，这为古希腊文化的发展提供了优越的条件。同时，由于古希腊地处巴尔干半岛，除了发展农业、手工业和商业，航海和海外贸易也比较发达，这些都便于经济和文化的发展。古希腊初期的文化要比巴比伦低，由于一批古希腊学者去巴比伦、埃及和其他东方国家游学，汲取了别的民族的文化成果，这也是古希腊科学得以迅速发展的重要原因。英国科技史家梅森曾说：“古希腊人也具有旅行家那种关于各种不同文化和传统的知识，这就使得他们能够从每一种文化和传统中汲取真正有价值的部分，而不刻板地遵循任何一种特殊的文化和传统。”① 英国的丹皮尔也曾说过：“古代世界的各条知识之流都在希腊汇合起来，并且在那里由欧洲的首先摆脱蒙昧状态的种族所产生的惊人的天才加以过滤和澄清，然后再导入更加有成果的新的途径。”②

古罗马人也是善于继承和吸收先进的科学文化的，正如英国科技史家丹皮尔所说：“到公元前一世纪，罗马人就征服了全世界，但是希腊的学术也征服了罗马人。”“他们的艺术，他们的科学，甚至他们的医学，都是从希腊人那里借来的。”③ 遗憾的是，古罗马人的继承和吸收是不全面的，他们未能把古希腊的科学文化发扬光大。

2. 运用理性探讨自然界的本质和规律

在人类历史上，古希腊人第一次形成了独具特色的理性自然观，这正是科学精神最基本的因素。早期的古希腊哲学家所搜集的事实大部分是从外来的来源得到的——他们的天文学是从古巴比伦得来的，他们的医学和几何学是从古埃及得来的，“在这些事实之上，他们又加上一些事实，然后，在历史上破天荒第一次对它们加以理性的哲学考察”④。在谈到爱奥尼亚的哲学家时，丹皮尔指出：“这个米利都学派的重要性在于：它第一个假定整个宇宙是自然的，从可能性上来说，是普通知识和理性的探讨所可以解

① ［英］梅森：《自然科学史》，上海人民出版社1977年版，第15页。

② ［英］丹皮尔：《科学史》，商务印书馆1975年版，第40页。

③ ［英］丹皮尔：《科学史》，商务印书馆1975年版，第98、99页。

④ ［英］丹皮尔：《科学史》，商务印书馆1975年版，第47页。

释的。这样，神话所形成的超自然的鬼神就真的消失了。"① 在希腊人看来，自然界不仅是有别于人的东西，也不仅是有规律、有秩序的，更重要的是其规律和秩序可以为人把握，他们创造了一套数学语言力图把握自然界的规律。

古希腊的自然哲学，它在本质上是以笼统的直观为基础经过理性思考而建立起来的自然观，而不是以观察和实验为依据的科学研究的结论。但古代自然哲学的产生，标志着人类终于开始运用自己的理性去探索自然界的本质和规律，这无疑是人类在认识自然的道路上一次大踏步的前进。从古希腊多种多样的自然哲学中，我们看到，它们包含着十分丰富的哲学思想，它们坚持从自然界本身去寻求对自然界的解释，坚持在自然界的总的联系和运动、发展、变化中认识自然界，因而孕育了许多在以后科学发展中得到成熟和证实的天才预见。尽管朴素的自然观中带有许多猜测和臆造的成分，但它们毕竟已经开始运用理性去探究自然界的本质和规律，这就给当时包罗万象的哲学打上了科学的印记，其中包含了大量近现代科学的萌芽。

3. 科学方法的初步确立及应用

在古希腊罗马时代，科学方法如数学方法、观察方法、实验方法等得到了初步确立和应用。古希腊的科学思想具有很强的数学倾向，"希腊人处理数学的方法，即在定义和公理基础上的抽象逻辑体系，是希腊精神对于数学发展的完全独创的贡献，这是无可争议的事实"。"约在公元前300年，欧几里得提出了对数学作系统阐述的权威性形式，许多世纪以来，这种形式被公认是数学方法的典范。"② 阿基米德对于杠杆原理的证明，是按照欧几里得的方法在一系列预想的定理和公理基础上提出的。阿基米德力学研究的主要特点在于，这位身兼力学家和数学家的学者，第一次把实验的经验研究方法和数学的演绎推理形式结合起来。他常常首先通过观察和实验获得一种认识，然后再通过严格的逻辑推理为这种认识提供论证。在阿基米德的力学研究中体现出来的这种实验方法与逻辑方法、数学方法相结合，力学研究与技术应用相结合的做法，已经以萌芽的形式预示了以后科学发展的方向。托勒密运用了模型方法建立了地心说理论，即对大量的观测资料进行数学概括，构造出宇宙结构的几何图形，再按照这个模型进行演绎，得出定量的理论结果，并重新与实际观测相对照。

4. 形式逻辑成就科学典范

为了把自然知识上升到科学形态，亚里士多德完成了一项重要的工作，这就是他为整理已有的经验知识，从而形成理论化的科学知识体系，建立了不可缺少的工具——逻辑学。在亚里士多德看来，知识的前提必须是真的，但要从这些知识中得出具有必然性的结论，还必须进行逻辑论证。为此，他建立了以三段论法为中心的形式逻辑，并把他的发现运用到科学理论上来。作为例证，希腊化时期创立的几何学，就是运用逻辑思维进行科学研究的典范，它将古代几何学知识构成一个严密完整的体系，这是人类历史上

---

① ［英］丹皮尔：《科学史》，商务印书馆1975年版，第48页。

② ［荷兰］弗伯斯，狄克斯特霍伊斯：《科学技术史》，求实出版社1985年版，第28页。

第一次运用逻辑思维构造的科学体系，也是古代社会中唯一达到近代理论科学形态的科学著作，欧氏几何的逻辑模式在西方科学史上影响极其深远。古罗马时代托勒密的地心说，也是演绎推理的结果，它在解释和预见天文现象上获得了巨大的成功。

形式逻辑的建立为人们提供了抽象思维和逻辑思维的工具，使人类对自然界的认识发展到一个新的阶段，也使古代科学在其萌芽过程中完成了一次跃升：开始形成以概念和逻辑的形式整理自然知识的理论体系的雏形。由此，自然科学逐渐从哲学中分化出来，产生了最初的一些独立的自然科学学科，开始了科学独立发展的历史。

二、古代中国科学技术的发展特点

1. 古代中国创造了举世瞩目的科学技术成就

中国是世界文明发达最早的国家之一，在长期的发展中，创造了灿烂的古代文化。中国古代的科学技术成果作为中华民族灿烂文化的一个重要组成部分，同样有着惊人的辉煌历史，并处于当时那个时代的世界最前列。中国古代科学技术成就几乎全是中国人独立创造出来的，这一点与古希腊科学技术的发展不同，古希腊的早期科学如几何学、天文学中的很多东西是从河流文明古国那里学来的。正是这种独创的科技成就的长期发展，历代继承，才形成了中国古代的科学技术体系。需要指出的是，不论在古代天文学、数学、医学、地学、农学，还是在冶金、机械、建筑、水利工程、纺织、化工、造船等各个领域中，属于中国首创之成果，其数量之多，水平之高，乃是世界上任何一个国家或民族所不及的。著名英国科技史家李约瑟博士在他所著的《中国科学技术史》的序言中曾对此做出了公正的评价，他说："中国的这些发明和发现往往远远超过同时代的欧洲，特别是在 15 世纪之前更是如此（关于这一点可以毫不费力地加以证明）。"① 我国古代科学技术的成就在首创性、历史连续性、全面多样性上都是举世瞩目的，这一点充分体现了中国人民的聪明才智和创造精神。中国古代的科技成果不仅对于中华民族几千年来屹立于世界民族之林作出了重大的贡献，而且对东方各国乃至西方各国科技的发展都产生了重要影响。

2. 古代中国形成了独特的实用科学体系

中国古代科学从秦汉以来到明清形成了自己独特的实用科学体系。古代的实用科学尚未与技术分化的一种知识形态——技术包含知识，知识带有明显的实用性，这是古代自然科学的主要内容。实用科学特别注重生产实践和直接经验，注重工艺过程、工艺方法和实际操作的效益，具有实际经验的工匠、文人、医生对实用科学作出了巨大贡献。实用科学把研究的最后落脚点放在应用上，如把天文学的研究建立在观测的基础上，以便更好地为修订历法服务。中国传统数学在古代形成了以计算见长，以解决实际问题见长的体系。《九章算术》在数学命题的叙述方法上是从实际问题出发，而不是从抽象的定义和公理出发，这使得它在解决实际的计算问题方面远远胜过古希腊数学体系。不

① ［英］李约瑟：《中国科学技术史》，科学出版社 1975 年版，第 3 页。

过，它缺乏理论的抽象性和逻辑的系统性，而这却是欧氏的长处。《九章算术》标志着中国古代实用数学体系的形成。各项技术的发明则直接同工程建设、工农业生产工具的改进、军事工程设施、武器的改进联系在一起，因而，其实用性、应用性更加突出。

应用性强这一特点并不排除中国古代在自然观的研究上，具有较高的理论性，也并不排除各门科学技术中都有的理论性的探讨。但从总体上、从主导方面来看，中国古代科学技术基本上属于经验科学。其应用性主要是同经验性联系在一起的，而不是同理论性相联系的。较多的经验形态，理论知识的相对不足是经验自然科学的一大特征，它表现在中国科学发展中真正形成定律、原理的学说不多。例如，生物学著作主要是记述生产经验，很少提出规律性的认识；天文学主要是记载观测数据和观测现象，对隐藏在现象背后的原因很少深究；医药学也基本上是经验的汇编。在春秋战国时期，科学技术的理论研究与应用研究两者是并重的，但在漫长的封建社会里，应用研究虽得到加强，理论研究却有所削弱，相对而言，实用性、应用性变得更加突出。中国古代科学技术这一特色既是优点，在一定条件下，又变成了忽视理论的缺点。实用科学注重经验描述而分析不足，关心效益而对原因甚少追究，知识的水平常处于知其然而不知其所以然的阶段。这种实用性却使它没有对大量的经验材料进行理论概括，长期停留在经验形式上，这一缺点在中国古代实用科学体系终于走到了经验科学形态的尽头之后便暴露出来，它使中国古代科学迟迟难以过渡到近代科学形态。

3. 古代中国形成了大一统的技术结构

中国是世界上进入封建社会最早、经历时间最长的国家，在封建专制统治的社会环境中，科学技术也深深地打上了特殊的印记。中国封建社会的科学技术是在中央集权的政治、经济和文化诸政策的支配下发展的，正是在中国封建时代各种社会因素的作用下，形成了中国古代科学技术的两大特色：其一是以满足封建自然经济和统治阶级生活等需要为目的的实用科学技术得到发展，这主要是民间能工巧匠的贡献；其二是适合封建政治观念需要的科学文化在封建社会的框架内得以延续，这基本上是居官科学家的贡献。

中国科学技术从春秋战国时期开始逐渐赶上其他文明古国，继而在长达千余年之久的“大一统”封建社会的兴衰时期持续发展并始终处于世界领先地位。中国古代技术中首屈一指的是为农业经济服务的水利工程，中国是农业古国，历代封建统治者出于巩固政权的需要都推行“以农立国”的政策，大兴水利是这一政策的集中体现。中国古代的都江堰工程、南北大运河工程等，对于社会稳定、农业灌溉、防洪、航运都起到了积极的作用。由此可见，水利工程既是农业经济的需要，也是大一统社会结构的要求。单靠小农经济不可能产生大规模的水利工程，来自大一统社会结构的推动是古代中国水利技术始终保持领先地位的重要原因。中国古代最著名的建筑奇迹万里长城是为了满足国防需要建立起来的，郑和下西洋所产生的航海技术是为了满足政治需要而发展起来的，冶金、纺织、制瓷、四大发明等无一不是如此，它们都是为了满足封建社会的政治、经济、军事等方面的需要而存在、发展的。

总之，中国古代的技术大多是围绕巩固大一统社会的需要发展起来的，并最终形成了大一统的技术结构。封建大一统社会结构决定了中国古代技术的命运：在长达千余年之久的封建盛世成就辉煌，随着明清时期封建王朝日趋衰落而逐渐终结。①

◎ 思考题

1. 简述古希腊自然哲学。
2. 简述古希腊的科学成就。
3. 简述古希腊的技术成就。
4. 简述古罗马的科学成就。
5. 简述古罗马的技术成就。
6. 试论古代中、西科学技术的发展特点。

① 张密生：《古代中、西科学技术的发展特点》，载《中国科技成果》2006年第11期。

第四章 近代科学的兴起与第一次技术革命

随着资本主义在欧洲的萌芽与成长，新兴资产阶级为维护和发展其经济利益并从政治上逐渐取代封建统治，需要新的思想和精神武器，这导致了文艺复兴运动和宗教改革运动兴起。在16—17世纪摆脱神学统治的斗争中，近代自然科学走上了独立发展的道路。1543年哥白尼发表《天体运行论》，宣告了科学革命的开始，1687年牛顿发表《自然哲学的数学原理》，完成经典力学理论的综合，将这场革命推向高潮，确立了科学在社会中的地位。建立在实验科学基础上的力学是近代自然科学的带头学科，它的兴起及学科体系的完备标志着以提出“日心说”为起点的近代科学革命达到巅峰，经典力学体系对近代科学技术整体的发展及其在生产过程中的应用起了主导作用。科学革命催生了18世纪以纺织机和蒸汽机的发明与改良为先导的技术革命，并引发了工业革命，把人类带入工业化社会。以蒸汽机的广泛使用为主要标志的第一次技术革命，使机器大工业代替了工场手工业，把生产力从铁器时代推进到机器时代。

第一节 近代科学技术产生的历史背景

一、欧洲封建生产关系的瓦解与资本主义的成长

在世界范围内，封建生产关系最先在西欧瓦解，从封建社会内部产生资本主义的萌芽。资本主义生产最早是在意大利发展起来的，在14—15世纪，意大利的手工业技术已有较高的水平，家庭手工业转化为工场手工业。这时不仅有了经过改良的纺车和织布机，毛织业中已有了梳毛和洗毛、弹毛的分工。意大利的佛罗伦萨城在14世纪就有毛织企业300多个，大约3万名毛织工人，他们一无所有而受雇于资本家。在1378年佛罗伦萨的梳毛工人就曾举行过反抗资本家的起义。当时的造船技术也较发达，由于有了用水力驱动的动力锤和开始使用起重机可以锻造较重的船锚，加上其他加工技术的进步，已能制造坚固的大型帆船，这也促进了海外贸易的发展。意大利威尼斯的各造船场每年能制造上千艘船只，并且有了纵横于地中海上的商业船队。

西欧其他国家的资本主义生产方式也在15—16世纪逐渐形成。到16世纪，资本主义的工场手工业已成为城市经济的主要形式。工场手工业主通过资本把分散的劳动者组合起来，为生产同一种产品实行分工协作，“较多的工人在同一时间、同一空间（或者说同一劳动场所），为了生产同种商品，在同一资本家的指挥下工作，这在历史上和逻

辑上都是资本主义生产的起点”①。

自由的商业竞争使工场主不得不设法改进技术，通过专业分工来提高劳动效率，缩短产品生产周期；分工使操作过程专业化，手工劳动变得简单了，这就有可能发明出新的工具或机器来代替人工劳动，专门化的工具慢慢出现了，刨、凿、钻等工具得到了改进，新式纺车、卧式织机、水泵也出现了，水磨、风车和机械钟得到了改进。冶金、酿酒、玻璃制造、眼镜制造业也兴旺起来了。技术的进步使生产的规模也随之扩大，在德国已有了用马力和水力的抽水机，使深坑采矿成为可能。德国的采矿工人在 1525 年已达 10 万人。15 世纪后半期，在德、法、意等国出现了高 10 英尺以上、直径 5 英尺的大型熔铁高炉和鼓风炉炼铁法。英国则以纺织业著称于欧洲，在 1546 年已有了雇佣 2000 多名工人的纺织工场。这时，一部分知识分子对技术问题的兴趣增加了，据说达·芬奇（1452—1519）曾三番五次地去佛罗伦萨的纺织厂观察纺织机，到米兰的铁工厂、大炮铸造厂观察炼铜炉和风箱，到教堂观察钟。他研究之后改进过纺织机和织布机，还研究了螺丝、齿轮、连轴节、轴承、杠杆、斜面等简单机械的原理。总之，流体力学、摩擦理论、机械传动、炮弹运动、化学工艺等都开始成为人们研究的问题。

在提到技术进步的同时，不能不提到中国古代四大发明在 11—15 世纪经阿拉伯人传入欧洲，对西欧社会进步的巨大推动作用。马克思曾指出：“火药、指南针、印刷术这是预告资产阶级社会到来的三大发明。火药把骑士阶层炸得粉碎，指南针打开了世界市场并建立了殖民地，而印刷术变成了新教的工具，总的来说变成了科学复兴的手段，变成了对精神发展创造必要前提的最强大的杠杆。”② 恩格斯认为，中国的四大发明不仅使希腊文学的输入和传播、海上探险以及资产阶级宗教改革成为可能，并且使他们的活动范围大大扩展，进程大大加速。

二、航海探险和地理大发现

在十字军东征以后，中国、印度等东方国家的蚕丝、珠宝、染料等不断运往欧洲，使西欧统治者惊羡不已，把东方看成是财富的源泉。在西欧进入资本主义以后，随着工场手工业的发展与生产技术的提高，新生资产阶级渴望扩大贸易与寻求财富。商人以及没落的封建贵族都疯狂地追求财富，在西欧上层社会形成一种拜金狂潮。但是，在 14 世纪以后，信奉伊斯兰教的土耳其人占领君士坦丁堡，控制了东部地中海，使传统的沿地中海，经小亚细亚和中亚细亚的丝绸之路到东方的贸易通道被切断，限制了西欧商人的贸易活动。“黄金欲望”使当时许多欧洲人去探索绕过地中海通往印度、中国的海上航路。因此，15—16 世纪西欧各国开始了航海探险。1487 年葡萄牙人迪亚士（1450—1500）经非洲西海岸到达好望角，发现非洲。1492 年意大利人哥伦布（约 1480—1506）发现“新大陆”美洲。1497 年葡萄牙国王派达·伽马（约 1460—1524）绕过好望角，航行 10 个月到达印度。1519—1522 年麦哲伦（1480—1521）及其同伴完成环球航行。

---

① ［德］马克思：《资本论》第 1 卷，人民出版社 1975 年版，第 358 页。

② ［德］马克思：《机器、自然力和科学的应用》，人民出版社 1978 年版，第 67 页。

航海探险和地理大发现有着巨大的历史意义。这种活动显然具有掠夺和开拓殖民地的性质。葡萄牙等西欧国家沿着新开辟的航路对东方进行了多次掠夺。地理大发现使资产阶级获得了大量廉价的劳动力和广阔的市场，大大加速了西欧资本主义关系的形成和发展。马克思和恩格斯在谈到地理大发现的社会影响时指出："美洲的发现、绕过非洲的航行，给新兴的资产阶级开辟了新天地。东印度和中国的市场、美洲的殖民化、对殖民地的贸易、交换手段和一般商品的增加，使商业、航海业和工业空前高涨，因而使正在崩溃的封建社会内部的革命因素迅速发展。"①

航海探险和地理大发现又有重要的科学价值。哥伦布、麦哲伦坚信大地是球形的这一科学假说并以勇敢的探险活动证实了它，开拓了人们的眼界，使人们看到了科学的正确和力量，鼓舞了人们敢于探索和创新的精神，对当时的西欧和以后的世界各国有着广泛而深远的影响。航海活动开辟了一个科学研究的新天地，直接推动了天文学、大地测量学、力学和数学的发展。航海能使人们从不同的地区和方位观察天象，获得更丰富的天文资料；远航需要精确的星图、海图及测量海里和方位的量表；航海需要造炮舰，这就需要力学知识。天文学和力学的发展推动了数学的发展，此外，探险家们重新发现了地磁倾角，并把罕见的花木和鸟兽带回欧洲。地磁学、地理学、植物学、生物学、人种学等学科，只有在全球范围内才能有巨大的发现。

三、文艺复兴与宗教改革运动

随着资本主义在欧洲的萌芽与成长，新兴的资产阶级为维护和发展其经济利益并从政治上逐渐取代封建统治，需要制造舆论，锻造自己的精神武器。

在欧洲1000年的封建社会中，教会严密控制人们的思想，只许盲从信仰，不许独立思考，不许研究自然现象，活着只是为了死后升天，而不是为了现世。为了维护教会对人们思想的控制，基督教神学发展成一种体系庞大、论证缜密的关于上帝的学问，即所谓"经院哲学"，它要求用人类的理性来证明上帝的存在及其伟大力量。

自十字军东征以来，欧洲人从拜占庭和阿拉伯那里发现了灿烂的希腊古典文化，在这些古典文化中蕴藏有民主思想、探索精神、理性主义和世俗观念等，这些正是资产阶级所需要的精神食粮。他们从这些文化遗产中归纳、升华和酝酿出人文主义思想，作为文艺复兴运动的灵魂和指导思想。人文学者们利用古代学术知识批判经院哲学，提倡以"人"为核心的世俗世界观，反对以神为核心的宗教哲学和禁欲主义。"我是人，人的一切特性我无所不有"这一古老的箴言是人文主义者的口号。他们强调人类个性的价值，关心个人的幸福，要求把目光从天堂转向尘世。主张用人的观点、而不是用神的观点去考察一切，实际上是要求建立适合于资产阶级要求的道德观念、文学艺术和经济制度等。所有这些就是"人文主义"的世界观。人文主义对于打破宗教的禁锢，解放思想，发展文学、艺术、科学、教育和哲学等无疑都起了巨大的进步作用。远洋航行和地理大发现是对地球的发现，文艺复兴则是对人的重新发现。文艺复兴运动创造了资产阶级的"古典"文学和艺术，同时也孕育了近代自然科学。

---

① 《马克思恩格斯选集》第1卷，人民出版社1995年版，第273页。

发生于14—16世纪的宗教改革运动是资产阶级削弱封建教会势力的一场政治斗争，首先在中欧与西欧一些国家如捷克、德国、波兰等国兴起，经过激烈的斗争，在这些国家建立了脱离罗马教廷的新教。宗教改革运动的直接要求是消除教会的权威，变“奢侈教会”为“廉洁教会”。在这一改革浪潮中，最具代表性的是德国的马丁·路德（1483—1546）和法国的让·加尔文（1509—1564）。

马丁·路德鼓吹“因信称义”，认为只要真心信仰上帝就能得到救赎，这与教会的中介作用无关，人与人的区别只在于信仰，只要真心信仰上帝，受洗入教就能享有与主教和教皇同等的权利。这种思想投射到科学研究中就是科学的普遍主义，即独立思考、不迷信权威、按照自己的意愿解释自然的精神。加尔文主张“先定”的理念，认为宇宙中的一切都归之于上帝永不更改的“先定”，因此禁欲和祈祷都是无用的，但是人们不应放弃现世的努力，因为上帝对于其挑选的选民必然给予充分的支持，而个人只要在事业上获得成功就是实现了上帝所赋予的先定使命，就是死后灵魂得救的可靠证明。上帝的意图是可以通过勤奋工作和潜心研究上帝所创造的一切而得到启示的。新教的教徒们为了获得上帝的恩宠而潜心研究自然界，客观上促进了自然科学的探索。加尔文的“先定”理念在对自然界的看法上就表现为机械决定论的观念。尽管新教本质上仍是崇尚信仰反对科学的，但它对现世的关注，它所提倡的独立思考、积极进取的精神，客观上起到了促进科学的作用，在当时教徒们为了赞美上帝而研究自然，比起为了功利的目的而研究自然更具有吸引力。宗教改革运动是人文主义在宗教领域的延伸，并且由于其广泛的群众参与性而具有更深远的社会影响，恩格斯称之为“第一号资产阶级革命”①。

第二节　近代科学的独立宣言：哥白尼的日心说

一、日心说的创立

在欧洲中世纪，天文学的宇宙模型是托勒密的地心体系，它认为地球静止地居于宇宙中心，太阳、月球、行星和恒星都绕地球转动，故又称“地球中心说”或“地心说”。这一学说本来是古代人对天体运动的一种解释，在观测精度不高的条件下，它与当时的观测资料相当符合，并与人们的经验相一致，因此比较容易为人们所接受，一直流传了1000多年。可是到中世纪后期，天主教会给它披上了一层神秘的面纱，硬说地球居于宇宙中心，证明了上帝的智慧，上帝把人派到地球上来统治万物，就一定让人类的住所（地球）处于宇宙的中心。这样一来，托勒密的学说就成为基督教义的支柱，成为不可怀疑的信条而阻碍着天文学的进步。然而由于观测技术的进步，在托勒密的地心体系里必须用80个左右的均轮和本轮才能获得同观测比较相符的结果，而且这类小轮的数目还有继续增加的趋势。当一个理论体系在解释现象时变得愈来愈复杂、愈来愈繁琐，要求愈来愈多的附加条件，在新的事实面前愈来愈牵强附会，对它怀疑的时刻就

---

① 《马克思恩格斯全集》第21卷，人民出版社1965年版，第459页。

会到来。

在科学与宗教神学的较量中，最先突破宗教神学的藩篱，宣告科学独立的是波兰人哥白尼创立的日心说。哥白尼（1473—1543）生于波兰维斯瓦河畔的托伦城，他10岁丧父，在舅父的抚养下长大成人。1491年进入波兰克拉科夫大学学习，在那里他对天文学产生了兴趣并学会用仪器观察天象。1496年赴意大利留学，先后逗留了9年，在波隆那和帕多瓦等大学学习法律和医学。但是他着力钻研的是天文学、数学、希腊语和柏拉图的著作。在这期间，他受到人文主义运动的影响以及希腊古典著作的启发，逐渐形成了太阳中心说的思想。1506年他回到国内，从此一面完善他的学说，一面进行天文观察，用观察和计算对学说加以核对和修正。经过30多年的努力，终于写成了6卷本的《天体运行论》，总结和阐述了他的学说。但是他迟迟不愿将他的主要著作《天体运行论》公开出版。因为他很了解，他的书一经出版，便会引起各方面的攻击。当哥白尼终于听从朋友们的劝告，将他的手稿送去出版时，他想出一个办法，在书的序中写明将他的著作献给教皇保罗三世。他认为在这位比较开明的教皇的庇护下，《天体运行论》也许可以问世。除了这篇序之外，《天体运行论》还有另外一篇别人写的前言，说书中的理论不一定代表行星在空间的真正运动，不过是为编算星表、预推行星的位置而想出来的一种人为的设计。这个“迷眼的沙子”起了很大的作用，在半个多世纪的时间里骗过了许多人。1542年秋哥白尼因中风已陷入半身不遂的状况，到1543年初已临近死亡。延至5月24日，当一本印好的《天体运行论》送到他的病榻的时候，已是他弥留的时刻了。

在《天体运行论》中，哥白尼从运动的相对性出发，论证了行星的视运动是地球运动和行星运动复合的结果。他说：“无论观测对象运动，还是观测者运动，或者两者同时运动但不一致，都会使观测对象的视位置发生变化（等速平行运动是不能互相觉察的）。要知道，我们是在地球上看天穹的旋转；如果假定是地球在运动，也会显得地外物体作方向相反的运动。”① 接着，他提出了地球在宇宙中的位置问题，认为地球并不在中心，而是像其他行星一样距太阳有一段距离，在自己的轨道上运行。他写道：“我们把太阳的运动归之于地球运动的效果，把太阳看成是静止的，恒星的东升西落并不受影响。然而行星的顺行、逆行和留则不是由于行星本身的行动，却只是地球运动的反映。于是，我们认为，太阳是宇宙的中心。”② 此外，他还谈到月亮的运动，行星在太阳系中的排列等。并且在测定了行星的公转周期之后，重新安排了太阳系各天体的排列顺序。他指出，太阳系的行星在各自的圆形轨道上围绕太阳旋转，它们的轨道大致处在同一个平面上，它们公转的方向也是一致的。月亮围绕地球旋转，并且和地球一起绕太阳旋转。

哥白尼的这些解释使从前看来极不协调的种种天象变得十分简单而又合理，他把太阳系中天体的视运动归因于一个统一的原因，即地球的自转及绕太阳的公转。太阳中心说的发表是近代科学史上一件划时代的大事，它颠倒了1000多年来占统治地位宇宙观，

① ［波］哥白尼：《天体运行论》，科学出版社1976年版，第15页。

② ［波］哥白尼：《天体运行论》，科学出版社1976年版，第26页。

向我们描绘了一幅关于太阳系的科学图景，为近代天文学奠定了基础。尤其重要的是，这一学说宣告了神学宇宙观的破产，开始了自然科学从神学中的解放运动。太阳中心说以叛逆教会权威的姿态向世人表明：既然传统的天文观不是亘古不变的绝对真理，那还有什么教条不可怀疑？还有什么学说不可以改变呢？这个界限一旦被打破，思想解放的潮流就像决堤的洪水势不可挡。

恩格斯在评价哥白尼学说的革命意义时说，哥白尼那本不朽著作的出现是自然科学向宗教权威发出的挑战书，是自然科学借以宣告独立的宣言。爱因斯坦在纪念哥白尼逝世四百周年的大会上指出："他（指哥白尼）对于西方摆脱教权统治和学术枷锁的精神解放所做的贡献几乎比谁都大。"① 这些评价是十分恰当的。

当然，哥白尼的太阳中心说并不是无懈可击的。他不能解释：为什么人们感觉不出地球的运动？地球既然自转，地球上的物体下落何以不产生偏斜？哥白尼还不能摆脱亚里士多德哲学的束缚，他接受了圆运动是天体最完善的运动方式的观念，因而在哥白尼的体系里，一切行星都沿圆周运动，而宇宙则是所谓最完善的、有限的球形。所有这些缺点和不完善的地方，随着自然科学的发展，都不断地得到了修正。

二、日心说的传播与发展

乔尔丹诺·布鲁诺（1548—1600）是文艺复兴时期反对经院哲学的思想家，也是天文学家和数学家、哥白尼学说最早的支持者之一。1584 年，布鲁诺先后出版了《论无限性、宇宙和诸世界》等三种著作，系统地论证了日心说理论的真实性，阐述了宇宙是无限的观点，全面地批判了亚里士多德物理学。而且他比哥白尼更进一步，超越了他关于恒星固定在一个以太阳为中心的天球上的观点。他认为宇宙在时间和空间上是无限的和永恒的，宇宙没有中心，太阳系只是其中的一个天体系统；恒星之间有着极大的距离，它们散布于无限的宇宙之中，以它们为中心，存在着无数像太阳系一样的体系。他还预见到，太阳围绕着它自己的轴转动，太阳系的行星数量不止已知的那些，地球的两极呈扁平状等。

作为近代科学革命的哲学代表，布鲁诺认为统一的物质实体是宇宙万物普遍的、共同的本质，是万物的本原和原因；不存在宇宙之外的别的推动力量，宇宙便是其自身运动的原因。他强调自然界是唯一的认识对象，而只有理性才能真正认识自然，只有最符合于自然真理的哲学才是最好的哲学。他指出真理并不存在于感觉之中，譬如在人们的感觉中，地球不动而太阳在围绕地球运转，但这只是一种错觉。布鲁诺也是近代科学的殉道者，他认为，为了追求真理和美好的事物，应该具有牺牲精神，如果个人在追求真理过程中遭受危难和不幸，从永恒的观点来看，可以被认为是善事或引向善的先导。

布鲁诺的言论对教会权威和经院哲学构成了重大威胁，甚至在较为自由的英国也不能被容忍。1591 年 8 月布鲁诺回到意大利，次年 5 月因宣扬异端的罪名而被捕受审。由于布鲁诺坚持自己的信念，在被监禁 8 年之后，教皇克莱芒八世下令，将他处以死刑。1600 年 2 月 17 日，布鲁诺被宗教法庭烧死在罗马鲜花广场。在临刑之际，布鲁诺

---

① ［美］爱因斯坦：《爱因斯坦文集》第 1 卷，商务印书馆 1976 年版，第 601 页。

依然宣称：“火并不能把我征服，未来的世界会了解我，知道我的价值的。”

在天文学研究方面，意大利天文学家、物理学家伽利略（1564—1642）对哥白尼学说的传播起了更为突出的作用。1609 年伽利略根据光的折射原理设计制造出世界上第一架天文望远镜，可以使物像放大 30 倍。他用自制的天文望远镜进行天文观测，获得了一系列重要发现。伽利略发现：月球的表面布满了斑点，这说明月球上有崎岖的山脉和荒凉的山谷；木星有四颗卫星伴随；太阳有黑子；茫茫银河由无数发光的恒星所组成。伽利略用观察到的天文事实直接或间接地证明了哥白尼学说的正确性。1610 年伽利略发表了以天文观测成果为主要内容的《星际使者》和《关于太阳黑子的通讯》等论文。1632 年出版了《关于托勒密和哥白尼两大世界体系的对话》，书中伽利略用充分的论据阐述了哥白尼的新学说，深刻地批判了教会所支持的托勒密的旧宇宙观，故引来了教会对他的迫害，1615 年和 1633 年两次被罗马教皇的宗教裁判所传讯，并在第二次传讯中，被裁判所判处终身监禁。他的《关于托勒密和哥白尼两大世界体系的对话》也被教会列为禁书。1642 年，伽利略在囚禁中病死。

在 16 世纪下半期，编制出能准确表示行星实际运动的星表，是不少天文学家努力追求的目标。第谷 · 布拉赫（1546—1601）便是这些天文学家中最著名的一位。他是丹麦人，贵族出身。13 岁进入哥本哈根大学学习。他酷爱天文学，一生中完成了 750 颗星的观测记录。他在去世之前，把自己一生辛劳所积累的宝贵资料和完成星表的遗愿一并留给了他的助手开普勒。第谷 · 布拉赫创造性地建立了一套天象观测方法，成为近代天文学的奠基者，并为后来开普勒和牛顿的科学工作奠定了坚实的基础，被后人誉为近代天文学的泰斗和始祖。

开普勒（1571—1630）是一位德国天文学家和数学家。他出身于德国南部瓦尔城一个新教徒家庭，他 17 岁丧父，不久母亲因“魔女”（即女巫）罪被捕入狱，贫苦的幼年生活使他的身体很虚弱。在一次天花之后，他的眼睛坏了，满脸麻子。但远大的理想、顽强的意志和旺盛的求知欲使他在后来的学习和工作中取得了巨大的成就。他靠宫廷资助读完了大学，1600 年 1 月，开普勒应邀到布拉格近郊的贝纳泰克天文台任第谷 · 布拉赫的助手。1601 年第谷 · 布拉赫病逝后，开普勒成了第谷 · 布拉赫遗愿的执行人。在整理第谷遗下的大量资料时，他相信自然界是和谐的，天体运动有一定的规律性。他把自己的着眼点首先放到寻找行星运动的规律上。他根据火星运动的真实轨道发现：第谷对火星运动的观测值与由哥白尼学说推算出来的数值有一个约为 0. 1330°即约 8′的差数。开普勒坚信第谷观测的可靠性，而怀疑古老的圆形轨道有问题。他试着用椭圆轨道代替圆形轨道，这样推算出的火星轨道位置与第谷观测值差不多吻合。据此他发现了椭圆形轨道是太阳系行星运动的真实轨迹。太阳不是处在圆形轨道的中心而是位于这些椭圆轨道的一个焦点上，这就是行星运动的第一定律。他进一步计算表明，行星绕太阳旋转的线速度不是均匀的。行星的运动服从面积定律，即单位时间内行星的向径所扫过的面积相等，这就是行星运动的第二定律。1609 年开普勒把这两个定律写进了他著的《新天文学》一书，以后经过 10 年的艰苦研究，他又发现了行星运动的第三定律，即任何两行星公转周期的平方与此两行星轨道长半轴的立方成正比（用公式表示为 $T_2^1 = R_1^3 : R_2^3$）。这一定律发表在 1619 年出版的他的另一部著作《宇宙的和谐》中。

这也是自然科学发展史上第一次用数学语言定量地表述一条物理定律。

开普勒由于发现行星运动三定律而名垂青史，这与他继承他的老师第谷·布拉赫的全部科学遗产——丰富而精确的天文观测资料有密切关系。人们评论说：第谷·布拉赫是“看”的老师，而开普勒则是“想”的学生。至此，哥白尼的宇宙模型经过开普勒的修正以后，才真正体现出几何学的简单性和完善性，体现出自然秩序的和谐。行星运动三定律很好地描绘了太阳系的运动学特征，同时也把行星运动的动力学问题提了出来，开普勒在《火星的运动》一书中记述了他所发现的天体之间的引力规律。后来牛顿就是根据这一思想，用数学方法论证了万有引力定律。可以说开普勒看到了万有引力定律的影子，而牛顿则抓住了万有引力定律本身。

1630 年 11 月 15 日，开普勒在到雷根斯堡去索取人家欠他的薪金的途中因贫病交困而死去。终生在贫困中拼搏的开普勒为科学事业献身的精神值得后人称颂。

第三节　经典力学体系的建立

一、观察实验方法的确立和实验科学的兴起

自觉地应用仪器对自然现象进行观察，并在科学研究中引入实验的方法，是近代科学区别于古代科学的重要特点之一。应该说科学实验的萌芽在古代就已出现，如药用植物的寻找，浮力定律的发现，火药配方的改进，动物机体的剖析等，都有实验研究的特点。但就科学活动整体来讲，古人基本是对生产过程和自然过程的直接观察，是记录和整理生产经验和已知的事实，而不是自觉地应用仪器去探索未知的世界。15 世纪以后，生产的发展提供了实验研究的仪器和工具，制造了主要供探索性研究用的望远镜、显微镜、气压计、抽气机、温度计、摆钟等，使科学实验能够得到迅速发展。17 世纪时，培根倡导实验—归纳方法，进一步促进了实验科学的兴起。科学实验逐步成为一项相对独立的社会实践，对近代自然科学的发展产生了极为重要的影响。

17 世纪时，近代力学在实验的基础上首先取得了重大的进步。伽利略对一系列力学现象的研究就是利用实验方法取得重要成果的一个范例。伽利略在其一生的研究生涯中，一直保持着对实验的兴趣。他自己设计了不少科学仪器，其中包括比温秤（1586）、测温器（1593），望远镜当然是其中最为重要的。

伽利略的第一个重要发现是关于钟摆运动的发现。传说他还是比萨大学的医学生的时候，有一次在教堂里做礼拜时，一盏吊灯的晃动引起了他的注意。因为有风，吊灯时而摆动幅度大一些，时而小一些，但是他发现，不管摆动幅度是大是小，摆动一次的时间总是相等的。当时还没有钟表之类的计时工具，伽利略用自己的脉搏计时验证了自己的发现。回到家后，他又亲自动手做了两个长度一样的摆，让一个摆幅大一些，另一个小一些，结果极为准确地证实了这个发现。科学史家认为，这个传说有可能靠不住，据考证，比萨教堂的这盏灯是 1587 年制造的，而此时伽利略已经离开了比萨。但是在 1602 年的一封信中，伽利略的确提到过单摆实验。

伽利略的第二个重要发现是关于自由落体运动定律的发现。当他还是一个比萨大学

学生的时候，伽利略就对亚里士多德的运动理论深表怀疑。亚里士多德认为，在落体运动中，重的物体先于轻的物体落到地面，而且速度与重量成正比。这种看法在经验中确实可以找到证据。例如一根羽毛就比一块石头后落到地面。但是也不难找到反例，例如一个同样大小的铁球和木球从等高处下落，几乎无法区分哪一个先落下。伽利略这样推论：把轻重不同的两个物体捆在一起，它们将如何运动呢？显然，根据亚里士多德的结论，那个较轻的物体将延缓较重的物体的运动，但同样根据亚里士多德的结论，这两个物体的重量比较重的一个更重了，那么它们又应该以更快的速度下落。这显然是自相矛盾的。伽利略晚年的学生维维安尼在他写的伽利略传记中提到，伽利略在比萨斜塔上做过落体实验，证实了所有物体均同时下落。这就导致了后来几百年那个著名的历史传闻。但科学史家的考证表明，没有任何理由显示伽利略做过这一实验。① 但伽利略确实通过斜面实验发现了自由落体定律。由于斜面的坡度按比例延长了在重力作用下运动小球的路程和所需时间，因而便于观察记录和计数。在这一实验中，当小球从斜面上落下沿一个平面向前匀速滚动时，伽利略设想，如果没有表面的摩擦力，小球将会无限地运动下去。因而这里又产生了新的发现：力是运动产生和改变的原因，在没有外力的作用下，物体将保持原来的静止或匀速运动状态。这实际上是对惯性定律的最初表述，并且涉及了牛顿第二定律——力是改变物体运动的原因。不过，伽利略只是正确地提出了这个问题，最后完整表述这两个定律的是牛顿。在做斜面实验时伽利略发现，忽略摩擦力，尽管采用不同的斜度，小球到达斜面底部时的速度都是相等的。另外，他也发现从同一高度沿不同弧线摆动的摆锤达到最低点时的速度同样相等。这些发现是动能定理的最初表述。

伽利略的第三个重要发现是运动叠加原理。这是在研究抛体运动时发现的。尽管当时的工程师们已发现抛体的运动轨迹是一条曲线，大炮的仰角为45°时射程最远，但却没能给予严格的证明。伽利略认为水平方向的匀速直线运动和垂直方向的自由落体运动同时存在于抛体上，互不干扰合成一种运动。他把两种运动加以分解，使用几何学的方法证明抛体运动的轨迹是一条抛物线，在仰角为45°时水平距离最远。他的研究开始了把复杂运动分解为若干简单运动的运动学研究方法。

二、牛顿对经典力学体系的建构

开普勒提出了行星运动的三定律，伽利略揭示了地球上物体不受阻挠时以匀速直线运动。在此基础上，17—18世纪许多科学家都想用力学解释天体运动的问题，想回答行星沿椭圆轨道运行的受力状况。如英国物理学家胡克（1635—1703）想用实验的方法说明引力随吸引物体间距离变化的规律。荷兰物理学家惠更斯（1629—1695）根据单摆和圆周运动的实验，于1673年得出向心力定律。胡克和哈雷（1656—1742）都试图从开普勒和惠更斯的发现中推演出有关引力的定律，但都没有成功。最终将开普勒和伽利略的工作进行综合，从而构建经典力学理论体系大厦的是英国科学巨匠牛顿。

牛顿（1643—1727）也许是有史以来最伟大的天才。在数学上，他发明了微积分；

① 吴国盛：《科学的历程》，北京大学出版社2002年版，第198页。

在天文学上，他发现了万有引力定律，开辟了天文学的新纪元；在力学中，他系统总结了三大运动定律，创造了完整的经典力学体系；在光学中，他发现了太阳光的光谱，发明了反射式望远镜。一个人只要享有这里的任何一项成就，就足以名垂千古，而牛顿一个人做出了所有这些工作。他出生于英国林肯郡伍尔索普乡村，是一个遗腹子，而且早产，差一点夭折。3 岁时，母亲改嫁，将他留给了外祖父母。与伽利略年少时一样，牛顿喜欢摆弄一些机械零件，做一些小玩具。1661 年他进了剑桥大学的三一学院做工作减费生，靠做仆人的工作来赚钱生活。在三一学院，他先后获得了学士和硕士学位。1669 年牛顿被他的老师巴罗（1630—1677）推荐，接替巴罗在剑桥开设的数学讲座，而巴罗则转去研究神学。牛顿不是一个成功的教授，听他的课的学生很少。他的具有独创性的理论和实验没有受到人们的重视，只有巴罗、天文学家哈雷等认识到他的伟大，并给予鼓励。

牛顿在力学、数学、光学、流体力学等方面都有许多贡献，1687 年他的巨著《自然哲学的数学原理》出版，给他带来了巨大的声望。1704 年他的《光学》出版，他还发表过有关微积分的论文。1703 年他开始担任英国皇家学会会长一直到他逝世。1693 年以后，牛顿放弃了科学研究，担任了英国造币厂监查、厂长职务，并从事神学研究。他担任厂长期间，参与了英国的货币改革。

在《自然哲学的数学原理》的序言中，牛顿说明了研究理论物理学的目的和方法是："从运动的现象去研究自然界中的力，然后从这些力去说明其他现象。"① 他在前两编中，定义了惯性、质量、力、向心力、时间、空间等基本力学概念，叙述了运动的基本定律，即牛顿力学三定律，并用演绎的方法推演出万有引力作用定律、流体静力学、流体动力学的各种定律。在第三编中，则是用已发现的力学规律去解释世界体系，论述了地球上潮汐的成因、岁差现象和彗星轨道等。

牛顿在《自然哲学的数学原理》中，很大部分是用定量的方式，以数学方程来表示力学中的运动方程。这样，"运动定律和引力定律的结合构成了一个奇妙的思想结构，通过这个结构，就有可能根据在一特定瞬间所得到的体系的状态，计算出它在过去和未来的状态。只要一切事件都是限于在引力的影响下发生的"②。这样一来，自然界中的任一运动状态，都成为整个因果链条中合理的一环，而且可以用运动方程表示出来。

《自然哲学的数学原理》完成了经典力学体系的构建，人们称之为 17 世纪物理学、数学的百科全书。这部著作对宇宙体系进行的分析，其叙述之深刻，结构之严谨，令同时代人惊叹不已。这本书在全部科学史上的地位是无与伦比的。就数学而论，只有欧几里得的《几何原本》可以与它相比；就它对科学思想的影响而论，只有达尔文的《物种的起源》比得上它。直到 19 世纪末，它一直是物理学领域中每个工作者的纲领。

牛顿在科学方法论上发展了从经验事实概括为自然科学理论的方法。他指出："在自然科学里，应该像在数学里一样，在研究困难的事物时，总是应当先用分析的方法，

① 王太庆：《西方自然哲学原著选辑（三）》，北京大学出版社 1993 年版，第 175 页。
② ［美］爱因斯坦：《爱因斯坦文集》第 1 卷，商务印书馆 1976 年版，第 224 页。

然后才用综合的方法。这种分析方法包括做实验和观察，用归纳法从中做出普遍结论，并且不使这些结论遭到异议，除非这些异议来自实验或者其他可靠的真理方面。……用这样的分析方法，我们就可以从复合物论证到它们的成分，从运动到产生运动的力，一般来说，从结果到原因，从特殊原因到普遍原因，一直论证到最普遍的原因为止。这就是分析的方法，而综合的方法则假定原因已经找到，并且已把它们立为原理，再用这些原理去解释由它们发生的现象，并证明这些解释的正确性。”①

三、16—18 世纪物理学的其他成就

16—18 世纪物理学最主要的成就是创立了经典力学，其他的物理学分支学科还仅仅是经验科学，即必须从头做起，即从观察实验、收集材料做起。

在热学领域，从伽利略于 1593 年制成第一个温度计起，陆续制成了多种温度计。18 世纪布莱克（1728—1799）提出热质说，他认为热是一种特殊的物质，是一种流体，它可以渗透到物体中去，并在热交换中从一个物体流向另一个物体，但热质的总量是守恒的。由于热质说能解释许多已知的热现象，因而一度成为 18 世纪占统治地位的热学学说。

在电磁学领域，1600 年英国人吉尔伯特（1540—1603）发现了磁偏角，首先使用了“电”这个名词；1745—1746 年间，荷兰莱顿大学的物理学家克莱斯（？—1748）和穆欣布罗克（1692—1761）通过实验发现了电震现象，并发明了一种能储存电荷的装置——莱顿瓶。1672 年德国人格里凯（1602—1686）制造了一架起电机。18 世纪 70 年代英国物理学家卡文迪许（1731—1810）实验证明静电荷之间的作用力与它们间距离的平方成反比。1785 年法国物理学家库仑（1736—1806）用自制的扭秤实测了电荷间作用力的大小，发现了库仑定律，它是电学史上第一个定量定律。这一成果标志着电学研究从定性进入定量阶段，开始走上了科学的坦途。后来，德国数学家、物理学家高斯（1777—1855）发展了库仑定律，提出了高斯定律，用它可以求连续分布电荷产生的电场，成为静电作用的基本定律之一。1752 年 10 月美国科学家和政治家富兰克林（1706—1790）在费城做了著名的风筝实验，证明天空闪电和地电相同，他还发明了避雷针。意大利医生波罗那大学解剖学教授伽伐尼（1737—1798）在 1780 年通过蛙腿实验偶然发现了电流，使电学开始进入了由静电研究转向动电研究的新阶段。在 1775 年至 1800 年间意大利实验电学家伏打（1745—1827）发明了世界上第一个产生电流的装置——伏打电池。

在光学领域，开普勒首先提出了光度学定理，还研究了光的折射现象和透镜成像问题。1621 年荷兰数学家斯涅耳（1594—1676）发现了光的折射定律，1655 年意大利科学家格里马蒂（1618—1663）发现了光的绕射现象（即衍射现象）和薄膜干涉现象。1665 年牛顿做了日光的分光实验，发现白光是由红、橙、黄、绿、蓝、靛、紫七种单色光组成的复色光。牛顿还在 1668 年设计制造了一种反射式天文望远镜，做了“牛顿环”实验。1670 年丹麦物理学家巴塞林（1625—1698）发现光通过冰洲石晶体时会产

① ［美］塞耶编：《牛顿自然哲学著作选》，上海人民出版社 1974 年版，第 212 页。

生双折射现象。随着光学上的这些新发现，科学家们对光的本性问题提出了各自的看法。归纳起来，大致有两种学说：一种是以牛顿为代表的微粒说，另一种是以惠更斯为代表的波动说。

第四节 近代生物学、化学和数学的形成

一、血液循环的发现与植物分类体系的建立

生物学在这一时期的进步，首先表现为突破了古罗马的盖仑学说。盖仑建立的医学体系是古希腊医学的总结，也是古罗马科学的重大成就之一。但是这个体系中也包含着许多错误的成分，例如盖仑把对动物的解剖知识硬套在人身上，他认为“精气”是生命的要素，身体只是灵魂的工具等。中世纪教会将其神圣化，把他正确和错误的东西都当做不可更改的教条固定下来，任何人都不可触动，只能分毫不差地引用、重复，这就阻碍了医学和生物学的发展。

最先向盖仑体系提出挑战的是比利时人维萨里（1514—1564）在哥白尼发表日心说的同时，于1543年出版了《人体的构造》这本解剖学专著。维萨里在这本著作中描绘了三百多张解剖图，纠正了盖仑的200多处错误。他以自己在解剖过程中所看见的现象为根据，提出了两个重要的论点：第一，男人身上的肋骨同女人身上的肋骨一样多，都是12对，共24根。这样他就否认了上帝用男人的肋骨创造出女人的说法。第二，纠正了盖仑关于左、右心室相通的说法。他指出左、右心室之间肌肉很厚，没有可见的孔道能将动脉血和静脉血沟通起来。维萨里的这些见解既不符合传统观点，也“亵渎”了神灵，他的叛逆行为招致了教、俗两界的攻击。1544年他被迫离开大学，1563年又被迫前往耶路撒冷朝拜以赎罪，1564年他在归途中经过希腊占特岛时，不幸船破遇难。

西班牙医生和宗教改革者塞尔维特（1511—1553）最早提出心肺之间血液小循环的学说。他在1553年出版的《基督教的复兴》一书中主张人体中只有一种活力灵气，而不是盖仑所说的三种灵气。这种活力灵气存在于空气之中，通过呼吸进入肺脏，在那里与来自右心室的血液相遇，清除掉其中的“烟气”之后，使血液的颜色变得鲜亮，这种精制化了的血液和空气混合后进入左心室，使血液带上活力灵气运送至全身。“灵魂本身就是血液”。他还认为静脉血通过肺而变为动脉血。他提出的血液心肺小循环把盖仑提出的两个彼此独立的血液系统（动脉系统与静脉系统）统一了起来。这就为发现全身的血液循环铺平了道路。1553年当塞尔维特在日内瓦被加尔文教派逮捕并以异端罪受审时，对他提出的罪状之一是他主张灵魂是血液。这意味着主张灵魂将随同肉体一起死亡，这是一种非正统观点。为此，塞尔维特在日内瓦被教会活活烧死。1559年，帕多瓦大学解剖学教授哥伦布（1516—1559）再次提出血液小循环学说。1603年，威廉·哈维的老师法布里斯（1537—1619）在他的论文中叙述了静脉瓣，证明血液在脉管中只能沿单一方向流动，这都为哈维发现血液循环做了准备。

威廉·哈维（1578—1657）是英国著名的生理学家，出生于英国肯特郡一个富裕农民的家庭，在剑桥大学毕业后曾到意大利帕多瓦大学深造，24岁时回到英国开业行

医。在文艺复兴思想的影响下，他认识到实验方法对科学工作的重大意义。在长达 12 年的努力中，他采用 80 多种动物做实验研究。通过观察动物的心脏搏动得知，心脏每收缩一次便有若干血液从中输出，于是推论，人的心脏每搏动一次大约输出 2 盎司血液，其中一半要分布到肺部，另一半分布到全身，半小时中，搏动出来的血量将超过全身任何时刻所含的血液总量。这么多的血液不可能在半小时内由肝脏制造出来，也不可能在肢体末端这么快地被吸收掉，唯一的可能是血液在全身沿着一个闭合的路线做循环运动，这个循环的路线是从右心室输出的静脉血经过肺部变为动脉血，然后通过左心房进入左心室，从左心室搏出的动脉血沿着动脉到达全身，然后再沿静脉回到心脏。哈维预言在动脉和静脉的末端必定有一种微小的通道把二者联系起来，这种微小的通道其实就是后来发现的毛细血管。1628 年哈维出版了讨论心脏问题的专著《心血运动论》，报告了这一研究成果。

恩格斯对哈维的发现给予了高度的评价，他说："哈维由于发现了血液循环而把生理学（人体生理学和动物生理学）确立为科学。"① 1661 年意大利解剖学家马尔比基（1628—1694）用显微镜在蛙肺中识别出了毛细血管。荷兰生物学家列文霍克（1632—1723）于 1688 年用显微镜亲眼看到了血液通过毛细血管的实际循环过程，从而完全证实了哈维的预言。

继维萨里和哈维创立血液循环学说之后，16—18 世纪的生物学还取得下列成就：胡克（1635—1703）用自制的显微镜观察软木时，发现了细胞。18 世纪德国科学家沃尔夫（1733—1794）用小鸡肠子的胚胎发育过程证明哈维提出的"渐成论"，即动物胚胎是从未定型的和同质的物质，逐渐发展成为一个由分化和异质的各部分形成的有机体，从而创立了科学的胚胎学。瑞典博物学家卡尔·林耐（1707—1778）于 1735 年出版《自然系统》一书，系统地阐述了他的植物分类的原则和见解。他把自己所知道的植物分为：纲、目、属、种，并以双名命名法来命名植物，即以其中的一个名称代表属，另一个名称代表种。林耐的分类法为后来兴起的植物分类学奠定了基础。在对生命本质的探索中，16—18 世纪出现了两种对立的观点，一种是"生机论"，将生命归结为某种超自然的力量，它用虚无缥缈的灵气、活力等说明生命现象；另一种是"机械论"，用工具和机器来同生命过程类比，这种类比常常推动人们从物理学和化学角度去解释生命现象。

二、科学化学的确立与燃烧的氧化理论

化学作为一门科学是从炼金术和化学工艺中脱胎而来的。在从炼金术到科学化学的转变中，冶金化学和医药化学起了桥梁作用。从 17 世纪后半叶到 18 世纪末，是近代化学孕育时期。这期间化学上最重要的成果表现在：波义耳批判炼金术，提出了化学元素这个科学概念；拉瓦锡掀起化学革命批判燃素说，建立了科学的氧化燃烧理论。

在冶金化学领域里，意大利实用化学家毕林古齐（1480—1530）于 1520 年发表《烟火术》一书。书中论述了用火制取各种物质的生产技术，其中包括金属、非金属、

① ［德］恩格斯：《自然辩证法》，人民出版社 1971 年版，第 28 页。

火药和其他爆炸物等的制造技术。德国医生阿格里柯拉（1494—1555）于1546年出版《论矿物的性质》一书，1556年出版12卷的《金属学》一书，在这两部书中论述了采矿、冶炼和检验过程，并专门论述了化学物品的制备和定量化学研究方法的意义，这表明化学已开始从工艺技术向科学靠拢。

在医药化学领域里，瑞士医生巴拉塞尔苏斯（1493—1541）曾当众烧毁盖仑的著作以示决裂。在医疗观上，他发展了用化学药物医治疾病的医药化学观点。他认为人体是一个化学体系，当人体失去化学平衡时就会产生疾病，他强调用针对性强的单一药物代替医治百病的所谓灵丹妙药，他认为炼金术的主要目的不是点石成金，而是制药，他还把炼金术的含义加以扩充，认为凡是加工天然原料使之适合新要求的一切制作过程都应称之为炼金术。在化学理论方面巴拉塞尔苏斯提出了一切物质都是由汞、硫、盐三种成分组成的观点。燃烧的是硫，挥发的是汞，变成灰烬的是盐。他的工作为医药化学奠定了基础。

使化学开始从炼金术的影响下解放出来，真正成为一门科学的是英国科学家波义耳(1627—1691)。他于1666年出版的《怀疑的化学家》一书中从理论上对化学作出了新贡献。首先，他认为化学寻求的不是制造贵金属和有用药物的实用技巧，而是应该从那些技艺中找出一般原理。化学应该是自然哲学的研究对象，而不是医生和炼金家的技艺。在化学史上波义耳第一次明确地把化学视为自然科学的一个独立学科，并把化学同化学工艺严加区别。其次，波义耳继承古希腊原子论思想，把构成自然界的材料视为一些细小致密，用化学方法不可分别的粒子，这些粒子又可以结合成大小和形状不同的粒子团，粒子团是参加化学反应的基本单位，也是决定物质性质的根本原因。再次，波义耳提出了元素的概念，他在书中说："我所指的元素，就是那些化学家们讲得非常清楚的要素，也就是某种不由任何其他物质构成的或是互相构成的原始的和简单的物质，或是完全没有混杂的物质，它们是一些基本成分，一切真正的混合物都是由这些成分直接混合而成的，并且最后仍可分解为这些成分。"① 他这里所说的混合物即化合物，他这里讲的元素定义还不是现代意义上的元素概念，他还没有把元素同单质区分开。此外，波义耳还发现了磷；用植物色素检验酸、碱性从而推动了分析化学的发展；提出了物理学上著名的波义耳定律。

波义耳在燃烧问题上，从唯物主义立场出发，提出了"火微粒"的理论。在他看来，火应当是一种实实在在的由具有"火微粒"所构成的物质元素。他曾在密闭容器内煅烧金属铜、铁、铅、锡等，仔细定量地研究了它们在煅烧后增重的情况，最后得出结论，在金属煅烧时，从燃料中散出来的火微粒，穿透容器壁，钻进了金属，并与它们结合形成了比金属本身更重的煅灰。

1703年，德国化学家施塔尔（1660—1734）正式提出了燃素说。认为火是由无数细小而活泼的微粒构成的物质实体，燃烧现象实际上是物体吸收释放燃素的过程。燃素说是第一个把化学现象统一起来的学说，在当时的历史条件下，燃素说比炼金术的观点更符合大多数化学观察，且能进一步说明很多化学现象，因此，很快得到当时许多化学

① 转引自郭保章：《世界化学史》，广西教育出版社1992年版，第44页。

家的信任和支持。对燃素说进行的验证推动了近代化学的发展。

对燃烧现象的正确认识是伴随着气体化学的发展而逐步深入的。1766 年英国科学家卡文迪许实验发现了氢气，并发现氢气可自燃。1774 年 8 月 1 日英国化学家普利斯特列（1733—1804）用聚光镜加热氧化汞得到了氧气，并发现这种气体不易溶于水，有很强的助燃能力，又特别适宜于动物及人的呼吸。但可惜，普利斯特列是燃素说的信徒，他认为这是一种失去燃素的空气，虽已走到真理面前，却因受错误观念的束缚而不能认识真理。这样，氧气的真正发现就不得不历史地留给现代化学之父，法国化学家拉瓦锡（1743—1794）。

拉瓦锡学识渊博，他一方面注重定量研究，善于运用天平进行精密的化学分析，另一方面又特别注重理论思维在科学研究中的重要作用。他通过密闭容器中金属燃烧实验，发现了化学中的质量守恒定律。在做磷的燃烧实验时，他发现生成物增加的重量，恰好等于空气失去的重量。这使他想到磷在燃烧中可能吸收了空气中的一部分物质而在还原金属煅灰时除了生成原来的金属外，一定能将燃烧时吸收的那部分空气重新释放出来。但拉瓦锡当时尚不能断定空气中的这部分气体是一种什么气体。正当拉瓦锡因为这个问题所困惑时，他遇到了普利斯特列。普利斯特列把自己所做的加热汞煅灰（氧化汞）的实验告诉了他。这使得拉瓦锡顿开茅塞。他想到普利斯特列得到的那种上好的空气可能正是他预想的在还原金属煅灰时放出来的那种气体，这种气体也正是在燃烧中被吸收的那部分空气。于是他立即重复了普利斯特列的试验，从汞煅灰中分解到比普通空气更加助燃、助呼吸的气体，拉瓦锡当时把这种气体称为“上等纯空气”，直到 1777 年才正式把它命名为氧气。1777 年拉瓦锡在向法国科学院提交的《燃烧概论》一文中，详尽地列举了推翻燃素说的实验数据，论述了燃烧的氧化学说。氧化学说的建立为化学的发展开辟了新方向，恩格斯对氧化学说的建立曾给予很高的评价，他指出：拉瓦锡“在普利斯特列制出的氧气中发现了幻想的燃素的真实对立物，因而推翻了全部的燃素说”①。并且还指出，由于拉瓦锡的氧化学说使过去在燃素说上倒立着的全部化学正立过来了。

三、数学的发展

代数与几何在希腊晚期分道扬镳之后，各自经过了一个漫长的相对独立的发展阶段。到 16 世纪时，代数方面产生了精巧的符号系统，三次方程与四次方程的解法已被熟练掌握，负数和虚数都获得了它们应有的地位，现代方程论也取得了相当的成就，三角学已不再是天文学的产物，而发展成一门独立学科。只有几何学的进展不那么显著，但却已经出现了代数与几何相结合的新的苗头。早在古希腊时期，阿波罗尼奥斯（公元前 262—前 190）就曾引用两条正交直线作为一种坐标，稍后天文学家依巴谷（公元前 190—前 125）应用经度和纬度标出天体上和地面上点的位置，1591 年韦达（1540—1603）在代数中系统地使用了字母，这就为代数方法在几何中的应用准备了条件。

解析几何学最初的发展是佩亚尔·费尔马（1601—1665）于 1629 年左右编写的

① ［德］恩格斯：《自然辩证法》，人民出版社 1971 年版，第 33 页。

《平面和立体的轨迹引论》一书。费尔马力图把古希腊数学家阿普罗尼亚斯（公元前260—前170）关于轨迹的某些已经失传的证明补充起来，他应用了坐标系，并据此研究了若干曲线、作切线的方法、极大值与极小值的确定等。在这本书的前几页，他还阐明了解析几何的一些基本原理。

不过，在解析几何领域真正作出划时代贡献的是法国的勒奈·笛卡儿。他于1637年发表了哲学著作《方法论》。这本书的最后附有“几何学”一文，这篇文章包含着今天的解析几何的两个基本思想——坐标法以及通过它将代数中的方程和几何中的曲线结合起来。他证明了几何问题可以归结为代数形式的问题，因此让求解时可以运用代数的全部方法。在问题改变形式之后，只要进行一些代数变换，就可以发现许多出乎意料的性质。此外，更重要的是笛卡儿在这里引进了“变数”的概念。所谓“变数”就是某个量 X 可以按照某个规律而取各个不同的数值。根据这一点，一条曲线就不能再看做是静止的曲线，而必须看做是一个运动的点，按照一定的规则运动和变化所形成的轨迹。因而，在数学中便引进了运动和变化的概念。

有了描述点运动的办法，自然就要求解两个问题：第一，已经知道了点运动的轨迹，如何求它在各个时刻的速度；第二，已经知道了点在某时刻的位置和它的速度变化规律，如何求它运动的轨迹。这两方面的问题，正是由实践提出的问题。前一个问题的解决导致了微分学的产生，后一个问题的解决则导致积分学的产生。从此数学进入一个新的阶段——变数数学阶段。对此，恩格斯高度评价笛卡儿的工作：“数学中的转折点是笛卡儿的变数。有了变数，运动进入了数学，有了变数，辩证法进入了数学，有了变数，微分积分也就立刻成为必要的了，而它们也就立刻产生，并且是由牛顿和莱布尼茨大体上完成的。”①

笛卡儿创立的解析几何使微积分的产生具备了理论上的条件，但是微积分的创立还有其更为深刻的社会背景。随着资本主义生产方式的确立，生产力的发展向自然科学提出了一连串的问题。如航海要求研究船只在海洋中的稳定性，研究在海洋中如何测定船只的位置；采矿要求研究地下水的问题和通信问题；战争要求研究弹道学，等等。这类问题的总的特点，就是要求从运动、变化中研究事物，因此旧有的、研究固定的量和固定图形的初等数学就显得不够用了。许多数学家和物理学家都在这方面进行了探索。

牛顿和莱布尼茨（1646—1716）在继承前人成果的基础上，各自独立地将微积分学发展到成熟的理论阶段。牛顿在1671年写成，并于1736年出版的《流数术》一书中，他把自己的微积分方法称为流数术。其基本思想是把数学中的量看做是由连续轨迹运动产生的，而不是由无穷小元素构成的。牛顿把生长中的量称作流量，流量的生长率称作流数，流数在无限小的时间间隔内所增加的无限小部分称作流量的瞬。他假定一个量在变化时可以连续减少（至少在理论上可以这样认为）直到它完全消失，达到可以把它称为零的程度，或者说它们是比任何指定的量都小的无限小量。在这里，牛顿显然把无限小量和零看做一回事，牛顿在微积分上的全部困难都源于这个自古以来的困难。根据上述规定，牛顿认为对于有固定的、可确定的关系的量，其生长时的相对速度一定

① ［德］恩格斯：《自然辩证法》，人民出版社1971年版，第236页。

有增有减，速度的这种变化可以作为一个问题去求解。如果说流量之间的关系已给出，确定这些量的流数之比的方法就是微分。而把这种方法“倒过来”，即给出一个包含着一些流数的方程，求流量之间的关系就是求积法，或者叫积分。这两种运算之间有互逆关系。运用这些方法可以解决求极大、极小值的问题以及求曲线上任一点的切线。

牛顿在他的流数术中使用了无穷小增量，但是对于这个概念，他没有给出明确的规定和严格的数学说明，因此他不能解释为什么可以把含有无穷小增量的量全部当做零加以舍弃，他在这个问题上面临着严重困难并遭受了攻击。后来，他企图把这一概念从他的方法中消除掉而代之以“基本的和最后的比”，这种改变不过是一种遁词，只要没有严格的极限概念就不可能认识无穷小量和零之间的正确关系。

莱布尼茨把自己创立的微积分学称为求差的方法和求和的方法。他的基本思想是把一条曲线下的面积分割成许多小矩形，矩形与曲线之间微小的直角三角形的两边分别是曲线上相邻两点的纵坐标和横坐标之差。当这两个差无限减小时，曲线上的相邻两点便无限接近。连接这样的两点就得出曲线在该点的切线。这就是求差的方法。求差的反面就是求和。莱布尼茨在确定求差与求和的方法之后，不仅用于解决求极大、极小值的问题，而且还给出了求两个变量乘积的微分规则和求幂的微分规则。特别是他发明了用 dx，dy 表示微分，用 $\int ydx$ 表示积分的符号，这些符号比牛顿使用的符号更为简洁，成为后人通常使用的微积分符号。尽管微积分方法在应用中非常有效，结果也很正确，但牛顿和莱布尼茨并没有严密定义微积分的基本概念，特别是无穷小的概念，以至于在微积分理论中长期存在一个逻辑悖论。微积分理论的严格化是由法国数学家达兰贝尔（1717—1783）和柯西（1789—1857）完成的。在微积分的基础上，建立和发展了无穷级数、微分方程、微分几何及变分法，这就形成了数学最重要的一个分支——数学分析。

第五节　第一次技术革命

一、蒸汽机的发明与技术革命的兴起

英国于 1770—1830 年间，首先在纺织等轻工业部门完成了工业革命。法国和德国分别晚于英国 50 年和 80 年。英国之所以能够首先完成工业革命而成为建立现代工业的伟大先驱，是因为其经济、工业技术等条件最先发展到了革命的爆发点。以 15 世纪以来的毛纺工业、矿山工业和金属工业为基础的初期资本主义的形成和发展，17 世纪中叶以后工业资本的发达以及随之而来的农村土地制度的变革；进而是海外贸易的扩大，国内商业组织的完备；以英格兰银行为中心的金融部门的发展等，都是工业革命的前提条件。而这些前提条件之所以成熟，又与 13 世纪以来的罗吉尔·培根（1214—1294）、吉尔伯特、哈维、弗兰西斯·培根（1561—1626）、波义耳、胡克、牛顿以及使科学巨匠辈出的英国科学传统有关。

工业革命的第一阶段是纺织机的发明。1733 年约翰·凯依（1704—1764）改进了纺织机（发明了飞梭），1738 年约翰·惠和路易斯·鲍尔制造滚轮式纺织机，1764 年

哈格里夫斯（1710—1778）制造多滚轮纺织机（珍妮纺织机），1768 年阿克赖特（1732—1792）制造水力推动的桨叶式纺织机，1779 年克伦普顿（1753—1827）综合珍妮机和水力机的优点，制造走锭精纺机，1787 年卡特赖特（1743—1823）制造蒸汽织机（靠蒸汽运转的织布机）。广泛地影响到工业界，并使英国工人彻底改变以往劳动状态的是哈格里夫斯的多滚轮纺织机（1880 年英国安装了 20000 台）。但是这种机器从本质上来说还是家庭工业机械，靠人转动。直到利用机械动力的阿克莱特水力纺织机出现之后，才有了发展到资本主义工厂制的可能。正如恩格斯所说："随着棉纺业的革命化，必然会发生整个工业的革命。……我们到处都会看出，使用机械辅助手段，特别是应用科学原理，是进步的动力。"①

工业革命的第二阶段是蒸汽机的发明。有了上述准备以后，1765 年瓦特的蒸汽机才应运而生。用蒸汽代替了水力和畜力，不管是城市还是其他一切地方，凡有制造蒸汽的水和煤的地方，都可以集中建立工厂了。这是一场伟大的革命，由此正式进入了近代资本主义时代。

瓦特（1736—1819）是一个经常与格拉斯哥大学有来往的机械商，他努力自学了研究蒸汽机所必需的力学、物理学、化学、数学等知识，并且与格拉斯哥大学解剖学和化学教授、热学理论的创始者约瑟夫·布拉克（1728—1799）以及《国富论》的作者亚当·斯密（1723—1790）等人交往甚密。1763—1764 年他受学校委托负责修理大学所有的纽可门式蒸汽机（常压蒸汽机），他发现这种蒸汽机的效率很低（大约为 1%）；瓦特根据比热、潜热的概念分析了上述现象，认为纽可门式蒸汽机的主要缺点是在汽缸内反复进行冷凝，把大量热能浪费于重新加热汽缸。针对这个问题，瓦特在 1765 年研制成功了同汽缸分离的单独的冷凝器，加以采取了精密加工、油润滑和设置绝热层等措施，改进了纽可门式蒸汽机，使热效率提高到 3%以上。在 1782 年又研制成功了具有连杆、飞轮和离心调速器的双向蒸汽机，使蒸汽机可以把直线运动变为连续而均匀的圆周运动，因而可以经过传动装置带动一切机器运转，给整个工业和交通运输业提供了一种可靠的通用动力机。从此动力机、传动机、工作机组成了机器生产的系统，这一划时代的成就使他在 1794 年获得了发明专利（专利第 913 号）。作为资本主义大工业动力机械的蒸汽机就由此诞生了。蒸汽机发明以后，它的身影迅速出现在工厂、矿山、火车、轮船上，蒸汽机带动着纺织机、鼓风机、抽水机、磨粉机，造成了纺织、印染、冶金、采矿和其他工业部门的迅速发展，创造出人们以前无法想象的技术奇迹，真正意义上的社会化大生产出现了。

在瓦特之前，已有人发明了蒸汽机，瓦特的发明最大优点是减少燃料消耗。以萨弗里（1650—1715）式蒸汽机而言，每小时每一马力的耗煤量为 80 公斤，纽可门（1663—1729）式机器为 25 公斤，瓦特式蒸汽机只有 4. 3 公斤。高效率、经济、合理，为达到一定目的而建立系统的操作程序和方法，可验证性、可靠性等准则都蕴含在科学精神之中。这一科学精神与近代资本主义是一对孪生子。正如德国社会学家马克斯·韦伯所认为的那样，近代资本主义"依赖于现代科学，特别是以数学和精确的理性实验

① 《马克思恩格斯全集》第 1 卷，人民出版社 1995 年版，第 32 页。

为基础的自然科学的特点。另一方面，这些科学的和以这些科学为基础的技术的发展又在其实际经济应用中从资本主义利益那里获得重要的刺激”①。

开始用机器制造机器，是工业革命的第三阶段。这主要与刀架的发明有关。只有在可以做到用机器生产机器的时候，大工业才奠定了自己的技术基础并得以确立。

在制造蒸汽机、纺织机和枪炮的推动下，18 世纪末期的机械加工技术也有了新的进展。在制锁、制枪支中开始实行了可以互换零部件的标准化方法。英国机械师莫兹利(1771—1831) 在 1794 年发明了车床上的移动刀架，在 1797 年制成了安放在铁底座上带有移动刀架的车床。莫兹利将原来用手握持的刀具安装在机架上并使之能沿着车床的中心轴线平行滑动，这种自动刀架车床可以方便、迅速、准确地加工平面、圆柱形、圆锥形等多种几何形状的部件，使车床真正成为机器制造业自身的工作机。滑动刀架这一简单的发明是机械技术史上的重大创造，在 19 世纪中英国出版的《全国的工业》一书中认为，滑动刀架对机器使用的改良和推广所产生的影响，不亚于瓦特对蒸汽机的改良所产生的影响。采用这种附件的结果是，各种机器很快就完善和便宜了，而且推动了新的发明和改良。机械化操作的金属切削机床可以用来制造各种行业的工作机和动力机，也可以用来自己制造自己，它是工业革命中名副其实的工作母机，它的出现标志着机器制造业进入一个崭新的阶段。

二、第一次技术革命的历史意义

第一，第一次技术革命引发的工业革命，为自然科学的发展和运用开辟了广阔的道路。

工业革命通常指资本主义机器大工业代替工场手工业的过程。工业革命的技术实质就是把技术引入生产过程，用机器代替人的部分体力和脑力劳动。工业革命使科学和技术成为生产过程必不可少的因素，生产过程变为科学的应用，又使科学成为同劳动相分离的独立的力量，技术发明成为一种职业。“只有资本主义生产方式才第一次使自然科学为直接的生产过程服务，同时，生产的发展反过来又为从理论上征服自然提供了手段。”“随着资本主义的扩展，科学因素第一次被有意识地和广泛地加以发展、应用，并体现在生活中，其规模是以往时代根本想象不到的。”②

第二，第一次技术革命对科技和教育的社会化发展产生了重大影响。

处在资本主义生产方式上升时期的资产阶级积极推动工业革命和科学技术的发展。资本家、资产阶级政府不仅关心科学技术的进步，而且还采取了一些促进科学技术进步的措施，直接干预科技活动和科技事业。在工业革命中，各种科学社团纷纷开办，科学家、企业家、政府官员踊跃加入，科学活动呈现出社会化的趋势，科学技术对社会的影响也越来越大。到 19 世纪末，英国全国共有 100 多个科学社团，总人数比 18 世纪末增加了 100 倍。1831 年成立了全国性的英国科学促进会，其主要任务就是分析科学发展

---

① ［德］马克斯·韦伯：《新教伦理和资本主义精神》，生活·读书·新知三联书店 1987 年版，第 14 页。

② ［德］马克思：《机器、自然力和科学的应用》，人民出版社 1978 年版，第 206、208 页。

的全貌，指出在进一步研究中最有成功希望的新方向。这个协会对 19 世纪英国科学的发展有重要影响。英国皇家学会也在 19 世纪进行了改革，规定贵族不享受参加学会的特权，学会成员以科学家为主。法国、德国和美国的科学活动和科学组织则“官方”色彩更浓。

起源于中世纪的专利制度开始是对经营手工业和商业的特权，资本主义兴起以后，这种专利制度得到延续，用于保护新的技术发明。但是旧的专利制度手续繁杂、费用昂贵，限制了工业革命的发展。资产阶级基于利用科学技术的迫切需要，在 19 世纪后半叶先后修改或制定了新的专利法。新的专利制度促进了创造发明和新技术的推广，专利项目的增长反映了 19 世纪技术的长足进步。

工业革命的发展需要有懂得科学并能掌握近代技术的大批人才。英国在 18 世纪首先出现的技工学校到 1850 年已发展到约有 600 所，其中一些后来变成了技术学院。法国在 1794 年成立了巴黎理工学院，在招生条件、考试制度、课程设置等方面实行改革，它在 19 世纪成为科学技术教育和研究的中心，培养出了一大批做出开拓性发现和发明的著名人才，被拿破仑称为会下金蛋的母鸡。德国、奥地利、瑞士、俄国等国家也在开办工艺学校或技术学校的同时开始兴办理工科大学或学院。德国的科学技术教育后来居上，搞得更为出色。美国也很重视科技教育，1861 年靠私人联合公司的资金建立了麻省理工学院。1862 年，美国国会通过了“土地赠予法”，规定各州要出卖从联邦政府获得的土地并把卖得的钱用于建立农业专业学院，结果在 28 个州都建立了这种学院，对美国农业技术人员的培养和农业经济的发展起了重要作用。

第三，第一次技术革命推动了新兴产业部门的崛起和社会生产力的巨大发展。

以大机器生产为特点的工业体系的形成是工业革命的主要成就，蒸汽动力的广泛应用，带动了纺织工业、钢铁工业、煤炭工业、交通运输业、机器制造业的等新兴产业部门的飞跃发展，极大地推动了社会生产力迅猛发展，又为资本主义生产方式奠定了巩固的技术基础。从 1800 年到 1900 年，英、美、法、德四个主要资本主义国家的煤炭产量从 1270 万吨增加到 65670 万吨，生铁产量从 20 万吨增加到 3587 万吨，钢材、铁路里程、船舶吨位都有了很大的增长。从 1820 年到 1913 年，世界工业生产增加 48 倍。恩格斯在总结工业革命的意义时指出：“蒸汽和新的工具机把工场手工业变成了现代的大工业，从而把资产阶级社会的整个基础革命化了。工场手工业时代的迟缓的发展进程转变成了生产中的真正的狂飙时期。”①

第四，第一次技术革命加剧了资本主义社会固有的基本矛盾。

工业革命中的技术进步提高了生产的社会化程度，使生产真正成为社会的活动，同时机器大工业又使资本家之间的竞争白热化，加速了资本的积累和集中。19 世纪时，社会化大生产和生产资料私人占有之间的矛盾就鲜明地表现出来。机器大工业的巨大扩张能力不顾任何阻力，要求扩大产品的销路，但是，在资本主义条件下无产阶级的贫困化使市场的扩张赶不上生产的增长，这就使“生产过剩”的经济危机不可避免。这种危机 1825 年首先在当时生产最发达的英国发生，以后又频频发生。危机爆发时，中小

---

① 《马克思恩格斯选集》第 3 卷，人民出版社 1995 年版，第 728 页。

企业破产，通货膨胀，失业工人激增，在业工人工资降低。机器大工业是工人创造的，现在机器又成了奴役他们的工具。机器的改进增加了社会财富，它又使生产者变为需要救济的贫民。科学技术的发现和发明是人对自然界的胜利，而在资本家手中却成为对工人的胜利，资本家通过新技术的应用获得了巨额的利润，又由于有了新的发明可以用解雇的手段来威胁工人。为了反抗剥削和压迫，19世纪的英、法等国，就先后爆发了宪章运动、里昂起义、巴黎公社运动、争取八小时工作制的工人罢工运动等，它标志着工业化大生产所产生的新的社会力量——无产阶级登上历史舞台。

◎ 思考题

1. 航海探险和地理大发现对近代自然科学的兴起产生了什么影响？
2. 怎样评价牛顿构建经典力学体系的意义？
3. 16—18世纪自然科学发展的总体状况是怎样的？
4. 蒸汽机的发明和第一次技术革命对社会经济发展的意义如何？

第五章　近代科学的发展与第二次技术革命

19 世纪的科学与 17—18 世纪的科学相比有两个显著的不同：从方式上看，前者进入了系统地整理阶段，而后者则是处于自然知识的收集和积累阶段；从形态上讲，前者进入了理论科学阶段，而后者主要是处于经验科学阶段。这些明显的变化不仅导致形成了自牛顿时代以来的又一次科学高潮，几乎在各个学科、各个领域内都取得了革命性的进展，同时也引起了哲学观念方面，特别是自然观认识方面的根本性变革。科学革命必然导致技术革命和产业革命，19 世纪最杰出的成就无疑是电气工业的产生和发展。由于电磁理论的建立和发展促成了发电机、电动机和其他电磁机器的发明，并带来了无线电报和电话的发明，标志着电气时代的到来，引起了人类历史上继蒸汽革命以后的第二次技术革命，其作用和影响一直持续到今天。

第一节　19 世纪的天文学和地质学

一、天文观测技术的进步和天体演化理论的提出

19 世纪天文学的发展得益于观测技术的进步。这些技术进步包括望远镜的改进、天体照相术的发明和光谱学技术的发明。1729 年英国业余天文学家霍尔制成了第一块消色差物镜，它是由不同种类的玻璃拼成的，其主要作用在于：一块透镜产生的色差可以被另一块透镜所抵消，称为复合物镜。1817 年德国的夫朗和费（1787—1826）制造出第一块直径为 9. 5 英寸、焦距为 14 英尺的大孔径优质物镜，后来俄国多尔帕特天文台台长斯特鲁维（1793—1864）借助于装上这种物镜的折射望远镜发现了 2200 多颗新双星。与此同时，反射望远镜也有很大改进。1781 年英国天文学家赫歇尔（1738—1822）利用自制的大型反射望远镜发现了天王星。1787 年他研制出第一架焦距为 20 英尺的巨型反射望远镜，两年后（1789）又研制出直径为 48 英寸、焦距为 40 英尺的巨型反射望远镜，并用它发现了一些行星的卫星。1846 年德国天文台台长加勒（1812—1910）按照勒维烈（1811—1877）计算的结果发现了海王星。

天体照相术的发明首先应归功于巴黎天文台台长阿拉戈（1786—1853）。1839 年，阿拉戈发明了银板照相法，随后照相术便被广泛应用于天文学研究之中。利用照相术不仅可以获得永久性的天文照片，而且可以拍摄连巨型望远镜都观察不到的暗弱天体。1840 年美国的德雷伯（1811—1882）利用大型望远镜和照相术拍摄了第一张月亮表面的照片；1845 年德国的费索（1819—1896）拍摄了第一张太阳照片；1877 年米兰的斯基伯雷利（1835—1910）公布了当时最精确的火星表面图片。

18 世纪下半叶，英国天文学家赫歇尔开创了恒星天文学研究领域，随着 19 世纪光谱学技术的发展，人们对恒星的化学构成开始有所了解。恒星光谱学的研究，始于英国的沃拉斯顿（1766—1828），他于 1802 年发现太阳光谱中有 7 条暗线。当时他认为这是各种颜色的界限而没有对其给予足够注意。1814 年夫琅和费又一次发现了这些暗线，并发现它们是固定不变的，但因他早逝而未能得出对这一特异现象的解释。

1859 年德国物理学家基尔霍夫（1824—1887）根据他提出的著名的基尔霍夫三定律对这些暗线作了说明。基尔霍夫的三定律是：第一，白炽固体或高压白炽气体产生连续光谱，其范围从红光到紫光；第二，低压发光气体和蒸汽光谱是一些分离的明线，而且每种元素都具有一组独特的发射光谱线；第三，能够发出某一特定光谱的物体对这条谱线有强烈的吸收能力。这三条定律为天体物理学奠定了理论基础。基尔霍夫根据这三条定律，把太阳光谱中的暗线解释为：它是由太阳大气对太阳发出的连续光谱中相应波长光的吸收所造成的，在实验室内可以在太阳光谱和火焰的连续光谱中人为地加强这种暗线。基尔霍夫把太阳光谱和实验室光谱进行比较后确认，天体的化学组成中有许多地球上常见的化学元素。如太阳光谱的黄色波段处有一暗的双重谱线，与地球上钠蒸汽发射的光谱中的双亮黄线位置相同，故可以证明太阳上必定存在钠。用这种方法可以认识太阳存在其他与地球上相同的元素。观测技术的进步使天文学研究范围不断扩大，观测所获得的资料越来越多，促进了理论分析的深入。

第一个天体演化理论是康德提出的星云假说。1754 年德国青年哲学家康德（1724—1804）提出了一篇探讨地球自转问题的重要论文，文中提出了由于潮汐摩擦而使地球自转逐渐变慢的假说，这种见解现在已得到证实。这一假说实际上已经渗透了天体是发展变化的思想。一年后即 1755 年，康德又发表了《宇宙发展史概论》一书，提出了太阳系起源的星云假说。康德认为，太阳系的所有天体是从一团主要由固体尘埃微粒构成的稀薄的原始星云通过万有引力作用而逐渐形成的，这团物质是在排斥和吸引的相互斗争中产生运动的。所谓吸引的主要因素是万有引力，星云内较大的质点或质点团，把周围较小的质点或质点团吸引过去，形成越来越大的物质团。它们在运动中互相碰撞，有的碰碎了，有的则合并为更大的物质团，最后在星云中心部分形成大的中心天体，这就是太阳。而康德所理解的“斥力”主要是指质点互相碰撞时产生的机械力，当中心天体形成后，留在外面的质点或质点团继续向中心体下落，在下落过程中因与其他质点碰撞而改变运动方向斜着下落，这样便有很多质点绕太阳公转起来，在太阳周围出现转动着的云状物，后来逐渐凝聚成行星。至于卫星的形成，康德认为是行星形成过程的小规模的重复。此外，康德还对行星轨道的特性、密度和质量分布、彗星形成、行星自转、土星光环和黄道光的形成等都作了定性解释。当时还没有发现天王星、海王星、小行星，卫星只发现了 10 个，彗星的资料也很少，人们对太阳系的认识还处于十分贫乏的状态，康德能对太阳系起源问题作如此详尽而深刻的探讨，而且许多看法至今还很有价值，的确是难能可贵的。

继康德之后，法国著名数学家、天文学家拉普拉斯（1749—1827）在 1796 年出版的《宇宙体系论》的附录七中，也提出了太阳系起源的星云说。拉普拉斯认为，太阳系的所有天体是由一团大致呈球状的、灼热而本身又在自转着的巨大气体星云形成的。

由于冷却，星云逐渐收缩，由于角动量守恒，收缩时转动速度加快，在离心力和密度较大的中心部分对它的吸引力的联合作用下，星云逐渐变为扁平的盘状，当离心力与引力相等时，就有部分物质留在原处，演化为一个绕中心转动的环；星云继续冷却和收缩，分离过程一次又一次地重演，形成了和行星数目相等的气体环，星云中心部分则收缩为太阳，由于各个气体环内物质分布的不均匀性，使物质越来越趋向于环内密度较大的地方集中，最后形成行星，形成不久的行星还是相当热的气体球，后来逐渐冷却、收缩、凝固为固体的行星，较大的原始行星在冷却收缩时又可能类似地一次次分出一些气体环，形成卫星系统。

在两个世纪前宗教神学势力还相当强大，拉普拉斯就已在他的名著《宇宙体系论》中，严肃地批判了牛顿用“全智全能的上帝的创作”来解释太阳系结构的错误观点。他认为牛顿过早地放弃了科学研究，而把他无法解释的问题归之于“上帝”，这对于科学和他自己的荣誉来说都是不幸的事。拉普拉斯还写了一部天文学名著《天体力学》，当拿破仑问拉普拉斯，为何在这部著作中一次也未提到世界造物主时，拉普拉斯立即干脆地回答说：“我不需要这个假说。”① 这些都表明了拉普拉斯坚定的无神论和唯物主义立场。

康德的《宇宙发展史概论》开始是匿名发表的，第一版印数不多，他的星云说很长时间得不到公认。在拉普拉斯的星云说提出后，由于拉普拉斯的学术威望和当时法国的社会条件，很快得到了公认。在这种情况下，康德的著作也于 1799 年再版。拉普拉斯的星云说在 19 世纪被认为是太阳系起源的最完善的学说，但在当时的历史条件下，也有一些不妥之处。康德和拉普拉斯的星云说的最大历史功绩，是根本否定了牛顿提出的上帝对行星运动作了“第一次推动”的说法，说明了地球和整个太阳系是某种在时间的进程中逐渐生成的东西。星云说在当时的形而上学宇宙观中打开了第一个缺口。

二、地质学的确立

1790—1830 年是地质学的确立时期。魏纳（1749—1817）、洪堡（1769—1859）、布赫（1774—1853）、赫顿（1726—1797）、史密斯（1769—1839）、居维叶（1769—1832）、赖尔（1797—1875）等人使这门学科从科学的大家族中独立出来。

关于地壳变化及岩石成因的争论，形成了不同的学派，如水成论与火成论之争，灾变论与渐变论之争。

水成论是近代地质学第一个科学形态的学说，其创始人是德国人魏纳。魏纳地质学体系的中心思想是，人类观察所及的地壳，其岩层组成并非杂乱无章的堆砌，而是井然有序的排列。他把这种组成单位叫“地层”。他认为，地层是一层覆盖另一层，形成地壳的发展系列。1777 年他根据厄兹山区的考察资料，把岩层划分为四种基本类型，即冲积层、成层岩层、过渡层和原始层，并认为这个岩层序列也是地壳的发展历史。他认为一切地层都是由世界洪水期沉积而成，水是地壳形成与变化的唯一动力因素，地下火的作用是次要的、局部的。但是这一学说难以回答原始海洋的存在、地层厚度不均以及

① 《马克思恩格斯选集》第 3 卷，人民出版社 1995 年版，第 702 页。

玄武岩的形成等问题。1805年布赫与洪堡论证玄武岩为火成成因，实际上宣布了水成论的破产。

反对水成论的地质学派被称为“火成论”，其发祥地在苏格兰的爱丁堡。这个学派的领袖人物是赫顿等人。他们认为现今看到的地貌是长期自然侵蚀的结果，因为侵蚀过程极其缓慢，要求时间无限久远；侵蚀不可避免地从地球上抹去陆地。可是事实上还是有高山与陆地。他认为，侵蚀过程的后续过程是沉积，有许多证据表明，许多现时看到的固体岩层源于海底沉积，是古老岩层或火成岩残留物堆积而成。所以地壳是一种循环运转，一部分陆地毁灭，一部分陆地再造，循环就是抵消毁灭的再造。沉积物在海底固结，形成胶结物需要有压力（即物质与海水的重力），但根本因素是地内热，地内热在形成结晶片岩时起决定作用。同时他引用采矿经验，指出地球深部热量远超过地表热量。火山喷发的灼热岩浆就是例证。他接着论述，沉积过程之后，是地壳的隆起抬升过程。他用花岗岩脉切穿云母片岩来论证这一过程，表明花岗岩是触熔物质侵入形成的，而这种侵入有一股巨大的推挤力量，使沉积地层隆起抬升。这就是赫顿描绘的地壳演化的三个连续过程，地内热是循环运转的动力，地球就是一部热机。

“水火之争”发展了地质科学概念与研究方法，对地质学的独立具有重要意义。地壳发展、地层构成、地层层序、地层形成的时间性等概念，表明地质学开始从母体矿物学中脱胎出来。但是，只有把生物演化系列和地层系列统一起来考虑，才能揭开地球的真实历史。这个工作由居维叶等人所开创。

灾变论的代表人物是居维叶。居维叶出生于距巴塞尔40英里的小镇蒙贝利亚尔，当时属维腾堡公国，后来属法国，所以德国人与法国人都说居维叶是自己国家的光荣国民。居维叶对地质科学的贡献是确立了生物地层学研究方法。这是从巴黎盆地地层古生物研究开始的。居维叶等人把巴黎盆地的地层，从最下面的白垩层到最上面的黄土黏土层，共划分为九层（相当于现在的白垩纪、始新世、渐新世和第四纪冲积层），详细记录了每一地层的化石种类。然后运用比较解剖学知识，把生物化石与现存生物作对比，发现有些动物在某个地层繁衍而以后灭绝，而有些灭绝动物和现存生物相似，特别是四足兽哺乳动物。于是他们形成一个科学概念：灭绝生物越是和现存生物差别大，躯体构造越简单，则它所处的地层年代越古老；越是和现存生物相似的生物化石，它所处的地层年代越新。这就是说，他们找到了“化石”这个科学尺度，通过与现存生物对比，可以推断地层年代（相对年代）。但是，居维叶认为灭绝物种与现存物种之间没有发现过渡类型，不能说现存物种是进化而来的。他认为以前的种也正如现在的种一样，是永恒不变的。

物种既然是不变的，那么不同地质年代的地层中，为什么有不同物种呢？为什么过去的物种，后来看不到了呢？居维叶回答说现在地球上的生命都遭受过可怕的事件，无数的生物变成了灾变的牺牲者，一些陆地上的生物被洪水淹没，另一些水生生物随海底的突然高起而被暴露在陆地上，因此这些类群就永世绝灭了……这种灾变，在地质年代早期遍及全球，在地质年代晚期，仅限于较小区域。什么力能解释地球历史中的巨大灾变？他认为现在地球上起作用的自然力，如冰雪、流水、海洋、火山、地震，都不能说明过去的灾变，这种力只能是一种超自然的力。而且他从沉积速率计算，最后一次大灾难发生在五六千年前。实际上他心目中指的就是诺亚洪水。所以恩格斯评价居维叶的理论说："居维叶关于地球经历多次变革的理论在词句上是革命的，而在实质上是反动的。这种理论以一系列重复的创造行动取代了上帝的一次创造行动，使神迹成为自然界的根本的杠杆。"①

渐变论的代表人物是赖尔，1830 年赖尔的《地质学原理》第一册出版，标志着地质学旧时代的结束和新时代的开始。赖尔在书中明确认为，地球的面貌是缓慢变化的，引起这种变化的自然力，如河流、泉水、海洋、火山、地震等，是今天可以观察到的。这些地质应力对地球所作的历史性修正，就是地质学的研究课题。《地质学原理》第二册论述了拉马克（1744—1829）的物种变异、物种的地理分布与传播、化石埋藏与生物对地表变化的作用、人类的起源等思想，赖尔认为这些是生物界的相继变化，也应该是地质学研究的课题。《地质学原理》第三册主要内容是第三纪地层划分以及岩石分类。第三纪地层划分，无论就科学内容与科学方法来说，赖尔都作了开创性贡献，是生物地层学的典范。赖尔总结出来的地质学体系包括了矿物、岩石、地层、古生物、矿床、地貌、动力地质、构造地质等内容，今天的古典地质学也是这个模式。可见，《地质学原理》对地质学具有方向性的指导意义。

总之，《地质学原理》的发表标志着地质学的独立，这主要表现在：完成了地质科学体系；确立了地质进化的科学概念；总结了地质研究的科学方法三个方面。恩格斯曾经高度评价赖尔的工作："最初把知识性带进地质学的是赖尔，因为他以地球的缓慢变化所产生的渐进作用，取代了由于造物主的一时兴动所引起的突然变革。"②

第二节 19 世纪的物理学和数学

一、能量守恒定律的发现及热力学研究

对于热本质的认识历来存在着两种不同的观点，一种是热的物质说，另一种是热的运动说。

当时人们对自然的认识还是"实物粒子"的图景，因此主张热质说的人认为，热是"一种特殊形态的没有重量的物质"，当热质进入物体后物体会发热。这种学说可以追溯到古希腊的德谟克利特和伊壁鸠鲁以及卢克莱修等人。在近代，它由于受到伽桑狄·布莱克（1592—1655）的支持更被强化。这是由于热质说能简单明白地解释当时发现的大部分热现象：如物体温度的变化是吸收或放出热质引起的；热传导是热质的流动；对流是载有热质的物体的流动；辐射是热质的传播；物体受热膨胀是热质粒子间的相互排斥；物质状态变化时的"潜热"是物质粒子与热质发生"准化学"反应的结果；摩擦和碰撞的生热现象，是由于"潜热"被挤压出来以及物质的比热变小的结果，等等。而且当时对热现象的研究，大多是局限在热交换、热传导现象的范围内，很少涉及

① 《马克思恩格斯选集》第 3 卷，人民出版社 2012 年版，第 853 页。

② 《马克思恩格斯选集》第 3 卷，人民出版社 2012 年版，第 853 页。

热与其他能量之间的转化。

在热质说观点的指导下，热学所取得的主要进展有：布莱克发现了“比热”和“潜热”；瓦特从理论上分析了蒸汽机的主要缺陷，改进了蒸汽机；傅立叶（1768—1830）建立了热传导理论；卡诺（1796—1832）从热质传递的物理图像出发在19世纪初提出了消耗从热源取得的热量而得到功的理论。

主张热的运动说的人认为，热是物体粒子的运动。17世纪的培根、波义耳，18世纪的伯努利（1667—1748）、罗蒙诺索夫（1711—1765）、卡文迪许等持有这种观点，他们认为热本质是物质微粒的机械运动。但这种观点尚缺乏足够的实验根据，不能形成科学的理论。因而18世纪的中后叶，热质说压倒了热的运动说而占据主导地位，并发展到了鼎盛时期。

正当热质说风行一时的时候，它受到了致力于推翻热质说的杰出物理学家汤姆森（即伦福德伯爵，1753—1814）的有力挑战。汤姆森出生于美国，后加入英国国籍，他通过研究不同物质的内聚强度而开始了实验科学家的生涯，1778年成为皇家学会会员。他曾在慕尼黑兵工厂工作，并负责在炮身上钻孔。他发现钻孔时能产生大量的热，而钻出的金属屑足以把水烧开，而且钻头越钝发热越多，这种热好像取之不尽。显然，热质说对此不能作出令人满意的解释。汤姆森提出了自己的看法，他在笔记中写道：看来这些实验中由摩擦产生热的源泉是不可穷尽的，不用说，任何与外界隔绝的物体或体系能够无限制地提供出来的东西，绝不可能是具体的物质实体。在他看来，在这些实验中被激发出来的热，除了把它看做是“运动”之外，似乎很难把它看做其他任何东西。汤姆森的工作无疑是对热质说的一个沉重打击，但是由于他的测量有明显误差（他没有测量实验中热量的散失），所以在定量说明方面没有热质说精确，致使在相当长时间里，汤姆森的实验还不足以转变人们的看法。

1799年，21岁的英国人戴维（1778—1829）发表论文，叙述了他所进行的一个巧妙而富于独创性的实验。他将两块温度为29℉的冰固定在一个由时钟改装的装置上，使两块冰可以不断地摩擦。然后把它们放进抽成真空的大玻璃罩内，外边用低于29℉的冰块与周围环境隔离开来。两块冰通过摩擦慢慢溶解为水，并且升温到35℉。在这个实验中，“热质”不可能从外面跑进去；冰只能吸收潜热融化为水，所以也不可能是从冰中挤出了“潜热”；而且冰的比热比水的比热更小，所以这个实验中，“热质守恒”的关系不再成立了。戴维由此断言：“热质是不存在的。”他认为摩擦和碰撞引起物体内部微粒的特殊运动或振动，而这种运动或振动就是热。汤姆森和戴维的实验，可以说是判决性的实验，给热的运动说提供了强有力的支持，对后来的迈尔、焦耳的工作产生了很大的影响。他们可以说是发现能量守恒与转化定律的先驱。

蒸汽机的发明与改进以及广泛应用，对蒸汽机中能量转化问题的探讨是通向能量守恒定律的重要途径。蒸汽机在发明的初期，人们在改良蒸汽机过程中取得了巨大的进展，以致很多人认为蒸汽机效率的提高可以是无止境的，甚至不用输入能量就可以做功，这就导致了造永动机的实践。然而这种实践无一不以失败而告终。造永动机的失败，从反面显示出自然界存在着种种普遍规律制约着人们。想不付出代价而从自然界中取出可供利用的有效动力是不可能的，人们只能根据各种自然力相互转化的具体条件，付出一定代价而有效地利用自然界提供的各种能源。迈尔、焦耳、赫姆霍兹等人就是从永动机不可能实现的事实入手，研究并发现了能量守恒定律的。

迈尔（1814—1878）是德国医生，1840 年，迈尔在一艘从荷兰驶往东印度的船上当医生。当船驶到爪哇附近时，他在给生病的欧洲船员放血时发现静脉血不像生活在温带人的血那样颜色发暗，而像动脉血那样鲜红。别的医生告诉他这是热带地区的普遍现象。他还听船员说，在下大暴雨时海水比较热，这些现象引起了迈尔的思考。在拉瓦锡燃烧理论的启示下，他想到人体的体热是由于人所吃进的食物和血液中的氧化合而释放出来的。在热带高温情况下，肌体只需吸收食物中较少的热量，所以肌体中食物的氧化过程减弱了，因此流回心脏的静脉血中留下了较多的氧，这使静脉血呈鲜红的颜色。雨滴在降落中获得活力，也产生热，所以暴风雨降落时，海面上反而更热一些。这些现象都表现出各种自然力之间的相互转化。他后来撰写了题为《论无机界的力》的论文，并于 1842 年发表在李比希（1803—1873）主编的《化学与药物》杂志上，指出“力是不灭的、能够转化的客体”，这里的“力”就是指能量。他并根据当时测定的气体比热的数据，第一个得出热的机械当量为 1 千卡等于 365 千克米。因此，迈尔成为第一个提出能量守恒定律的人。

从多方面论证能量转化与守恒定律的是德国物理学家和生物学家赫姆霍兹（1821—1892）。他曾在著名的生理学家弥勒（1801—1858）的实验室里工作过多年，研究过“动物热”。他早年在数学上有过良好的训练，同时又很熟悉力学的成就，读过牛顿、达朗贝尔、拉格朗日等人的著作，对拉格朗日的分析力学有深刻印象。他也是康德哲学的信徒，把自然界大统一当做自己的信条，深信所有的生命现象都必须服从物理与化学规律。他认为如果自然界的“力”（即能量）是守恒的，则所有的“力”都应和机械“力”具有相同的量纲，并可还原为机械“力”。1847 年，26 岁的赫姆霍兹写成了著名论文《力的守恒》，充分论述了这一命题。这篇论文是 1847 年 7 月 23 日在柏林物理学会会议上的报告，由于被认为是缺乏思辨性、实验研究成果的一般论文，没有在当时有国际声望的《物理学年鉴》上发表，而是以小册子的形式单独发行。但是历史证明，这篇论文在热力学的发展中占有重要地位，因为赫姆霍兹总结了许多人的工作，把能量概念从机械运动推广到所有的变化过程，并证明了普遍的能量守恒原理，从而可以更深入地理解自然界的统一性。

事实上，实验验证这一定律的工作早就由英国物理学家焦耳（1818—1889）做出了。焦耳是一个业余科学家，很早就关心物理学，对电、磁的研究很有兴趣。他做了大量有关电流热效应和热功当量方面的实验，并把它总结成几篇文章发表。从这些文章中可以看出焦耳对热功当量的思想发展过程；他首先研究了电流通过导体所生成的热，得到电流热的定量关系是：导体中一定时间所生成的热量，与导体的电阻和电流平方的乘积成正比——这就是焦耳定律。焦耳认为这个实验还不能对热本质作出判断。1843 年焦耳又提出了一个想法，磁电机所形成感生电流与来自其他电源的电流一样地产生热效应。他使一个线圈在电磁体的两极间转动，线圈放在量热器内，实验证明产生的热和用来产生它的机械动力之间存在恒定的比例。由于电路是完全封闭的，水温的升高完全是由于机械能转化为电，电又转化为热的结果。这就排除了热质是从外界输入的可能。后来焦耳又重复了这些实验，以证实自然界的“力”是不能毁灭的，凡是消耗了机械力的地方，总能得到相当的热。这样热就被证实是能量变化的一种形式。但是，一些大物理学家对焦耳的结论表示怀疑和不信任，焦耳的论文被皇家学会婉言谢绝了。焦耳没有灰心，决心以更多的实验证明他的结论。后来他用新的测量方法得到的热的机械当量数值分别为436千克米/千卡和438千克米/千卡。1849年焦耳在皇家学会宣读论文《论热的机械当量》，并宣布了他著名的实验结果；要产生使一磅水（在真空中测量温度为55℉到60℉之间）升高1℉的热量，需要花费相当于772磅重物下降1英尺所做的机械功。此后焦耳还继续进行他的实验测量，一直到1878年。他前后用了近40年时间，做了四百多次实验，确定了热功当量的精确值，为能量守恒原理的建立提供了可靠的实验根据。焦耳最后得到的热功当量值为423.85千克米/千卡。

这一时期除上述三位科学家外还有不少人也进行了这一研究并得到了同样的结论。如萨迪·卡诺（1796—1832）在1830年也意识到热质说的错误，转向了热的运动说，而且认为热和机械能可以相互转化并且是等价的。英国律师格罗夫（1811—1896）也在1842年，搜集并整理了当时物理学方面已经得到的各种成果，从电的研究中得到了能量守恒原理。他在伦敦的一次讲演中提出：“一切所谓的化学力（即能量），包括机械力、热、光、电、磁，甚至所谓的物理力，在一定条件下都可以互相转化，而不发生任何力的损耗。”他的这个讲演于1846年以《物理力之间相互关系》为题在伦敦出版。又如丹麦的工程师柯尔丁（1815—1888）在1843年通过摩擦实验测定了热功当量的数值，得到了与焦耳相同的结论。

把能量转换和守恒定律应用于热现象，就是热力学第一定律。第一定律确定了一个封闭系统中各种不同形式能量之间的当量关系，但是它并未揭示这种转化的方向性问题，就是说，满足能量守恒的过程是不是总是可以实现呢？热力学第一定律没有回答，完成这一任务的是热力学第二定律。

建立理论把热转变为机械运动的是法国工程师萨迪·卡诺。他经过对实际蒸汽机的基本构造和工作过程的分析，提出了一个理想的循环过程，得出了关于消耗热而得到机械功的普遍性结论。他抓住了热机工作过程中高低温热源这个重要因素，指出：凡是有高低温热源，凡是有温度差的地方就能够产生动力；反之，凡是能够消耗这个力的地方就能够形成温度差，就可能破坏热质的平衡。根据这个想法，卡诺设计了一个理想的循环过程。使热机（蒸汽机）在加热器和冷却器之间工作，从而形成了一个循环过程，这是由两个等温过程和两个绝热过程构成的理想化的循环过程，假定过程可以反方向进行，且不破坏平衡，因而可视为可逆的过程。因为是在循环过程中，系统在高温下膨胀，对外做功，而在低温下压缩，外界对系统做功，故一个循环中既有系统对外做功，也有外界对系统做的功，怎样解释获得的净功呢？卡诺开始时，没有用消耗了热量来解释，而是把蒸汽机做功与水轮机（水车）做功进行类比，用热质说的热质守恒进行解释。他把热的动力和瀑布的动力相比，瀑布的动力依赖于它的高度和水量，热的动力依赖于所用的热质的量和可以称为热质的下落高度，即交换热质的物体之间的温度差。这个类比使卡诺得出了如下结论：正如水通过落差而带动水车做功并不改变水的总量一样，在蒸汽机工作过程中，热质总量并没有损失，从高温加热器放出的热量和低温冷凝器所接受的热量是相等的。

这个结论显然是错误的，因为热量与水量不同。水量是守恒的，但热量可以转化为功，是不守恒的，从高温的加热器吸收的热量将大于向冷凝器放出的热量。但是这样类比，使卡诺得到了一个十分有益的见解：蒸汽机必须工作在高温热源和低温热源之间，它所产生的机械功一定与两个热源的温度差成正比。因而，可以设想，工作在相同高温源和相同低温源之间的一切可逆蒸汽机的效率应该都相等，这就是卡诺定理的基本设想。卡诺在蒸汽机理论的研究工作中，第一个应用了理想化的模型，采用了最一般的热力学方法，具有极普遍的意义。恩格斯高度评价了这一点："他研究了蒸汽机，分析了它……他略去了这些对主要过程无关紧要的次要情况而设计了一部理想的蒸汽机（或煤气机），的确，这样一部机器就像几何学上的线或面一样是无法制造出来的，但是它以自己的方式起了这些数学抽象所起的同样的作用：它表现纯粹地、独立地、不失真地表现出这个过程。"①

卡诺用热质守恒来证明自己的理论，这是不正确的，几年后，他意识到热质说的虚妄和不正确，同时也感到自己的证明有错误，但由于他的早逝而来不及纠正。卡诺定理的正确的证明，是由克劳修斯（1822—1888）和汤姆逊（1824—1907）来完成的。1850年克劳修斯发表了题为"论热的动力与由此可以得出的热学理论普遍规律"的论文，提出了著名的克劳修斯等式，在热力学第一定律的基础上重新研究卡诺的工作。他发现卡诺所揭示的一个热机必须工作于两个热源之间的结论具有原则性的意义，这就是热总是要从高温物体传到低温物体而不可能自行作相反的转化，或者按他的说法：一个自行动作的机器，不可能把热从低温物体传到高温物体去。这就是热力学第二定律的一种表述。1854年，克劳修斯在《论热的动力理论的第二原理的另一形式》一文中，对他的克劳修斯等式加以推广，给出了可逆循环中第二定律的数学表达式；1865年克劳修斯在《论热的动力理论的主要方程的各种应用上的方便形式》的演讲中，又把上述关系推广到更一般的情形，并引入了"熵"这个状态函数，以表明运动转化完成的程度。

熵概念的提出，是克劳修斯从1850年到1865年这15年间艰苦劳动的结果，他的目的就是要寻找一个描述运动转化中不可逆过程的量。克劳修斯严格证明了任何孤立系统（即与外界没有热交换或机械相互作用的系统），它的熵永远不会减少，这就是"熵增加原理"，它是利用熵的概念表述的热力学第二定律。以往人们总结的物理理论都是可逆的，表现为各个基本运动定律（如牛顿方程、哈密顿方程等）对于时间都是对称的，而"熵增加原理"却揭示出自发过程的不可逆性，运动的转化对于时间的增加方向和减少方向具有质的不对称性。由此看到第二定律中引入的熵的概念和物理学中其他许多概念不同，揭示出系统的某种发展倾向而不是僵死不变的状态，从而揭示了能量转化的新特点——自然过程的方向性，成为热力学中另一个重要的定律。

1851年汤姆逊也独立地从卡诺的工作中发现了热力学第二定律，他接连发表了三篇论文，总题目为《论热的动力理论》，他给自己规定的任务是抛弃卡诺信奉的热质说

① 《马克思恩格斯选集》第3卷，人民出版社2009年版，第493页。

而采用热的运动说，以修改卡诺所得到的那些结论。汤姆逊把焦耳关于热功当量和卡诺第一定理作为构成热力学的全部基础的两个命题，给出了热力学第二定律的如下表述："借助于非生物的物质机构，通过使物质的任何部分冷却到比周围物体的最低温度还要低的方法而得到机械效应，是不可能的。"后来又表述为："从单一热源吸取热量使之变为有用的功而不产生其他影响是不可能的。"这就是通常所说的热力学第二定律的开尔文叙述。

热力学第二定律发现以后，1857 年克劳修斯用理想气体的模型阐明了气体的压强、温度、扩散等宏观性质的本质，认为它们都是大量气体分子无规则运动的某种表现。1860 年初麦克斯韦（1831—1879）和 1868 年玻尔兹曼（1844—1906）分别把统计方法和几率的概念引进了热力学，建立了气体分子运动论。气体分子运动论告诉我们，如果一个系统内部的温度差越大（远离平衡态），处于不同状态的分子之间运动相互转化的可能性越大，该系统对外做功的本领也越大；反之，系统做功的本领越小。但是不同状态的分子之间运动转化的结果总是使该系统分子之间的差别越来越小，趋向于平衡，以致当系统的温度差消失时该系统就失去了做功能力。根据玻尔兹曼对分子运动的几率解释，一个系统的熵增大就意味着该系统的热运动状态总是朝着几率大的方向变化，而不是相反。这样一来，熵就有了更深刻的含义，一个系统的熵的变化方向就表示该系统的热运动状态变化的方向，根据这一方向，可以判定这一变化实现的几率（可能性的大小）。

分子运动论的建立和发展表明，热运动是大量分子的无规则运动的表现，单个分子的运动对于系统的热状态没有独立的意义，只有大量分子的统计表现才能决定整个系统的热状态。因此热运动是一种本质上与机械运动不同的运动形式，单个分子的运动虽然服从牛顿定律，但是大量分子的运动不服从牛顿定律，只服从统计规律。统计规律是自然界因果律的新形式。用统计的观点解释热现象，就产生了一门新科学——统计力学，统计力学的出现对物理学和数学的发展都有重要意义。

二、经典电磁学理论的建立

19 世纪初，德国哲学家康德关于基本力向其他种类力转化的哲学思想，以及以谢林为首的德国自然哲学学派关于自然力统一的思想，对物理学界产生了深刻影响，促使人们去寻找电和磁的本质关系。丹麦的奥斯特（1777—1851）十分信奉康德的哲学思想，他坚持自然力是统一的思想 20 余年，反复探索热、光、电、磁和化学亲和力之间的联系，进行了多方面的科学研究。富兰克林（1706—1790）发现莱顿瓶放电会磁化钢针的现象，对奥斯特有很大启发。在 1812 年出版的《关于化学力和电力的统一的研究》一书中，奥斯特根据电流流经直径较小的导线会发热的现象推测，如果通电导线的直径进一步缩小，导线会发光，最后甚至会产生磁效应。1819 年冬奥斯特在哥本哈根开办了一个讲座，专门为具备自然哲学和相当物理知识的学者讲授电和磁的课题。在备课中，奥斯特分析了自己和其他许多人寻找电流的磁效应都归于失败的原因，产生了"莫非电流对磁体的作用根本不是纵向的，而是一种横向力"的疑问。于是决定在电流的垂直方向上寻找磁效应。1820 年春奥斯特使用了一个小的伽伐尼电池装置，让电流通过一根直径很小的铂丝（这与他原先认为直径越小导线就越容易产生磁效应的观念是有关系的），在这根细铂丝下面平行放置了一个封闭在玻璃罩中的磁针，准备上课前试一试，但临时装置出了点故障，课前未能试成。当这堂课快讲完时，他决定不管怎样也要试一下。于是在听众面前大胆地合上电源，上述实验装置的小磁针被电流的磁效应扰动了。由于细铂丝通过的电流太弱，磁针受扰动很不明显，加之听众对电流的磁效应又无探讨的思想准备，所以实验并没有给在场者留下深刻的印象，而奥斯特本人却被实验现象深深地震动了。在这之后的三个月中，奥斯特加大了电流，连续进行了紧张而又深入的实验研究。1820 年 7 月 21 日，他向欧洲各主要科学刊物公开了他的实验。其报告题为“关于磁针上电流碰撞的实验”，用拉丁文写成，仅用了四页纸，没有任何数学公式，也没有图表和示意图，只以简洁的文字叙述了实验的过程和结果。文章虽短，却轰动了欧洲，尤其是受到数学实力雄厚的法国科学院的欢迎，得到法国物理学界的高度评价。

50 多年以后，美国物理学家罗兰（1848—1901）于 1878 年设计了一个带电圆盘实验，把磁力的横向特点显示得更为突出。奥斯特和罗兰的实验对牛顿力学体系产生了强烈的冲击。整个牛顿的机械力学观是建立在一切现象都可以用力来解释，而力只与距离有关而与速度无关的信念上的，而且服从牛顿定律和库仑定律的引力、电力、磁与磁间的作用力，都是沿着连接于相互吸引或相互排斥的物体的直线上发生的。这一信念被这个实验所否定，使人们看到，牛顿的机械力学体系并非最后的、完美无缺的体系。这无疑是对旧观念的强有力的冲击，引起了物理观念上的一次大的飞跃。

奥斯特的结果引起了法国科学家安培（1775—1836）的强烈兴趣。1820 年 9 月 18 日，安培向法国科学院报告了自己的第一篇论文，阐述了他重复做的奥斯特实验，并提出了环形电流也有磁效应的观点，确定了磁针转动的方向与电流方向的关系服从右手定则，后人称之为安培定则。此后，安培创造性地扩展了实验内容，研究了电流对电流的作用，即一电流产生磁效应（现在称为磁场），这种磁效应又会对另一电流产生某种作用，这就比奥斯特的实验前进了一大步。9 月 25 日，他向法国科学院提交了第二篇论文，记述了用实验证明两个平行载流导线之间的相互作用的规律。安培的结论是：当电流方向相同时，它们互相吸引；当电流方向相反时，它们互相排斥。安培接着又用各种曲形载流导线做实验，研究它们之间的相互作用，并于 10 月 9 日向法国科学院报告了他的第三篇论文。1820 年 12 月 4 日，安培提交了他的第四篇论文，用矢量分析方法对实验结果整理、提炼，提出了两个电流元之间的作用力与距离平方成反比的公式，即著名的安培定律。1821 年 1 月，他又提出了著名的安培分子电流说。认为每个分子的环形电流形成了一个小磁体，无数小磁体是形成物体的宏观磁性的内在原因。他还对比了静力学和动力学研究的对象及名称，提出研究动电的理论应称为“电动力学”，这一名称一直沿用至今。安培总结当时有关动电的理论研究成果，于 1822 年发表了《电动力学观察汇编》，进而于 1827 年发表了《电动力学理论》。

也是在 1820 年，法国物理学家毕奥（1774—1862）和萨伐尔（1791—1841）根据实验结果，同时表述了以他们的名字命名的关于电流和由它所引起的磁场之间关系的定律。1827 年德国电学家欧姆（1787—1854）发表《动电电路的数学研究》，提出了著名的欧姆定律。

英国的物理学家法拉第（1791—1867）是19世纪电磁研究领域中最伟大的实验家。法拉第是伦敦一个铁匠的儿子，13岁小学没有毕业就到印刷作坊当学徒，由于他勤奋好学，22岁时成为当时著名化学家戴维的助手。他也深受德国古典哲学的影响，认为电和磁之间存在着某种联系，从1822年起开始寻找磁产生电的效应。起初，他简单地认为用强磁铁靠近导线，导线中就会产生稳定的电流，或者在一根导线里通上电流，在附近的导线中也会产生稳定的电流。按照这一思路，法拉第做了近十年的“磁生电”实验。在工作日记中写下了大量毫无结果的失败记录，厚厚的日记册正是法拉第百折不挠、坚持奋斗的见证。他的日记，也记载了科学预见的光辉思想。法拉第坚持写工作日记几十年，直到生命的终结，这在科学史上也是少见的。

1831年8月法拉第终于观察到了感生电流的发生。这次法拉第在一只软铁环上绕以两组线圈A、B，线圈B与一电流计连接，当线圈A与电池组（由10只电池组成）相连的瞬间，电流计的指针偏转了一下，然后又回到原来位置。当线圈A与电池组断开时，指针又偏转了一下再回到原来指示位置。这一事实证明，电与磁的关系是动态的而非静态的。此后法拉第又设计了多种实验方案，结果证明，不论采取何种方案，只要穿过闭合回路中的磁通量发生变化时，回路中就会产生感应电流，这就是著名的电磁感应定律。1833年，在俄国工作的物理学家楞次（1804—1865）在《论动电感应引起的电流的方向》一文中指出感应电流所产生的磁场方向与引起感应的原磁场的变化方向相反，即楞次定律。这是充实、完善电磁感应定律的一大贡献。正如奥斯特的发现是电动机的理论基础一样，法拉第发现的电磁感应定律是发电机的理论基础，它的发现开创了人类利用电力的新时代。

为了对电、磁现象作出正确的物理解释，法拉第提出了一种全新概念和物理图像，这就是“场”概念和力线图像。“场”概念的提出，是物理观念上的一次划时代的飞跃，极大地丰富了人类对客观世界运动规律以及物质形态多样性的认识。法拉第不同意牛顿关于力是超距作用的概念，认为物质之间的电力、磁力是需要有媒介传递的近距作用力。法拉第在大量的相互作用的实验中发现：电作用力与带电体之间或电流之间的电介质有关；磁作用也一样，磁作用与作用体之间的磁介质有关。磁介质不同，磁作用力也不同。于是法拉第设想，带电体、磁体或电流周围空间存在一种由电或磁产生的物质，它无所不在，是像以太那样的连续介质，起到传递电力、磁力的媒介作用。法拉第把它们称为电场、磁场。电作用或磁作用正是通过电场或磁场来传递的。法拉第类比于流体力学，提出场是力的线或力的管子所组成的，正是这些力线、力管把不同的电荷、磁体或电流连接在一起。他用一张撒了铁粉的纸，下面用磁棒轻轻颤动，这些铁粉就清楚地呈现出场的力线。法拉第认为这些力线、力管具有实在的物理意义，于是他用电力线和磁力线的几何图形来形象地表示电场和磁场的状态。力线上任一点的切线方向就是场强的方向，力线概念使非常抽象的场获得了形象化的直观表达。

电磁学理论的大厦是由英国人麦克斯韦最后完成的。在领略到法拉第成就的意义之后，麦克斯韦企图用完善的数学形式来表达它。1855年他用一个矢量微分方程和几何图像说明了电力线和磁力线之间的空间关系。1862年他论证了位移电流的存在，并预言：变化着的电场和变化着的磁场会相互连续地产生，以波的形式向空间散布开去，这便是电磁波。1864 年麦克斯韦发表了《电磁场的动力学理论》一文，从几个基本实验事实出发，运用场论的观点，以演绎法建立了系统的电磁学理论，把库仑、高斯、欧姆、安培、毕奥和萨伐尔、法拉第等人发现的定律以及他本人的位移电流理论概括为一组积分形式的方程式（共 4 条），并因此导出了电磁场的波动方程。由于式中电磁波的传播速度就等于当时测出的光速，麦克斯韦便预言：光也是一种电磁波。他的这一理论成为反映电磁运动基本规律的普遍理论。

麦克斯韦 1873 年出版了《电学和磁学通论》，建立了完整的电磁理论体系，标志着经典物理学大厦的最后完成，实现了人类对自然界认识的又一次大综合。这是一部集电磁学大成的划时代巨著，是一部可以与牛顿的《自然哲学的数学原理》和达尔文的《物种起源》相提并论的里程碑式的著作。1886 年德国人赫兹（1857—1894）发明了检波器，并检验了由莱顿瓶的间隙放电或线圈火花产生的电磁波的存在，并成功地让这些波发生反射、折射、衍射和偏振，从而使麦克斯韦的理论得到了证实。

三、波动光学的建立

在对光的本性的认识中，长期存在着波动说与微粒说之争。荷兰人惠更斯认为，光是以球面波的形式向前传播的，光波的介质是以太粒子，它们能把振动传给邻近的粒子，而本身不发生位置移动。从这一原理出发，可以用几何方法证明光和波的反射和折射，因而这一定律成了波动光学的基本定律。牛顿则把光看做光源向各个方面簇射出来的粒子流，它们在以太介质中激起振动，有的被加速，有的被减速，到介质界面时被分开，产生折射、反射现象。按牛顿的微粒说，被折射的光微粒速度增大后偏向法线，光在水中的速度大于在空气中，但后来人们测出了与此相反的结果。牛顿的名声和成就使后世人忽视了波动说的合理性，大多数人接受了光的粒子说。

1801 年，英国人托马斯·杨（1775—1829）让一束光从相距很近的两个小孔通过，射到屏幕上，出现了明暗相间的条纹。他认为这是同一束光干涉的结果，并以此解释了薄膜干涉现象。1808 年曾在军队中服役过的法国人马吕斯（1775—1812）发现了光的偏振现象。偏振是横波特有的性质。自惠更斯以来，坚持波动说的人一直把光看成一种像声波那样传播的纵波。托马斯·杨在 1817 年提出了光是像水波那样的横波。1818 年法国工程师菲涅尔（1788—1827）在接受托马斯·杨观点的基础上，用波的叠加和干涉充实了惠更斯原理，圆满地解释了光的偏振现象，并以波动说解释和计算了他设计的双镜实验中光的干涉现象。1819 年他和另一位法国人阿拉戈（1786—1853）又发现了偏振方向互相垂直的两条光线从不干涉的现象，从此，光的波动说重新复活了。

对光的波动说战胜微粒说具有决定意义的实验是光速的测定。19 世纪科学和技术的进步已有足够精确的手段测定光速，并且能够比较光在不同介质中的速度。1849 年，法国人菲索（1819—1896）用高速旋转的齿轮测得空气中的光速为 315000 千米/秒。1862 年傅科（1819—1868）用旋转多面镜测得真空中的光速为 298000 千米/秒。1879 年美国人迈克尔逊（1852—1931）测得到的数值是 290910 千米/秒。值得指出的是，傅科在测定光在真空中的传播速度的同时还测定了光在空气中和水中的传播速度，结果证明光在水中的速度小于它在空气中和真空中的速度。这个结果符合波动说的见解，反驳了微粒说在解释折射现象时的预设，它决定性地判决了微粒说与波动说的争论。19世纪60年代麦克斯韦的电磁场理论进一步揭示了光的波动本质。1888年赫兹证实了电磁波具有光的一切性质。从此，电磁波和光波是同一种波动便成为无可置疑的科学事实。

四、近世代数的发展和非欧几何的诞生

代数与几何一样，是一门极为古老的学科。中世纪的阿拉伯数学家曾把代数学看做是解代数方程的学问，直到19世纪初，代数学研究仍未超出这个范围，不过，这时数学家的注意力是集中在五次和高于五次的代数方程上。1770—1771年法国数学家拉格朗日提出新的见解，认为用对三次、四次方程找出根式解的方法给出五次方程的完全解是很值得怀疑的，并觉察到方程根的排列理论比方程用根号解的理论有着更大的意义。1824年挪威青年数学家阿贝尔（1802—1829）证明了当方次n不小于5时，除特殊方程外，任何一个由系数组成的根式都不可能是方程的根。阿贝尔虽然证明了高于四次的一般方程不能用根式解出，但是有多少种不同类型的特殊的高于四次方程是可以用根号解出的呢？这就要找出方程能用根式解出的充分条件。

法国青年数学家伽罗华（1811—1832）主要通过改进拉格朗日的思想去探讨方程根式求解的特性，并更加重视根的排列和置换的概念，从而展现出杰出的数学才能。他的基本思想是把一个代数方程的根作为整体来考虑，发现它们之间存在一种对称的性质，从而找到了彻底解决高次方程求根问题的钥匙。伽罗华的群，就是这种对称性质的数学表述。后来数学家们对伽罗华的思想加以推广和精确化，从而建立起一般的群论。群论是描写其他各种数学和物理对象的对称性质的工具，除了应用于解决古希腊几何三大问题外，在其他方面也得到了广泛的应用。事实上，到19世纪末，群论被应用于晶体结构的研究。在现代物理中，群论又成为研究基本粒子的有力武器。

代数学由于群论的出现而获得了新生，它从过去专门研究方程解的学科，发展成为研究各种代数系统的性质与结构的学科，所谓“抽象代数学”由此形成并发展起来。19世纪中叶以后，这种抽象的“对象”层出不穷，出现了矩阵、向量、超复数、张量、域、环等，研究的对象不断扩大，使代数学这门古老的学科面貌一新。19世纪后半叶，英国数学家布尔（1815—1864）创立了布尔代数（也称逻辑代数）。成功地将形式逻辑归结为一套代数演算，在这种代数中，变量只取0和1两个值。布尔的思想后来与数学基础问题结合起来，发展成一个完全独立的领域——数理逻辑。在20世纪，数理逻辑为现代计算机技术的发展提供了不可或缺的理论基础。

在代数学出现新的转机的时候，几何学也开始发生深刻的革命性变革，这种变革源自对欧几里得几何平行公设的考察。欧几里得把几何学的宏伟大厦建筑在某些他认为不证自明的公理公设上，其中之一就是著名的平行公设。但是平行公设显得特别冗长和繁复，不像是公理公设，倒像是一条定理。千百年间曾有无数的人们怀疑这条公设的必要性，并企图通过证明将它从公设降为定理。到19世纪时，几乎同时有几个数学家宣称：否定平行公设并没有导致矛盾，而是得出一种新几何学，即非欧几何。这些数学家就是德国的高斯（1777—1855）、匈牙利的鲍耶（1802—1860）和俄国的罗巴切夫斯基

(1792—1856)。

在新几何学中，欧几里得的平行公理不再成立，其他公理则保持不变，由此出发可以推得一系列定理，比如三角形内角之和小于 180°等。这些定理初看十分离奇，但罗巴切夫斯基等人惊异地发现，它们之间却不存在逻辑矛盾，因此这样推导出来的几何学应该被看做是与欧几里得几何一样的合理。虽然高斯、罗巴切夫斯基、鲍耶几乎同时创立了这种几何学，但是现在这种几何学往往通称为罗氏几何。这不仅因为罗巴切夫斯基的成果发表最早，而且因为他在下列两方面为其他两人所不及。第一，他为非欧几何的被承认而奋斗终生。高斯由于害怕世人反对而根本不考虑发表自己的见解，鲍耶则因为不为世人所理解而放弃了一切数学研究。只有罗巴切夫斯基在一片嘲笑、讽刺声中毅然决然地坚持自己的意见，他在 1835 年、1836 年、1838 年连续出版了好几本关于新几何的著作，直到 1855 年，即他逝世前一年，在双目几乎失明的情况下，还写了《论几何》的著作，重新详细叙述了他的新几何系统。第二，高斯和鲍耶都只是“相信”否认第五公设不会导致矛盾，只有罗氏在证明方面作了不少努力，他的证明用今天的标准来看，虽不够严格、全面，但基本上是正确的。

1851 年，德国数学家黎曼（1826—1866）继承罗巴切夫斯基等人的思想，建立了一种更为广泛的几何学，即所谓的黎曼几何，罗氏几何与欧氏几何都只是它的特例。不过据说当黎曼在哥廷根大学宣布他的发现时，除了已经年迈的高斯外，竟没有人能听懂。非欧几何真正得到广泛理解，是在 19 世纪 70 年代，意大利数学家贝尔特拉米（1835—1900）和德国数学家克莱因（1845—1925）分别给出了罗氏几何的直观模型，从而揭示了非欧几何的现实意义。1915 年爱因斯坦将非欧几何学应用于广义相对论，这时人们才明白：我们生存的空间只是在小范围内可以被看做是欧几里得空间，大范围空间以及整个宇宙必须用非欧几何来描述。现代物理学对罗巴切夫斯基的预言作了光辉的验证，非欧几何从此取得了彻底的胜利。19 世纪晚期，数学家们把普通空间中几何图形的接触关系加以推广，形成了一门对现代数学意义重大的几何学分支——拓扑学。

第三节 19 世纪的生物学和化学

一、细胞学说、进化论的提出和遗传学的萌芽

19 世纪生物学所取得的主要成就是细胞学说的兴起、进化论的建立和遗传学的诞生。

细胞的发现始于 17 世纪中叶，1665 年胡克用一台自制的显微镜在观察软木片时发现了许许多多由间壁隔开的空洞，他将其命名为细胞。后来他还观察过荨麻叶的表皮细胞。17 世纪 70 年代后意大利解剖学家马尔丕基（1628—1694）和荷兰显微镜专家列文虎克分别观察过活的细胞和骨细胞。但此后的 100 多年里，人们对细胞的认识没有太大的进展。

19 世纪初德国的自然哲学家奥肯（1779—1851）提出一切有机物都是由细胞组成

的思想。他认为一切生物都来自某种原始的黏液，然后形成球形的小泡（细胞），中间是液体。小泡则是由大海中的无机物构成的。奥肯的思想启发了大批生物学家去探寻生命的“原始结构”，对细胞学说的提出产生了很大影响。

1828 年，德国人冯·莫尔（1805—1872）观察植物的细胞壁结构和细胞质的流动，发现细胞通过形成新的间壁完成增殖。1831 年英国医生布朗（1773—1858）通过显微镜观察到“布朗氏运动”，他还观察到兰科植物细胞的细胞核。1837 年，捷克生物学家普金野（1787—1869）研究了神经细胞与小脑神经节细胞，他指出细胞不仅是只有一个坚硬的外壳，其内部还包含有原生质，原生质在细胞中应具有更重要的作用。他还宣布在动物脾脏和淋巴腺的细胞中观察到细胞核。1838 年，德国生物学家弥勒（1801—1858）概括了上述成就，指出一切动物组织中都普遍存在细胞结构。德国人舒尔茨（1825—1874）把细胞定义为“一团有核的原生质”，并强调原生质才是生命的物质基础；他还证明，在不同的植物细胞中，原生质基本上是相同的。这些研究成果的取得为施莱登（1804—1881）和施旺（1810—1882）最终建立细胞学说奠定了基础。

施莱登原是一名律师，后改学医学和植物学。1838 年他发表了著名的论文《论植物的发生》，明确提出细胞是植物结构最基本的单位和借以发展的实体。这样，他通过细胞找到了动物与植物的共同点。细胞不单是一个独立的生命单元，而且由细胞组成了不同的生物个体，他把研究结果通知给施旺。施莱登还在柏林求学时就结识了动物学家施旺，施旺是著名生物学家弥勒的学生，他自 1835 年起就从事研究发酵和腐败现象，并由酵母和微生物的研究认识到细胞的作用。当他得知施莱登的研究成果后，便决心把它扩大到动物学领域里。1839 年施旺发表了题为《关于动物和植物在构造和生长方面一致性的显微研究》。在这篇论文中，他通过对蝌蚪的鳃软骨及脊索的观察与研究，发现了动物细胞的结构与细胞核，这样他把施莱登的学说成功地扩展到动物界，形成了完整的细胞学说。

细胞学说揭示了细胞是动物和植物的基本生命单位，从而建立了动植物在结构上的统一性。尽管细胞学说中没有关于细胞以分裂方式增殖的思想，对细胞内各种物质的作用也缺乏更深入的认识，但施莱登和施旺的学说发表后立即受到生物学家和医生们的重视，他们用自己的研究不断修正和发展了细胞学说。1842 年，德国生物学家耐格里（1817—1891）研究植物花粉时，观察到细胞的细胞核分裂现象，还看到了染色体。同年，一些动物学家观察到卵细胞的分裂。1854 年，巴里（1802—1855）公布了兔卵裂变图片。接着德国医生雷马克（1815—1865）和瑞士人寇力克（1817—1905）把细胞的分裂和胚胎的发育联系起来，证明卵子和精子原来是单细胞，通过细胞分裂完成了胚胎的发育过程。这样到 19 世纪 50 年代，细胞通过分裂增殖的现象得到公认。1855 年德国病理学家微耳和（1821—1902）创立了细胞病理学，他提出细胞是生命的基本单位，也是疾病的基本单位的思想，终结了自古希腊名医希波克拉底以来作为西方医学理论基础的体液病理学，对近代和现代医学产生了极为深远的影响。

细胞学的产生揭示出动物、植物都是以细胞为共同联系的基础；生物体的一切发育过程都是通过细胞的增殖和生长来实现的。恩格斯说：“这一发现，不仅使我们知道一切高等有机体都是按照一个共同规律发育和生长的，而且使我们通过细胞的变异能力看出使有机体能改变自己的物种从而能完成一个比个体发育更高的发育道路。"①

进化的观念可以上溯到古希腊时代。至18世纪时，已有不少生物学家发表了倾向某种生物进化的观点。其中最有名的是法国生物学家拉马克（1744—1829）。1809年他出版了《动物哲学》一书提出物种的进化是逐渐的、缓慢的过程；他相信自然按照循序渐进的方式产生各种物种，最早的物种一定是最简单的低级生物，后来产生的一定是较复杂、较高级的生物，形成一种由低等向高等排列的自然进化的序列。至于进化的原因，他提出一方面是因为生物具有向上发展的内在倾向；另一方面是生存环境的影响引起动物习惯上的变化。

拉马克提出了两条著名的进化法则，其一是动物器官"用进废退"，其二是所谓"获得性遗传"。即动物的器官使用得较多或较少就会产生变异，这种变异是永久性的，并能导致遗传。他举例说：长颈鹿由于吃高大树木的叶子而发展了长颈，并把这一特点遗传给后代。他还推测，为了看得更远，猿学会了直立行走，这种经常的持续的行为必然使身体结构产生变化，又通过遗传使这种结构变化得到发展和强化。他进一步推测由于猿和人在身体结构上是相似的，人可能是由猿进化来的。可是拉马克的学说在生前没有得到人们的理解。

拉马克的著作对达尔文（1809—1882）产生过很大的影响。达尔文在《物种起源》一书中写道："他的卓越贡献，就是最先唤起世人注意于有机界的一切改变与无机界一样，可能根据一定的法则，而不是神奇的干预。"②

查理·达尔文出身于一个医生世家，从小就对大自然有着浓厚的兴趣。尽管他的父亲希望他学医，继承家学，但他却对医学不感兴趣。他父亲只好于1827年把他送到剑桥基督学院学习神学，将来当一名神父。在剑桥学习的三年期间，他深受植物学老师亨斯罗（1796—1861）的影响，学到了很多课堂上学不到的知识。1831年经亨斯罗推荐，达尔文以自然科学家的身份随贝格尔舰作环球考察。是年12月27日自普利茅斯港起航，次年2月抵南美大陆。在南美洲海岸附近考察时间超过3年半之久，又于1835年10月驶向太平洋塔希提岛，并在澳大利亚和新西兰沿岸作考察，1836年10月回到英国，历时近5年。这次环球航行对达尔文的科学研究产生了极为深远的影响，他后来回忆到，贝格尔舰上的航行是他一生中最大的事件，决定了他此后全部事业的道路，在研究自然史的过程中，改进了他的观察能力。

在5年的考察中，达尔文采集到大量的标本，并把每日的见闻仔细而生动地记下来。这些标本都寄给剑桥大学的亨斯罗保管，后来经整理分送有关研究者。他的笔记经整理，分别在1838—1843年出版了《贝格尔舰航行期内的动物志》，共5卷。1839年出版了《在贝格尔舰上旅行》，这是一部深受欢迎的著作，曾被译成多种文字。达尔文在航行中深受赖尔的地质进化论影响，根据《地质学原理》一书中的理论考察并解释了一些地质现象，回国后共完成了三部地质学著作。

在随贝格尔舰考察的漫长旅途中，大量事实使达尔文坚信物种不是分别由神创造

① 《马克思恩格斯选集》第4卷，人民出版社1995年版，第245页。

② ［英］达尔文：《物种起源》，科学出版社1996年版，第4页。

的，一个物种是由另一个物种演变进化而来的，“物种不是不变的”。回国后他一方面积极写作，一方面思考着生物的进化问题。1859 年他的名著《物种起源》出版，以丰富的材料系统地阐述了进化论学说。为了说明物种为什么能变化得如此巧妙地适应环境，达尔文着手收集动物和植物在家养状况下发生变异的材料。他很快就觉察到，在创造作物和家畜的品种方面，新品种所以能适应人类的需要，关键在于选择。那么选择原理能否运用于自然界？选择如何在自然状况下起作用呢？达尔文发现，自然界动物和植物都有巨大的繁殖能力，而各种生物的数量，在一定条件下总是保持相对稳定，没有多大变化，生物实际生存的数量和繁殖数量之间相差很大。达尔文据此得出结论，生物界进行着剧烈的生存斗争。每一种生物，为了生存繁衍，都要进行斗争。或者争取食物、光线、空间，或者是抵御敌害、对抗不利环境。达尔文又认为，生物界普遍存在变异。生存斗争是在不完全相同的个体之间进行的，凡是具有能够较好地适应环境变异的个体，在斗争中将有较多的机会得到生存繁衍，反之则被淘汰。也就是说，生存斗争导致自然选择，在自然选择过程中，被选择的有利性状，将在世代传递过程中逐渐积累，从较小的变异转变为较大的变异，并由于中间类型的死亡，变种转变为界限分明的物种。物种就这样地演变，新物种就这样产生。与此同时，另一位英国学者华莱士（1823—1913）也独立提出了自然选择的观点。

《物种起源》一发表就受到马克思和恩格斯崇高的评价。恩格斯于 1859 年 12 月 12 日致马克思的信中写道：“我现在正在读达尔文的著作，写得简直好极了。目的论过去有一个方面还没有被驳倒，而现在被驳倒了。此外，至今还从来没有过这样大规模的证明自然界的历史发展的尝试，而且还做得这样成功。”① 马克思 1860 年 12 月 19 日致恩格斯的信中写道：“在我经受折磨的时期——最近一个月——我读了各种各样的书。其中有达尔文的《自然选择》一书。虽然这本书用英文写得很粗略，但是它为我们的观点提供了自然史的基础。”②

进化论粉碎了神创论和目的论，给宗教神学以沉重的打击，为此招来了教会的猛烈攻击，但是进化论立即得到一批有见识的学者的赞同，其中最勇敢、最热情、最忠诚的捍卫者是赫胥黎（1825—1895），他用大量解剖学与生物学的例证证明人是由猿进化而来。在欧洲大陆，德国植物学家海克尔（1834—1919）高度评价进化论的思想，认为进化论必将在人类认识史上引起决定性的变革。海克尔在他的《自然创造史》中提出物种变异是适应和遗传交互作用的结果，对变异来说，适应环境是主导的、积极的方面，而遗传是肯定的、保守的方面。他认为遗传应划分为保守遗传与进步遗传两大类，变异分为间接和直接两大类。这些思想发展了自然选择的内容。

在达尔文、华莱士研究物种起源时，特别是 19 世纪下半叶，另一些生物学家则侧重于研究物种的稳定性及同一物种的亲代性状在子代的表现，使遗传学取得了较大进展。把遗传和变异统一起来考虑，既看到物种的连续性或稳定性，又看到物种的变异性或不连续性，并对子代与亲代关系进行实验研究的是奥地利生物学家孟德尔（1822—

① 《马克思恩格斯全集》第 29 卷，人民出版社 1972 年版，第 503 页。

② 《马克思恩格斯全集》第 30 卷，人民出版社 1974 年版，第 130 页。

1884)。

孟德尔是捷克布尔诺（现奥地利的布龙）一家修道院的修道士。1851年被修道院派往维也纳大学学习物理、数学和自然科学，1853年返回修道院讲授自然科学。从1854年起，他用了11年时间在修道院的花园里做了200多次豌豆杂交试验，1865年在布龙博物学会上宣读了以“植物杂交实验”为题的论文，总结了他的实验结果和发现。他在试验中以植株的高和矮、豌豆颜色的黄和绿、豌豆表皮的圆滑与皱褶等成对性状为观察指标。当选择一对性状为指标时，他发现如果父本为高植株，母本为矮植株时，在杂交后代中，子Ⅰ代都为高植株，子Ⅱ代（子Ⅰ代相互杂交）中高矮之比为3∶1；当选择两对性状为指标时（即豌豆颜色的黄、绿和表皮的圆、皱），他发现当父本为黄、圆母本为绿、皱时，在子Ⅰ代中全部为黄、圆，子Ⅱ代中性状分配为9（黄圆）∶3（黄皱）∶3（绿圆）∶1（绿皱）。孟德尔根据大量试验结果进行统计和研究，并分析其内部原因，提出了以下假设：遗传性状都是以成对因子为代表，性状有显性和隐性之分；当成对因子中显性、隐性同时存在时，则呈显性；只有当成对因子都为隐性时，才呈隐性。在豌豆杂交试验中的高、黄、圆都是显性，矮、绿、皱都是隐性。根据这个假设，孟德尔提出了两条著名的遗传定律：第一，分离定律，即成对因子在遗传传递过程中可以相互分离；第二，独立分配定律，即两对性状在遗传传递时也可以分开，独立进行传递。

孟德尔的遗传定律对育种具有重要的实践意义。根据这些定律，既可以设法把某些符合需要的特性保留下来并聚集在一个品种内，又可以把具有有害倾向的特性淘汰掉。但是由于当时生物界的热点是研究和讨论物种的变异，加上孟德尔是个小人物，文章又发表在一个小地方的不甚出名的小杂志上，因而他的试验结果未能引起注意，被埋没了30多年。直到1900年荷兰科学家德弗里斯（1848—1935）、德国科学家科伦斯（1864—1933）、奥地利植物学家丘歇马克（1871—1963）在研究遗传问题并准备发表成果时，为了慎重起见，查阅了大量资料，他们三人都发现了孟德尔的工作，因而在发表研究成果时，都把功劳和荣誉归于孟德尔，认为自己的工作只是证实了孟德尔的遗传定律。孟德尔的遗传理论是现代遗传学的基础，是20世纪生物学发展的起点，对生物学的发展产生了巨大影响。

二、原子论、元素周期律的提出及有机化学的发展

英国化学家道尔顿（1766—1844）于1803年引入了化学元素原子的概念。1808年他在《化学哲学新体系》一书中正式发表了他的原子论。其要点是：第一，元素的最终组成称为简单原子，它们是不可见的，是既不能创造，也不能毁灭更不可再分割的，它们在一切化学变化中保持其本性不变。第二，同一元素的原子，其形状、质量及各种性质都是相同的，不同元素的原子在形状、质量及各种性质上则各不相同；每一种元素以其原子的质量为其基本的特征。第三，不同元素的原子以简单数目的比例相结合，就形成化学中的化合物；化合物的原子称为复杂原子；复杂原子的质量为所含各种元素原子质量之总和；同一化合物的复杂原子，其形状、质量和性质也必然相同。

道尔顿原子论的建立具有重大的科学和哲学意义。首先，他指出了每种化学元素以

它们的原子量为其最本质的特征，是道尔顿原子学说的核心。以原子量为核心的新原子论深入地探讨了化学变化的本质，开辟了化学发展的新时代。其次，道尔顿的原子论说明了各种化学现象和各种化学定律间的内在联系，成为说明化学现象的统一理论，并成为物质结构理论的基础。但是，道尔顿的原子论存在两个缺点：一是它否定了原子的可分性，二是他忽视了分子和原子的本质区别。

法国化学家盖·吕萨克（1778—1850）经过实验研究后，在1808年提出一个假说：在同温同压下，相同体积的不同气体中含有相同的原子。意大利科学家阿伏伽德罗（1776—1850）在1811年发表论文，论述了关于原子量和化学式问题，引入了分子的概念。他认为：所谓原子就是参加化学反应时的最小质点，所谓分子就是在游离状态下以单质或化合物能独立存在的最小质点，单质的分子是由相同元素的原子组成的；而化合物的分子则是由不同元素的原子组成。阿伏伽德罗还以原子—分子假说为依据，测定了气体物质的原子量和分子量，并确定了化合物中各种元素的数目。

19世纪初在化学界和生物界流行的生机论认为：只有依靠某种生命力才可能制造出有机物，有机物只能在动植物有机体内产生，而在生产中和实验里，绝不能合成有机物，亦即不可能从无机物合成有机物。从1824年到1828年德国化学家维勒（1800—1882）做了一系列实验，他分别用不同的无机物通过不同的途径合成了同一种有机物质—尿素。尿素的人工合成，是有机化学发展过程中的一大突破，它使生机论受到了一次致命的打击。此后，人们又陆续合成了醋酸、有机酸、油脂类和糖类等有机化合物，从而扫除了笼罩在有机化合物上的迷雾，证明了化学定律对有机物和无机物是同样适用的。有机化合物的不断合成，也促进了有机结构理论的发展。

化学发展到1869年，已有63种元素被发现，关于这些元素的物理和化学性质的研究资料已积累得相当丰富，但尚缺乏系统性。俄国化学家门捷列夫（1834—1907）批判地继承和发展了前人的工作，对新掌握的资料进行了比较和研究，发现并确信各种元素的性质存在着周期性变化的规律。他于1869年2月提出了周期律，即“按照原子量的大小排列起来的元素，在性质上呈现明显的周期性”，并发表了他的第一个周期表。同年3月，在《元素属性和原子量关系》一文中，门捷列夫论述了元素周期律的四个基本观点：第一，按照原子量的大小排列起来的元素，在性质上呈明显的周期性；第二，原子量的大小决定元素的性质，正像质点大小决定复杂物质的性质一样：第三，应该预料许多未知单质的发现，如预言类铝和类硅的原子量位于65至75之间的元素，元素中的某些同类元素将按它们原子量的大小而被发现；第四，当我们知道了某元素的同类元素以后，有时可以修正该元素的原子量。1871年，他对周期表作了重要修改，纠正了一些元素的原子量，并在周期表中留出空格，预言了六个未知元素的性质。不久，当镓、钪和锗等先后被发现，且它们的性质同门捷列夫所预言的“类铝”、“类硼”和“类硅”等几乎完全一致时，学术界都为之惊叹。

元素周期律的发现具有伟大的科学意义和哲学意义：第一，它从本质上揭示了各种化学元素之间的区别和联系，实现了对无机化学从感性认识到理性认识的飞跃；第二，元素周期律所描述的元素世界是一个由种种联系和相互作用交织起来的无比生动活泼的辩证图景，它把原来认为是彼此孤立、各不相关的各种元素看成是有内在联系的统一体，表明元素性质发展变化的过程是一个由量变到质变的过程。恩格斯曾高度评价元素周期律的发现："门捷列夫不自觉地应用黑格尔的量变引起质变的规律，完成了科学上的一个勋业。"①

第四节　第二次技术革命

一、电机的发明和电能的开发

19 世纪电磁学的创立为电能的开发和应用奠定了理论基础。从 19 世纪 70 年代开始，电能在人类社会生产和社会生活的各个方面得到了广泛应用，开始了以电能的开发和应用为主要标志的第二次技术革命。

在直流电机的研制和改进方面，1821 年法拉第制成了一台用化学电源驱动的近代电动机的雏形。1834 年俄国科学院院士雅科比（1801—1874）制成了一台用化学电池组驱动的回转运动的直流电动机。1838 年雅科比把他研制的电动机安装在船上，航行在涅瓦河上，成为世界上第一艘电动轮船。1834 年美国铁匠戴文泡特（1802—1851）用电磁铁和电池制成了一台电动机。次年，他用这种直流电动机驱动圆形轨道上运行的小车，这是电气火车的雏形。他还取得了这项专利。1860 年意大利物理学家，比萨大学教授巴奇诺基（1841—1912）发明了环形电枢，并制成了包含环形电枢、整流子和合理的励磁方式的直流电动机，基本上具备了现代电动机的结构和形式。

1831 年法拉第发现电磁感应定律后，1832 年法国巴黎的皮克西（1808—1835）兄弟创造了世界上第一台手摇永磁式交流和直流发电机。1834 年英国伦敦仪器制造商克拉克制成了第一台商用直流发电机。1863 年英国著名电机制造家外尔德（1833—1919）制成了具有磁电激磁机的发电机。1867 年德国的西门子（1816—1892）基于自激原理制成了自激式直流发电机。西门子发电机在技术史上相当于瓦特的蒸汽机，具有划时代的意义。到 19 世纪 70 年代用直流电机供电已开始占统治地位。

在电机发展过程中，长期存在着用直流电还是用交流电的争论，由于变压器的出现，从 19 世纪 80 年代起，交流电的发展和应用迅速扩大。早在 1832 年一位佚名发明家就研制出一台单相、同步、多极发电机。1878 年俄国科学家亚布洛契科夫制成了一部多相交流发电机。1885 年意大利物理学家法拉利（1847—1897）提出旋转磁场原理，研制出二相异步电动机模型。1886 年美国的特斯拉（1857—1943）也独立研制出一种结构较完善的二相异步电动机。1889 年后俄国工程师多里沃（1862—1919）先后发明了三相异步电动机、三相变压器和三相制。1891 年在电能实际应用中首次采用三相制，标志着电力技术发展新阶段的开始。

19 世纪 30 年代以后，随着电能应用的迅速扩大，发电厂相应地发展了起来，由功率小的"住户式"电站，进而发展为大功率的中心发电厂。1889 年英国建成的特普夫电站是现代大型中心发电站的先驱。1882 年法国物理学家和电气技师德普勒（1843—

① ［德］恩格斯：《自然辩证法》，人民出版社 1971 年版，第 51 页。

1918）成功地进行了远距离高压直流输电试验。1891 年布洛在瑞士制造出了高压油浸变压器。以后又研制出巨型高压变压器。随着变压器的发展，远距离高压交流输电有了很大发展。1901 年美国在密西西比河流域建成了 50 千伏的高压输电线。远距离输电技术的发展，使电力成为比蒸汽动力更强大、更方便的动力，它的广泛应用对工业发展具有决定性的作用。从 19 世纪 70 年代开始，电能作为新能源逐步取代蒸汽动力而占据了统治地位。

电能相对于蒸汽动力呈现出明显的优势：第一，电能可以集中生产、分散使用，便于传输和分配；第二，电能的应用灵活，易于转化为热、光、机械、化学等各种形态的能量，以满足人类生产和生活的多方面的需要，而蒸汽机则只能把热能转化为机械能。19 世纪末 20 世纪初在世界上掀起了电气化的高潮，美国、德国由于最早实现了电气化而迅速进入世界工业强国的行列。电力技术的广泛应用，首先促进了电力工业、电气设备工业的迅速发展。以发电、输电、配电这三个环节为主要内容的电力工业产生和发展起来了，制造发电机、电动机、变压器、断路器以及电线、电缆等电气设备的工业也迅速兴起，同时还促进了材料、工艺和控制等工程技术的发展。电力技术的发展使许多传统产业得到改造，使一系列新技术应运而生。

二、远程通信技术的飞跃

电气时代所创造的生产力是蒸汽时代所望尘莫及的，它为资本主义从自由竞争阶段过渡到垄断阶段提供了技术基础。随着生产力的飞速发展，生产的规模迅速扩大，在更大的范围内进行资源和市场配置是垄断资本主义的显著特点。在近代资本主义社会，物质资料、股票行情和信息都意味着财富，而近代通信工具则提供了迅速传递信息的手段。随着社会的进步，社会的组织化程度越来越高，通过各种信息把社会的各个部门和各个要素有效地联结成一个整体，这也需要通信技术；通信技术还是政治、文化、教育、宣传、交通等部门迅速传递信息的工具。战争的需要更是直接而有效地刺激通信技术发展的重要因素。

近代电报是最早产生的用电传递信息的装置。电报的发展经历了从有线到无线的过程。有线电报的发展走过了静电电报、电化学电报和电磁电报三个阶段。一位佚名者在 1753 年发明静电电报，他用 26 根线代表 26 个字母，在发送端导线与起电机连接，在接收端导线下挂一个小球，导线通电，则小球被吸起。1804 年西班牙工程师沙尔伐（1771—1841）以伏打电池作电源发明了第一部电化学电报，他用伏打电池作电源分解水，以负极产生的氢气泡作为信号的指示器。

1820 年奥斯特关于电流的磁效应的发现为电磁式电报的发明奠定了理论基础。1833 年德国科学家高斯（1777—1855）和韦伯（1804—1891）研制成电磁式电报机。而实用电磁电报的发明主要应归功于英国的科克（1806—1879）、惠斯通（1802—1875）和美国的莫尔斯（1791—1872）。1836 年科克制成了电磁电报机，并在 1837 年申请了第一个电报专利。伦敦皇家学院自然哲学教授惠斯通是科克的合作者。他们的发明经过不断改进而被投入使用，到 1852 年时，英国建成的电报线已达 4000 英里。莫尔斯是 19 世纪美国的第一流画家，1835 年他研制成电磁电报机的样机，又根据电流通、断时出现电火花和没有电火花两种信号，于 1838 年发明了用点、线组成的“莫尔斯电码”。1844 年在美国政府资助下，建成了从华盛顿到巴尔的摩全长 40 英里的电报线。从 19 世纪中叶起，掀起了一股铺设海底电报电缆的热潮，1850 年铺设成英法海峡间海底电报电线，到 1902 年电缆已穿过太平洋，把加拿大和澳大利亚连接了起来。

从某种意义上来说，电话的发明比电报的发明更难。电报只能提供离散性的信号，它可以用电流“有”和“无”两种不同状态的逻辑组合来代表信号，而电话要求提供连续的语言信号，这就需要用电量来模拟人的语音。因此，在电报投入使用 30 多年以后，实用的电话才研制成功。

1876 年 2 月美国的贝尔（1847—1922）和华生制成了最早的实用电话机，标志着人类运用电话通信的开端。贝尔在大学专攻语音专业，他曾经试图研究一种为耳聋患者使用的“可视语言”，按照他的设想，是在纸上复制人语言波的振动，以使耳聋患者从这个曲线中看出“话”来。这一设计虽然没有成功，但在反复实验中，一次偶然的发现给了他启示：当电流导通和截止时，线圈会发出噪声，因此他想到用电波代替声波，来传送信号，在经历了多次失败之后终于获得成功。1876 年 2 月 14 日他向美国政府申请发明电话机的专利。1877 年第一份用电话发出的新闻电讯稿被送到美国波士顿的《世界报》，它标志着电话已进入公众的生活之中。

1865 年麦克斯韦通过电磁理论的研究预言了电磁波的存在，1888 年赫兹用实验验证了这一预言。赫兹的发现立刻引起了许多科学家去探索实现无线电报的可能。1895 年卢瑟福（1871—1937）利用他发明的检波器可使无线电信号传输 0.75 英里。英国的洛吉（1851—1940）于 1896 年发明用谐振电路的无线电报。实用的无线电报系统是由意大利物理学家、发明家马可尼（1874—1937）和俄国物理学家、电气工程师波波夫（1859—1906）发明的。

1895 年，马可尼利用自制的简陋的发射机和接收机以及他自己发明的垂直天线，收到了 1.6 英里以外发来的信号。1896 年他迁居英国伦敦，又在英国进行无线电收发表演，在邮政大楼顶上和相距 300 码远的储蓄大楼之间，成功地进行了实地收发表演。到 1897 年他使收发距离增加到 10 英里。同年，马可尼无线电报公司建立。马可尼发明的无线电报很快被用于航海救险。1899 年 3 月马可尼实现了英吉利海峡相距 45 英里间的无线电通信。1901 年 12 月 12 日马可尼又首次完成了横跨大西洋的无线电通信。他在英国普尔渡建立了一个大发射台，采用音响火花式电报发射机发射信号，设置在 2000 英里外的收报机成功地收到了从普尔渡发来的“S”字母。这一成功标志着无线电报开始进入远距离通信的实用阶段。为此，马可尼和德国物理学家布劳恩（1850—1918）共同获得 1909 年的诺贝尔物理学奖。1910 年马可尼用水平天线收到 6000 英里外发出的信号，1916 年后，他又研究短波无线电通信，为现代远距离无线电通信奠定了基础。

对无线电通信作出重要贡献的波波夫 1859 年 3 月 16 日生于俄国乌拉尔的一个牧师家庭。1882 年他毕业于彼得堡大学物理系。从 1889 年起波波夫研究用电磁波向远处发送信号。他首创了接收机天线。1894 年他和其同事雷波金做收发电报表演，到 1896 年他们用无线电信号把莫尔斯电码成功地发送到 250 米远，1897 年他把发送距离成功地增加到5公里，1898年同俄国海军一道实现相距10公里的舰只与海岸间的通信，次年又把通信距离增加到50公里。但由于俄国沙皇政府未及时给予支持，波波夫发明的无线电报在当时未能及时推广使用。

三、内燃机的发明和改进

热机按工作方式可以分为内燃机和外燃机两大类。19世纪内燃机的发展，从燃料的化学能转化为机械功的方式看，走过了从真空机到爆发机再到压缩机的演变。1869年法国发明家里诺（1821—1900）制成了第一台实用的内燃机——二冲程、无压缩、电点火煤气机。1862年法国工程师德罗沙（1815—1891）提出等容燃烧的四冲程循环原理。1876年德国工程师奥托（1832—1891）制成了第一台四冲程往复活塞式内燃机，这是一台煤气机，热效率高达12%~14%。奥托在35年中一直从事内燃机研究，他把热效率提高到20%以上，因此，他获得了内燃机发明者的声誉。19世纪末，用石油产品取代煤气作燃料已成为必然趋势。1883年德国工程师和发明家戴姆勒（1834—1900）制成了高速立式的第一台现代四冲程往复式汽油机。1885年戴姆勒和德国工程师、发明家本茨（1844—1929）两人以汽油机为动力，分别独立地研制出最早的可供实用的汽车。1889年戴姆勒制成V型双汽缸汽油机，用于汽车，并获得专利。1892年德国机械工程师狄塞尔（1858—1913）发明了柴油机，这是一种结构更简单燃料更便宜的内燃机，被广泛地应用于卡车、拖拉机、公共汽车、船舶及机车等，成为重型运输工具中无可争议的原动机。狄塞尔机的问世，标志着往复式活塞内燃机的发明已基本完成。

四、第二次技术革命的特点和意义

第二次技术革命与第一次技术革命相比，它明显呈现出以下几个特点：

第一，科学理论成为技术发明的主导因素。科学理论对生产的指导作用明显加强，科学—技术—生产的发展线索和逻辑关系更加清晰。第一次技术革命的蒸汽技术只是热力学发展初期基本概念和力学大的运用，第二次技术革命的电力技术达到了对力学、化学、光学、声学、电磁学、数学的综合运用，如电气技术、内燃机技术、冶炼技术和有机合成技术都是在相关理论的指导下发明出来的。

第二，技术在生产中的地位明显提高。蒸汽技术时代技术只是发挥传统技艺的作用，与生产融为一体，而电力技术时代的技术则发展为技术科学，作为科学化的理论体系指导生产，成为连接科学与生产的纽带。

第三，科学原理转化为生产力的速度大大加快了。如果说牛顿力学、热力学用了100—200年的时间才完成了理论向技术的渗透或生产的应用，那么，从电磁学理论到电力技术的转移，一般只经历了几十年，甚至十几年。19世纪随着以电力技术、远程通信技术、内燃机技术为核心，包括冶炼技术和有机合成技术等技术群体的产生及推广，新的产业革命如火如荼地在世界范围内迅速扩展，生产力的飞速增长改变了世界的面貌，科学技术作为生产力的职能得到了充分的体现。

第二次技术革命无论在广度、深度以及对人类文明的进程上都超过了第一次技术革命，其历史意义主要表现在：

第一，第二次技术革命极大地促进了社会生产力的发展和产业结构的变化。第二次技术革命极大地解放了社会生产力，提高了劳动生产率，改变了劳动条件，使社会生产发生了巨大的变化。19 世纪最后 30 年，世界工业总产值增加了两倍多。第二次技术革命使产业结构发生了深刻变化，发展了电力、化学、通信、冶金等一大批技术密集型新兴产业，使技术体系从机械时代进入电气化时代。

第二，第二次技术革命加速了垄断资本主义的形成，引发了生产关系的变革。第二次技术革命导致竞争机制开始发挥更大作用，竞争的加剧也促进了自由资本主义向垄断资本主义的转化，电力、冶金、通信等生产部门和业务部门朝着垄断化方向发展，产生了美国通用电气公司、贝尔电报电话公司、德国西门子公司等一大批大型公司。

第三，第二次技术革命全面深入地渗透到社会经济领域，成为引领人类文明发展的原动力。电力革命改变了整个人类社会的面貌，表现为从技术体系、工业体系、产业结构到社会管理和社会生活的全面变革。通信技术的普及改变了人们以往封闭状态的生活方式，使人与社会的联系更广泛更密切；科学技术向社会生活各方面的渗透，使人们的消费方式、服务方式、交往方式等发生了极大变化；生产的社会化促使企业出现新型的科学管理体制，加速了政治民主化进程。电力革命使人的聪明才智得到更大的开发和利用，对人的文化素质提出了更高要求，促进了高等教育、技术教育和职业教育的改革和新的教育体制的形成。

◎ 思考题

1. 19 世纪在天文学、地质学、物理学、化学和生物学领域取得了哪些重大成就？

2. 达尔文进化论的主要观点是什么？

3. 在经典电磁理论的建立过程中，奥斯特、安培、法拉第和麦克斯韦各作出了哪些贡献？

4. 简述第二次技术革命的特点和历史意义。

第六章 近代科学技术的特点与启示

近代自然科学继承了古希腊哲学思辨、理性的传统，同时将视线投向实践，在发现科学事实、建立科学理论的过程中，形成了以观察实验的感性方法与假说推理的理性方法相结合的方法论传统；伴随着科学认识的不断深化，人们对自然的基本认识经历了从机械自然观到辩证自然观的转变；适应科学发展的需要，科学活动的组织形式也发生了深刻变化，科学成为一种社会建制，科学家成为一种社会职业，科学的社会规范成为科学共同体特有的精神气质。在近代科学史上多次发生科学技术中心转移的现象，其深层次原因乃是社会环境与科学技术系统的相互作用所致。近代西方科学技术的发展轨迹与中国古代科学技术的发展形成鲜明对照，两种不同文化背景下科学技术的命运将给我们以深刻的启示。

第一节 近代科学发展的特点

一、实验科学方法论的确立

科学实验的萌芽和雏形在古代社会中就已出现。远古的人们为了寻求可供食用或治病的植物，可供制陶的黏土，可供炼铜炼铁的矿石，曾经作过许多尝试，就其作为以探索为目的的活动来说，就是实验。古代社会的人们还对杠杆的作用、浮体的排水、蒸汽的驱动力、动物的呼吸、人体的解剖、火药的配方等进行了实验性研究。但是，在 15 世纪以前，在自然知识中占主要地位的实用科学和自然哲学以及那时的天文学和力学，基本上是对生产过程和自然过程的直接观察，是记录和整理生产经验和观测到的自然事实，专门以探索为目的的活动不多，也缺乏专门用于探索自然现象的工具和仪器。

在中世纪的末期，随着生产力的进一步发展，知识的不断积累，人们要求更多地认识自然现象的奥秘，同时技术进步也给人们揭示自然规律提供了日益多样、复杂、强大的认识手段。正如恩格斯所说："从十字军东征以来，工业有了巨大的发展，并产生了很多力学上的（纺织、钟表制造、磨坊）、化学上的（染色、冶金、酿酒）以及物理学上的（眼镜）新事实，这些事实不但提供了大量可供观察的材料，而且自身也提供了和以往完全不同的实验手段，并使新工具的制造成为可能。可以说，真正的有系统的实验科学，这时候才第一次成为可能。"①

科学实验与生产实践的不同在于：生产实践的直接目的是把自然物改变为满足人们

① 《马克思恩格斯选集》第 3 卷，人民出版社 1972 年版，第 523~524 页。

需要的物质产品，创造物质财富；而科学实验则是以认识自然为首要目的的实践，就直接意义来说，其目标主要不是生产物质产品，而是要生产（或检验）观念形态的知识，创造精神财富。实验科学的特点在于具有：实验的受控性、推理的逻辑性和严格的实验检验。作为认识自然事物和自然过程的研究方法，科学实验在许多方面是优越于一般观察和生产实践活动的。

从哲学上充当近代实验科学发言人的是弗兰西斯·培根（1561—1626）。他的主要著作是在1620年出版的《学术的伟大复兴》，但这部巨著只完成了两部分，即《论科学的价值和发展》和《新工具论》，前者确定了科学研究的对象、意义，并对科学进行了分类；后者认为亚里士多德的《工具篇》实际是针对中世纪经院哲学的逻辑，阐明了自然研究的新方法——归纳逻辑。

培根认为人应当成为自然界的主人，科学技术是改造世界的雄伟力量，为此，人们就应该具有丰富的知识，因为“知识就是力量”。培根指出，人类需要“新的科学”，其对象是自然界，目的是把自然界变成“人的王国”，让人来控制自然力。

培根深感中世纪的经院哲学不能增进人类对自然的认识和支配自然的能力，因此致力于创立一种新的关于实验方法的理论。培根认为对自然界的科学理解和对自然界的技术控制是相辅相成的。在他看来，很多科学原理蕴藏在工匠的日常操作中，他们的操作经验是科学知识的可贵源泉。培根认为工匠的操作方法对于自然事物具有能动地改造即实验的性质。另一方面，培根也认识到单凭经验还不足以得到自然知识，还要对经验进行一定的加工，而思维加工的材料必须来自经验。针对当时学者们沉溺于思辨，而工匠虽有经验却因没有文化不能把经验的东西记载下来加以分析，培根主张把学者传统和工匠传统结合起来，从而形成“经验和理性职能的真正的合法的婚配”。他说经验主义者好像蚂蚁，只知道收集材料，理性主义者（经院哲学家）好像蜘蛛，只凭着自己吐的丝来结网，这两者都是片面的。他主张要像蜜蜂那样“从花园和田野里面的花采集材料，但是用他自己的一种力量来改变和消化这种材料”①。

他提出要循序渐进地运用归纳逻辑中判明因果联系的求同法、差异法和共变法来处理经验材料。培根提出的“三表法”，即“本质表或存在表”、“差异表或接近中的缺乏表”、“等级表或比较表”，是他对实验科学方法论的重要贡献。他所倡导的方法至今仍在科学实验中被广泛应用。但是培根所主张的对经验加工主要是指以实验为基础的归纳，因而对数学和演绎的作用估计不足乃至采取不信任态度。

与培根相同时代的法国哲学家和科学家笛卡儿（1596—1650）的思想也对近代实验科学的发展有重要影响。尽管他对经验的作用估计不足，但对数学的贡献和强调数学方法的意义却对后来的实验科学家有重要的帮助和启示。笛卡儿主张科学起始于怀疑，他认为必须怀疑被信以为真和一般被当做真理的东西，但这种怀疑并不是目的，而是为了保证认识的基础绝对可靠而没有错误。

笛卡儿倡导科学研究中的演绎法。他认为必须从几个不证自明的公理出发，一步一步推出其他原理，直至构成一个能够自圆其说的知识体系，而推理的每一步都要清楚明

① 北京大学哲学系：《西方哲学原著选读》上册，商务印书馆2003年版，第358页。

白，只有这样才能达到真理。他认为只有自明性才是真正知识的基础和真理的标准，而这种自明性又只是“理性直觉”即直接推理所特有的，它既不需要经验的基础也不需要逻辑的证据。从这些观点出发，笛卡儿提出了运用理性方法的四条规则：“第一条是：凡是我没有明确地认识到的东西，我决不把它当成真的接受。也就是说，要小心避免轻率的判断和先人之见，除了清楚分明地呈现在我心里、使我根本无法怀疑的东西以外，不要多放一点别的东西到我的判断里。第二条是：把我所审查的每一个难题按照可能和必要的程度分为若干部分，以便一一妥为解决。第三条是：按次序进行我的思考，从认识最简单、最容易认识的对象开始，一点一点逐步上升到认识最复杂的对象；就连那些本来没有先后关系的东西，也给它们设定一个次序。最后一条是：在任何情况下，都要尽量全面考察，尽量普遍地复查，做到确信毫无遗漏。”①

笛卡儿强调演绎看轻归纳，这是片面的；但在实验科学家普遍重视归纳方法的条件下，使人们充分注意到运用演绎论证进行科学研究又有着积极的意义。

近代实验科学大师伽利略把培根所倡导的实验方法和笛卡儿所推崇的数学方法、逻辑演绎方法在自己的科学实践中有机地结合起来，在天文学、力学、物理学等学科的研究工作中，开创了科学实验与数学方法相结合的新的研究途径。这种新方法为研究自然开辟了无限广阔的天地，而且成为日后自然科学研究中的典型方法，即设计适当的实验对自然过程进行研究，探寻规律性的联系，然后把所发现的规律用数学语言写下来，形成公式。

实验科学由于广泛运用了伽利略所创立的新方法而走向成熟，其标志就是把对自然现象的定性描述发展成为定量的分析。伽利略十分重视数学，他确信自然界是简单而有秩序的，物质和运动都可以用数学来描述。他把宇宙比做展现在我们眼前的一部大书，这部书是用数学语言写出的。伽利略在自己的科学实践中成功地运用了数学方法，把那些从观测、实验中总结出来的自然定律，如著名的落体定律写成了定量的数学公式。我们现在常说的科学数学化，可以说正是从伽利略开始的。

伽利略重视实验方法，精心设计各种新的实验，不但使实验方法定量化，而且还创造性地把实验同逻辑推理结合起来，使实验理想化、逻辑化，产生了理想实验方法，作为实际实验的重要逻辑补充。他运用丰富的想象把实验条件理想化、极限化，并在这种设想的条件下，把实验在逻辑推理过程中继续进行下去，从而获得重要的科学结论。惯性定律便是他运用这种理想实验方法而取得的一项重要成果。

牛顿也是一位实验科学大师，他在其历史性的著作《自然哲学的数学原理》一书中，明确地提出了进行科学研究的四条法则：

法则1：探求自然事物的原因时，除了那些真的和解释现象必不可少的以外，不应增加其他原因。

法则2：对于自然界中同一类结果，必须尽可能归之于同一种原因。

法则3：物体的属性，凡不能增强也不能减弱者，又为我们实验所能及的范围内的所有物体所具有者，应视为一切物体的普遍属性。

---

① 笛卡儿：《谈谈方法》，商务印书馆2001年版，第16页。

法则4：在实验哲学中，从现象中运用归纳推导出来的命题，应该看做是正确的或接近于正确的；虽然可以想象出与它相反的假说，但是没有发现其他现象足以修正它，或出现例外以前，仍然应当这样看。

牛顿猜想自然界的各种现象都是和某些力相联系的。对不同领域的现象都追溯到同一起源——自然力，这是牛顿的基本思想方法。他宣称致力于用数学方法来探讨各种哲学问题，发明了微积分，为经典力学建立了一套类似于《几何原本》的公理化体系。他同时也继承了培根注重实验和归纳的传统，主张探求自然事物的准确方法是从现象或从实验出发，推导出某个命题，然后通过归纳法得出普遍的结论。

二、机械自然观的兴盛与衰落

在资本主义生产的推动下，16—18世纪自然科学摆脱了宗教神学的束缚，得到飞速发展并取得了巨大的成就。尤其是以力学运动三定律和万有引力定律为核心建立起来的完整力学理论体系，把地球上的物体运动规律和天体运动规律概括在一个统一的理论之中，实现了以力学为中心的物理科学的第一次理论大综合，从而排除了上帝创世说，并给予宗教神学自然观以致命的打击。然而与这一时期自然科学发展状况相适应，却形成了形而上学的机械自然观。

机械自然观描绘了一幅机械的世界图景。笛卡儿认为把自然界看做“机械”是最合适的。他说，即使自然界和机械有不同的地方，也只有自然界的零件是眼睛看不见的那样小的东西，如果从零件的作用来说，都是力学的。而且他还把动物和人体也仅仅看成是比“钟、喷水机和风车等”略微复杂一些的机器罢了。用机械的装置来设想自然界的万事万物，这就必然否认自然界运动形式的多样性，只承认机械运动是唯一的运动形式，即承认一切物体的运动都是由外力推动而产生的机械的位移和它们动量的交换。既然机械运动是唯一的运动形式，而且运动的原因不在事物的内部而在外部（即由于外力的推动），那么自然界的任何变化发展就都被否定了，万事万物只有在空间上彼此并列着，并无时间上的发展，即所谓“太阳底下没有新事物”。林耐就是一个宇宙不变论者，他认为造物主一开始创造了多少不同形式，现在就存在多少物种。自然界绝对不变，这是机械自然观的基本观点。同时，机械自然观还认为宇宙中的一切物质运动都是由严格的因果关系决定的、纯粹必然的过程，法国天文学家和数学家拉普拉斯就认为：如果在某一时刻知道使自然界活跃的一切力量以及自然界的一切组成部分的相对关系，神圣的计算者就能够把这些材料加以分析，就可以用一个公式来概括宇宙中一切物体的运动，这些物体包括宇宙中最大的天体到最微小的原子运动。这种设想是典型的力学定律决定一切自然界运动的观点，这种思想被称为机械决定论。

近代形而上学自然观以实验科学材料为基础，基本上克服了古代自然观中的直观性、思辨性、猜测性的缺陷，而力图用比较成熟的科学知识来解释自然现象，这无疑是一个进步。但近代自然观由于缺乏辩证法，把自然界看成是一成不变的，这比起古代自然观那种把自然界看成是不断发展变化的观点来，则又是一个退步。

机械自然观的形成有其历史的必然性。一方面，这是由当时的自然科学水平所决定的，因为人们的认识发展过程总是通过已知认识、解释未知。在自然科学发展的初期，人们仅仅对力学进行了较深入的研究，其他科学发展还较欠缺，所以往往用机械力学的理论来解释一切自然现象。另一方面，它也与自然科学的研究方法密切相关。16—18世纪的自然科学大多数学科还处在收集材料和分门别类加以整理的阶段，即必须先研究事物，而后才能研究过程；必须先知道一个事物是什么，然后才能觉察这个事物所发生的变化。这种首先把事物分解为各个部分，分门别类加以整理的方法，在近代自然科学的研究中是必不可少的。但是把事物分割开来，研究既成事物的方法，“也给我们留下了一种习惯：把自然界的事物和过程孤立起来，撇开广泛的总的联系去进行考察，因此就不是把它们看做运动的东西，而是看做静止的东西；不是看做本质上变化着的东西，而是看做永恒不变的东西；不是看做活的东西，而是看做死的东西”①。这种习惯经过自然科学家的传播和哲学家的总结，就形成了形而上学的自然观。

随着自然科学的发展，许多新领域中出现了许多新的问题，但是科学家们根据机械观去理解自然现象，仍然引入了许多“力”和适应于经典力学的虚假的物质，这不仅未能促进这些学科的发展，反而造成许多困难。按照机械论的观点去解释一切自然现象，也不能问答自然界的一系列根本问题，如天体是怎样运动起来的？各种各样的物种是怎样产生的？不同的运动形式是怎样转化的？最终只能求助于造物主的智慧。这就使得18世纪的自然科学未能彻底摆脱神学的束缚。主张机械决定论的科学家在方法论上又夸大归纳法的作用，否定和排斥演绎法在科学方法论中的地位，以为单纯依靠归纳法，就可以发展科学。这种不需理论的指导，忽视抽象思维作用的思想，也严重阻碍了科学的发展。

18世纪下半叶以来，随着自然科学从经验领域进入理论领域，自然科学本身的辩证性质和机械自然观的形而上学性质的矛盾逐渐激化。自然科学的一系列重大成就，在机械自然观的壁垒上打开了一个又一个缺口，为辩证唯物主义自然观的产生准备了条件。尤其是能量守恒与转化定律、细胞学说和达尔文进化论，充分揭示了自然界一切事物和现象的固有的辩证性，“由于这三大发现和自然科学的其他巨大进步，我们现在不仅能够指出自然界中各个领域内的过程之间的联系，而且总的说来也能指出各领域之间的联系了，这样，我们就能够靠经验自然科学本身所提供的事实，以近乎系统的形式描绘出一幅自然界联系的清晰图画”②。18世纪下半叶以来自然科学的巨大进展表明：过去被看做是孤立的、割裂的自然现象，现在被证明是统一的物质运动的不同形式；过去被当做一成不变的事物，现在被证明是逐一形成的。它们不仅在空间上展示出多样性，而且在时间上有其发生、发展和消亡的历史。自然科学的发展揭示了自然界的辩证性质，使辩证唯物主义自然观的产生和机械自然观的破产，不可避免。

三、科学共同体的形成

早期的自然科学，是人们出于对大自然的敬畏和好奇而从事的一种自发的业余爱好和兴趣活动。尽管近代科学革命以后，科学从哲学的母体中分离出来，以经验为基础、

---

① 《马克思恩格斯选集》第3卷，人民出版社1972年版，第60~61页。

② 《马克思恩格斯选集》第4卷，人民出版社1972年版，第241~242页。

以实验为手段，走上了自身独立发展的逻辑轨道，但是在一个较长的历史时期，近代科学研究的范围和规模都比较窄小。科学家往往以单枪匹马、幽居独思的活动方式为主，正如科学学创始人贝尔纳所描绘的那样：科学还停留在教授的小实验室中或发明家的小书房里。

随着科学的进步，热心科学的人数迅速增加，科学家成为一种社会职业，寻求社会承认，争夺科学发现的优先权、归属权已成为科学发展新的特点。事实上，科学的奖励制度与科学家寻求社会承认构成了科学共同体运行的动力机制。

科学共同体形成的标志，便是学会或学院的纷纷成立，会员常常聚会，讨论新问题并推进新学术。这类学会中最早的一个，1560 年出现在那不勒斯，名叫“自然奥秘学院”。1603—1630 年，“猞猁学院”（Accademic dei Lincei）成立于罗马，伽利略便是其中的一员。1651 年梅迪奇贵族们在佛罗伦萨创立了“西芒托学院”。

17 世纪初，弗兰西斯·培根在《新大西岛》一书中构想出“所罗门之宫”，当其作为科学家们集中起来潜心从事科学研究的工作场所以后，人们开始意识到科学家之间进行科学交流、合作的重要性。英国著名的格雷山姆学院就是培根“所罗门之宫”的最初实践。格雷山姆学院是由英国麦塞斯公司的老板和英国皇家交易所的创办人，在临终时把自己所有的财产奉献给科学家，建立的一所从事科学活动的学院，成为当时英国科学家自由聚会的活动中心。1662 年，在国王查理二世的特许下，这个学会正式定名为“皇家学会”。

在法国，同类的科学院于 1666 年由路易十四创立。类似的组织不久也出现于其他国家。这些学会进行了充分的讨论，集中了科学界的意见，公布了会员们的研究成果，特别是大多数学会不久后开始发行定期刊物，因而这些组织成立后，科学的发展愈加迅速。最早创立的独立的科学杂志是《学人杂志》，1665 年在巴黎首次发行。三个月后，又有《皇家学会哲学杂志》问世。其他科学杂志不久也相继出现，不过直到 17 世纪末，数学家们还主要是靠私人通信来宣布他们的研究成果。这是一个效率低微的办法，有些发明先后的争执即由此而起，如牛顿和莱布尼茨之间的争执。

从 19 世纪开始，科学有了长足的进展，科学以其令人心悦诚服的成果、独一无二的价值和功能，吸引了为数众多的人踏上科学之路，科学研究呈现出职业化和机构化的特征。

1826 年德国大化学家李比希（1803—1873）创建了吉森化学实验室。李比希是德国工业革命时期有代表性的科学家和教育家，他出身于一个小作坊商人的家庭，从小喜欢到父亲开办的医药和染料作坊去玩耍、观摩，给父亲帮忙。少年时代他就把图书馆能借到的化学书籍都读完了，能够做的实验全都亲手做过，立志要成为一名化学家。李比希 19 岁到埃尔兰根大学求学，后来又求学巴黎，在盖·吕萨克实验室工作和学习，在这里他还得到德国教育部长威廉·冯·洪堡（1767—1835）的弟弟、著名科学家亚历山大·冯·洪堡（1769—1859）的帮助。李比希 21 岁学成归国，到吉森大学任教，他创造了一套独特的教学方法，不对学生搞“灌装”，而是带领他们一起做实验，一起研究问题，让学生在研究过程中学习。1826 年李比希建立了一所新的化学实验室，它可以同时容纳 22 名学生进行实验，师生们在这里夜以继日地讨论科学问题，进行空前规模的教学和科研活动。吉森化学实验室由此成为欧洲第一流的科研基地，成为化学界的“圣地”，这里创造了化学发展史上的奇迹，李比希本人则被称为“有机化学之父”。

李比希的学生中有霍夫曼（1818—1892）、凯库勒（1829—1896）、沃茨（1817—1884）等人，用约翰·齐曼的说法，李比希几乎培育了所有下一代最优秀的化学家。吉森大学的毕业生遍布德国各地，他们把老师的精神和方法带进企业和学校，继续进行科研与教育。他们仿建了一批“李比希”型的实验室，并且大力推动化学工业，20 年内竟使德国成为世界第一的化学工业强国。吉森实验室在科学史上也有重大意义，它标志着科学家组织由学会型结构向专业型结构的过渡。

1874 年著名的英国剑桥大学卡文迪许实验室的出现，不仅是近代科学向现代科学过渡的肇始，也是科学研究传统和主体转换的标志。卡文迪许实验室是由当时剑桥大学校长威廉·卡文迪许私人捐款兴建的，他是 18—19 世纪对物理学和化学作出过巨大贡献的科学家亨利·卡文迪许（1731—1810）的近亲，所以这个实验室就以他的名字命名。当时用了捐款 8450 英镑，除去盖成一栋实验楼馆，还买了一些仪器设备。把物理实验室从科学家私人住宅中扩展出来成为一个研究单位，顺应了 19 世纪后半叶工业技术对科学发展的要求，为科学研究的开展起到了很好的促进作用。随着科学技术的发展，科学研究工作的规模越来越大，社会化和专业化是必然的趋势。卡文迪许实验室后来几十年的历史，证明剑桥大学的这位校长是有远见的。

吉森实验室和卡文迪许实验室以科学家群体或集团合作交流的研究方式取代了近代科学的那种分散、独立、业余地从事科学研究的状况，说明科学共同体的出现是科学发展的必然结果，同时也是科学活动社会化、体制化的一个标志。

第二节　世界科技中心的转移及其启示

英国著名的科学家、科学学创始人贝尔纳（1901—1971）在《历史的科学》一书中，最先提出了世界科技中心的概念。他认为，没有长盛不衰的科技中心，科技中心总是随着民族的经济文化的兴衰消长而转移的。20 世纪 60 年代日本学者汤浅光朝进一步对 1501—1950 年科技编年表等材料做了统计处理，确证了科技活动中心几次转移的现象（被称为汤浅现象）。如果定义一个国家的科技成果数占全世界总数的百分比超过 25%为科学兴盛期的话，那么科学兴盛期的转移顺序为：意大利（1540—1610）、英国（1660—1730）、法国（1770—1830）、德国（1810—1920）、美国（1920—　），各国科学兴盛期平均为 80 年左右。

一、近代第一个世界科技中心——意大利

从 15 世纪下半叶到 17 世纪初，资本主义生产关系首先在意大利萌生并得到迅速发展，工商业的繁荣促进了文化的繁荣，文艺复兴运动也首先在意大利兴起，从而为意大利近代科学技术的产生和发展奠定了基础。

14—16 世纪，在意大利出现了与封建文化相对抗的早期资产阶级文化，它以复古的名义出现，但并不是消极的复古，而是资产阶级文化的兴起。这个时期出现了许多文

学家和艺术家，这些活动家到处寻找罗马黄金时代的手抄本，一时间搜集手抄本成了时尚，意大利和北欧的修道院的图书馆被搜掠一空，富商贵族则命令他们在东方的代理人，不惜重金收购在东方或君士坦丁堡陷落时失散了的希腊书籍。古希腊哲学和科学的语言，经过八九百年之后，又重新为西方学者所熟悉，这样，在惊讶的西方面前展开了一个新世界——希腊的古代，在它的光辉的形象面前，中世纪的幽灵开始消逝；古希腊在哲学和科学上那种自由探讨的精神，开拓了人们的眼界。意大利出现了前所未有的艺术繁荣，这种艺术繁荣好像是古希腊鼎盛时期的再现。到 15 世纪，意大利的文学艺术达到了空前的高度。这一时期产生了但丁、达・芬奇、哥白尼、维萨里等科学文化巨人，这时的意大利是当之无愧的世界科技中心，吸引着欧洲各地的知识分子前来学习深造，并把先进思想和文化的种子播撒到欧洲各地。

16 世纪以后欧洲的经济、政治、文化等发生了很大的变化。由于新航线的开通，贸易中心已经从地中海沿岸移向大西洋沿岸，意大利外贸经济急剧下降。又由于战争的破坏，意大利的国土四分五裂，经济上遭到破坏，政治上受西班牙控制，意大利的文化和科学技术受到严重摧残，科技人员流落他乡。从此，意大利失去了科学技术中心继续存在、发展的条件。

二、英国科技的崛起

正当欧洲大陆各国内外交困、连年战争造成科学技术发展不景气的时候，英国却于 1660 年一跃而发展为世界科学技术的中心。16 世纪时英国资本主义开始了大规模资本原始积累，手工工场得到迅速发展，海外贸易迅速扩大，"圈地运动"使大批农民变成无产者，为工业发展提供了大批廉价的"自由劳动力"。工业进一步发展的需求，带动了科学技术的进一步发展。国内出现了造船、酿酒、玻璃、制糖、造纸和火药等一大批新兴工业部门，煤炭、炼钢、冶铁等重工业也迅速建立和发展起来。1588 年英国海军消灭了西班牙的无敌舰队，取得了海上霸权，促进了英国经济更加迅猛的发展。

17 世纪中叶英国发生了资产阶级革命。资产阶级政治统治的确立为资本主义生产方式的发展扫清了道路，这是英国科学技术得以兴起的根本原因。胜利了的英国资产阶级为了巩固自己的政治经济地位，加强自己的实力，获取更大利润，迫切需要借助科学技术的力量，科学技术作为资产阶级的宠儿，备受鼓励和提倡，英国政府采取了奖励科技发展的政策，具体有以下几个方面：

1. 引进技术，广招人才

英国十分注意提高技术水平，国家采取了有利于吸收国外先进技术的政策，大批由于政治动乱和宗教迫害而逃到英国来的工匠壮大了英国的技术力量。英国政府规定，每个外国来的熟练工人必须为英国培养几个学徒作为在英国定居的条件。同时，英国还从德国请来工匠传授技艺，并广泛收集各国的科学技术资料，甚至有的人还以化缘、卖唱的方式，走访德、法、比、荷、意等国的铸铁作坊，专搞技术情报；还派出大量医生、牧师、商人到欧洲大陆留学，专攻最新科学和技术，从而大大缩小了英国与欧洲大陆的科学技术差距。

为了加快技术引进的消化吸收，英国采取了许多措施，如为鼓励造船业吸收外国先进技术，国家决定给造船工业以财政补贴，并欢迎外国工匠、航海家和学者到英国工作，并给予优厚的待遇和更多的关照。

2. 兴办教育，创立学会

英国特别重视科学教育事业和对科学技术人才的培养奖励，大力兴办技术学院，完善大学教育体系。早在12—13世纪，英国就建立了牛津大学和剑桥大学。早期它们受教会控制，为教会培养人才，算术、几何、天文等科目仍在沿袭中世纪经院学派的传统。到17世纪中叶，这些大学除了数学又陆续开设了物理学、植物学、天文学等科学讲座，培养了一批科技人才。尤其值得一提的是建立于1597年的格雷山姆学院，是以科学活动为主的学院，它不由教会管理，而由麦塞斯公司以及伦敦市长和市参议员管理。所有市民都可以进学院听课，不收学费。科学家们常常在这里聚会和自由论谈，真正起到了科学活动中心的作用。后来，在格雷山姆学院的基础上成立了英国皇家学会。

在英国产业革命中，由地方企业家发起组织了一些科学社团，这些团体把企业主、工程师和科学家联合起来共同研究解决工业革命中出现的一些问题。这些科学团体对产业革命时期英国科学技术的发展有着重要影响。英国的科学技术在这些有利的社会环境下迅速发展起来。随着工业革命的发展，在伦敦以外的新兴城市中，也建立了一些富有科学精神的学院和大学，如格拉斯哥大学、爱丁堡大学等。所有这些学校，都比古老的名牌大学如巴黎大学和牛津、剑桥等校更适应科学、技术发展的要求。

3. 注重科研，奖励发明

加速科技发展，最重要的是增强本国的科研实力。为此，英国政府积极支持科研活动，奖励发明创造，给予科学家和发明家以极高的荣誉和社会地位。例如牛顿就因其卓越的科学成就而在1688年成为英国国会议员，1703年被选为英国皇家学会会长，1705年被安妮女王封为爵士，是第一位获得这个荣誉的科学家，逝世后还以有功于国家的伟人，葬于威斯特敏斯特教堂。为了鼓励技术发明，英国很早就有了专利法。瓦特是近代技术发明中最有影响的人物，他改进发明的蒸汽机就曾获得过专利。由于他的贡献，1785年被选为英国皇家学会的会员，1806年还被授予格拉斯哥大学法学博士，1814年获法兰西科学院外国院士。为了纪念他，1832年在格拉斯哥市乔治广场建立了他的铜像。许多卓越的科学家、发明家，如牛顿、哈雷、胡克、波义耳、瓦特等，都获得了以他们的名字命名有关定律或成果的荣誉。

但整体说来，这个时期英国的科学教育制度还远远没有确立，虽然英国早就建立了如格雷山姆学院这样侧重天文学和几何学的机构，而且后来还在新建的学院、大学（主要在苏格兰）中设置“自然哲学”（物理科学）系科；但一直到19世纪初，培训科学家的教育或研究组织却几乎没有。1800年由伦福德发起募捐创办的“皇家研究院”（它是仿效法国的产物），勉强算是那个时期英国唯一存在的研究机构。这个研究院聘任的第一位化学讲师就是著名化学家亨利·戴维。戴维利用这个研究院的附设工场建立了一个简陋的实验室，并在那里进行了他著名的电化学实验。可是，这个研究院并不像法国那样可以指望政府支持，因而在它开办的 30 年内，一直只有两个科学家在工作（加上为数不多的助手）。英国科研的衰败不仅在于缺乏充分经费支持，也在于思想的保守。直到 1830 年，英国剑桥大学等院校还坚持采用 17 世纪牛顿那套笨拙的微积分记号体系，而顽固拒绝莱布尼茨发明的并由法国数学家作了很好改进的记号体系。从社会原因上看，科学研究工作既缺乏国家支持也没有成为社会职业，科学研究工作更没有得到有意识的组织，这些原因导致英国科技发展从 18 世纪下半叶趋于缓慢，先是被法国后来被德国赶超。直到 19 世纪 50 年代初，在科学家和上流人士的强烈呼吁下，英国国会才批准了改革牛津和剑桥两校的法案；接着在德国大学改革和科学实验室蓬勃发展的刺激下英国又采取了其他革新措施，使科学工作重新恢复活力，逐渐实现了制度化。

三、法国世界科技中心地位的确立

法国几乎与英国同时开始了工业化进程。法国在技术创新方面、资金运用方面和工业化模式上都最大限度地借鉴了英国的经验，并且有所创新，这就使法国从 18 世纪后半叶到 19 世纪前期成为继英国之后的近代科学中心。以重大成就项目的数量比较来看，1751—1800 年，英国是 37 项，法国是 54 项；1801—1850 年，英国是 92 项，法国是 144 项。法国在 1770—1830 年间的重大科学成果占西方世界的百分比始终超过 25%。尤其是在法国大革命后的 30 年间，法国科学成果的这个百分比甚至接近了 40%。

法国之所以能够超过英国而成为近代科学中心，首先要归功于思想启蒙运动和“百科全书派”的哲学思潮为科学勃兴所做的理论准备。他们中的代表人物伏尔泰（1694—1778）、孟德斯鸠（1689—1755）、狄德罗（1713—1647）、卢梭（1712—1778）等高举科学和民主的大旗，点燃了资产阶级革命的烈火。伏尔泰崇拜英国的政治制度和自由思想，要求信仰、言论、出版自由，在政治上代表资产阶级利益，主张开明的君主立宪制，热情宣传牛顿的哲学思想和科学成就。狄德罗是法国《百科全书》的主编，该书作者有启蒙思想家、科学家、律师、医生和工艺师等共 130 余人，被称为“百科全书派”；他们抨击宗教蒙昧主义和封建意识形态，宣扬唯物主义和自然科学知识，经过 20 多年的努力，编印出 35 卷《百科全书》。卢梭主张在法律面前人人平等，反对君主立宪制，主张建立民主共和国，提出“主权在民”的学说，认为代表全民的立法机构是最高权力机构，有权监督行政。他的平等思想和人民主权观后来成为法国资产阶级革命的指导思想。

启蒙运动为法国资产阶级革命做了思想准备。1789—1794 年的资产阶级大革命以及随后建立的拿破仑政权对科学极为重视，而战争的需要更是不得不求助于科学技术；拿破仑本人亲自指导科学，出席科学会议，制定科学规划，审阅科技发明，颁发科学奖励，被称为“科学的护法神”。法国大革命后，资产阶级政府采取了一系列措施扶持科学技术事业。

1. 对科学家委以重任，使各项事业纳入依靠科技进步的轨道

大革命期间和拿破仑时代，也即 18 世纪 90 年代和 19 世纪早期（直到 1810 年），一大批科学家被任命为革命政府的重要官员。如数学家蒙日（1746—1818）担任过海

军部长，数学家拉扎尔·卡诺（1753—1823）担任过陆军部长，化学家克鲁阿（1755—1809）担任过火药局长和教育部长。他们理解科学的意义，重视、支持、组织了科学的研究和发展。1790年法国组织了由拉格朗日、拉普拉斯、蒙日等人参加的专门委员会，负责研究统一度量衡的问题。1799年完成了长度、面积、体积和容量、质量的计量单位统一，被世界公认，极大地便利了科学技术的交流和经济往来。这些措施并不只提高了科学家们的社会地位，实际上也提高了科学在整个社会中的地位。

2. 强化科研组织，发展科学教育

尽管在大革命初期，在极"左"思潮影响下，曾经发生过解散大学和科学院以及把一些科学大师如拉瓦锡、巴伊（1736—1793）等送上断头台的事件，但是不久战争和动乱造成的经济困难就使法国资产阶级政府认识到科学技术的重要性，1794年法国国民议会决议实现工业化，并且改造旧的皇家科学机构，使之从宫廷走向整个社会。

科学的职业化使科学在社会中获得重要地位，也是法国在科学建制方面的一项创举，如巴黎科学院的院士成了真正的职业科学家，享有丰厚的薪金和待遇；初步确立了一些制度，如科学教授职位、某些科学系科的设置等。法国人认为自由是每个公民的神圣权利，而改革后的科学和教育机构更为这种自由提供了充分的保证，如教师、科学家（主要从事教师职业的科学家）可以自由讲课，同时拥有进行科学研究的自由权利，这是当时英国比不上的。

法国以国家的力量兴办科学和教育。在中央集权制度下，整个教育和科学体系都掌握在政府手里。这一做法受到知识分子和科学家的普遍拥护，因为他们看到，严格的国家控制是防止教会势力卷土重来的好办法。革命政权从1794年起即着手改革旧的科学机构，并且新建了一些科学教育机构，如1795年把巴黎科学院改为法兰西学院，设数理、文学和政治与道德三个学部，拿破仑执政以后，把科学技术看成是富国强兵、称霸欧洲的利器，对法兰西学院进行了改造，加强了数理学部，把原先的皇家植物园改为博物馆（它实际是自然科学研究院，拉马克曾在这里工作过）。与此同时，还创办了两所新型学校：综合技术学校主要培养民用和军用工程技术干部；高等师范学校培养高水平的教育职业人员。这些学校对学生实行严格的军事化管理，免费就读；课程按学科体系设置，注重实验与应用；选聘第一流人才任教，尊重他们的办学意见。这一时期建立的理、工、医科和数学的专科学校培养了一大批人才，如著名的科学家萨迪·卡诺、安培、盖·吕萨克等，而且也为外国培养了一批人才，如德国化学家李比希等。法国兴办教育的成就，为近代世界各国之楷模。

3. 大力引进技术，推行拿来主义

法国科学技术发展起步较晚，特别是和英国相比有很大差距。为了迅速赶超英国，法国派出许多留学生出国深造，引进吸收外国的先进科学技术成果，同时注意引进机器，大量招聘外国技工。大革命以后，尽管英国政府禁止机器、图纸和熟练技工出国，但法国政府仍然采取种种办法将英国的新技术偷运回国，甚至在拿破仑战争和海上封锁

时期偷运活动也没停止过。法国政府为了大量引进，还运用国家的力量来奖励机器入口和资助来法开业的英国人，为他们开业、办厂矿提供有利的条件，以优厚的条件招聘熟练的技术工人，充实和提高国内各个工业部门的技术水平。1822—1823 年从英国移入法国的熟练技工就有 1600 人。在法国的许多工业部门中，如花边业、呢绒业和棉纺织业中都有英国人开业或在法国人开办的企业中劳动。这就使法国在较短时间内完成了工业化进程。

四、德国科技后来居上

1830 年以后，法国由于政局的动荡多变及其他社会原因，作为科学中心的地位开始丧失，法国科学出现了相对停滞的局面。而这时的德国科学后来居上，出现了科学技术革命的高潮，涌现出一批世界著名的科学家。在 19 世纪 40 年代之前，德国还远比法国、英国落后，可是经过了 19 世纪前 50 年的基础科学发展之后，特别是在 60 年代和 70 年代的技术科学的兴盛之后，德国已在理论科学、技术科学、工业生产以及社会经济方面迅速崛起。

比起法、英两国，德国原有基础要落后很多。直到 19 世纪下半叶，这个国家才实现统一。知识分子地位低下、力量分散，因而科学和教育组织的任何改革，从一开始就注定不可能采用新建机构来与古老机构相对抗的办法，而只有尽可能利用现有大学的形式去进行。当时在德国大学中，最有影响力的是那些非科学的、思辨的自然哲学家和一些“科学的”新人文学者。

德国的自然哲学是一种蕴涵着发展思想、独具特色的哲学，是关于自然界的哲学学说，其特点是从整体上对自然界作思辨的说明，就像古代的自然哲学那样包罗万象。到 18 世纪末 19 世纪初，自然科学已经从哲学中分化出来，并获得了迅速发展。在这样的形势下，德国的自然哲学家们，如谢林（1775—1854）和黑格尔（1770—1830）仍然试图建立凌驾于自然科学之上，包括并代替自然科学的自然哲学体系，显然已经不合时宜。但是也应当看到，在德国的自然哲学中，包含有丰富的辩证法思想，这对于自然科学是有益的。正像恩格斯所指出的，到 19 世纪，自然科学本身的发展逐渐揭示出自然界的辩证性质，自然科学也需要辩证法。在这个时候，恰好和德国自然科学家最为接近的辩证法，正是黑格尔的辩证法。① 因此，德国的科学家们尽管对自然哲学的独断十分反感，但另一方面也从中汲取了辩证法的思想，这使他们在化学、生物学等学科比英、法的学者们更有优势。

德国自然哲学在社会政治领域里主张“国家主义”，要求强化国家的权威，在公共事物领域实行政府管制，这一主张十分符合当时德国当局的立场。在这种理念指导下，德国政府动员国家资源支持科学技术和教育的发展，并采取了一系列发展科学和教育的制度和措施。

① 《马克思恩格斯选集》第 3 卷，人民出版社 1972 年版，第 458~459 页。

1. 大力实行教育体制创新

1809年洪堡（1767—1835）和其他人发起建立了柏林大学。19世纪20年代末30年代初，德国大学真正开始进行改革；1870年左右，德国科学研究和科学人才培训已取得卓越成就。德国的科学和教育中心分散在许多城镇，如萨克森弗莱堡的矿业学院、波恩大学、莱比锡大学、慕尼黑大学、海德堡大学、图宾根大学等，德国的实验室和研究所都由政府资助，德国科学与教育模式超过法、英和其他国家，被公认为19世纪最优越的制度。首先，德国通过在大学中强调最新学问，实际上促进了知识课程的更新。哲学和传统学问显然仍是绝对重要的系科，但是随着新科学的大量渗入，因而在内容结构上也发生了变化。其次，通过废除陈旧的职业系科（神学、法学和医学）的特权地位，就在原则上确认所有系科（包括哲学、艺术、科学和传统学问）都是平等的，都有权利授予同等学位（包括博士学位）。当然，哲学实际上仍是最重要的，所以最高学位就是哲学博士。再次，由于政府采取学位资格考试制度（考试成绩是严格按照学术成就评定的），从而使大学在教学和研究制度上走向现代化。

在教育体制改革方面的另一项重大创新就是重点发展大学实验室。这主要归因于19世纪20年代末30年代初开始的化学实验室以及其他相继出现的实验室（生理学、心理学和物理学）的成功发展。实验室一词在德文中原意就是“化学实验室”，是化学家李比希最早建立并加以制度化的。1824年他担任吉森大学教授，不久，他就在这里建立了一个实验室，这是第一个系统地进行实际训练的化学实验室，它规模大、组织效率高，成为后来各种实验室的楷模。德国的大学实验室有职业研究者（而不是教授——研究者），有众多的助手——研究生专心致志地工作，直到取得结果。这种新型的实验室，远非英、法两国那种简陋的私人实验室可以相比。从科学制度化和组织化方面来看，尽管实验室不是一种有意识、有计划的发展的结果，但却比自19世纪初期以来其他任何改革都更具有意义。从此研究工作开始成为一种正式职业而不再是教师或传统学者的业余活动了；职业研究者（或“教授——研究者”）相互之间开始形成“社团”网络，而网络的节点就是实验室，通过社团的科学交流，可以对所选择领域中的题目进行审慎设想和调集力量，这就大大加快了科学研究的速度。

2. 结合生产实践进行科学研究

德国为了深入持久地进行自主科学研究，根据生产发展的需要陆续建立了各种研究所。1873年建立了国立物理研究所，1877年建立了国立化工研究所，1879年建立了国立机械研究所。在科学研究上，提倡科学家之间互相交流，取长补短，共同提高。特别是李比希在培养人才、传授有机化学知识上作出了巨大贡献。同时，在科研人员配备上，建立梯队结构，如在化学上的梯队是：维勒、李比希、凯库勒、霍夫曼、柏琴，他们在不同时期都作出了自己的巨大贡献。

科学研究走在生产前面，科研、生产紧密结合是德国科学技术发展的一大特点。如随着有机化学工业的发展，把令人厌恶的废物煤焦油变成了高价产品的原料，德国每年仅从中提取染料一项就净得一亿马克外汇。

由于实施科技先导的战略，到1895年德国科学技术在短短几十年时间内，就以惊人的速度赶上并超过了世界先进水平，实现了世界科学技术中心由法国向德国的转移。据统计，从1851年到1900年，美、法、英、德四国所取得的重大科技成果的数目分别是33项、75项、106项和209项。科学技术的飞跃发展，加速了德国产业革命的进程。19世纪70年代末80年代初德国完成了工业革命。

3. 有选择地引进国外先进科技

德国在发展自己科学技术的道路上十分注意吸取了英国、法国起飞的经验教训。德国比英、法科技落后很多年，要学习的东西有很多，而一时又不可能都吸收过来。为迅速缩短差距、迎头赶上，德国采取抓住主要成果、最新成果有选择地引进的办法。选派留学生也是有目的、有针对性的，这样有利于调动留学生的学习积极性。如李比希到法国盖·吕萨克门下深造，就是为了学习化学。在学习外国先进技术方面，也是有组织地进行的。李比希、霍夫曼多次到英国讲学和工作并把先进的技术带回德国。德国还派人到英国学习钢铁技术，带回本国消化吸收，使钢铁工业在技术与产量上获得了飞速发展。德国在向外国学习时不墨守成规、生搬硬套，而是既有继承又有发展，吸收最好的适用的成果，促进本国的科研和生产。同时又根据本国的特点，建立自己的生产体系和管理体制，最大限度地发挥科学技术的效能。

从不同国家和地区在不同时期的科学技术发展状况中，可以看出只有在良好的社会环境下科学技术才能快速地发展起来。良好的社会环境是科技之树成长发展的肥沃土壤，而科技战略和政策就相当于阳光、水分和肥料一样，只有扎根于肥沃的土壤上，在阳光、水分和肥料供应充足的情况下，科技之苗才会很快成长为参天大树。

世界科技中心的转移给予我们的几点启示是：第一，人才是根本。科技将帅人才或战略科学家在世界科技中心的发展中发挥了举足轻重的作用，只有坚持人才强国战略，重视培养科技将帅人才，才能实现我国的现代化。第二，只有创新才能超越别人。科学的本质在于创新，科学技术要实现跨越式发展，就要坚持科技自主创新。第三，科学技术是第一生产力。要加快科技成果的转化，以科技进步推动国民经济的持续发展。第四，教育是基础。只有大力发展教育，培养拥有持续创新能力的大量高素质的人力资源，才能在激烈的竞争中立于不败之地。

第三节　近代科技没有在中国产生的原因探析

中国曾有过辉煌灿烂的古代文明，但是为什么近代科学只产生于伽利略时代的西方？为什么公元前1世纪到公元15世纪的中国文明比西方更有效地应用人类的自然知识以满足人类的需要，这种领先却没有在中国导致“近代”科学的产生？这个问题就是著名的“李约瑟难题”。不同的学者对这一难题的解答有不同的观点，他们分别从研究方法、哲学思想、价值观念、专制政治和教育制度（科举制度）以及社会经济制度等进行了探讨。实际上，促使近代科学在西欧产生和近代科学在中国落后的众多因素并不是线性并列的，而是互为因果、相互作用的。如果把科学看成是社会大系统中的一个内部有结构的子系统，那么社会大系统中的其他子系统（经济、政治、文化、哲学、技术）都要与之发生相互作用，对它的发展方向、规模和速度进行选择，从而形成错综复杂的关系。

一、中国古代科技与研究方法的局限性

中国古代科技的主流是实用科技。科学领域的主要成就在历算、中医和地理三科较为集中；但天文学止于历法，数学偏重于运算技巧，医学讲究望、闻、问、切的经验。技术领域的主要成就在陶瓷、建筑和纺织行业中较为突出，而造纸、指南针、火药和印刷术更是推动世界文明发展的巨大贡献。但是中国古代在自然哲学和以原理、定律表现的理论性自然知识方面远不及古希腊。其原因就在于与西方科技的发展相比，中国古代科技重技术轻科学、重实用轻逻辑、重继承轻创新。

清人王锡阐在其所著《晓庵遗书·杂著》曾说："古人立一法必有一理，详于法而不著其理，理具法中。"① 就是只讲怎样做，不讲为什么这样做，这样做的道理隐含于方法之中，可以在做的过程中慢慢去体会。它的实际效果往往是使一项高超技艺、一道数学难题、一项观测方法……子孙相传，世代仿效，而不知其中道理。于是使科学技术带上一层术数之类的神秘色彩，影响了它的传播和发展。而西方科技则着重对"义理"的阐述，他们把对义理的研究作为科学的重要内容之一，这是中西科技的第一点不同。中国古人之所以重技术而轻科学是因为"经世致用"成为中国古代社会文化思想的一个基本特征，古人的思想观念、行为方式与思维方式等方面都有着极深的实用主义色彩，这些都对中国古代科学有相当的影响，奠定了中国古代科学的实用主义基调。所谓"经世致用"并非现代意义的应用，更多的是政治功利性和整个社会所追逐的急功近利，它所导致的是仅仅着眼于现实实用性，其结果只能是连同现实应用一起丧失掉。缺乏科学的技术是难以发展和传播的，遭逢战乱就陷于停滞，或毁于一旦；如指南车就曾屡屡失传，不得不一次又一次地重新发明，张衡、祖冲之都拥有这项发明的"专利权"。只有完整而又系统的科学知识体系才能赋予科学以最广泛的应用性。中国古代科技的许多成就虽在当时都居世界领先地位，但由于仅仅停留在定性与经验水平，没有系统化和规范化（如亚里士多德对自然物的分类），也没有进一步加以量化而达到自觉运用数学的阶段，所以在达到一定的极限后便裹足不前了。这种缺陷造成了中国古代科技难以产生革命性的飞跃。

在对自然界的基本看法上，中国古代的有机自然观强调天人合一、物我一体，在哲学上的表达就是天地与我同心，万物与我并生的老庄哲学，反映在认识过程中就是认识主体与客体的同一性。中国人认为元气、太极、道、人类都是处于宇宙之内，浑然一体，不可分离。中国这种以整体性、运动性为特征的非对象性思维，其理论前提是有诸内必形诸外、在认识方法上由外而知内，通过直觉"领悟"，从整体上把握事物。由于这种非对象性的思维方式，中国人面对大自然时没有西方人的惊异之情，也没有战胜大自然的豪情，只有对它的欣赏、崇拜和体验。这种物我同融的观念不可能导致以原子论

① （清）王锡阐：《晓庵遗书·杂著》，木犀轩丛书本。

为基础的自然观和方法论，也就诞生不了近代科学。

而在西方很早就产生了人与自然的分离，人从绝对旁观者来看待宇宙思想，在这种对象性思维中，自然成为一个可以进行分析研究的实体。古希腊自然哲学认为宇宙本身由原子等更基本的实体组成，服从统一的运动规律，其思维方式的特点在于重视认识事物的结构，在此基础上认识事物的变化发展规律，在对宇宙本原的探索中发展出近代科学。

从研究方法看，中国古代科学所注重的是事物之间的联系及运动，并且要求在认识过程中达到人心与道相合，即这种领悟过程必须在时间和空间上与事物保持充分的一致性，对事物进行直接地把握；中国古代哲学不重视物质结构，其思维元素并非通过解剖分析手段得来，其所代表的意义具有可变性、模糊性、抽象性，即所谓的“象”；而不是西方意义上的概念，具有明确的内涵和外延。这使得其理论体系必然不是确定、客观的，也不是重实证的。直觉感悟本身就具有很好的完整性，而不必、也不可能产生逻辑推理等理性过程，其得到的结论只能是含混的、难以明说的东西。最典型的例证就是“气”在中国古代学术思想中的运用。古人取气之象，用来说明事物运动的虚无无形，遍流万物。正如汉字一样，通过形象的字形来表达特定的意义。

中国古代由于对科学方法缺乏深入探讨，所以研究方法比较单调。例如研究几何学趋向于把复杂形体理解为有限多个个体之和；天文学重视观测事实，坚持采用从观测事实提出解释性原理的方法；医学虽然重视经验事实，却大量采用阴阳五行论为指导；地理学也是以实际观测为基础，进而对地形、地物等地貌的成因作出解释……总的来看，中国古代科学理论体系的形成不是依靠逻辑推理，而是通过直觉领悟来形成，所谓“道可道，非常道；名可名，非常名”之说实际上反映了其领悟之所得难以表述、只可意会的意思。而且各科使用的主导方法，大多历时一两千年而不变。反观西方则明显不同，自公元前 4 世纪的亚里士多德，就总结出了科学研究的归纳—演绎程序，认为科学研究的基本方法有两个：归纳和演绎。此后公元前 3 世纪的阿基米德、欧几里得，13 世纪的格罗斯代特（1175—1253）、罗杰尔·培根（1214—1292），14 世纪的邓·司各特（1270—1368）、奥卡姆（1300—1349），17 世纪的伽利略、牛顿、弗兰西斯·培根，19 世纪的赫歇尔（1792—1891）、惠威尔（1794—1866）、穆勒（1806—1873）等，对于亚里士多德的“程序”都有所创新。西方的科学方法种类之多、更迭之频繁令人目不暇接，这与中国古代的单一性形成了鲜明对照。

二、封建制度对中国科技发展的束缚

中国古代科技发展速度自隋唐起就逐渐缓慢下来，究其原因，中国古代科技在发展中曾受过三次大的冲击，形成了两个脱离。

第一次冲击是秦始皇焚书坑儒，禁百家言。它的真正影响在于开了一个极坏的先例，表示君权凌驾于一切之上，知识分子地位明显降低了。春秋战国时期，君权不甚强，知识分子地位较高，如孔丘、孟轲、墨翟等许多人一无家资、二无禄位，完全靠自己的知识名满天下，抗礼诸侯。这种社会状态使士人重视自己的人格，珍重自己的知识和学问，这就鼓励他们创立新说。许多人为证实自己的学说孜孜不倦，躬身实践，不耻

恶衣恶食。正是由于士人——当时的知识阶层——这种为创新说进行科学研究的极大积极性，促使春秋战国出现了科学技术的高峰。秦以后不同了，最高统治者对士人，能为其所用者赐以爵禄，否则生杀惟所欲。士的依附性加强，许多人为了改善自己的政治经济地位，把爵禄看得重于学问，科学研究的积极性受到极大挫伤。

第二次冲击是汉武帝接受董仲舒建议，“罢黜百家，独尊儒术”，从此在思想界确立了儒学的一家统治。起初儒学是一种研究怎样修身、怎样治学、怎样做官，即所谓“修身齐家治国平天下”的学问，作为一种哲学体系是很不完善的。比如在认识论方面就很薄弱：物质世界是怎样构成的？怎样认识客观世界？认识本身有什么规律性等，在孔、孟书中都很少论述。作为统治思想界的理论，它是不够格的。为此，汉儒董仲舒等对它进行了改造，主要是引入战国时期的阴阳五行论，作为解释客观世界的模式。运用这种理论的诀窍在于比附。凡百事物，理有不通；则与阴阳相比，与五行相比。一旦归入阴阳五行，就能以感应、生克加以解释了。而“归入”的依据主要是事物的形状、颜色、气味等外观特征。同时社会又禁止别的哲学思想的存在，科学难以进步。“一个民族想要站在科学的最高峰，就一刻也不能没有理论思维。”① 儒学长期独家统治造成的哲学的贫困，理论思维的贫乏，是科学技术最终落后下来的主要原因。

第三次冲击是自隋大业三年（公元 607 年）创立科举制造成的。封建社会做官的门径虽然很多，但由于最高统治者极力抬高士人的地位，科举很快压倒各科，成了对士人最有吸引力的一种。许多人皓首穷经，老死于场屋而不悔。搞科学技术却无出路，为官不过本色局署令，士人多以此为耻。这样首先造成了科学技术与知识分子相脱离。世人多教子弟“诵短文，构小策，以求进身之道”②，科技队伍不能形成，科学研究后继无人。已有的成就多靠“技艺人”口碑相传，能不大绝已是万幸，希望有所创造简直是奢望。其次，造成了科学技术与教育相脱离。孔子以六艺教生徒，数是其中一门，说明他那个时代科技还是教育的主题之一。自汉代确立儒学的独家统治后，就把科技完全排除在外了。郑玄所谓“仲尼之门，考以四科，德行、言语、政事、文学”③，就是证明。进士科以诗赋、策论取人，学校中更不讲授科学技术。唐代以后，虽然数学、医学等都有专门学校，因只培养胥吏和技术官，使科技与士人的界限更加分明，教育与科技的脱离反倒显著了。

专制制度不仅造成哲学思想的贫乏和知识分子人格的异化，还严重摧残了商品生产，阻碍了资本主义的发展。自汉武帝以来，中国历代王朝实行“重农抑商”的政策。重要的工业如盐、铁、矿山概由官办，或由朝廷设官予以控制，对外贸易也是如此，如对于西北少数民族实行“以茶易马”的政策，商人在社会中地位极其低下。随着封建社会后期官僚制度的日益腐朽，奸弊横生，其对工商业发展的不利影响，更显而易见。明中叶以后，为了防止倭寇作乱而实行海禁，这当然对工商业的发展是十分不利的。尤其是明、清两代的采造制度，弄得工商凋敝，民不聊生，不断打击和摧残资本主义萌芽

① 《马克思恩格斯选集》第 3 卷，人民出版社 1972 年版，第 467 页。
② （唐）孙思邈：《千金方》，中国中医药出版社 1998 年版，第 42 页。
③ （东汉）班固：《后汉书·郑玄传》，中华书局 1962 年版。

的生长。

综上所述，由于专制主义独裁统治的不断强化，知识分子的地位降低，依附性加强，进行科学研究的积极性和可能性都减小了；儒学在思想领域里的独家统治造成了哲学的贫困、理论思维的贫乏，科学技术不能从哲学那里取得方法论的有力武器；科举制度造成科学技术与知识分子相脱离，与教育相脱离，科技队伍不能形成，科学研究后继无人，封建王朝重农抑商政策对工商业的摧残等都是阻碍中国古代科技发展的原因。春秋战国时期，以上诸因素都没产生，加上学术的空前活跃，导致了科学技术第一个高峰的产生，三国两晋南北朝时长期的战乱，削弱了专制主义独裁统治，加上自秦汉以来四五百年知识的积累，导致了第二个科技高峰的出现。隋唐以后，上述诸因素都已产生，而且不断强化，科技的发展则没有以前的速度了。

三、亚细亚生产方式的制约

近代科学革命在西方是随着资本主义生产方式的兴起而发生的，中国在历史上不曾经历资本主义，所以也就不会产生近代科学革命。然而如果仔细思考中国古代科学技术发展的过程，就会看到，除了封建制度的束缚以外，中国古代思维方式也注定不可能产生近代科学。政治制度和意识形态都属于上层建筑，它们都是被经济基础所决定的，正如马克思所说："物质生活的生产方式制约着整个社会生活、政治生活和精神生活的过程……"① 而中国古代社会的经济基础就是所谓的亚细亚生产方式。

中国是一个大陆国家，自古以来就是以农业为生。在农业国里，土地是最基本的资源，因此在整个中国历史中，社会、经济思想和政策中心始终是围绕土地的分配和使用而展开的。无论是和平时期还是战争时期，农业都是国家的经济命脉。如战国时期，秦国因兴修水利灌溉关中平原和成都平原，发展农业而厚植国力，最终并吞六国，在中国历史上第一次完成统一大业。正因为如此，所以历代统治者都把农业作为本，而把商业作为末。此外，农业关系到生产，商业关系到交换，在能有交换之前，必须先有生产，而在以农立国的国家里，农业是生产的主要形式。

农业既是根本，农民也就具有高尚的社会地位，在中国古代社会阶层被分为四等，士、农、工、商。农是第二层次的社会职业，而商人是最下等的社会职业。士是最上等的社会职业，他们虽然不耕种土地，但却占有土地，他们的命运也系于农业。

农民依靠土地为生，而土地不能移动，除非有其他才能或走运或万不得已，他才能迁移到其他地方，否则只有生活在祖先生活过的地方。同样，他的子子孙孙也只能生活在这个地方，中国的家族制度就是这样发展起来的。家族制度以血缘为纽带联结其成员，形成世界上最复杂、组织最完善的社会制度。国家也是在家族制度的基础上发展起来的，传统社会中最基本的五种人际关系：君臣、父子、兄弟、夫妇、朋友，其中三种与家族有关，其余两种虽不是家族关系，但也可以按家族来理解。基于同样的原因，祖宗崇拜也就发展起来。祖宗往往是一个家族团结的象征，这又是一个大而复杂的组织所必不可少的，儒家学说是这种社会结构最好的理论说明。对祖宗的崇拜又造成了对传统

① 《马克思恩格斯选集》第 2 卷，人民出版社 1972 年版，第 82 页。

的崇拜和墨守成规的心态，使思想缺乏独立性和创造性。

农民还要时时与自然打交道，因此他们赞美自然、崇拜自然、热爱自然，这种自然观被道家学说发挥到极致，道家认为，人生最高的境界就是天人合一，融于自然。《老子》说："小邦寡民……使人复结绳而用之，甘其食，美其服，安其居、乐其俗。邻国相望，鸡犬之声相闻，民至老死不相往来。"① 表达的正是一种安于简朴、不思进取的小农理想。农民的生活方式是顺乎自然，他们赞美自然，谴责人为，不思变化，也无从想象变化。所以中国古代虽有不少发明创造，但它们不是受到鼓励，而是受到压制。②

反观西方文明的发源地——古希腊是一个海洋国家，它的地理环境不适宜发展农业，却又邻近两河流域和尼罗河流域这些最早产生农业文明的地区，这使古希腊人具有从事商业贸易的便利，所以这个社会中主要的社会职业是商人。与农业不同的是，从事商业活动要在市场中进行，因此古希腊的社会组织形式不是以家族的共同利益为基础，而是以城市的共同利益为基础，希腊人就是围绕着城市而组织其社会的。在这个非血缘的城邦社会里，同一个市民阶级里，没有任何道德上的理由认为某个人应当比别人更重要，或高于别人，在这样一个平等的社会之中，要说服别人必须靠一种人们所公认的普遍化的思维方式和推论方式才行，这一要求，促使古希腊人追求知识和逻辑，而这正是科学得以产生的思想基础。

古希腊的自然哲学在其发展过程中，产生了数论和原子论的思想，这是近代科学得以产生的基本前提，也是中国古代文化所欠缺的。古希腊人靠商业活动维持其社会的繁荣，而商人要打交道的首先是用于商业账目的抽象数字，这样的数字就是推论时所用的概念。古希腊数论派的代表就是毕达哥拉斯学派，他们提出"万物皆数"的观念，有了数的概念才能进行逻辑推理，概念本身的抽象和严谨又使经由概念推理得到的知识具有普遍性和可靠性。因此恩格斯评价说："数服从于一定的规律性，同样，宇宙也是如此。于是宇宙的规律性第一次被说出来了。"③

与中国不同，西方民族的血缘社会很早就解体了，因此个人主义成为西方人处理个人与社会关系的思想基础，社会是由每一个个人所组成的，这种观念投射到人与自然的关系中，就形成了原子论的思想——每一个个人就是社会中的原子。④ 原子论的自然观提供了一种把自然界看成是有层次的，可以通过分析解剖进行研究的认识对象的思维方法；相对于中国古代道家的元气论，原子论更有利于近代科学的产生。

近代科学的产生除了需要思想条件以外，更重要的是需要物质条件，即社会对科学技术的要求。在中国自给自足的亚细亚生产方式下，农民生产的产品主要是供自己使用，缺乏改进生产技术，提高产品质量的原动力。加上历代王朝"重农抑商"政策的实施，工商业难以发展，没有工商业的依托，新技术、新产品难以得到推广，创新思想难以扩散，科技成果得不到广泛应用，科学技术也就难以发展起来。而在西方海洋文明

① （魏）王弼：《老子道德经》，上海书店 1986 年版，第 46 页。

② 冯友兰：《中国哲学简史》，北京大学出版社 1996 年版，第 24 页。

③ ［德］恩格斯：《自然辩证法》，人民出版社 1971 年版，第 166 页。

④ 何兆武：《西方哲学精神》，清华大学出版社 2002 年版，第 42 页。

环境下，工商业是维系国家繁荣的主要产业，商人不像农民那样受土地的限制，他们有较多的机会接触不同的民族，感受各种文化的熏陶，他们追求新奇、惯于变化，而且为了货物畅销，必须鼓励改进工艺以降低成本，提高产品质量以提高售价，不断开发新产品去赢得市场，以获得更多的财富。特别是在新教伦理催化下形成的近代资本主义的发展，对科学技术产生了前所未有的广泛需求，这是近代科学技术革命得以在西方产生的根本原因。

◎ 思考题

1. 伽利略和牛顿在科学方法上有哪些创新？
2. 机械自然观的基本思想是什么？哪些科学发现导致了机械自然观的破产？
3. 世界科技中心的转移规律对今天中国科技的发展有哪些启示和借鉴？
4. 近代科技为什么没有在中国产生？

第七章　物理学革命与现代科学的产生

19世纪末20世纪初，正当人们为经典物理学大厦的落成沾沾自喜的时候，一系列经典物理学无法说明的实验事实已在动摇这座大厦的根基了，催生着20世纪科学革命的狂风暴雨，导致了以相对论和量子学说为核心的现代物理学的诞生。狭义相对论和广义相对论以其深邃的思想内容、优美的数学形式、辉煌的事实验证揭示出宏观和宇观高速运动世界的规律，其对时空观的革命性变革深刻影响着20世纪甚至21世纪的科学和哲学思想。量子学说不仅成功地阐明了原子结构，而且打通了理解尺度较大的分子的固体、液体、气体物理以及更小尺度的粒子物理的道路。有关量子力学的物理意义和哲学思想的世纪之争，不但使量子力学的物理思想不断地得到澄清和深化，也使其深层次的哲学意蕴一步步彰显出来。量子学说将不确定性引入自然科学，并给予了基础性的地位，以前所未有的深度改变着人们的世界观。

第一节　科学革命的序幕

经过300年的发展，19世纪末20世纪初经典物理学以经典力学、电动力学、热力学与统计物理学为支柱建立起一座宏伟的经典物理学大厦。当时的人们乐观地认为，物理学大厦已然建成，留给未来的只是一些修修补补的工作。与此同时人们也注意到，经典物理学虽然能够说明当时几乎所有的常见物理现象，但也出现了一些经典理论难以解释的现象，这些现象实际上预示着物理学中潜伏着危机。1900年4月27日英国著名物理学家开尔文勋爵（威廉·汤姆生，1824—1907）在英国皇家学会发表了题为《19世纪热和光的动力理论上空的乌云》的长篇演讲，指出“动力学理论断言热和光都是运动的方式，可现在是，这种理论的优美性和明晰性被两朵乌云遮蔽得黯然失色了。第一朵乌云是随着光的波动理论开始出现的。菲涅耳和托马斯·扬研究过这个理论，它包括这样一个问题：地球如何通过本质上是光以太这样的弹性固体而运动呢？第二朵乌云是麦克斯韦-玻尔兹曼关于能量均分的学说”①。其实，经典物理学上空的乌云又何止两朵，一系列经典物理学无法说明的实验事实已与经典物理学的基本概念和基本规律产生了尖锐的矛盾，这朵朵乌云催生出20世纪科学革命的狂风暴雨，导致了现代物理学的诞生。

---

① 转引自魏凤文、申先甲：《20世纪物理学史》，江西教育出版社1994年版，第24页。

一、“以太漂移”的零结果

“以太”是个古老的科学与哲学概念，早在古希腊时代，哲学家亚里士多德就认为以太是组成人们所看到的天空的物质。以太这个概念依照亚里士多德自己在《天论》中的说法“是来自永恒的时间‘永远’‘奔跑’”①，这样的说明更多地属于哲学思辨。之后，以太的特性在不同时代不同科学家、哲学家那里渐渐有了改变。

17世纪法国哲学家笛卡儿最先赋予以太以某种力学特质。他认为宇宙空间被以太所充满，星球之间的万有引力就是依靠以太的应变和运动来传递的，不存在超距作用。荷兰物理学家惠更斯提出光的波动说，以太又成为光波的传播媒质，因为依据经典理论，任何波动都是某种媒质振动的传播。

19世纪以来，光的波动说得以复兴，作为光波传播媒质的以太也获得了新的生命。麦克斯韦以其优美的方程组统一了光和电磁现象，光以太又成为电磁波的承载者和传播者。在电磁波以光速传播的预见被赫兹证实后，以太得到了物理学界的普遍承认，成为不可或缺的物理实在。科学家们认为，以太充满于整个宇宙空间，如原子一样是构成宇宙的基本要素，它是电磁作用的传播者，又是绝对静止的参考系，一切运动都相对于它进行。

既然以太确实存在，问题就来了。电磁波是横波并以每秒30万公里的高速传播，以太要传播如此高速的横波必须很硬且有很强的弹性，可星球却能在如此硬的媒质中自如穿行却看不到受阻力的情况，这又要求以太密度很小，无孔不入、无处不在。为了说明以太的这些奇妙特性，科学家们对其进行了种种研究，其中“以太漂移”试验被认为是至关重要的：像地球这样的运动物体在以太中运行是否会对以太产生拖动作用，是完全拖动、部分拖动还是根本不拖动？相关的重要实验有光行差的观测、菲索实验和迈克尔逊-莫雷实验。

1728年英国天文学家布拉德雷（1693—1762）发现了“光行差”现象。他发现从地球上观测遥远的恒星，在地球绕日公转的周期内，恒星的视位置也显示出圆运动，相应地望远镜的方向也要做周期性改变。要说明光行差现象最好假定：太阳相对于以太静止，地球在以太的海洋中运行，丝毫不拖动以太。这也意味着，地球以每秒30公里的速度绕日运动，地球上的观测者就应该感到每秒30公里的“以太风”的存在。

1851年法国物理学家菲索（1819—1896）设计了一个实验，用干涉的方法测定流水中的光速，以检验水流对以太的拖动及对光传播的影响，实验的结论是：以太受到水流的部分拖动。后来爱因斯坦用相对论重新解释了该实验。在科学史上，菲索实验的意义在于，它是迈克尔逊-莫雷实验的先行实验。

1879年3月麦克斯韦写信给美国航海年历书局的托德（1855—1939），讨论测定地球相对以太的速度问题。信中写道：地面上一切测量光速的方法，都是使光沿同一路径返回，所以测不出地球相对于以太的速度；只有地球运动速度和光速之比的平方，才会对往返的时间产生影响，但这个量极小，无法观测出来。这封信被托德的年轻同事迈克

---

① 苗力田：《古希腊哲学》，中国人民大学出版社1989年版，第472页。

尔逊（1852—1931）看到了，激起了他做此类观测的强烈兴趣，为了提高测量精度，他发明了后来以他的名字命名的干涉仪，用来测定地球相对于绝对静止以太的运动，以证明以太相对于地球运动的“以太风”或说“以太漂移”的确存在。

1881 年迈克尔逊进行了“以太漂移”的第一次观测，结果表明观测不到地球与以太的相对运动。1887 年 7 月迈克尔逊和美国化学家莫雷（1838—1923）合作，改进了实验装置，以更高精度重复实验，结果依然是否定的，这就是历史上著名的以太漂移实验的“零结果”。这意味着不存在地球与以太的相对运动，或者说“以太”本身就是子虚乌有的。原本是为了进行证实的实验，结果却是证伪，迈克尔逊对这样的结果很失望，认为自己的工作是失败的。

在爱因斯坦相对论广为人知之前，科学界包括迈克尔逊本人并没有意识到迈克尔逊-莫雷实验的证伪结果对经典电磁理论和绝对时空观所带来的冲击和挑战。事实上，1907 年迈克尔逊是由于发明了“光学精密仪器以及他用这些精密仪器进行的精确计量和光谱学的研究工作”而获得诺贝尔奖的。在瑞典皇家科学院的授奖致辞和迈克尔逊的获奖演讲中，都没有提到这个实验。

为了说明该实验的证伪结果，爱尔兰物理学家菲兹杰热（1851—1901）和荷兰物理学家洛伦兹（1853—1928）以经典力学的速度合成法则为基础，先后独立提出了物体在以太风中长度收缩假说，认为观测不到地球与以太的相对运动，是由于在运动方向上物体长度收缩造成的。洛伦兹还给出了著名的洛伦兹变换，该变换使得在相对以太静止和相对以太运动的参照系中，麦克斯韦电磁方程组的形式保持不变。这些努力暂时保全了经典体系形式上的完整性。

二、“紫外灾难”

19 世纪物理学家们对热辐射的性质、辐射能量与辐射源的关系、辐射能量随波长的分布等进行了大量研究，已认识到光谱、热辐射、光辐射是统一的。19 世纪末，黑体辐射能量随波长的分布成为研究的热点。一个重要的原因是工业上高温测量的需要。刚刚打赢普法战争的德国，急于从一个土豆王国变成一个工业化的钢铁王国。发展钢铁工业需要提高冶炼技术，炼钢的关键是控制炉温。人们是通过钢水的热辐射谱来辨认温度的，这大大促进了德国科学界对黑体辐射研究。早已完成工业革命的英国也在改进炼钢技术，因此许多英国科学家和德国同行一样致力于黑体辐射的研究。

黑体是指能够吸收落于其上的所有辐射而无反射和透射的理想物体。当然绝对黑体是不存在的，但表面开有一个小孔的空腔，如炼钢炉就可看成是近似黑体。1895 年德国实验物理学家卢默尔（1860—1925）和普林斯海姆（1859—1917）在实验室实现了近似黑体的辐射空腔，能对黑体辐射强度进行准确的定量测量。

1879 年德国物理学家斯特藩（1835—1893）依据相关实验结果总结出一条有关黑体辐射能量与其温度之间关系的经验定律。1884 年玻尔兹曼（1844—1906）依据经典电磁学和经典热力学原理用统计的方法从理论上导出了和斯特藩经验定律一致的结果。

1896 年德国物理学家维恩（1864—1928）吸收并发展了玻尔兹曼的思想，得到了一个半经验半理论的黑体辐射能量分布公式，即著名的维恩分布定律。1899 年卢默尔和普林斯海姆在一份报告中指出，比较依据实验数据画出的能量分布曲线和依据维恩分布定律画出的能量分布曲线，在可见光区域是符合的，但在红外光区域理论值系统地低于实验值，这说明理论和实验之间存在着系统性的偏差。

1900 年英国物理学家瑞利（1842—1919）对维恩辐射定律进行了研究，试图推导出一条新定律来消除理论与实验之间的偏差，在推导中他以经典统计物理的能量均分定理为前提得到了一个辐射公式。后来英国天文学家金斯（1877—1946）修正了其中的一个系数，该公式即是著名的瑞利-金斯定律。瑞利-金斯定律消除了维恩辐射定律在红外区域的偏差，但是却预言，在紫外光区随着辐射频率的增加，辐射强度会无止境地增强并趋向于无穷大，这与实验数据相矛盾。如果黑体辐射能量强度真的像瑞利-金斯定律那样，人的眼睛盯着看炼钢炉或空腔内的热物质时，紫外线就会使眼睛变瞎。这一结果历史上称为“紫外灾难”。

瑞利-金斯定律依据的是经典电磁学、热力学和统计学的基本原理，推导过程清晰明确，但是对热辐射现象的说明却是失败的。思想敏锐的物理学家已意识到，这也许意味着经典物理学自身是有缺陷的。量子理论正是在瑞利-金斯定律黑体辐射能量分布规律上首先取得突破，进而开始了人们对微观高速物质世界运动规律的探索。

三、物理学的三大实验发现

19 世纪末 20 世纪初，自然科学的新发现层出不穷，其中以 X 射线、放射性、电子的发现最为重要，被称为世纪之交物理学的三大实验发现。

X 射线的发现起源于对阴极射线的研究。阴极射线由德国物理学家哥耳德斯坦（1850—1930）命名，是指真空管内的金属电极在通电时阴极发出的射线，这种射线受磁场影响，具有能量。阴极射线到底是什么？是一种电磁波还是带电的粒子流？19 世纪末，这个问题吸引了众多科学家对其进行研究，其中，德国物理学家普吕克尔（1801—1868）、英国物理学家克鲁克斯（1832—1919）、德国物理学家勒纳得（1826—1947）都做出过出色的工作。

德国物理学家伦琴（1845—1923）正是在探寻阴极射线本质的过程中做出了惊人发现。1895 年 11 月 8 日在德国维尔茨堡大学实验室里，伦琴重复勒纳实验的时候意外地发现了一种新射线。他发现，克鲁克斯管发射的一种辐射能使放在附近的涂有铂氰化钡的纸屏发出荧光。

伦琴很快洞察到自己发现的重大意义，他夜以继日地工作，一个多月后，也就是 1895 年 12 月 28 日，伦琴将他悉心研究的成果写在“关于一种新的放射线”的论文里，呈交给维尔茨堡市物理学与医学协会。文章记述了实验装置和实验方法，并初步总结了新射线的性质：新射线具有极强的贯穿能力；能使照相底片感光；磁场并不能使新射线偏转；能显示骨骼的影像等。

伦琴给自己发现的神秘射线起了一个名字——X 射线。X 射线的发现引起了轰动，因为在当时的欧洲，有一百多个实验室都可以立即重复和验证伦琴的简单实验，另外 X 射线在医疗上也具有巨大的实用价值。1901 年，伦琴成为世界上第一个荣获诺贝尔物理学奖的人。

伦琴发现X射线有一定的偶然性，在伦琴之前克鲁克斯、古德斯比德（1860—1943）、勒纳得等人都遇到过阴极射线管附近的照相底片感光或物体发出荧光的现象，但他们都错过了发现X射线的机会。然而，如果因此得出结论，说伦琴的发现只是由于交了好运，那可就大错特错了。真正的科学发现必须是在受控实验中获得，能够普遍重复并不断接受检验，要将一个偶然现象变成真正的科学发现，实验家的技巧和理论家的头脑同样重要，在伦琴的身上正体现了这两者的完美结合。

X射线的发现直接导致了天然放射性的发现，这是历史合乎逻辑的继续。在寻找X射线源的过程中，一些科学家如彭加勒（1854—1912）提出：X射线可能源于荧光物质。彭加勒的设想给法国物理学家贝克勒耳（1852—1906）留下了深刻的印象，他立即开始进行相关的研究，以检验彭加勒的假设。

贝克勒耳选择了一种铀盐（硫酸钾铀酰）做实验材料，最初的实验似乎表明，这种铀盐在阳光下曝晒几小时后能发出一种射线，这种射线能穿透黑纸而使照相底片感光。贝克勒耳设想，这种射线类似于X射线，其发射要以太阳光对铀盐晶体的激发为条件。凑巧接下来的几天是阴雨天，铀盐没有在阳光下曝晒，但奇怪的是它照样使照相底片感光了，这说明铀盐本身在不断地自行辐射，原来的结论错了。1896年3月2日贝克勒耳在科学院例会上公布了这一发现。接下来，贝克勒耳对铀元素和铀的化合物进行了一系列的研究，于1896年5月18日宣布：发射穿透射线的能力，是铀的特殊性质，这是一种与X射线不同的、穿透力很强的另一种辐射。铀是人类发现的第一种天然放射性物质。

将贝克勒耳的工作推向深入的是居里夫妇。皮埃尔·居里（1859—1906）是一位有成就的实验物理学家，他擅长的领域是晶体物理和磁学，他与其兄长发明的精密测量仪器在后来研究放射性的工作中起了重要作用。

居里夫人（1867—1934）原名玛丽·斯克罗多夫斯卡，出生在波兰，1891年到巴黎攻读物理学，1893年她以第一名考取物理学硕士学位，1894年又以第二名考取数学硕士学位。在准备实验研究、撰写毕业论文期间，她与皮埃尔·居里相识，于1895年结婚，从此开始了共同的科学生涯。

1897年居里夫人决定选择铀辐射作为博士论文的研究课题。居里夫人猜想，铀辐射是铀原子本身的性质，是否还存在其他一些像铀一样的元素呢？她系统研究了当时已知的各种元素发现，钍也具有像铀一样的辐射特性，她建议把这种性质叫“放射性”。1898年4月她宣布了这一发现。在进一步的研究中居里夫人观察到，沥青铀矿和铜铀云母的放射性比根据铀含量计算出的要强得多，她确信其中很可能含有一种比铀的放射性还要强的元素。皮埃尔·居里意识到这一研究的重要意义，放下自己的课题和夫人一起投入寻找新元素的工作。1898年7月居里夫妇宣布发现了新的放射性元素，他们将这种元素命名为钋，以纪念居里夫人的祖国——波兰。同年12月他们又宣布了放射性元素镭的发现。钋和铋相伴，镭和钡相随。

要让化学家们承认这两种新元素的存在，必须将它们分离出来。为了分离出这两种新元素，居里夫妇付出了令人难以置信的艰苦努力。在极为简陋的实验室里，他们将维也纳科学院帮助购得的几吨沥青铀矿残渣进行不断的提取分离和精确测量，到1902年经过 45 个月数万次的提炼之后，他们提炼出 0. 12 克氯化镭，初步测定镭的原子量是 225，其放射性比铀强 200 多万倍。1903 年居里夫妇和贝克勒耳因发现天然放射性现象的重大贡献分享了这个年度的诺贝尔物理学奖。

如果居里夫妇愿意的话，镭的发现可以给他们带来巨大的财富，但他们放弃了申请镭的专利权，居里夫人认为，获取专利权是违背科学精神的。后来居里夫人又用三年时间成功提取了纯镭，并对其物理作用、化学作用、生物医学作用进行了研究，1911 年居里夫人因此赢得了诺贝尔化学奖。像对金钱一样，面对纷至沓来的荣誉，居里夫人同样心如止水。这令爱因斯坦敬佩不已，他认为在所有的著名人物中，居里夫人是唯一不为荣誉所颠覆的人。

后来的研究表明，天然放射性的射线由 α、β、γ 射线组成，它们都来自原子内部，并且任何一个放射性过程都伴随着元素的蜕变。

对阴极射线的研究还促进了电子的发现。确证电子的是英国物理学家汤姆逊(1856—1940)。汤姆逊的整个科学生涯都是在剑桥大学度过的。先是做学生，1883 年留校任剑桥三一学院讲师，1884 年成为卡文迪许实验室教授。这个实验室在他的领导下成了令人瞩目的世界实验物理中心，在这个科学共同体中先后有 8 位科学家获诺贝尔奖。

关于阴极射线本性的问题科学界一直有争议。德国科学家倾向于是一种电磁波，英国科学家则认为是粒子流。自 1886 年起，汤姆逊对阴极射线进行了划时代的探索。经过一系列的实验他认识到，首先，阴极射线流的速度比光速小很多，因此不会是电磁波；其次，阴极射线与负电荷在电场和磁场中的偏转方式一样，因此它是由带负电的粒子组成的；最后，更重要的是测得阴极射线“粒子”所携带的电荷和质量之比的值是恒定的，“不论物质所处的条件是多么不同，看来粒子是各种物质的组成部分。因此粒子很自然地被认为是建造原子的基砖”①。汤姆逊得出结论：阴极射线由带负电的微小粒子组成，该粒子是各种原子的组成部分，汤姆逊称其为电子。1897 年 8 月汤姆逊将他的发现写成论文《阴极射线》，10 月发表在《哲学研究》上。

早在 2000 多年前，古希腊的哲人们就认为，就像悲剧喜剧都用同样的字母写成，宇宙万物都由同样的最小微粒原子组成，“原子”的希腊本意就是“不可分割”。X 射线、放射性、电子的发现打破了这个古老信念，给新世纪的人们开启了一个新世界——微观世界。“以太漂移”的零结果、“紫外灾难”以及 X 射线、放射性、电子三大实验发现拉开了新世纪科学革命的序幕。

第二节　相对论的创立

一、爱因斯坦的科学生涯

1878 年 3 月 14 日，爱因斯坦出生在德国小镇乌尔姆的一个犹太家庭，和牛顿一

① 转引自李艳平、申先甲：《物理学史教程》，科学出版社 2003 年版，第 227 页。

样，幼年的爱因斯坦并未显现出任何天才的迹象，相反他很晚才开口说话，父母因此担心他智力发育不全。上学后除数学外，其他功课平平，特别是希腊文、拉丁文更是一塌糊涂，他对这些古典语言不感兴趣，却喜欢课外阅读科学和哲学著作与独立思考问题。1894年爱因斯坦家迁到意大利米兰，他一个人留在慕尼黑以完成中学最后一年的学业。犹太血统、自由思想以及独来独往的性格，使校方对爱因斯坦很烦，甚至建议他退学去意大利找父母，而爱因斯坦也早已对呆板的学校教育难以忍受了，于是他愉快地接受了校方的建议。就这样，人类历史上最伟大的天才中途退学了。

1895年10月，16岁的爱因斯坦第一次报考苏黎世的瑞士联邦工业大学，未被录取，于是转学到附近的阿劳中学补习中学课程。阿劳中学的自由氛围使爱因斯坦度过了一段舒心自在的时光，1896年爱因斯坦终于如愿以偿考入瑞士联邦工业大学，主修物理。大学期间，爱因斯坦宁愿自己在家阅读当时著名科学家的著作和论文而不愿到课堂听课，临近考试只好向好友格罗斯曼（1878—1936）借听课笔记，阵前磨枪，涉险过关。

1900年爱因斯坦顺利通过了毕业考试，他很想和格罗斯曼一样留校工作，可是，却没有哪个教授愿意请他当助手，因而他一毕业就失业了。在找工作的两年间，爱因斯坦尝到了生活的艰辛。幸运的是，在几乎走投无路的时候，格罗斯曼的父亲帮助他谋得了一份瑞士专利局的工作，虽然只是个最低等级的技术员，工资也不高，爱因斯坦却很满意，这使得他不用再为衣食奔波，而且有充分的业余时间从事科学研究了。

1902年6月至1909年10月间，在专利局工作的7年是爱因斯坦科学创造的辉煌时期，特别是1905年他取得的科学成就堪称人类智慧的奇迹，这一年他完成了6篇论文。

3月完成论文《关于光的产生和转化的一个启发性的观点》，刊于《德国物理学年鉴》第17卷第132~148页。文中提出光量子学说，成功地说明了光电效应现象。1921年爱因斯坦因此文获得诺贝尔物理学奖。

4月完成博士论文《分子大小的新测定法》，论文被献给“我的朋友，格罗斯曼先生”。爱因斯坦以此论文向苏黎世大学申请博士学位，1906年1月获得批准。

5月完成有关布朗运动的论文，间接证明了分子的存在。

6月完成《论动体的电动力学》，刊于《德国物理学年鉴》第17卷第891~921页。正是这篇论文，爱因斯坦提出了举世闻名的狭义相对论。

9月完成了有关质能关系式——$E=mc^2$的论文，此关系式构成了原子弹的理论基础。

12月完成又一篇布朗运动的论文。

这些论文涉及物理学的三个不同的领域，其中光量子、布朗运动、狭义相对论和质能方程都是历史性的成就，而狭义相对论的建立，开创了物理学的新纪元，并对20世纪的哲学思想产生了深远的影响。这一年，他还在《物理学杂志增刊》发表了21篇书评，内容涉及当时理论物理学界几乎所有重大问题，显现出惊人的科学洞察力。这时的爱因斯坦年仅26岁。

他的狭义相对论充满了难懂的革命性思想，但只用了当时大学生都能理解的数学，并且没有引用任何参考文献。一般而言发表的可能性很小，幸运的是，这篇论文被送给普朗克（1858—1947）审阅。当时普朗克已是德国物理学界的权威，他高度赞扬了爱因斯坦的工作，认为可与哥白尼的学说相媲美。在普朗克的推荐下，论文很快被接受了，这使得爱因斯坦的创见一开始就在德国科学界有所反响。

1909 年爱因斯坦被苏黎世大学聘为副教授，1912 年升为教授，爱因斯坦终于得到了心仪已久的职务。1913 年普朗克邀请爱因斯坦回德国工作，同年普鲁士科学院选举爱因斯坦为院士。1914 年 4 月爱因斯坦担任威廉皇帝物理研究所所长，兼任柏林大学教授。

正当人们忙于理解狭义相对论的时候，爱因斯坦却独自踏上了艰难的探索之路，终于在 1915 年完成了广义相对论。

1915—1917 年是爱因斯坦科学生涯的第二个高峰。在此期间，他作出了三个划时代的贡献，即 1915 年的广义相对论、1916 年的受激辐射概念、1917 年的宇宙动力学方程。

广义相对论的建立较之狭义相对论要漫长而艰难得多，为此爱因斯坦几乎单枪匹马付出了 8 年艰辛的劳作。其最初的思想产生于 1907 年。1913 年在好友格罗斯曼的帮助下，运用黎曼几何建立了初步的广义相对论方程，但其中引入了一个错误的假设。1915 年爱因斯坦修正了该错误，11 月他一连向普鲁士科学院提交了《关于广义相对论》、《用广义相对论解释水星近日点运动》、《引力的场方程》三篇论文，标志着广义相对论的完成。1916 年初，爱因斯坦以《广义相对论基础》一文用尽可能简单的形式向物理学家们系统全面地介绍了广义相对论的物理思想和数学方法，最后还给出了三个可验证的推论，后来这些推论都得到了辉煌的证实。1916 年底他又写了一本科普小册子《狭义与广义相对论浅说》，用通俗的语言向一般大众介绍了相对论的思想。

1916 年秋爱因斯坦在《关于辐射的量子理论》一文中，提出了受激辐射概念，这一思想后来得到进一步深化和发展，成为现代激光技术的理论基础。

广义相对论是有关引力和大尺度空间的理论，它最有可能在宇宙学中得到应用。基于这一点，1917 年爱因斯坦将广义相对论运用于宇宙学，在宇宙和谐统一的前提下，写出了第一个宇宙动力学方程，求解此方程得到了一个有界无边、过去现在未来都一样的静态宇宙模型。虽然这个静态宇宙被现代宇宙观测否定了，但爱因斯坦的工作赋予了宇宙学思想以清晰的数学形式，使其从哲学思辨转变为可证实或证伪的实证科学，这无疑是了不起的创举。

1925—1955 年这 30 年间，除了与玻尔进行关于量子力学完备性的论争，爱因斯坦用自己全部的科学创造精力致力于统一场的研究。他企图通过电磁场几何化的途径统一引力场和电磁场，进而将相对论和量子学说也统一起来。他的努力屡遭失败，一直没有取得有价值的成果，但敢为天下先的他屡败屡战，始终坚守世界和谐统一的信念。历史的发展没有辜负爱因斯坦，进入 21 世纪，统一场论的研究已成为理论物理的前沿阵地，成为科学界的共同事业。目前已经提出的一些统一场论，如大统一理论、超引力理论、超弦理论还不成功，其物理思想、数学工具也不同于爱因斯坦的统一场，但其范导原则却都是一致的。这表明世界和谐统一的信念已成为科学家们的共同信念。

二、狭义相对论的建立

19世纪以来，以牛顿力学为基础的经典物理学体系在各个领域都取得了辉煌成就，但“以太漂移”的零结果却暴露出经典体系潜在的危机，以洛伦兹为代表的老一辈物理学家采取修补的办法暂时保全了经典体系的完整，年轻的爱因斯坦却以更高的视角来审视这个问题。

爱因斯坦从少年时起就开始阅读哲学著作，喜爱哲学思考。英国哲学家休谟（1711—1776）和马赫（1838—1916）对牛顿绝对时空观的批判，荷兰哲学家斯宾诺莎（1632—1677）关于自然界统一性的思想都深深地启发过他。狭义相对论就始终贯穿着对科学思想统一性的追求。《论动体的电动力学》第一句话就是“大家知道，麦克斯韦电动力学应用到运动物体上时，就要引起不对称，而这种不对称似乎不是现象所固有的”。这里的不对称是指自然现象的统一性遭到破坏。我们知道经典力学中有一个普适的“相对性原理”，即力学运动定律相对于任何惯性参照体系其形式保持不变，但这一原理在麦克斯韦电动力学中却不成立，因为麦克斯韦电磁方程组只适用于静止参照系。爱因斯坦认为这种“不对称”不像是自然自身固有的，问题可能出在我们理解自然的观念上。经过多年思考，他发现只要我们放弃完全不能测度的牛顿“绝对时空”，就能保持“相对性原理”的普遍性。“以太漂移”的零结果恰好说明，代表绝对空间的“以太”完全是多余的。

依照上述思路，爱因斯坦建立了一个完整的狭义相对论理论框架。该体系有两个前提：其一相对性原理，即科学规律，包括电磁学规律相对任何惯性参照体系不变；其二光速不变原理，即光速相对任何参照系保持不变。从这两个前提出发，可以很自然地推导出洛伦兹变换，并得出如下结论：（1）运动物体在运动方向上长度收缩；（2）运动着的钟表变慢；（3）光速是自然事物运动速度的极限；（4）“同时”是相对的，在一个惯性系中同时发生的两个事件，在另一个惯性系看来就不一定是同时的；（5）当物质运动速度比光速小很多时，相对论力学就自然过渡到牛顿力学，相对论力学更具普遍性；（6）物质的能量等于其惯性质量乘以光速的平方。

相对论一词最先由普朗克提出，爱因斯坦从1907年开始采用此名。1910年德国数学家克莱因（1849—1925）建议改名为“不变论”，爱因斯坦内心是喜爱这个名称的，因为他建立这个理论的目的就是为了维护科学规律的不变性、绝对性，也可避免人们望文生义与哲学上的相对主义混为一谈，但他也担心会引起另一种混乱，故而没有采用。

爱因斯坦特别强调，一个量只有给出可操作的定义才具有真实的物理意义，否则，就只能是一个哲学思辨概念。他恢复了科学时空概念的测度本质，将时空与物质运动重新联系在一起，同时认为，时间空间是不可分割的同一整体之不同方面。爱因斯坦大学时的数学老师闵科夫斯基（1846—1909）对这一思想极为赞赏，将其转换为优雅的数学形式，他说：“空间自身和时间自身，被宣告隐退，惟有它们的某种结合来维持一个独立的实在。……空间和时间消失在阴影中，惟有世界自身存在。”①

正当全世界为狭义相对论的诞生而震动、惊讶、争论时，爱因斯坦已对自己的理论感到不满了，因为他看到了自己理论的缺陷。

首先，作为“相对论”基础的惯性系现在无法定义了。牛顿定义的惯性系是指相对于“绝对时空”静止或做匀速直线运动的参考系，可是相对论否认绝对空间的存在，那么这一定义就不适用了。相对论是研究惯性系间关系的理论，“惯性系”是其核心概念，但这个“核心”却无法定义。

其次，万有引力定律写不成相对论的形式。几经努力他终于认识到，相对论容纳不了万有引力定律。当时已知的自然力只有万有引力和电磁力两种，有一种就放不进相对论的框架。

爱因斯坦又一次踏上了探索之路。

三、广义相对论的建立

在牛顿力学中，物质既有惯性质量，也有引力质量。惯性质量由牛顿第二定律给出，引力质量由万有引力定律定义。实验证明，引力质量和惯性质量是精确相等的。这是偶然，还是另有意义？爱因斯坦注意到了这个事实。他反复思索狭义相对论遭遇到的基本困难：惯性系无法定义；万有引力定律不能纳入。既然惯性系无法定义，那就抛开惯性系，将自己的理论建立在任意参考系基础上，把原来的相对论原理从“科学规律相对于一切惯性系形式不变”推广为“科学规律在一切参考系中都相同”。爱因斯坦称后者为“广义相对论原理”。可是问题又出现了，非惯性体系中有惯性力存在，如何处理惯性力呢？既然引力质量和惯性质量完全相等，这是否意味着引力和惯性力本质上是一致的呢？于是爱因斯坦进一步提出等效原理，即惯性场和引力场等价。

爱因斯坦曾在一次演讲中讲述了等效原理的由来。他说：“当我坐在伯尼尔专利局办公室的椅子上时，蓦然闪现出一个思想来，如果一个人自由地降落，他就不会察觉到自己的重量。我不由大吃一惊，这个简单的思想给了我深刻的印象，它推动我走向引力场理论。”② 爱因斯坦称这是他一生中最得意的思想。

这样，广义相对论原理和等效原理成为广义相对论的两个基本前提，在此前提下，爱因斯坦建立了新的辉煌理论。

广义相对论是一个时空和引力的理论。狭义相对论认为时间、空间是一个整体（四维时空），能量、动量是一个整体（四维动量），但没有指出时空与能量、动量之间的关系。广义相对论则进一步阐明能量动量的存在（也就是有物质存在），会使四维时空发生弯曲，万有引力不是力，是时空弯曲的经典效应。物质在万有引力作用下的运动，如地球上的自由落体、行星的绕行等，都是弯曲时空中的自由运动——惯性运动，它在时空中描出的曲线是弯曲时空两点间的最短线。

广义相对论的基本方程，爱因斯坦方程，描绘了时间—空间与能量—动量如何相互

① Lorentz, Einstein, Minkowski. *The Principle of Relativity*, London, 1923, pp. 75-78.

② 转引自李艳平、申先甲：《物理学史教程》，科学出版社 2003 年版，第 268 页。

规定：时空曲率=能量动量。

这是一组10个方程，非常难以求解，爱因斯坦求出了一些近似的解，并提出了轨道进动、引力红移、光线偏折三项可检验的预见。

水星近日点进动是早已被观测到的天文现象，这个进动曾被预言过海王星的法国天文学家勒维列（1811—1877）用牛顿学说的行星摄动方法来说明，他预言这是由于海王星附近有个未被观测到的行星的影响，他称为“火神星”。可是几百年过去了，人们怎么也找不到这个“火神星”。广义相对论算出的行星轨道不需要其他行星的影响，自己就会“进动”。对水星轨道而言，观测值和理论值正好相符。

依据广义相对论，时空弯曲的地方钟表走得慢。太阳表面的钟表比地球上的走得慢。我们当然不可能造一个钟表送到太阳上去。爱因斯坦建议可以将太阳表面的氢原子看做“原子钟”，观测其光谱线，与地球上氢原子钟的谱线相比较，太阳钟变慢意味着氢原子谱线会向红端移动，后来的观测证实了这一预言。

光线的偏折是指由于太阳造成的时空弯曲，遥远恒星的光通过太阳附近时会发生偏折，弯向太阳。这一观测很难进行，太阳光白天太强，夜晚太阳又下山了，唯一的机会是日全食的时候。所幸这个机会在1919年5月29日来临了。在英国天文学家爱丁顿（1882—1944）的倡议下，英国派出了两支远征队，一支到非洲西部的普林西比，一支到南美的索布腊尔，他们带回的照片证明，星光的确在太阳附近发生了偏折，其偏折度与爱因斯坦的预言极为接近。1919年11月6日英国皇家学会和皇家天文学会正式宣读了观测结果，皇家学会会长汤姆逊（1856—1940）爵士在致辞中说：“爱因斯坦的相对论是人类思想史上最伟大的成就之一，也许就是最伟大的成就，它不是发现一个孤岛，而是发现了新的科学思想的新大陆。”① 这一结果的公布，轰动了世界。

深湛的物理思想，高深的黎曼几何、张量分析，神奇的实验验证，使得广义相对论一下子就被科学界接受了。不仅在科学界，甚至在普通人眼里，爱因斯坦成了一个神话般的人物。的确，爱因斯坦创立广义相对论远远超越于那个时代的所有科学家，爱因斯坦曾自豪地说：如果我不发现狭义相对论，5年内肯定会有人发现它；如果我不发现广义相对论，50年内也不会有人发现它。

第三节　量子理论的建立

一、量子论的诞生

重大科学理论的提出有其历史的必然，但在什么问题上首先取得突破却有一定的偶然性。量子理论的突破首先出现在黑体辐射能量随频率的分布规律上。

如前所述，经典理论无法解释依据实验数据画出的分布曲线，不是在长波段符合得不好就是在短波处出现无穷大。为了调和理论和实验的矛盾，1900年10月德国物理学家普朗克采用拼凑的办法得到了一个公式，该公式在全波段都与观测值符合得很好。普

① 秦关根：《爱因斯坦》，中国青年出版社1979年版，第176页。

朗克相信这绝非偶然，其中必定蕴藏着一个非常重要但尚未被人们揭示出来的科学原理。反复思考后普朗克发现，只要假定物体吸收或发射辐射时能量不是连续的而是一份一份的，就可以从理论上导出他的黑体辐射公式。普朗克称每一份能量为“量子”，每个“量子”的能量称为“作用量子”。1900 年 12 月 14 日，普朗克在德国物理学会上提出了他的量子假定，这一天被看成是量子论的诞生日。1918 年普朗克“因为发现能量子而对物理学的发展作出的杰出贡献”而获得了诺贝尔物理学奖。

在经典物理学看来，能量不连续的概念是绝对不允许的。因此，在相当长一段时间内，普朗克的工作并未引起科学界的重视。普朗克本人也对自己革命性的思想怀疑过，没有将其贯彻始终。有故事说，当记者问能量到底是连续还是不连续的，普朗克反问道：如果用小碗从缸里舀水，倒在水池中，水是连续还是不连续呢。可见普朗克认为，能量本质上是连续的，只是在被辐射和吸收时才是量子化的。

最先认识到量子假设的普遍意义，并用其解决经典物理学所碰到的其他困难的是年轻的爱因斯坦。1905—1909 年间，爱因斯坦发表了数篇论文，阐述其光量子概念，发展了普朗克的思想。爱因斯坦进一步假设，能量不但在辐射和吸收时不连续，在传播过程中和与物质相互作用的时候也是量子化的，因此光可以看成“能量量子”或说“光量子”，后被称为光子。爱因斯坦用光量子假设成功解释了光电效应现象，并给出了光电效应方程。

爱因斯坦在论文和相关的报告中还回顾了光的微粒说和波动说长期争论的历史，揭示了其理论困境，并用光量子说摆脱困境。他不是简单回到牛顿微粒说或否定波动说，他认为光可以被看做是波动和微粒说的融合，我们关于光的本性和光的结构的看法有一个深刻的改变是不可避免的。在这里他首次提出了光的波粒二象性概念。

1916 年密立根（1868—1953）以他精确的实验结果证明爱因斯坦的光电方程是正确的。1923 年密立根“因测量基本电荷和研究光电效应”获诺贝尔物理学奖。诺贝尔物理学奖委员会主席在致辞中说：“如果密立根的研究得出了不同结果，那么爱因斯坦的定律就会没有价值。”①

爱因斯坦还进一步把能量不连续的概念应用于固体中原子的振动，成功地解释了当温度趋于绝对零度时固体比热趋于零的现象。此时普朗克提出的能量不连续的概念才逐渐引起物理学家们的注意。可以说主要是由于爱因斯坦的工作，量子理论在其诞生的最初 10 年里得以进一步发展。

量子理论的另一突破来自于原子结构的研究。世纪之交的三大发现促使人们去研究原子的内部结构，科学家们提出了各种原子结构模型以说明已有的观测事实如原子的稳定性、元素周期性、原子光谱的规律和放射性等。

发现电子的汤姆逊提出实心带电球模型，也被形象地称为布丁模型。他设想正电荷如流体一样形成球型原子的主体，电子如同布丁中的葡萄均匀镶嵌其中。为了验证汤姆逊原子模型的正确性，汤姆逊的学生新西兰物理学家卢瑟福（1871—1937）于 1909 年设计并进行了 α 粒子对原子的散射实验，意外的是出现了 α 粒子的大角度偏转现象，

---

① 宋玉升等译：《诺贝尔奖获得者演讲集物理学》第二卷，科学出版社 1984 年版，第 44 页。

这是汤姆逊模型完全无法解释的。

1911 年卢瑟福提出了著名的原子“有核模型”，也称为“行星模型”。他认为，原子的正电荷以及几乎全部的质量都集中在原子中心很小的区域中形成原子核，而电子则围绕核旋转，如同行星绕太阳旋转。此模型可以很好地解释 α 粒子的大角度偏转，但却遇到了如下两大难题：

其一是原子的稳定性问题。按照经典电动力学，电子绕核旋转将不断辐射能量并减速，最后将掉到原子核上去，原子也随之毁灭，在此过程中会相应发射出一个连续辐射谱。但事实是自然界中原子稳定地存在，并且观测到的原子光谱是线状不连续的。

其二是原子的大小问题。在经典物理的框架中考虑卢瑟福模型，找不到一个合理的特征长度表征原子大小。

这些问题的存在又一次预示着，对微观世界的认识需要一种不同于经典物理学的新理论。

1912 年丹麦年轻的物理学家玻尔（1885—1962）来到卢瑟福的实验室工作，在短短的四个月间，玻尔深深地为卢瑟福原子模型所面临的矛盾所吸引，他一开始就深刻地认识到，引进作用量子是解决这些矛盾唯一的可能途径。1913 年初玻尔有机会了解到原子线状光谱的巴耳末规律，启发他发现了原子光谱与原子结构之间的本质联系。很快玻尔就形成了全新的原子结构思想，写出了著名论文《原子结构和分子结构》。玻尔运用两个极为重要的假定“定态假设”和“频率假设”以及“对应原理”，创造性地将量子思想引入原子结构理论，克服了经典理论说明原子稳定性的困难。玻尔的原子模型成功解释了氢原子光谱的规律性，同时还推导出了原子半径。

“定态假设”意指，原子系统只能够存在于一系列的稳定状态中，这些状态称为定态。原子系统的任何变化，包括吸收或发射电磁辐射都只能在两个定态之间以跃迁的方式进行。

“频率假设”是说，原子在两个定态跃迁时，发射或吸收电磁辐射的频率由量子化的方程所决定，其基本思想是，在大量子数极限下，量子体系的行为应该趋于与经典体系相同。

如果说原子能量量子化概念还可以从普朗克—爱因斯坦的光量子论中找到某种启示，定态和量子跃迁、频率条件及对应原理则是玻尔了不起的创见，至今依然是极为重要的科学概念。这些革命性的思想有力地冲击了经典理论，推动了早期量子论的进一步发展，他对氢原子光谱的成功解释，大大提高了新生的量子论的影响。1922 年玻尔获得了诺贝尔物理学奖。

限于历史，玻尔理论存在着一定的局限。首先它只能说明最简单的氢原子光谱的规律性，对于更复杂的原子的光谱，就完全无能为力了；其次，它还没有从根本上脱离经典理论框架，对引进量子化概念的物理本质没有给予适当的说明。

量子力学就是在克服早期量子论的困难和局限性中建立起来的。

二、量子力学的建立

量子力学的建立是沿着两种途径完成的，一是玻尔—海森伯途径，建立了矩阵力学；另一条是爱因斯坦—德布罗意—薛定谔路线，建立了波动力学，它们殊途同归，彼此等价。

1923 年年轻的法国物理学家德布罗意（1892—1987）提出了物质波理论，开创了量子力学时代。德布罗意本来是学法律和历史的，在其兄长的影响下转向物理学。通过自学物理学大师们的著作，德布罗意迅速站在了物理学思想的前沿，他写道："在我年轻时代，也就是在 1911—1919 年间，我满腔热情地钻研了那个时期理论物理的一切新成果。特别引起我注意的是普朗克、爱因斯坦、玻尔论述量子的著作。我注意到爱因斯坦 1905 年在光量子理论中提出的辐射中波和粒子共存是自然界的一个本质现象。""是物质结构和辐射机理的奥秘把我吸引到理论物理学中来的。1900 年普朗克在研究黑体辐射时引入了新奇的量子概念，这个概念不断地渗入到整个物理学领域，使得物质结构和辐射机理的奥秘更加深邃。"①

正是在普朗克、爱因斯坦、玻尔量子思想的启发下，德布罗意仔细分析了光的微粒说与波动说的发展历史，根据类比的方法设想，静质量不等于零的实物粒子如电子，也和光一样具有波动性，或者说具有波粒两重性。

1923 年 9—10 月间，德布罗意连续发表了三篇文章，提出了"物质波"理论及其各种应用，1924 年在其博士论文中，他更加系统地阐述了物质波理论，爱因斯坦称赞这篇论文揭开了"自然界巨大面罩的一角"，这篇论文也为德布罗意赢得了 1929 年度的诺贝尔物理学奖。

1925—1927 年间美国实验物理学家戴维孙（1881—1958）和英国物理学家汤姆孙（1892—1975）先后观测到了电子的波动行为，证实了德布罗意物质波的存在，1937 年他们因此分享了诺贝尔物理学奖。

矩阵力学是由德国物理学家海森伯（1901—1976）最先提出，后来与德国物理学家玻恩（1882—1970）和约丹（1902—1980）等人共同建立的。

1925 年 7 月海森伯完成了题为"关于运动学和动力学关系的量子论的新解释"的论文，为矩阵力学奠定了基础。矩阵力学的提出可以说是玻尔的量子论辩证否定的自然结果。海森伯一方面继承了如原子的分立能级和定态、量子跃迁和频率条件等玻尔量子论中合理的内核，特别是玻尔的对应原理思想对海森伯有重要影响，是其建立新力学的核心思想；但同时海森伯又摒弃了如粒子轨道运动等没有实验根据、不可观测的传统概念，他认为在任何物理理论中只应出现如光谱线的波长、谱线强度等可以观测的物理量。

海森伯论文中的数学方法形式上与经典力学相似，但运算规则却不同，不满足乘法交换律。这种数学方法物理学家们很陌生，海森伯自己也没有把握，求教于自己的老师玻恩，玻恩回忆起这是他在大学时学到过的代数理论，这就是数学家们早已运用多年的矩阵代数。同年 9 月玻恩与熟悉矩阵代数的约丹合作，将海森伯的思想发展成为系统的理论即矩阵力学。紧接着，英国的狄拉克（1902—1984）提出"变换理论"改进了新力学，使其更具普遍性。

---

① 转引自向义和：《物理学基本概念和基本定律溯源》，高等教育出版社 1994 年版，第 278 页。

1932 年海森伯由于“创立量子力学，而这种力学的应用导致了许多发现”而获得诺贝尔物理学奖。

矩阵力学成功地说明了氢原子光谱等一系列的原子结构问题，迅速在物理学界传播开来。尽管当时的物理学家们对于矩阵力学的数学工具不熟悉，然而庆幸的是，薛定谔的波动力学也几乎同时提出。

创立波动力学的是奥地利物理学家薛定谔（1887—1961）。他出生于奥地利维也纳，1910 年在维也纳大学获物理学博士学位。他兴趣广泛、多才多艺，不但在物理学领域成就卓越，还从事科学哲学的研究，是著名的科学哲学著作《生命是什么》的作者，该书为分子生物学的诞生做了思想准备。他还喜欢艺术，是一位出过诗集的科学家。

薛定谔的工作是在德布罗意物质波理论的影响下发展起来的。1925 年薛定谔有幸从爱因斯坦的论文中知道了德布罗意的工作，不久他又拿到了德布罗意的博士论文，通过仔细研读迅速掌握了德布罗意的新思想。在苏黎世工业大学的一次物理学定期会议上，薛定谔做了一个报告并介绍了物质波理论，作为会议主持人的著名物理学家德拜（1884—1966）对他提出：你谈到波，但波动方程在哪呢？的确，如果实物粒子是波，就应该能用波动方程描写其行为，薛定谔马上意识到，这是一个真正的挑战。他立刻埋头苦干，几个星期后就找到了一个方程，这就是著名的薛定谔波动方程。

1926 年上半年薛定谔以“作为本征值问题的量子化”为总题目，连续发表了 6 篇论文，在广泛的基础上系统地阐明了他的新理论，薛定谔将力学量看成算符，用波函数描述微观客体的运动，建立相应的波动方程，创立了波动力学体系。

波动力学的诞生在科学界反响强烈。普朗克认为，薛定谔方程奠定了现代量子力学的基础，就像牛顿、拉格朗日和哈密顿创立的方程在经典力学中所起的作用一样。爱因斯坦称赞薛定谔完成的是真正独创性的工作。

波动力学和矩阵力学几乎同时出现，其数学形式完全不同，但同样有效。最初双方缺乏了解，后来还是薛定谔先冷静下来，认真钻研了海森伯等人的论文，很快于 1926 年 3 月就证明波动力学和矩阵力学是完全等价的。此后统称为量子力学。由于薛定谔波动力学的核心是偏微分方程，这是所有物理学家都熟悉的数学工具，因此被认为是量子力学的通用形式。

1933 年薛定谔“因创立原子理论的新形式”与狄拉克分享了诺贝尔物理学奖。

薛定谔与海森伯建立的量子力学是非相对论性理论，只能描述低速运动的粒子，不能描述接近光速运动的粒子，更不能描述粒子的转化。1928 年狄拉克提出了一个相对论性的波动方程，即著名的狄拉克方程，该方程对氢原子光谱的精细结构和电子的自旋的本质给予了满意的描述，并预言了反物质的存在。在此基础上，20 世纪 30 年代诞生了量子场论，构成了量子力学发展的另一个大领域。

继薛定谔波动力学和海森伯矩阵力学之后，20 世纪 40 年代，美国物理学家费曼（1918—1988）提出了量子力学的另一种理论形式，即路径积分。

费曼出生在纽约的一个犹太人家庭，1942 年在普林斯顿获得物理学博士学位，第二次世界大战时在美国的原子弹研制基地工作，1946 年成为康乃尔大学教授，50 年代起在加州理工学院任理论物理学教授直到去世。费曼生性幽默风趣，多才多艺，他卖出过自己的绘画和音乐作品，出版过两本回忆录并且极为畅销，在美国他是家喻户晓的科学明星。

费曼对理论物理学作出了杰出贡献。他创造了一种图，能描写基本粒子的碰撞与演化，其数学模型简明优美，可大大简化计算，后被称为费曼图。

费曼的另一杰出贡献便是路径积分理论，其思想最初是由狄拉克提出的。经典理论认为，粒子从 A 运动到 B 走过唯一一条道路，量子理论则认为，由于微观粒子的路径是不可观测的量，因此粒子从 A 运动到 B 没有路径。狄拉克提出没有路径也可等价地看成拥有一切可能的道路。费曼赋予狄拉克思想以数学形式，使之能够实际应用。1965 年费曼因在量子力学方面的基础性工作而获得诺贝尔物理学奖。

薛定谔波动力学是量子力学的微分形式，是局域性描述；海森伯矩阵力学是量子力学的代数形式；费曼路径积分是量子力学的积分形式，是对微观世界的整体性描述，它们彼此等价，从物理思想上来说费曼路径积分甚至更深刻。在路径积分中，量子力学与经典力学的密切关系展现得格外清楚，而且最易于从非相对论形式推广到相对论形式，因此在量子场论中有广泛的应用。

三、世纪之争

量子学说诞生和飞速成长的数十年是物理学的一个英雄时代，量子力学成就空前，它不仅成功地阐明了原子结构，而且打通了理解尺度较大的分子与固体、液体和气体物理，以及更小尺度的原子核物理的道路。

但是在有关量子力学的物理思想和哲学意义上，却出现了激烈的争论，一方以哥本哈根学派的统帅玻尔为代表，一方以爱因斯坦为代表，双方都为量子学说的诞生和飞速成长作出过杰出贡献。

玻尔是一位伟大的物理学家，他是一位帅才，不但自己聪明能干，而且为人谦和宽厚。1921 年玻尔在哥本哈根大学创建了理论物理研究所，从此全世界的优秀物理学家纷纷来此访问、工作。玻尔的周围总是聚集着一批有才华的年轻人，如狄拉克、海森伯、泡利（1900—1958）等，由此形成了著名的哥本哈根学派，这个学派主导了 20 世纪量子学说的进程，玻尔是其当之无愧的统帅。

哥本哈根学派阐述量子力学的物理意义和哲学思想的关键是波函数的统计诠释，其理论支柱是玻尔的互补性原理和海森伯测不准关系，后来渐渐被大多数科学家所接受，因此被称为量子力学的正统诠释。

波函数的统计诠释由波恩提出，认为薛定谔方程中描述微观客体行为的“波函数”是一种概率波，粒子在某一时空点出现的概率由波幅的平方来预见，波函数必须采用几率诠释是由微观粒子内禀的波动、粒子二象性所决定的。

海森伯则沿着另一种思路提出了测不准关系。他论证微观粒子的“共轭”变量，如坐标和动量、时间与能量不能同时准确测量，其原因是观测仪器和微观客体之间不可避免的相互作用以及微观粒子内禀的波粒二象性。

玻尔在海森伯和波恩观点的基础上提出了互补原理。认为波动与粒子描述是两个理想的经典概念，其物理图像是相互排斥的，但只有同时用于对微观客体描述才能使其内禀的波粒二象性得到完整的说明，因此这两种描述又是互补的。

量子力学的正统诠释将不确定性引入了自然科学，经典的严格因果律或说因果决定论在微观世界中不再成立，因此量子力学和经典力学规律存在着本质差异。

爱因斯坦不赞成波函数的几率诠释，他有一句名言："上帝不掷骰子。"① 他在给波恩夫妇的信中说："玻尔关于辐射的意见是很有趣的。但是，我决不愿放弃严格的因果性，将对它进行更强有力的保卫。我觉得完全不能容忍这样的想法，即认为电子受到辐射的照射，不仅它的跳跃时刻，而且它的方向，都由它自己的自由意志去选择。"②

薛定谔也极其反对"概率波"观点，倾向于认为波函数本身代表一个实在的物理上的可观测量，一个粒子可以想象为一个物质波包。

1927年第五次索尔维会议之后，以玻尔和海森伯为代表的哥本哈根诠释成为量子力学的正统诠释，以爱因斯坦和薛定谔为代表的另一方并没有放弃自己的立场，他们对正统诠释提出了很尖锐的批评，集中反映在两篇著名的文献中，即薛定谔猫佯谬和EPR佯谬。

薛定谔猫佯谬用一个思想试验说明，把波函数的几率诠释应用于宏观世界会得出荒谬的结论。薛定谔以此对量子力学规律是否适用于宏观世界提出质疑。

EPR佯谬是爱因斯坦和两位美国科学家合作发表的，文中针对波函数的几率诠释提出"波函数对物理实在的描述是不完备的"及"量子力学对物理实在的描述是不自洽的"，认为量子理论可能还只是对微观世界的一个唯象描述，它的背后尚有一个严格决定论的规律没有被揭示出来。

这场论争自20世纪20年代开始，持续了几十年，直至双方的主帅爱因斯坦和玻尔去世，甚至直到今天都没有完结，堪称"世纪之争"。

20世纪60年代，美国物理学家贝尔基于量子力学是不完备的，应存在更深层规律的观点，提出了著名的"贝尔不等式"，根据这个不等式可以在实验上检验量子力学是否完备。数十年来的有关实验都倾向于证明，量子力学是对微观世界的完备描述。

针对薛定谔提出的"量子力学规律对于宏观世界是否适用"的问题，也相继出现了一系列理论和实验工作。近年来，实验工作者做出了一系列有价值的工作，相继在介观尺度和宏观尺度上实现了薛定谔猫态。围绕EPR佯谬的争论所进行的大量实验和理论研究还孕育着一门新兴学科——量子信息论，它涉及量子计算、量子密码学、量子远程传态、量子对策论等。

可以说，迄今为止所有的实验都肯定了量子力学的正确性。

真正深刻的思想论争又岂能以成败论英雄，这场世纪之争不但使量子力学的物理思想不断地得到澄清和深化，也使其深层次的哲学意蕴一步步彰显出来。量子学说将不确定性引入了自然科学，并给予了基础性的地位，以前所未有的深度改变了人们的世界

① 转引自李艳平、申先甲：《物理学史教程》，科学出版社2003年版，第314页。
② 转引自李艳平、申先甲：《物理学史教程》，科学出版社2003年版，第313页。

观。但这绝非认识的终结，而是进一步探索的起点。

◎ 思考题

1. 简述 19 世纪末 20 世纪初经典物理学无法说明的实验事实主要有哪些？

2. 简述爱因斯坦狭义相对论和广义相对论的基本前提分别是什么？

3. 简述非相对论形式量子力学有哪几种形式，分别运用的数学工具是什么？

4. 试论述广义相对论的理论背景、核心思想、检验过程及可能的运用领域。

5. 试论述量子力学三种理论形式的核心思想。

6. 关于量子力学的物理意义和哲学思想的世纪之争，双方的主要观点是什么？你认为哪种观点正确？为什么？

第八章 基础科学的新发展

物理学、化学、生物学、天文学、地学和数学这六大基础学科在过去的百年中诞生，在正在面对的或已经解决的困扰中发展并壮大，其与生俱来的内在的不可遏制的生命活力，不仅给人类的生活带来了史无前例的改变，构成现代社会最为壮阔、动人心魄的雄伟画卷，而且以其自身为母体不断催生了一大批新的学科，从而对人类、地球甚至外太空都产生了根本性的影响，引发了深刻的变革。

第一节 微观物理学的诞生

1900 年德国物理学家普朗克的量子理论和 1905 年、1915 年爱因斯坦狭义相对论和广义相对论的先后提出，标志着英国人开尔文所担心的“两朵乌云”得以被驱散。20 世纪物理学，从宇观、到宏观、再到微观，全面迎来了自牛顿经典物理学创立以来的第二个灿烂碧空。在此期间人类对物质微观结构的认识，实现了 3 次重大跨越：（1）发现原子有内部结构，由原子核和电子组成，形成了原子物理学；（2）发现原子核有内部结构，由质子和中子组成，形成了原子核物理学；（3）发现核子有内部结构，由夸克组成，形成了粒子物理学。原子物理学、原子核物理学和粒子物理学共同构成了完整的微观物理学体系。

一、微观物理学诞生的背景

1895 年 11 月 8 日，德国物理学家伦琴首次发现 X 射线。X 射线的发现不仅导致了放射性物质的发现，也促进了电子的发现。1896 年 5 月法国物理学家贝克勒尔发现了天然放射性。接着，居里夫妇发现了放射性衰变的定量规律并引入了半衰期的概念。放射性的发现不愧是划时代的事件，打开了微观世界的大门，它不仅使原有的原子观念发生了重大变化，也促进了人们认识原子核的开始。1897 年，英国物理学家汤姆逊发现电子，从实验上证明了原子的存在以及原子是由电子和原子核构成的理论。三大发现不仅开启了现代物理学的大门，也构成了微观物理学的实验基础。

进入 20 世纪，作为微观物理学理论基石的量子力学和相对论相继诞生，在两者发展过程中，其互动亦愈见深刻。经历了量子论、量子力学、量子场论三个阶段的量子物理学和包括狭义相对论、广义相对论两个阶段的相对论，它们在构成微观物理学工具的同时，也在微观物理学的深入研究过程中不断得到修正和完善。

二、原子物理学

原子的概念是在2400年前由希腊哲学家德谟克利特提出来的，后来这个概念一直停留在哲学思想的范畴。1897年前后科学家们逐渐确定了电子的各种基本特性，并确立了电子是各种原子的共同组成部分，原子的概念开始具有了现实的形态。

原子是电中性的，而电子是负电的，这一现象促进了对原子中带正电的粒子的寻找。1904年汤姆逊提出布丁模型，认为原子中的正电荷均匀分布于整个原子的球体。这个模型理论很快被后来的实验否定。

1911年卢瑟福提出原子的行星模型，认为原子的中心是一个体积很小但几乎等于原子重量的带正电的核，电子在外并围绕核转动，类似于行星绕太阳转动。卢瑟福的行星模型，可以说是20世纪初原子物理学史上最具革命意义的重大突破，因为这一突破的重大科学意义不仅在于初步揭示了原子本身的内部结构，更为重要的是它孕育了原子核物理学的实验基础和理论胚胎。这个模型符合当时大多实验结果，却无法解释原子的稳定性。

1913年丹麦物理学家玻尔在卢瑟福所提出的行星模型基础上，把普朗克的量子假说和爱因斯坦的光子假说创造性地用来解决原子结构和原子光谱的问题，提出了原子的量子论，认为原子的能级不连续，当原子在两个能级之间跃迁时，原子就发射或吸收一定频率的光。玻尔的理论初次成功地打开了人们认识原子结构的大门。

然而玻尔的理论却因内在的不协调备受指责。面对这种混乱情况，哥本哈根学派意识到需要重新认识电子的行为，对玻尔理论作进一步的改造。在玻尔量子论和1923年德布罗意提出的物质波粒二象性假设基础上，海森伯、玻恩、狄拉克三人和薛定谔分别在1923—1927年间独立地提出了量子力学两个等价的理论——矩阵力学和波动力学，使量子理论登上了一个新的台阶。1928年狄拉克提出电子的运动方程——狄拉克方程，他把量子论与相对论结合在一起，完美地解释了电子自旋和电子磁矩的存在，并预言了正负电子对的湮没与产生。

20世纪的前30年是原子物理学的黄金时代，在自身快速发展的同时也促进了量子力学的建立，成为近代物理学起步时期的领头学科。随着众多物理学家注意力向原子核和基本粒子的转移，在其后相当长的一段时间里，原子物理的发展受到了一定的影响。

然而，原子是从宏观到微观的第一个层次。随着近十年来空间物理学、核能技术、宇宙学、生物学等一些重要的基础学科和技术科学对原子物理学需求的强化，原子物理学又得到了长足的恢复，不仅诞生了一大批三级学科，而且像原子光谱与激光技术等一批下游技术也取得了斐然成绩。

三、原子核物理学

原子核物理学起源于放射性的研究，在其早期，卢瑟福事实上起到了独一无二的旗手作用。在法国科学家贝克勒尔发现人工放射性、居里夫妇发现了钋和镭元素之后，卢瑟福1898年发现射线 α 和射线 β，并预言了 γ 射线；1902年与英国化学家索迪（1877—1956）合作，首先发现了放射性元素的半衰期；1911年构思出原子的核式结构模型；1919 年完成了第一次人工核反应。

1932 年 2 月 17 日，英国卡文迪许实验室的查德威克（1891—1974）在其恩师卢瑟福的推动下，证明了中子的存在。与此同时，还有法国的约里奥·居里（1900—1958）夫妇和德国的玻特（1891—1957）两个研究小组进行着类似实验，可惜他们都误将中子流视为 γ 射线，错过了重大发现的时机。约里奥·居里夫妇后来回忆此事说道，如果他们读了 1920 年卢瑟福的那篇“中子假说”演讲稿，定然不会错失对这个实验的正确理解。查德威克发现中子不久，海森伯写了一系列关于原子核组成的论文，奠定了原子核模型的理论基础。

中子的发现是继 1911 年卢瑟福创立原子模型之后的又一重大进展。它在理论上为原子核模型的建立提供了重要依据，在应用中开启了核能应用的大门。从此，原子核物理学正式登上历史的舞台。

在放射性研究沉寂多年后，约里奥·居里夫妇 1934 年 1 月 19 日肯定了人工放射性的发现。这一发现为人造放射性同位素提供了重要的实验基础，大大推动了核物理学的研究速度，并直接导致了重核裂变的发现。

曾先后建立罗马大学和芝加哥大学两个现代物理学的世界级学术中心的意大利裔美国物理学家费米（1901—1954），受到约里奥·居里发现人工放射性和 1938 年德国人哈恩（1879—1968）发现铀核裂变的启发，于 1942 年 12 月 2 日建成世界上第一座原子核裂变链式反应堆。这一成就是原子能时代的一个重要里程碑。自 20 世纪 40 年代以来，从原子弹到核电站的一系列核能的开发和利用，都是建立在重核裂变的基础之上的。

事实上，核裂变产生能量，但核聚变产生的能量更为强大。利用核聚变，在高温下获取大量原子核能的反应称为热核反应。在 20 世纪 50 年代就已实现了氢的同位素氘和氚的原子核的核聚合反应，制造了比原子弹威力大得多的第一颗氢弹，然而用可控方式获取聚变能的努力长期遭遇到巨大的困难。在人造太阳的巨大诱惑下，在 20 世纪 80 年代，启动了人类有史以来最大的科技合作项目“国际热核聚变实验堆”（ITER）计划，中国于 2004 年加入该计划。ITER 计划在 2025 年前建成第一座原型聚变堆，在 21 世纪中期建成标准反应堆。那时人类将彻底突破能源的限制。

在原子核模型的理论研究中，形成重要影响的先后有费米的气体模型、N. 玻尔的液滴模型、迈耶（1906—1972）夫人和简森（1907—1973）的壳层模型、A. 玻尔（1922—　）和莫特尔逊（1926—　）的集体模型。它们都难以独立地概括和解释全部实验事实，这反映了目前对原子核的认识还有待深入。

四、粒子物理学

自 20 世纪 30 年代起，随着原子研究从原子核向基本粒子的突破，粒子物理学逐步形成为物理学的一个分支学科。它虽然研究的是物质世界的最小构成，但却有着罕见的大学科派头——投资高，设备大，研究周期长，研究内容影响深远，是对一个国家财力和研究实力的极大检验。

粒子物理学是研究基本粒子规律的科学。所谓的基本粒子即组成物质的最小基本单元，现已发现300多种，分为四大类：光子；轻子，包括中微子、电子和μ子；介子，包括ρ、K以及η介子，其静止质量介于电子和质子之间；重子，包括核子（中子和质子）和超子。加上理论上预言其存在，但尚未得到实验证实的引力场量子——引力子。前四种基本粒子之间形成三类相互作用，由作用力的强度为序依次为强相互作用、电磁相互作用、弱相互作用。由于介子和重子参加强相互作用，故又统称为强子。实验表明强子也非最小单位，内部还有结构，就是赫赫有名的夸克。

1905年因为年轻多产的爱因斯坦而成为物理学史上永恒的丰年，除了建立狭义相对论外，他还首次预见了光子，为粒子物理学的发展深埋一种子，如同他的相对论一样，这一学说物理学界经过多年才得以理解和消化。直到1922年光子被康普顿（1892—1962）等人在实验室观测到，光子才得以被广泛承认。

在原子核的β衰变能量不守恒的研究中，1930年泡利大胆地提出了中微子（当时称为中子）假说，他指出中微子的速度不同于光子，质量很轻，穿透力极强。提出后，不少人持怀疑态度。1932年查德威克用α粒子轰击原子核，发现了中子，打破了原子核是最小粒子的观念，不仅宣告了原子核物理学的诞生，也奠定了粒子物理学的基础，形成了基本粒子和核子的概念。同年，安德森（1905—1991）记录宇宙射线时发现第一个反粒子——正电子，有力印证了相对论、量子力学早期关于电子、质子、中子、中微子都有质量和它们相同的反粒子的推论。1935年日本物理学家汤川秀树（1907—1981）提出介子说以解释强相互作用，其建立的汤川粒子模型至今仍是人们研究中的一种重要模型。1934年费米发展了泡利的中微子假说，并发现了物质世界所有四种作用力之一的弱相互作用。费米指出电子和中微子是在β衰变中产生的，β^-衰变的本质是核内一个中子变为质子，β^+衰变是一个质子变为中子。他的β衰变理论取得了很大成功，得到了公认。然而直到1956年，中微子才由美国洛斯阿拉莫斯实验室的雷因斯（1918—1998）和柯恩（1919—1974）实际观测到。

伴随大批能量越来越高、流强越来越大的粒子加速器的建成，新的强有力的探测手段如大型气泡室、火花室、多丝正比室等的相继出现，新的粒子不断涌现，如1936年安德森和尼德迈耶（1879—1949）μ子、1947年英国物理学家鲍威尔（1903—1969）π介子和罗彻斯特（1908—2001）和巴特勒（1922—1999）所谓奇异粒子K介子的发现都造成了巨大的影响。到60年代初，新粒子已达100多种，而且发现的势头越来越强。在这种背景下，探究粒子之间的内在联系就变得比发现粒子本身更为重要。

1949年费米和杨振宁（1922— ）提出了最早的强子结构模型，促使了有关强子结构与分类的研究。1956年李政道（1926— ）和杨振宁在弱相互作用领域研究中推翻宇称守恒定律，极大地推动了粒子物理学的发展。1961年盖耳曼（1929— ）等提出强子分类的“八重法”。不久，“八重法”预言的重子O被实验证实。在此基础上，盖耳曼建立了夸克模型，并且认为，夸克是自然界中更基本的物质组成单元，所有已知的强子都是由夸克及其反粒子组成。夸克模型成功地解释了许多已知事实，把极为复杂的事情变得非常简单。尽管夸克的实验找寻迄今还没有成功的报道，但是夸克模型今天仍然是粒子物理学最基础的模型。

粒子物理学经过几十年的发展，已成为物理学的一门独立的前沿的主干基础学科。

物理学因为粒子物理领域的进展，比历史任何时期都更接近一个伟大的梦想——为强相互作用力、电磁相互作用力、弱相互作用力、万有引力构建一个统一的理论、一个适用于所有物质的理论——统一规范场理论。

第二节　化学键理论与元素周期律的本质解释

一、化学键理论

1. 价键理论的源头

18 世纪后半叶，欧洲的化学家开始了化学的定量研究。其标志性成就包括法国人普劳斯特（1755—1826）的化合物组成定律、英国人道尔顿（1766—1844）的原子论、意大利人阿伏伽德罗（1776—1856）的分子论，以及意大利人康尼查罗（1826—1910）的原子—分子论。

19 世纪是价键理论真正萌芽的开始，产生了 1852 年英国化学家弗兰克兰（1825—1899）的原子价、1857 年德国化学家凯库勒（1829—1896）和英国化学家库帕（1831—1892）的碳四价和碳碳成链、1861 年俄国化学家布特列洛夫（1828—1886）的同分异构等一些重要概念，以及 1812 年瑞典人贝采里乌斯（1779—1848）的电化二元论、1869 年门捷列夫和迈耶尔（1830—1895）的元素周期律、1868 年凯库勒的苯环状结构学说、1887 年阿姆斯特尔（1863—1940）的六位规则、1890 年伯姆堡（1857—1932）的六中心论、1893 年瑞士化学家维尔纳（1866—1919）的络合物配位理论等一批有影响的假说。这些进展为价键理论的发展提供了进一步的思想准备。

2. 价键理论的形成

1913 年玻尔的原子结构模型为解释离子型化合物奠定了理论基础。1916 年美国化学家路易斯（1875—1946）提出八隅律，很好地解释了氢、氧等双原子分子以共用电子对形成的分子，抓住了化学键的本质问题。1918 年美国化学家朗缪尔（1881—1957）首次提出共价键概念，建立了经典的共价键理论，称为路易斯-朗缪尔化学键理论，但其把电子看成静止不动的负电荷，没能突破经典静电理论的束缚。

伴随着量子力学的建立，价键理论的创立条件于 20 世纪 20 年代中期得以成熟。人们通常把 1927 年定为量子化学诞生之年。这一年奥地利物理学家薛定谔首先建立了描述电子运动规律的波动方程，6 月德国哥廷根大学的海特勒（1904—1981）和英国化学家伦敦（1900—1954）通过量子力学的计算绘制了氢分子形成过程中的能量变化曲线，指出两个自旋相反的单电子相互接近时，氢原子核间电子密度较大而形成稳定的共价键，电子对则定位于化学键相连的两原子之间。这从理论上解释了路易斯的电子配对模型。第二年，两人在关于氢分子电子结构的著名论文中阐述了价键理论的量子力学基础。

价键理论在 20 世纪 30 年代迎来了自己的黄金时代，通过许多人的努力，把海特勒与伦敦处理氢分子的方法推广到更复杂的分子中获得成功。1928—1934 年，美国人鲍林（1901—1994）和斯莱特（1900—1976）提出原子轨道杂化的假说，解决了路易斯的价键电子理论所不能解决的问题。随后两人在海特勒-伦敦函数的基础上，构造了价键结构函数即 HLSP 波函数，奠定了量子化学的数学基石。1932 年卢麦（1901—1985）将电子对的概念进行扩张，在量子力学基础上建立了所谓的卢麦图。这些从氢处理的推广中得到的一系列扩展，较好地说明了分子成键的饱和性、方向性、分子的立体构型、成键情况等。

3. 现代价键理论的特点及现状

从 20 世纪 50 年代初到 80 年代末，可能是由于自洽场分子轨道计算失败方面的原因，价键理论几乎没有任何重大进展，只是在计算技巧上有了一些亮点。如价键理论的所谓的“从头计算”，借用分子轨道理论的轨道最佳化原理时，得到了意外的结果，极大地改善了计算结果的精度。

20 世纪末的十多年来，计算科学的高速发展给价键理论的定量应用带来了新的希望，现代价键理论正处于复兴的阶段。长期以来，人们一直试图将价键理论的应用建立在从头计算上，以期获得更可信的更丰富的结论。超级计算机的出现，使得从头计算电子间数量庞大的相互作用成为可能。

近几年，许多学者在价键理论方法及应用方面做了大量工作，主要集中在引入限制性条件或优化自洽场程序上，其应用仍然只能处理一些小的体系。由于现代价键理论最显著的特征是单电子基的展开系数与结构系数同时优化，这种方法类似于分子轨道理论中的多组态自洽场方法，因此现代价键理论又统称为价键自洽场方法。

价键理论是在经典的化学键理论基础上形成的，在其诞生发展的百年中，一直有力地影响着化学界的思想，并已成为当今说明化学结构和化学键本质的最有影响的化学理论。

价键理论是量子化学的核心问题，是理解分子的化学行为和反应特点的微观基础，它的理论和方法已经进入许多其他领域，形成了一系列的化学分支学科，如生物大分子的量子化学研究、分子与材料设计的微观研究、纳米材料及凝聚态的理论模拟研究等。化学的价键理论从产生发展至今不足百年，仍然是一个不完善的理论，正处于不断发展完善的过程之中，前景令人乐观。

二、元素周期律

1. 背景

罗蒙诺索夫（1711—1765）的质量守恒定律和能量守恒定律、拉瓦锡的氧化理论，成为 18 世纪化学的最高成就，这些进步给当时沉闷的化学领域带来了翻天覆地的变化，促进了化学研究的发展。

19 世纪 30 年代，德国化学教授德贝莱纳（1780—1849）首先开始对元素的原子量和化学性质之间的关系进行研究，提出了共 5 组的三元素组合规则。1862 年法国矿物学教授尚古多（1820—1886）指出元素的性质具有周期性，他首次从整体上提出元素的性质和原子量之间存在着内在的联系。1864 年英国化学家奥德林（1829—1921）发表了一张按原子量来排列元素次序的表。从形式上看，比尚古多进了一步，但他未对表作实质上的说明。1865 年，英国化学家纽兰兹（1837—1898）排出“八音律表”，敏锐地觉察到了原子量递增顺序与元素的性质之间的某种重复关系，向元素周期律的发现迈出了可贵的一步。

2. 门捷列夫与迈耶尔

1867 年在彼得堡大学任教的门捷列夫为学生编写化学教科书时，重新审视了原子学说的科学基础以及测定原子量的各种方法，他惊奇地发现了元素的性质随着原子量增大而周期性变化的规律。1869 年 2 月 17 日他做成了最初的元素周期表。同年 3 月 6 日，他因病委托同事门舒特金（1842—1907）在俄罗斯化学学会上完整地向俄国化学界阐述了元素周期律的基本点。

1871 年门捷列夫果断地修改了他的第一张元素周期表，并预言了钪、镓和锗的存在和性质。1875 年至 1886 年多位科学家相继在自然界发现了钪、镓和锗 3 种元素，强力佐证了元素周期律，引起了整个科学界的震惊，也使门捷列夫成为一代宗师。

就在门捷列夫第一张元素周期表发表几星期后，德国化学家迈耶尔非常坚决地提出他是首先发现周期律的人，并且在以后很多年中坚持自己的意见。这是因为他于 1864 年发表的“六元素表”中，注意到了元素“在原子量的数值上具有一种规律性”。1868 年迈耶尔列出了第二张元素表，但没有及时公之于世，这张表在门捷列夫元素周期表发表（1869）之前，就预见到了元素周期。在门捷列夫第一张元素周期表发表以后，1870 年迈耶尔又发表了一张元素周期表，与门捷列夫的第一张元素周期表相比，迈耶尔区别了主族和副族，而且在表中形成了人们今天称为“过渡元素族”的一族。他也留下了空位给未发现的元素，不过没有预言元素的性质。因此，西方的化学史家都认为 1868 年，迈耶尔完全达到了与门捷列夫同一水平线，迈耶尔也是元素周期律的发现人。1882 年两人同时接受了英国皇家学会的最高荣誉——戴维勋章。

3. 元素周期表的发展和本质解释

20 世纪以前，人们对元素周期性的认识还只是经验性的概括，尚停留在描述阶段，对元素周期律本质的认识是在量子力学提出以后的事。后者不仅涉及量子力学规律本身，而且还包罗了原子体系的对称性及破缺、库仑引力场的动力学对称性及破缺等问题。

1913 年莫斯莱（1887—1915）在测量元素的 X 光谱后，认识到元素在周期表的序数应该就是原子核的正电荷数。这样原来按原子量大小编序而出现的异常现象得以消除。在此基础上，他运用玻尔量子论和卢瑟福的原子模型，成功解释了氢原子光谱。莫斯莱的发现是元素周期律发展中的一个里程碑。

现代元素周期律认为，原子的电离能、电负性等在周期表中呈现一定的变化规律，元素的化学性质也随着原子核外电子的排布，尤其是由最外层价电子数决定的。每一周期的出现，实际上是原子中的一个新能级的建立。因此周期的本质是按能级对元素的分类。从周期上看，第一周期共有 2 种元素，第二、第三周期各有 8 种元素，第四、第五周期各有 18 种元素，第六周期有 32 种元素。从族上看，零族为“惰性”元素，化学性质极不活泼，主族与副族的差别最大；第 I 族的主、副族之间的差异较小；第 II 族都为金属，化合价都为+2 价；第 III 族中主族和副族最相似，一般为+3 价；以后的第 IV 族到第 VII 族，主、副族差异逐渐增大，第 VIII 族各元素都是金属。

元素周期表是元素周期律的直观表达形式。从 19 世纪末元素周期律的提出至今，人们发现和合成了许多新元素。如 1994 年俄罗斯和美国的科学家一道合成了 110 号元素，其性质与镍、钯、铂相似，这有力地证明了目前元素周期表排列的科学性。1996 年德国达姆施塔特市重离子实验室合成并确证了 111 号和 112 号元素。新元素的合成得益于元素周期表，又丰富和发展了元素周期表。

4. 元素周期律的意义

第一张元素周期表的建立已经 100 多年，它为科学的发展作出了重大贡献。元素周期律的发现，使化学研究从只限于对大量个别的零散的事实作无规律的罗列中摆脱出来，是化学研究进程中的一个重要里程碑。它对化学实验工作有很强的指导性，100 多年来指导着科学家们从事科学研究，对科学事业、工农业生产均产生了十分深远的影响。元素周期律的理论还在发展，人们对物质世界的认识还在深化，随着科学的发展，新的人工合成元素的发展，将会有助于设计出新型的元素周期表。

元素周期律把元素以及由它们组成的单质和化合物一起纳入一个完整的、科学的体系之中，使科学家们增强了研究的目的性和自觉性，从而使化学研究进入一个系统化的新阶段。

第三节 基因理论与分子生物学

人类对生命的奥秘经过想象、摸索、实验、求证的漫长历程后，于 1953 年迎来了生命学科的春天。这一年两位年轻的科学家沃森（1928— ）和克里克（1916—2004）创造了 DNA 的双螺旋结构模型，奠定了生命研究的分子基础。从此生物学的发展进入一个人才辈出、硕果累累的时代，虽然半个世纪过去了，但其前进的步伐、上升的势头似乎更为迅猛。

一、基因理论

1. 基因概念的提出

在现代生命科学领域，基因是一个非常重要的概念，是生物生老病死、生长发育、繁殖后代、遗传变异、新陈代谢的物质基础和功能核心。

1857 年奥地利传教士孟德尔（1822—1884）在对杂交后的豌豆的各种表型进行统计分析后，提出了遗传学的两条基本规律——分离规律和自由组合规律，并首次使用了基因概念的前体——遗传因子来解释这两条基本规律。在孟德尔遗传学的基础上，1910年美国人摩尔根（1866—1945）通过果蝇实验发现了位于同一条染色体上、紧密靠近的基因总是相互联系在一起遗传。在此基础上，他总结出了基因的连锁遗传规律。摩尔根的工作，不仅使人们第一次将某一特定性状的基因同一个特定的染色体联系起来、使科学界全面接受了孟德尔的遗传学原理，而且首次提出基因一词。孟德尔的遗传学规律最先使人们对性状遗传产生了理性认识，而摩尔根进一步将性状和基因相关联，两人创建的三个定律，构成了遗传学的基石，共同将传统生物学推进到现代生物学的范畴。他们对整个人类社会的贡献是无与伦比的。

我国学者谈家祯（1909— ）早年在摩尔根实验室学习，回国后首先将 Gene 一词介绍到国内，将其精妙地翻译为基因，音似意深，深富哲理。

2. 基因原理的初步确立

1928 年英国科学家格里菲斯（1881—1941）将两种不同型的肺炎链球菌注入老鼠体内，发现了遗传物质的转化现象，并讨论了遗传物质与它表达产物之间的关系。虽然当时他没能知道被其称为转化因子的本质就是脱氧核糖核酸（DNA），但是其创建的转化技术成为今天分子生物学的重要手段。1944 年美国科学家艾弗瑞（1877—1955）认真分析转化因子后发现，细菌的毒力是一种遗传性，遗传信息的载体就是 DNA。他的发现轰动了整个生物学界，在此之前人们普遍认为，只有像蛋白质这样的复杂的大分子才可以担当得起决定细胞生物学特征和遗传的重托。从此遗传和 DNA，基因与 DNA 就结下了不解之缘。

1941 年两位美国人比德尔（1903—1989）和塔特姆（1909—1975）提出了一个基因一个酶的学说。这时人们已经知道酶是具有生物催化功能的蛋白质。一个基因决定一个酶，这就是说酶的产生与基因有关，或者说是由基因决定的。这是基因学说的一大进步。虽然从基因的现代观点看，一个基因和一个酶不能完全画等号，但当时这一学说的提出促进了基因学说的发展，为基因编码蛋白质的理论奠定了基础。1951 年一个基因代表一个具体的多肽链的观念，由桑吉尔（1918—1982）等对胰岛素氨基酸的测序实验而确立。

1952 年美国冷泉港卡内基遗传学实验室的赫希（1908—1997）和切斯（1927—2003）用 32P 和 35S 标记 T2 噬菌体的 DNA 和蛋白质，然后感染大肠杆菌。这个实验不仅验证了 DNA 的半保留复制方式，即一个 DNA 分子复制形成两个 DNA 分子时，每个子代 DNA 的双螺旋分子中，必有一条来自亲代，而且也证明了 DNA 是 T2 噬菌体——这种病毒的遗传物质。这个设计巧妙的实验以无可辩驳的数据确立了 DNA 在生命活动中的总司令的地位。

DNA 是遗传物质的认识极大地激发了人们理解遗传指令的储存、传递、效应等问题。在遗传密码本质的早期研究中，虽然发现了核苷酸和氨基酸序列呈线性关系，但是密码的确切性质仍不清楚，这极大地困扰了当时的学者。直到 20 世纪 60 年代初尼伦伯格（1927— ）等提出三联密码子学说才得以解决。

DNA 中核苷酸的序列的重要性，并不体现于其结构本身，而在于其序列直接决定了多肽链的氨基酸序列。这种DNA序列与其编码的蛋白质序列之间的关联，被称为遗传密码。遗传密码从一个被称为起始密码子的地方开始后，不重叠，不间断，三个一读，每三个核苷酸编码一个氨基酸，直到终止密码子。一个基因的起始密码子到它的终止密码子，编码一个产物，这一段DNA被称为一个开放阅读框。

核糖核酸（RNA）是另一种核酸分子。除了化学组成与DNA不同之外，在结构上，RNA通常是单链分子，而不像大多数DNA那样为双链。1970年美国人达尔贝克（1914—　）和自己的两位学生巴尔的摩（1938—　）、狄明（1934—1994）在肿瘤病毒研究中发现了逆转录现象——遗传信息从RNA到DNA的传递，因此分享了1975年度的诺贝尔生理医学奖。这一发现一度被认为是对中心法则的挑战，后来的事实证明却并非如此，因为遗传信息只不过是从一种形式的核酸转录到另一种形式的核酸，这两种核酸碱基配对的过程和原理基本相同，更为重要的是，这些性状的表现最终都以同样的方式体现为蛋白质的合成，无论信息来自哪种核酸。

基因遗传效用的展现可分为两大步：转录和翻译。DNA碱基序列中隐匿的信息外化——表达的第一步，就是以DNA为模板合成RNA。以双螺旋链中的一条作为模板，由这条链为模板指导RNA合成的过程被称为转录。携带着来自特定DNA片段的信息并指导着蛋白质合成的RNA为信使核糖核酸（mRNA）。mRNA指导蛋白质的合成过程称为翻译，它是基因表达的最后一步，这也是隐匿于DNA片段中的生命信息外化为功能性的蛋白质、体现为直接效应的具体反映。

至此生物学家认识到，尽管已知的所有细胞生物和很多病毒的遗传物质都是DNA，一些病毒却使用与DNA化学构成轻微不同的另外一种核酸——RNA作为它们的遗传物质，执行与DNA相同的功能。核酸是生命进化中形成的集稳定性与变异性完美统一体。一方面它通过碱基互补机制使遗传信息稳定地传承，另一方面在受到损伤时又通过碱基的改变将新信息转化为新蛋白质，以消解进化选择压力。

3. 基因概念的现代演进

生命科学的研究成果不断地冲击基因的概念，基因概念也因此不断地演变。进入20世纪70年代，科学家们发现基因可以在一条染色体上或者在两条染色体之间移动，许多真核基因的编码序列在DNA链上不是连续排列的，它们往往被分隔成几个小片段，由此创建了非常有名的内含子和外显子的概念。那些起到分隔作用的片段被称为内含子，而被隔开来的起编码作用的片断被称为外显子，前者在mRNA翻译合成蛋白质前被切掉，后者被连接起来成为成熟的mRNA。基因的跳跃行为和断裂存在方式的发现，使得基因不再被看成是一段固定的连续的DNA。

进一步研究发现，这种描述过于简单，并不是所有基因都涉及蛋白质的合成，有些合成蛋白质，有些合成核糖体核糖核酸（rRNA）和转运核糖核酸（tRNA）。而且基因还有重叠性。大多数基因在染色体上像珠子一样排列，各自占有一席之地，彼此独立、互不重叠。一些物种，主要是一些低等微生物，如病毒、细菌，因地盘有限，其基因广泛具有重叠性。高等动植物个大体肥，甚至同一基因也备了几套、几十套、几百套。这也是经济学原理在生命个体中的体现。

20世纪80年代至今，随着第一个反转子的发现以及朊病毒的研究等使得基因的概念面临前所未有的挑战。

我们常常听说的疯牛病是羊神经系统的一种退化性疾病，也与人的多种中枢神经综合征有关，简称克-雅氏病。引起该病症的成分为朊病毒，简称PrP，是一种不溶于水的糖蛋白，不含任何核酸成分。PrP在众多哺乳动物的脑细胞中表达，由一种保守性强的基因编码，这种蛋白质正常情况下表现为PrP^{z}形态，可被体内的蛋白酶彻底降解，而在发病的哺乳动物脑细胞中，该蛋白为PrP^{sc}形态，极端抗蛋白酶的降解。至于PrP^{c}如何经修饰变为PrP^{sc}，目前尚无确切的解释。有趣的是，老鼠不具备PrP基因，因而不能被朊病毒感染，也不会因此大脑痴呆。

目前，生物学家虽然已确定朊病毒不含有核酸成分，然而蛋白质是否为核酸之外的另一种基因形式，目前尚未有定论。2005年4月21日，英、荷两国学者共同宣布他们确定一名年轻的荷兰女性因为食用染病食物而患上克-雅氏病，有力地证实了朊病毒的自主遗传性，预示着基因概念的重大修正即将来临。

二、分子生物学

1. 分子生物学的产生与主要内容

分子生物学是指从核酸、蛋白质、多糖等生物大分子水平，而不是从传统的个体或细胞水平，通过研究基因的表达调控、蛋白质的合成、运输、定位、结构等方面，以解释生命本质的自然基础科学。

17世纪下半叶，自学成才的荷兰布商列文虎克（1632—1723）制作了第一架光学显微镜，借助显微镜的帮助，他发现了酵母菌，并详细地描述了红细胞的形态，为人们打开了一扇了解微小的生命的窗口。与他同时代的英国物理学家胡克（1635—1703）第一次提出细胞的概念。1838年脾气暴躁的科学怪人施莱登（1804—1881）发表了《植物发生论》一文，认为细胞核是“植物细胞普遍存在的基本结构”。1839年温文尔雅的动物学家施旺（1810—1882）发表了《关于动植物结构和生长相似性的显微研究》一文，把施莱登的细胞的观点推广到了动物界。后来的生物学界将细胞学说的创立归功于他们，而且其年份也被定为1839年。细胞学说认为，所有组织的最基本单元是形状非常相似而又高度分化的细胞，组织、器官和每一个动植物个体的生命现象实际上是细胞活动的总和。这一观点在生物学史上具有划时代的意义。

20世纪20年代，莱文（1869—1940）在核酸化学的组成研究方面作出了重大贡献，他确定了核酸碱基的化学组成。1941年至1944年马丁（1910—2002）和辛格（1914—1994）发明了纸层析技术，1948年查戈夫（1905—2002）采用纸层析技术分析了多种生物的DNA，并发表了人类认识DNA结构的第一个关键定律——查戈夫定律，即腺嘌呤：胸腺嘧啶=鸟嘌呤：胞嘧啶=1。

1952年至1953年由于富兰克林（1920—1958）在伦敦帝国学院的杰出工作，不仅为人类第一次撩开DNA分子的神秘面纱，给出了精美清晰的DNA分子的X射线衍射图谱，而且有力地推断出DNA螺旋含有两条链，磷酸根位于DNA圆柱形分子的外侧。虽然美国生物学家沃森和英国物理学家克里克并没有做任何实际的实验室工作，但是将查戈夫定律和富兰克林的X射线衍射图谱进行综合后，天才地提出了DNA的双螺旋结构模型，并意识到这种结构为遗传信息从DNA到RNA的传递以及DNA的自我复制提供了分子机制。由于他们划时代意义的发现，两人与在伦敦帝国学院工作的富兰克林的前老板威尔金斯（1916—2004）分享了1962年度的诺贝尔奖，尽管富兰克林于1958年病逝而错失此奖，但她的美丽与智慧永留史册。

沃森、克里克DNA双螺旋结构模型的提出，使得1953年成为生物学发展史上划时代的一年，并直接催生了分子生物学作为一门新学科的诞生。在此之前，人们对于基因的理解仍然是抽象和概念化的，缺乏准确的物质内容，既没有探明基因的结构特征，也没能解释细胞核中的基因对细胞质中的生化反应以及细胞生长、繁殖以至死亡的控制原理。最初遗传学家认为基因是决定生物特性并能进行重组的实体。随着DNA分子结构的发现，基因被更精确地定义为具有固定的起点和终点的核苷酸或密码子序列。

1954年克里克在此基础上提出了被生物学界奉为教义的中心法则。基因以核苷酸的序列形式而存在，其功能通过蛋白质来展示，而转录和翻译只不过是其功能形式的变换过程。随着逆转录和朊病毒的发现，中心法则已被修订为如下内容：

（1）遗传物质可以是DNA或RNA，但所有细胞生物的遗传物质都为DNA；

（2）细胞生物遗传信息的流向通常是单向的，即由DNA到RNA到蛋白质，不可逆向；

（3）部分病毒，如艾滋病病毒，其遗传物质为RNA；

（4）蛋白质可能构成遗传物质的基础，如朊病毒，但还需要进一步研究。

除了核酸研究方面的进展外，在蛋白质方面，1936年萨莫（1887—1955）证实酶是蛋白质之后，1953年桑吉尔利用纸电泳和层析技术首次阐明胰岛素的一级结构，开创了蛋白质序列分析的先河；1960年肯德鲁（1917—1997）和佩鲁兹（1914—2002）利用X射线衍射技术解析了肌动蛋白和血红蛋白的三维空间结构，论证了这些蛋白质在运输分子氧过程中的特殊作用，成为研究生物大分子空间构型的先驱。

生命活动的一致性决定了生命科学在分子水平上的统一。现代生物学研究表明，生命的多样性和生命本质的一致性是统一的。生命的表现形式可以万千，但本质高度一致，如核酸序列与氨基酸一级结构的对应关系，在整个生命世界都是一致的。而且所有生物体中的分子组成构造相同，如蛋白质由20种氨基酸组成，DNA和RNA由磷酸根、五碳糖和8种碱基组合而成。由此产生了分子生物学各种生命构成分子相同、这些大分子遵循相同的规则以及核酸决定蛋白质属性的三个基本原理。

从表面上看，分子生物学范围广泛、内容庞杂，事实上它不外乎以下三个方面：

基因工程。它是兴起于20世纪70年代初的一个技术体系，其目的是将不同的DNA片段——某基因或某基因的一部分——按人们的要求连接起来，然后使其复制、表达、产生具体的生物学效应。

基因表达调控的研究。它主要集中在信号传导、转录因子及RNA剪辑方面。信号传导是指外部信号通过细胞膜上的受体分子传到细胞内部，最后导致某些基因的打开或关闭。转录因子是一类能与基因特异性结合，神奇地调控该基因的表达时间、数量、过程的蛋白质分子。RNA 剪辑是指遗传信息从 DNA 到 mRNA 后，真核生物体有选择地将 mRNA 部分剪掉，生成不同的 mRNA，最终形成不同的蛋白质分子。

结构分子生物学。任何一个生物大分子在发挥生物学功能时，都拥有特定的空间结构，研究生物大分子特定的空间结构与特定功能的相互关系便显得极为重要。

2. 分子生物学意义

由于物理、化学等学科的学者大量进入生物学领域，生命科学自身不仅得以飞速发展，而且也反过来极大地影响着其他学科的进步。分子生物学目前不仅是生物学的带头学科，而且也是整个自然科学中进展最迅速、最具活力和最有生气的领域。

分子生物学被公认为当代生命科学的技术基石，已全面渗透到有关生命研究的各个学科并显示出强大威力。自 20 世纪 80 年代晚期以来，诺贝尔化学、生理医学奖的绝大多数被颁给在分子生物学领域取得非凡成就的学者，这从一个侧面也说明了分子生物学的巨大影响。由于分子生物学的技术发展，许多遗传病的发病机理得以正确阐释、发病情况已得到控制，疫苗的研究与制备更为科学、安全、有效，医用材料取得长足进步，癌症、艾滋病虽然尚未彻底攻克，但其发病机理已被逐步揭示；在工农业中，存在着激动人心的可能性，通过工程设计，细菌可以用来生产如抗生素、酶等，固氮基因也许能加到粮食作物上、不必再施加氮肥。但是这种技术也存在潜在的巨大危险，如利用分子生物学技术把毒素基因加到普通的细菌上可导致细菌战；退一步讲，即便主观上没有不良动机，这种技术也可能对生物安全造成重大不安。展望未来，人们既看到了分子生物学技术带来的幸福前景，又看到了其破坏性的巨大可能性。

第四节　现代宇宙学的创立和发展

一、现代宇宙学的创立

长久以来，“宇宙整体”是一个哲学形而上学的概念。哲学家们认为，自然科学的对象是宇宙之内的有限事物，至于宇宙整体的属性自然科学是没有权力说三道四的，科学要求理论与实验对证，毕竟人类不可能到宇宙之外去观测宇宙整体，以验证理论是否正确。可是 20 世纪的科学革命却催生了以整个宇宙为研究对象的现代宇宙学。自诞生之日起，现代宇宙学就在运用科学实证的方法去探索诸如“宇宙是如何起源的”、“宇宙空间有限还是无限”、“宇宙未来的命运将会怎样”等一些本属于哲学思辨的主题。

现代宇宙学的建立有理论和实验两个基础，前者是爱因斯坦的广义相对论，后者是大尺度星云红移现象的发现。

1. 第一个宇宙动力学模型

1917 年爱因斯坦发表的《根据广义相对论对宇宙学所作的考查》是现代宇宙学的先声。这篇论文第一次从动力学角度考察了整个宇宙，并建立了一个自洽的宇宙模型，即有限无边静态宇宙模型，有限无边是指宇宙无内外，宇宙是唯一的，没有“宇宙之外”的问题；所谓静态是指宇宙在小范围内是运动的，但从大范围上看是静止的。

广义相对论是有关引力和大尺度时空结构的学问，因此广义相对论刚刚确立，爱因斯坦就马上转向运用广义相对论场方程来考查宇宙整体属性的工作了。爱因斯坦工作的起点是分析牛顿无限时空内在的悖论。建立在牛顿力学基础之上的古典宇宙模型是平直而无限延伸的宇宙，这样的宇宙图景直到20世纪初才被科学界所默认。当然也有人指出这样的宇宙有其内在的矛盾，这就是著名的“黑夜佯谬”和“引力佯谬”。“黑夜佯谬”是说，如果宇宙空间无限并且所有恒星都发光，那么就不应该有黑夜，因为无限多恒星汇聚的光亮会让黑夜也如同白昼那样明亮；“引力佯谬”则指出，万有引力定律默认无穷远处的引力势为零，实际上如果宇宙无限且充满恒星，那么宇宙中任何一点的引力势都会是无穷大。爱因斯坦注意到了引力悖论，进而放弃了宇宙空间的无限性。他假设宇宙是个闭合的连续区，其体积是有限的，但它又是弯曲而没有边界的。

求解广义相对论场方程需要知道边界条件，既然宇宙有限而无边，那么宇宙的边界条件就是没有边界。求解场方程还需要知道初始条件，爱因斯坦又假设，在宇观尺度上看宇宙是静态的，过去、现在和未来都一样，因此也就不需要初始条件了。为了得到一个静态宇宙，爱因斯坦又给场方程加了一个平衡引力的“排斥项”，后称为宇宙项。在这些前提下，爱因斯坦求解出了一个静态、各向均匀同性、有限无边的宇宙。这里最难理解的可能是“有限无边”概念。可以想象一下，一个两维蚂蚁在三维球上爬行，三维球体积是有限的，但相对于两维的蚂蚁来说又是没有边缘的。因此，“无边”和“无限”有区别，无边也可以有限。爱因斯坦的这项工作开创了相对论宇宙学的历史，为现代宇宙学奠定了理论基础。

也是在1917年，荷兰天文学家德西特（1872—1934）根据爱因斯坦引力论提出了另外一个非静态并不断膨胀着宇宙模型。1922年俄国物理学家费里德曼（1888—1925）应用不加宇宙项的广义相对论场方程得到一个或膨胀或脉动的宇宙模型。1927年比利时天文学家勒梅特（1894—1966）再次独立得到费里德曼宇宙模型。后续宇宙模型的共同特点是动态的。因为一个只有引力作用没有斥力因素的场方程是不可能得出静态解的。其实，即便是爱因斯坦的宇宙模型同样不是静态的。勒梅特和爱丁顿先后证明，爱因斯坦的静态解极不稳定，只要有微扰就会由静态变为动态。

根据广义相对论，宇宙或者在膨胀或者在收缩。

2. 河外星系的观测和哈勃定律

在太空中，除了单个的星体外，还有弥散状的星云星团。20世纪初人类观测到的星云星团有近8000个。这些星云星团究竟是什么？是我们银河系内的星际物质，还是银河系外的恒星集团，只是因为距离我们非常遥远而看起来像“云”呢？

1910—1920年，美国天文学家斯里弗（1875—1969）致力于星云光谱的研究，发现不同方位几乎所有河外星系的光谱都有相当大的红移。依据多普勒效应，红移就意味着各个方向上的河外星系都在远离我们而去。这不正是一幅宇宙膨胀的图景吗？

要做出判断，关键是测定星系的距离。这个任务是由美国天文学家哈勃（1889—

1953）首先完成的。1924 年他用当时最先进的望远镜观测仙女座星云，第一次发现它是由许多恒星组成，他还测定出仙女座星云位于 90 万光年之外，这远远超出了已知的银河系范围。这就证明仙女座星云是遥远的星系。哈勃一鼓作气，在此后的十年间致力于观测河外星云，在证明它们大多是遥远星系的同时，也将人类的视野扩展到了 5 亿光年的范围。

1929 年哈勃考察了斯里弗的工作，依据已有的观测数据提出了著名的哈勃定律：河外星系的逃离速度与它们离我们的距离成正比。依据哈勃定律，所有的河外星系都在远离我们而去，而且离我们越来越远，逃离得越来越快。哈勃定律直接支持了宇宙膨胀模型，这也意味着，真正实证科学意义上的，既有理论研究又有观测检验的现代宇宙学诞生了。

二、现代宇宙学的发展

现代宇宙学诞生以后，很快迎来了一次研究高潮。之后大批物理学家从各个分支学科，带着不同学科的研究视角转入了宇宙学领域。目前这一领域已成为现代物理学的交叉点，同时也是一个引人注目的生长点。

1. 大爆炸宇宙模型和微波背景辐射

1948 年美国物理学家伽莫夫（1904—1968）和同事阿尔费尔（1921—　）等人提出了宇宙起源的热爆炸理论，认为宇宙起源于一次大爆炸，其能量源于核反应，爆炸生成的宇宙的“种子”在不断膨胀的同时也不断冷却，逐渐形成了今天的膨胀宇宙。

伽莫夫是一位幽默而有文学天才的科学家，他写过多部优秀的科普作品，如《物理世界奇遇记》、《从一到无穷大》等。伽莫夫觉得自己的姓和希腊字母 γ 同音，阿尔费尔与 α 同音，正好研究所里还有一位叫贝塔（1914—1997）的核物理学家，贝塔和 β 同音，伽莫夫就拉他一起研究，最后以 α、β、γ 联名发表了有关大爆炸宇宙模型的论文。

大爆炸宇宙模型提出了两项可检验的预言：其一，宇宙早期核反应生成的氦元素应该保留到今天，其丰度约为 25%，这和已有的观测事实是符合的；其二，会有“冰冷”的大爆炸余热保留下来，那是宇宙创生的回声，后称为微波背景辐射。

1964 年美国贝尔实验室的两位射电天文学家彭齐斯（1933—　）和威尔逊（1936—　），在调试他们的卫星天线时，遇到了一些想尽办法都无法消除的噪音，这些噪音各个方向都有，属于热噪声。得知此消息，普林斯顿的相对论物理学家迪克（1916—1997）马上意识到，这正是他在寻找的大爆炸余热——微波背景辐射。进一步的测量证实其温度约为 3K，有相当好的各向同性性，这一切都与大爆炸模型的预言很好吻合了。威尔逊和彭齐斯因此而获得了 1978 年度的诺贝尔物理学奖。

大爆炸模型第一次把元素的形成和演化与宇宙整体的形成和演化联系起来，把核物理的成果与广义相对论结合起来，扩展了宇宙学的理论基础，它的两个预言又被观测成功证实了，因此大爆炸宇宙模型很快被科学界接受了。

2. 宇宙观测的新发现

微波背景辐射之后，宇宙观测又取得了许多新成果，其中较重要的是1960年美国桑德奇（1926—　）发现的类星体、1967年英国休伊什（1924—　）和贝尔（1943—　）发现的脉冲星以及20世纪60年代起天文学家们间接观测到的暗物质。

广义相对论方程告诉我们，质量超过大约三个太阳的星体在它“生命”终结的时候会向内“坍缩”形成所谓黑洞。20世纪60年代天文观察家吃惊地发现来自3C273光源的红移达16%，而典型的星系红移要小得多，约为1%，接着又发现了许多更大红移的辐射“星”。在宇宙学中红移用来测量距离，所以这些星体不可能是星，而是以前所不知的、非常遥远的、看起来像星星的客体，是类星的对象或说“类星体”。这样大的红移意味着“类星体”距离我们非常遥远，能被观察就说明它产生的能量非常惊人，现有的理论都不能很好地解释其产生能量的机制，天文学家想到，这也许就是黑洞。

1967年夏天英国剑桥大学的天文学家休伊什和他的女博士生贝尔发现了一个奇特的电波源，发射的短脉冲是严格周期性的。经过半年多的反复观测，他们在《自然》杂志上公布了这一发现，他们猜想这是外星人发来的联络信号，因此给这个电波源起名“小绿人”，不久又发现了其他几个“小绿人”。后来知道，这是一种未知星体发射来的电磁波，称其为脉冲星。脉冲星是一类特殊的中子星，有发射脉冲的窗口，发射的脉冲就像探照灯的光一样，中子星高速旋转，这些“探照灯”扫过地球，我们就收到了脉冲。脉冲星对研究宇宙中星体的演化历史和验证广义相对论有关引力波的预见有很高价值。

暗物质是指原则上不会发光，也不能反射、折射或散射光的物质，这类物质不能被直接“看”到。由于观测所得螺旋星系（如我们的银河系）的转动曲线与理论预见的转动曲线有很大偏差，这表明在螺旋星系的外部必定存在着我们不能直接观测到的大量暗物质。进一步的研究使多数科学家相信，暗物质占宇宙物质总量的95%以上。暗物质可能是由某类奇异的粒子，如WIMP“弱相互作用重质量粒子”构成。对暗物质的探测和理论研究对说明星系形成及宇宙整体结构极有价值，目前是宇宙学的热点话题。

3. 第一个宇宙自足解

大爆炸宇宙学预见了宇宙极早期时的情景，但对大爆炸本身是如何开始的却无法给予合理的说明。后来的理论研究表明，大爆炸的开端是因果性和科学规律都失效的“奇点”，这意味着科学无法回答宇宙是如何创生的，也许人们不得不寻求异在于人类理性的力量或是上帝去点燃大爆炸的引线。

科学家们相信科学规律应该处处成立，包括宇宙创生的时刻，因此宇宙中的奇点是应该被清除掉的。在解决奇点困境的努力中，英国理论物理学家霍金（1942—　）的工作极为出色。1984年初他发展出一个宇宙自足理论，又叫量子宇宙学。该理论创造性地将广义相对论和量子学说结合起来，清除了奇点，用科学理性回答了宇宙是如何创生的、将如何运行的问题。

霍金目前是剑桥大学卢卡逊教席教授，这个命名教席是牛顿传下来的。霍金不但在科学界享有世界声誉，也是当今最著名的科学明星，他的科普著作《时间简史》、《果壳中的宇宙》在全球发行数千万册，创造了图书出版的奇迹，被称为“迷人而清晰”、“光芒四射”的巨著。

霍金量子宇宙学中有一些创造性的思想，如“虚时间”假设、“宇宙创生于无”、“宇宙拥有一切可能的历史”等。它描写了一个有生有死的宇宙，在时间开端处，宇宙创生的时刻，宇宙如同一个“果壳”，这是宇宙的种子，包含着宇宙未来演化的所有信息，接下来宇宙指数膨胀，如一个飞速膨大的“泡泡”，我们人类和星星在泡泡的边界——膜上，并随泡泡一起扩展，因此我们观察到的宇宙星体飞速远离我们而去，这样的泡泡宇宙是找不到中心的，因为在任何一个星球上看出去宇宙的情况都一样。

霍金量子宇宙学在现代宇宙学中处于核心位置，但争议颇大，至今没有得到科学界的普遍确认。其他科学家也提出了他们各自不同的宇宙模型。现在最为热门的是“膜世界”模型，即认为生存在泡泡膜上的我们和星球也许不过是泡泡内高维东西在膜上的投影，整个宇宙如同沸腾的水，许多泡泡形成并膨胀，如果有其他的泡泡和我们生活其上的泡泡碰撞合并，当然是大事不好。甚至已经有科学家提出宇宙创生的大爆炸本身也许正是由膜之间的碰撞产生的，即大爆裂模型。

现代宇宙学是当今自然科学的生长点之一，无论是理论还是观测都呈现出百家争鸣，生机勃勃的局面。它也是强大的聚合力量，将广义相对论、量子力学、粒子物理等聚合在一起，以探求浩瀚宇宙的奥秘。

第五节　大地构造理论与地学的新发现

一、地学的源头

地球这颗蔚蓝色的星球，我们可爱的家园，是迄今为止在茫茫宇宙中所发现的唯一的适合人类生存的行星。有历史记载以来，人类便从未停止过对它的探索，今天认识地球、了解地球已成为每一个人的愿望。而地学的研究就是要为我们揭开地球的神秘面纱。

现代地球科学经历了18世纪的萌芽、19世纪的百家争鸣、20世纪现代全球构造理论的统一阶段。

17世纪至18世纪，欧洲工业革命对矿物资源的突变式的需求，促进了野外考察活动和山脉矿藏的研究，地学研究形成了水成论和火成论。主水说的代表是丹麦人斯台诺(1638—1687)，他认为山脉的形成是由水流淌、侵蚀、挖空作用造成层状岩石崩塌而成的。主火说的代表是英国人哈顿（1726—1797），他把山脉的生成归因为地球内热的上升力所引起的隆起作用。这场争论以水成论学派的失败而告终。

进入19世纪大地构造理论进入学派林立、百家争鸣的阶段，其中最为重大的成果就是被称为地质学史上第一次革命的地槽-地台学说的形成。1812年法国人居维叶提出地壳变动的突变说；1830年英国的莱伊尔（1797—1875）第一次把科学的理性带入地学研究，在其《地质学原理》一书中，论证了地球变化的渐进作用性，以均变说代替了突变学说；在山脉形成的认识上，英国人开尔文（1824—1907）提出了朴素的收缩说，把地球比做一台热力机，认为火山活动是地球原始的热力发散方式；1852 年法国的博蒙特（1798—1874）系统、完整地阐述了地壳的冷缩说，认为地球先热后冷，伴随冷却过程，地壳收缩，发生各种运动；1859 年美国人霍尔（1761—1832）通过大陆造山带发生、发展历史的研究，在冷缩说的基础上提出地槽学说；1873 年美国人丹纳（1813—1895）对其在形式上进一步加以发展，使地槽学说整整的一个世纪内都占据着地质学界的支配地位；1877 年俄国的贝汉诺夫提出首个大陆漂移说，但未能引起反响；1889 年美国人杜顿（1841—1912）继埃里（1801—1892）之后也提出了地壳均衡说，他试图把所有构造运动都归为均衡力作用的结果。

20 世纪初的十年，各学派的代表人物就区域地质构造提出了各自的比较系统的学说。

二、近现代大地理论的诞生

20 世纪地质学领域产生了一系列重要的革命性学说，不断提供了与人类生活最密切的地体演绎的生动图景，对人类自然观的形成和深化产生了重大影响。大陆漂移说、海底扩张说、板块构造说三个学说的诞生，奠定了近现代地学的理论基石，标志着地学革命进入了一个新的历史时期。

1. 大地力学和地洼学说

在中国先后有两位杰出的地质学家为世界地学做出了突出成绩，这两人就是被称为“南陈北李”的李四光（1889—1971）和陈国达（1912—2004）。

1947 年 7 月李四光代表中国出席第 18 届国际地质大会，作了题为“新华夏海之起源”的学术报告。从此由他创立的地质力学这一新学科正式载入史册。李四光运用他的地质力学理论研究地壳运动与矿产分布规律，相继发现了大庆油田、胜利油田、大港油田和大量的矿藏，从而以铁铮铮的事实彻底否定了名噪一时的美国斯坦福大学教授布莱克·威尔德早在 1922 年就抛出的中国贫油论。由于他的巨大成就，被誉为“地质之父”。然而地质力学将地壳运动的驱动力主要归因于地球转速的变化，忽略了热力作用的影响。

1956 年陈国达提出地洼学说，将一种既不属于地台，也不属于地槽的具有三层结构的新型活动区，叫做地洼区，他认为地壳运动主要是热力和重力共同作用的结果。地洼学说采用动力学的历史综合分析方法，强调热动力作用，并主要应用于大陆岩石圈，它的意义在于阐明了一种新的成矿作用，扩大了找矿领域，同时，地洼学说也包含了板块学说的思想的萌芽。基于这种原因，地洼说的创立引起国内外学术界的重视，也奠定了陈国达“地洼学说之父”的地位。

2. 大陆漂移说

1912 年 1 月 6 日在法兰克福召开的地质学会议上，魏格纳（1880—1930）首次介绍了他的大陆漂移学说的雏形。1915 年魏格纳在第一次世界大战中因身负重伤而获准休了长假。他一边养伤，一边对大陆漂移说进行多角度的严谨的思考，完成了划时代的地质文献《海陆起源》，首次明确、系统地阐述了大陆漂移学说。

魏格纳的大陆漂移说发表以后，立即在世界地质学界引起了一场轩然大波。有人为之鼓掌，更多的人认为大陆漂移是童话、一个引起人们想象的迷人的狂想。面对众多地质学权威的批驳，魏格纳没有丝毫气馁，为了寻找冰川学和古气候学的证据，他凭借着顽强的毅力、超群的智力和强壮的体魄，尽一生之精力进行了广泛的考察，获得了大量的第一手资料。1930 年 11 月在格陵兰考察冰原不幸遇难，时年仅 50 岁。在其身后，荣誉接踵而至，大陆漂移说在古生物学、海洋地质学、地球物理技术和海洋的研究中不断被验证，以其惊世骇俗的观点打破了一百多年来人们的传统偏见。

3. 海底扩张说

海底扩张说的产生，在另一个层次上发展和佐证了大陆漂移说。20 世纪 60 年代初美国普林斯顿大学的赫斯（1906—1969）和美国海岸与大地测量局的迪茨几乎同时提出了海底扩张说。1961 年，迪茨在《自然》杂志首次提出海底扩张这一术语。赫斯的《洋盆的历史》论文写成于 1960 年，但 1962 年才正式发表。他认为在地壳的水平运动中，洋壳是被动地从对流源区传送到它的潜没处；裂谷则由来自地幔的新物质所填充；地幔对流驱使超基性物质从大洋中脊裂缝中上升，产生新的洋壳，海底因此扩张。海底扩张说提出后不久便获得了一系列的证明：1963 年，英国剑桥大学的两位青年人瓦因和马修斯提出洋底异常形成的假说；1969 年，美国的超级钻探船哥罗玛·挑战者号起锚，在其历时四年共计三次的航行中，先后在大西洋、太平洋采集多达 31 个和 53 个地点的标本，这些珍贵的采样为海底扩张说这一新奇而又使得魏格纳的大陆漂移说得以立足的模式，提供了直接观察的科学根据。至此，没人会再说海底扩张和大陆漂移现象是痴人说梦。

4. 板块构造学的形成

被称为地学革命的板块构造理论确立于 20 世纪 60 年代，至今仍在大地构造学中占据主导地位。1965 年，加拿大著名学者威尔逊（1908—1993）构建了板块的几何形态，于 1966 年提出板块构造说。他认为在脊与脊、脊与海底之间由转换断层连接，脊、转换断层、海底三者延绵不断地从一种活动带转换成另一种活动带，而地球表层就是被这种首尾相连的活动带分割成主要的几大板块，这几大板块的相对运动导致山脉、盆地的形成。

1968 年 6 月法国人勒皮雄（1937—　）把全球板块概括为欧亚、非洲、美洲、印度洋、南极洲和太平洋六大板块。在总结前人大量的地质资料后指出，六大板块下是炽热的流体，它们都像大海中的船只一样漂浮在热液之上。这些板块的相互运动造成了地貌的深刻变化，如陆地板块与陆地板块相撞最终形成山脉，陆地板块与海洋板块相撞则会引起沧海桑田的海陆变迁。这是板块构造学说首次系统和完整的论述。

板块构造说的提出，在整个国际地学界引起了巨大的震动和强烈的反响，构成了当代地球科学史上最激动人心的篇章，因而被誉为地学的革命。板块构造学植根于现代科学技术的沃土，集大陆漂移、海底扩张、转换断层为一体，在理论表述上具有最大的简洁性和严密的逻辑性，使地球科学各个领域取得了前所未有的统一，标志着活动论对固定论的全面胜利。今天板块构造理论的许多设想已经得到证实，并在油气和固体矿产勘探方面取得突破性的进展。

三、地学的新进展和困境

板块构造理论的诞生极大地促进了地学研究的发展，然而板块理论对于陆壳运动和岩石成因的解释一直并不理想。在这种背景下，相继出现了很多新的假说与模式，形成了地学理论的多元化，但至今尚未形成能全面解释地球复杂地质现象的系统而完善的理论体系。

1. 地学的新进展

板块理论的确立，宣告了固定论的彻底失败。随着大陆漂移说、海底扩张说、板块构造说的发展，许多看似孤立的地质现象被还原，进一步得到系统性、规律性的认识。自1970年开展地球深钻活动以来，地学研究的手段和方法的改变也是根本性的，一系列高技术手段，如资源卫星、气象卫星、卫星激光测距、全球定位系统、地理信息系统、地震层析成像、人工智能系统、地磁法、长波基线干涉测距等的普及，都有力地推进了地学研究的广度和深度，促进了地学从描述性的科学向定量的、动态的数字地学的飞跃。近20年来，在多学科相互渗透的背景下，地学研究采用最新的现代化技术，取得了部分重要进展。

活动论的建立。20世纪50年代以来，尽管苏联学者别洛乌索夫（1907—　）为代表的学派所主张的地壳垂直运动论有很大影响，然而大量的地质勘测数据表明，在地壳运动变化中，有匀变事件也有突变事件，广泛存在着旋回性，地壳运动是一种极其复杂的地质过程。在此认识背景下，活动论应运而生。活动论认为，地球表面各大块之间彼此相对运动，各大块相对于地球极地的位置也是变化的；岩石圈分为多个层次，各层之间也存在相对运动；地球各大块体的运动形式既包括水平、垂直运动，又含有绕直立轴或水平轴的旋转运动。

地体构造理论。板块构造理论以研究2亿年来洋壳的运动规律为主，而对于地球的陆壳和岩石等方面的研究则显得力不从心。20世纪70年代，伊尔文等提出地体构造理论，解决了板块构造理论在大陆上的应用问题。它打破了板块构造理论原有的单一模式，成功解释了大陆边界等很多原来板块构造理论不能解释的问题。尽管地体构造理论目前还不成熟，然而在大陆边缘构造研究中，仍然是一种高效的工具。

20世纪80年代以来，在世界地学界形成了一系列的学派，如由构造地层地体的概念发展而来的地体构造说，由薄皮板块的概念发展而来的碰撞构造学等。这些学说都从一个侧面解答了板块构造理论的登陆问题，但都无法独立完整地解释各大洲所有复杂的地壳构造，这一方面说明了地球构成的繁复，另一方面也表明人们对地球结构认识的不足。

2. 地学研究的困境与希望

地球的物质组成、层次结构和运动过程的复杂性决定了地学发展的长期性。一些亟待解决的问题包括：驱动地球内部和表层变形运动的力源问题、几何学问题、地体构造系统和类型的划分等，需要进行微观与宏观、历史与现实相结合的理论研究，把地球作为一个物质和能量交换的整体以全球的、动态的构造观来进行系统研究，也有待于其他学科的深入发展和广泛渗透。在这个过程中，变质动力学、化石岩石学、层序地层学、构造沉积学、事件沉积学、礁地质学、天文地质学、全球变化学、矿床地球化学、环境地质学、磁性矿物学、岩体工程地质力学、间断平衡论、超微及微体古生物学一大批地学的新学科与新领域相继诞生，地球系统的研究还与其他星球（尤其是类地行星）的研究相结合而产生外星球地质学。

进入21世纪，地学研究的目的将由掠夺式的过度开发向人与自然和谐共处式的各种自然资源的合理利用转变，这反映了人类对地球科学观念的彻底更新，也导致地学研究内容、研究手段、研究队伍等的相应转变。随着人类活动范围的极大扩张，板块学说不一定能保证其目前占主导的学术地位，地学极有可能在不远的将来迎来第3次革命。

第六节　希尔伯特的23个数学问题与数学的发展

一、20世纪前夜的数学状况

数学是一门逻辑推理的学问，具有高度的抽象性、逻辑的严密性、应用的广泛性三大特点。这决定了其具有独特的美，它的简洁、统一、对称、和谐、纯净构成了数学世界的亲切、高贵、清朗而灿烂无比的图景，使历史上无数的英雄陶醉、折服，直至献身于它。而除了美的贡献，它的作用，则到了神妙的地步，它是理性世界的基础，任何一门学科、一项技艺都离不开数学。

初等数学的主要科目，如算术、代数、几何、三角等，在17世纪初已基本完成，变量数学、分析学、概率论、数论、解析几何、射影几何等新兴领域开始形成。17世纪最为辉煌的事件则是牛顿、莱布尼茨（1646—1716）微积分的创立。这一时期所建立的数学，大体相当于现今大学一二年级的学习内容。

18世纪成为现代数学发展的过渡期。1747年，达朗贝尔（1717—1783）推导出了弦振动方程及其最早的解，成为偏微分方程论的发端。而对三体问题、摆的运动及弹性理论等的数学描述，引出了一系列的常微分方程。1748年欧拉（1707—1783）出版了《无穷小分析引论》，第一次把函数放到了中心的地位从而推进了微积分的发展，通过对最速下降曲线的研究，他还创建了变分法。1797年，另一位天才拉格朗日（1936—1813）出版《解析函数论》，主张用泰勒级数来定义导数，并以此作为整个微分、积分理论之出发点。

19世纪是数学史上研究氛围空前活跃、研究人才辈出、研究成果众多的时代，并形成了巴黎、柏林和哥廷根三个数学中心。巴黎出现了傅里叶（1768—1830）、泊松

(1781—1840)、彭赛列（1788—1867)、柯西（1789—1857)、刘维尔（1809—1882)、伽罗华（1811—1832)、埃尔米特（1822—1901)、若尔当（1838—1922)、达布(1842—1917)、彭加勒（1854—1912)、阿达马（1865—1963）等数学大师，另外两个与巴黎并驾齐驱的中心分别在德国的柏林和哥廷根，诞生了高斯、施陶特（1798—1867)、普吕克（1801—1868)、雅可比（1804—1851)、狄利克雷（1805—1859)、格拉斯曼（1809—1877)、库默尔（1810—1893)、魏尔斯特拉斯（1815—1897)、克罗内克（1823—1891)、黎曼（1826—1866)、戴德金（1831—1916)、康托尔（1845—1918)、克莱因（1849—1925)、希尔伯特（1862—1943)。这些人在几乎所有的数学分支中都作出了卓越贡献。一个时期集中涌现出如此数量庞大的数学天才堪称奇迹。复变函数论、非欧几何、群论、拓扑学和非交换代数的诞生，射影几何的完善，是这一世纪突出的数学成就。

二、希尔伯特生平

1862 年 1 月 23 日希尔伯特出生于德国的哥尼斯堡，1943 年 2 月 14 日在哥廷根与世长辞。哥尼斯堡是德国古典哲学大家伊曼努尔·康德（1724—1804）出生、成长、工作、去世的地方，而哥尼斯堡大学则是世界最为古老的大学之一。希尔伯特的成长深受康德思辨哲学的影响，1880 年秋天他不顾当法官的父亲希望他子承父业的愿望，毫不犹豫地进入哥尼斯堡大学哲学系学习（当时数学还归在哲学系内)。1895 年，他的一流代数家的声誉已经建立起来，并被授予哥廷根大学正教授的职位，直至 1930 年退休。

希尔伯特是对 20 世纪的数学发展有深刻影响的数学家之一，与阿基米德、牛顿、高斯一起被称为人类历史上最伟大的数学家。他是全面的领袖型学者，使位于德国小镇上的哥廷根大学成为当时世界数学研究的重要中心。他对数学的卓越贡献以及他的崇高人格都无疑地使他的名字永留数学版图。

希尔伯特的工作领域广泛、贡献巨大，不仅解决了代数不变式、代数数域理论、几何基础、积分方程等当时的热门问题，而且还穿插着研究了狄利克雷原理、变分法、华林问题、特征值问题以及所谓的“希尔伯特空间”等。尽管上述领域的每个成就都足以使希尔伯特作为一流数学家名留史册，但对于 20 世纪的数学发展真正起到深远影响的还是他于 1900 年提出的 23 个数学问题。

三、希尔伯特的 23 个数学问题

希尔伯特领导的数学学派是 19 世纪末 20 世纪初数学界的一面旗帜，希尔伯特被称为“数学界的无冕之王”。1900 年在巴黎举行的第二届国际数学家代表大会上，希尔伯特发表了题为“数学问题”的著名讲演，成为迎接 20 世纪挑战的宣言。根据当时数学研究的成果和发展趋势，他高屋建瓴地提出了 23 个重要的数学问题，被认为是 20 世纪数学的制高点，对这些问题的研究有力地推动了 20 世纪数学的发展，在世界上产生了深远的影响。这些问题有些已得到圆满解决，有些至今仍未解决。这 23 个问题分属四大块：第 1 到第 6 问题是数学基础问题；第 7 到第 12 问题是数论问题；第 14 到第 18 问题属于代数和几何问题；第 19 到第 23 问题以及第 13 问题属于数学分析。

（1）康托尔的连续统假设。康托尔创立了集合论，从而解决牛顿与莱布尼茨所创立的微积分理论体系所缺乏的逻辑基础和极限理论。1878 年他提出了这样的猜想：在可数集基数和实数集基数之间不存在其他的基数，即著名的连续统假设。该问题显赫地摆在 23 个问题之首，解答结果却是完全出人意料的。1938 年侨居美国的奥地利学者哥德尔（1906—1978）证明了“连续统假设决不会引出矛盾”，意味着人类根本不可能找出连续统假设有什么错误。1963 年美国数学家科恩（1934— ）证明连续统假设根本不可能被证明。

（2）算术公理的兼容性。自古以来自然数的算术是天经地义、不容怀疑的。罗素（1872—1970）悖论一出现，不仅集合论靠不住了，自然数的算术也成了问题，这样整个数学大厦都动摇了。1936 年德国数学家根茨（1909—1945）证明了算术公理的兼容性。

（3）两个等高等底的四面体的体积相等。1900 年由希尔伯特和他的学生德恩（1878—1952）给出了肯定的解答。

（4）两点间的最短距离。连接两点的线段的长度，叫做这两点间的距离。在所有连接两点的线中，线段最短。1973 年前苏联数学家波格列洛夫解决了此问题。

（5）李群的连续变换群概念。这个问题简称连续群的解析性。经过漫长的努力，1952 年由格里森（1920— ）、蒙哥马利（1909—1992）、齐宾（1905—1995）等人最后解决。1953 年日本的山迈英彦也得到完全肯定的结果。

（6）物理公理的数学处理。希尔伯特建议用数学的公理化方法推演出全部物理。1933 年前苏联数学家柯尔莫哥洛夫（1903—1987）实现了将概率论公理化。后来在量子力学、量子场论方面取得了很大成功。

（7）某些数的无理性和超越性的证明。1934 年苏联的格尔芳德（1906—1968）和德国的施奈德（1911—1988）各自独立地解决了问题的前半部分。但目前超越数理论还远未完成。

（8）素数问题。素论是一个很古老的研究整数性质的学科。黎曼猜想至今未解决。哥德巴赫（1690—1764）猜想和孪生素数问题目前也未最终解决，其最接近的结果均属中国数学家陈景润所创。

（9）一般互反律在任意数域中的证明。1921 年由日本的高木贞治（1875—1960），1927 年由德国的阿廷（1898—1962）各自给以基本解决。本问题促进了类域理论的发展。

（10）丢番图方程可解性的判别。又称为丢番图问题。丢番图（210—290）是古希腊数学家，其《算术》在历史上影响之大，可和欧几里得的《几何原本》相媲美。尽管 1970 年苏、美多位数学家对丢番图问题作出了否定性结果，然而此命题的解答过程却极大地推进了计算机科学的发展。

（11）一般代数数域内的二次型论。20 世纪 20 至 30 年代德国数学家哈塞（1898—1976）和西格尔（1896—1981）获重要结果。20 世纪 60 年代，法国数学家魏依（1906—1998）取得了新进展。

（12）类域的构成问题。将阿贝尔域上的克罗内克定理推广到有理域上去。此问题仅有一些零星结果。

（13）不可能用只有两个变数的函数解一般的七次方程。多项式代数的研究始于16世纪对3次、4次方程的求根公式的探索。19世纪后人们继续寻求5次、6次或更高次方程的求根公式，但这些努力在200多年中付诸东流。

（14）完备函数系的有限证明。这与代数不变量有关的问题，1959年由日本数学家永田雅宜给出了否定的结果。

（15）建立代数几何学的基础。又称为舒伯特（1848—1911）纯代数处理，还有待解决。代数几何学的兴起，主要是源于求解一般的多项式方程组，是继解析几何之后，发展起来的几何学的另一个分支。代数几何与数学的许多分支学科有着广泛的联系，如数论、解析几何、微分几何、交换代数、代数群、拓扑学等。

（16）代数曲线和曲面的拓扑研究。尚待解决。代数曲面是代数几何学研究的对象。而拓扑是一种研究位置关系的几何，这些关系包括内部、外部、边界、附近等我们日常生活中一些常见的位置概念。这个问题分为两部分，前半部分涉及代数曲线的分支曲线的最大数目，后半部分要求讨论极限环的最大个数和相对位置。

（17）正定形式的平方表示式。1927年阿廷给出肯定结论，该问题推动了实域论的发展。

（18）用全等多面体构造空间。德国数学家比贝尔巴赫（1886—1982）、莱因哈特分别在1910、1928年做出部分解决。

（19）正则变分问题的解是否总是解析。函数在一点处解析比在该点处可导的要求要高得多。偏微分方程解的存在性、唯一性、正则性为偏微分方程理论中三个最基本的问题。正则性一般用来刻画函数的光滑程度，正则性越高，函数的光滑性越好。由德国数学家伯恩斯坦（1880—1968）于1929年和苏联数学家彼德罗夫斯基于1939年分别解决。

（20）一般边值问题。这一问题进展十分迅速，已成为一个很大的数学分支。目前还在继续研究。

（21）具有给定单值群的线性偏微分方程的存在性证明。希尔伯特本人于1905年、罗尔于1957年分别得出重要结果。1970年法国数学家德利涅（1944—　）又作出了出色贡献。

（22）用自守函数将解析函数单值化。此问题涉及艰深的黎曼曲面理论，尚未解决。

（23）发展变分学方法的研究。这并不是一个明确的数学问题，只是谈了对变分法的一般看法，促进了变分法的发展。

科学问题是时代的产物，也是科学研究的逻辑起点。爱因斯坦指出：“提出一个问题往往比解决一个问题更重要，因为解决问题也许仅仅是一个数学上的或实验上的技能而已，而提出新的问题，新的可能性，从新的角度去看待旧的问题，却需要有创造性的想象力，而且标志着科学的真正进步。”① 希尔伯特的23个数学问题，广泛影响了20

① ［美］爱因斯坦、英费尔德：《物理学的进化》，周肇威译，上海科学技术出版社1962年版，第59页。

世纪的数学发展，但20世纪的数学发展并非都由希尔伯特的23个数学问题来主导与概括。针对20世纪数学的任何发展都可以追索出希尔伯特的23个数学问题的影子的传言，20世纪末最有威望的英国数学家阿提雅（1929—　），在其2000年出版的《数学：边界与展望》中说道，希尔伯特23个问题对20世纪数学的影响，可能是被夸大了，当然他掌握到了重要的议题……但是希尔伯特数学工作本身的影响力更大。这也许是对希尔伯特及他的23个问题的客观评价。

◎ 思考题

1. 简述元素周期律的含义。
2. 简述翻译、转录和翻译的含义。
3. 简述宇宙模型的主要内容。
4. 简述板块构造理论的内容。
5. 简述数学中正则性的含义。
6. 试述原子物理学、原子核物理学和粒子物理学的区别与联系。
7. 试论价键理论的创立对于科学发展的价值。
8. 试述疯牛病的由来和影响。
9. 现代宇宙学诞生至今主要有哪些理论和观测成就？它们之间是如何相互支持的？
10. 试述魏格纳大陆漂移说的创立对于地学发展的影响和启示。

第九章　现代新兴科学的兴起

现代科学不断分化又不断综合，各门学科之间互相渗透、融合，联结成一个统一的、发展着的整体。事实上，法国百科全书派在18世纪下半叶就曾试图把各门科学组合成一个体系，19世纪细胞学说、进化论、能量守恒定律等重大科学发现揭示了自然界的整体性和系统性，物质的统一性和世界的普遍联系性不再是哲学家们思辨的成果，而是自然科学研究的对象。正是在这种背景下，当代科学开始了整体化的进程。一方面是自然科学内部各学科的融合交叉，另一方面是自然科学与人文社会科学的综合互补，表现为横断学科、综合学科和交叉学科的大量涌现和蓬勃发展。

第一节　横断科学脱颖而出

一、系统科学的兴起

系统科学是以系统及其机理为对象，研究系统的类型、一般性质和活动规律的科学。以系统论、信息论、控制论为代表的现代系统理论是系统科学的静态模式，以耗散结构论、协同学、超循环理论为代表的自组织理论则是系统科学的动态模式。在现代科学技术体系中，系统科学占有特殊的地位，它是彻底改变世界科学图景、使当代科学思维方式发生革命性转变的最富有意义的成果之一。系统科学的产生和发展，以及在各个领域的广泛应用，为自然科学、社会科学、人文科学提供了一种跨学科界限，从部分与整体的关系上分析问题、解决问题的新范式、新思想、新方法。

1. 系统论

就其思想渊源来说，整个人类思想文明发展史都为系统论提供了丰富的思想资料。诞生于20世纪中叶的这个理论是按侧重实践的系统工程和侧重理论的一般系统论两条线发展的。

系统工程主要是以人工系统为研究对象，将其看做一种有机联系的统一整体，运用现代科学技术方法进行系统分析、系统设计、系统模拟，做出合理决策，以便最优化或次优化地实现预期目标，因而具有巨大的实践意义。这门科学诞生于20世纪30年代，首先是贝尔电话公司的工程师们在设计巨大项目时，感到采用固有的传统方法不能满足要求，而提出了系统概念和系统思想、系统方法这类术语，并于1940年首创了系统工程学这个名词。在发展美国的微波通信网络时，应用了一套系统方法论，按照时间顺序把工作划分为规划、研究、发展和发展期间的研究以及通用工程等五个阶段，取得了良好的效果，贝尔公司的莫利纳和丹麦哥本哈根电话公司爱尔朗是最早使用系统工程方法的工程师。

从 20 世纪 40 年代开始，系统工程在工程设计管理和军事国防系统中的运用取得了卓越的成就，充分显示了它对解决复杂系统问题的实用价值。1942 年美国研制原子弹的曼哈顿计划，规模宏大，如何合理组织以最少的人力、物力和投资，最有效地利用科学技术成就来完成任务，这就为系统工程的实践提供了机会。1958 年美国在北极星导弹的研制中，首创了计划评审法（PERT），并第一次将电子计算机作为实施系统工程计划协调的工具，把系统工程推广到管理领域。五六十年代美国国家宇航局在执行阿波罗计划中，又把 PERT 发展为随机型计划协调技术（GERT），应用了计算机进行模拟仿真确保了各项实验任务的顺利完成。1957 年，美国密执安大学哥德（1909— ）和迈克尔（1917— ）合著了《系统工程学》初步奠定了这门学科的基础。1965 年迈克尔进一步编写了《系统工程学手册》，系统论述了系统工程学方法论、系统环境、系统元件、系统理论、系统技术、系统数学等，基本上概括了系统工程学的各个方面，使其成为一个比较完善的体系。

系统论的另一条主线是美籍奥地利生物学家贝塔朗菲（1901—1971）创立的一般系统论。其历史背景是 20 世纪 20 年代生物学中有机体概念的建立、对活的有机体的研究和当时生物学中简化论与生机论的论战。贝塔朗菲的一般系统论的直接思想来源是机体论。早在 1924—1928 年，他多次发表文章表达系统论思想，提出生物学中的有机体概念，强调把有机体作为一个整体或系统来考虑，而且认为科学的主要目标就在于发现种种不同层次上的组织原理。1932 年他发表了《理论生物学》，1934 年又发表了《现代发展理论》，提出用数学和模型来研究生物学的方法和机体系统论概念，这是系统论的萌芽。

贝塔朗菲认为机械论有三个错误观点：其一是简单相加观点，其二是机械观点，其三是被动反应的观点，即把有机体看成是只有受到刺激时才做出反应，否则就静止不动的实体。他把协调、秩序、目的性等概念用于研究有机体，指出了几个基本观点：一是系统的观点，认为一切有机体都是一个整体——系统，生物体是在时空上有限的、具有复杂结构的一种自然整体。他还把系统定义为“相互作用的诸要素的复合体”。二是动态的观点，认为一切生命现象本身都处于积极的活动状态，活的东西的基本特征是组织。他提出开放系统理论，认为任何活的系统都是与环境发生物质、能量交换的系统，主张从生物体和环境的相互作用中说明生命的本质。他把生命有机体看成是一个能保持动态稳定的系统，这种稳态能够抗拒环境对机体的瓦解性的侵犯。并提出用联立微分方程对开放系统进行数学的描述并证明开放系统的动平衡状态是不以初始条件为转移的，它可以显示出异因同果律。三是等级的观点，认为各种有机体都按严格的等级组织起来，是分层次的。他认为传统方法只是对各过程进行研究，没有包括协调各部分和各过程的信息，因而不能完整地描述活的现象；生物学的主要任务应当是发现在生物系统中（在组织的一切等级上）起作用的规律。1945 年 3 月，他在《法国哲学周刊》18 期上发表了《关于普通系统论》一文，由于战争几乎无人所知，直到战后 1947—1948 年他多次阐述系统论的思想，系统论才作为一门新兴学科崭露头角。而在这一时期，几乎是沿着同样思想路线的新学科如控制论、信息论、博弈论、决策论、图论、网络理论、现代组织论等都相继出现，这对他是很大的鼓舞。他与经济学家保尔丁（1910—1993）、生物数学家拉波波特（1911—　）、生理学家杰拉德一起创办了一般系统论学会，为发展和宣传系统论做了艰苦的努力。20 世纪 60—70 年代，系统论作为一般科学方法论的一些基本原则受到学术界的重视。

一般系统论从根本上促进了科学思维方式的变革，促进了定量化的系统性认知方式的出现，使人们科学观察的角度由“实物中心”转向“系统中心”。人们科学观察的重心由把握事物的局部转向事物的整体和整体内部的关系；人们科学观察的方式由把握各种具体事物的具体特征转向集中研究事物之间的某些共同关系。

2. 信息论

推动信息论产生的直接动因是战争期间和战后通信事业迅猛发展的需要。信息论的创始人是美国贝尔电话研究所的数学家申农（1916—2001）。1948 年他发表了论文《通信的数学理论》奠定了信息论的基础。他对信息论的主要贡献可以归纳为五个方面。一是从理论上阐明了通信的基本问题，提出了通信系统的模型。二是提出了度量信息量的数学公式。三是初步解决了如何从信息接收端提取由信息源发来的消息的技术问题。四是提出了如何充分利用信道的信息容量，在有限的信道中以最大的速率传递最大的信息量的基本途径。五是初步解决了充分表达信息的编、译方法。

美国的维纳（1894—1964）从控制和通信的角度进行长期的研究，提出了著名的维纳滤波理论、信号预测理论。他从统计观点出发，将信息看做可测事件的时间序列，提出了将信息定量化的原则和方法及度量信息量的数学公式。他把信息作为处理控制和通讯系统的基本概念和方法而运用于许多领域，为信息的应用开辟了广阔的前景。

法国旅美物理学家布里渊（1889—1969）在 1950 年发表了一系列重要论著，力图把信息与具体的物理过程联系起来，把信息熵与热力学熵直接联系起来。成功地建立了信息的物理模型，给出了广义熵增原理，并提出“信息的负熵原理”从而扩展了热力学第二定理。他还把信息与海森堡测不准原理联系起来，解决了一些测量问题。1979 年卡克根据这一理论对肾化学自稳态功能的效率进行探讨，得出了较切合实际的数值。

20 世纪 60 年代是信息论向各门学科冲击的时期。人们试图把信息的概念、方法用于解决组织化、语义学、神经生理学、心理学等问题，但这个时期总的说来不是重大创新的时期，而是一个消化、理解的时期。70 年代信息论在解决技术问题即信息的传输方面取得了新的进展。如提出信息的有效性和价值问题、模糊信息论问题、人工智能研究中的信息处理问题等，更为主要的是在自然科学和哲学界，信息被作为基本的参量来研究，甚至认为信息比物质和能量更为基本，形式、结构、差异和关系都是由信息来表征的。信息的运动作为分析和处理问题的基础使人们可以撇开研究对象的具体运动形式，从系统的信息流动和变换中研究事物的本质、规律及其内部转化机制，而且可以把不同对象进行类比。由于信息方法是从事物的整体出发，用联系、转化的观点综合研究系统运动的信息过程，从而获得有关系统整体性的认识。因此，它已成为现代科学研究事物的系统性、整体性和复杂性的重要方法。

3. 控制论

控制论是自动控制、通信工程、计算机技术、统计力学、神经生理学和生物学以数学为纽带形成的新学科，它是适应 20 世纪 40 年代的生产、管理高度自动化水平的需要而建立的。其直接原因是研制自动高射炮，解决本来属于人的智能范围的高速计算和在复杂情况下的预测问题。其实质是在理论上将技术科学与生物科学沟通起来并使二者相互渗透，在技术上研制出能够进行智能模拟的自动机器。根据维纳的叙述，其形成大致分为三个阶段，1942 年前是酝酿阶段，1943—1948 年是形成阶段，1948 年后是发展阶段。早在 20 世纪 20 年代，维纳在研究勒贝格积分时就已经接触到控制论的思想。战争期间维纳参加了火炮自动控制的研制工作，研究了随机过程的预测、滤波理论在自动火炮上的运用，为控制理论提供了数学方法，更为重要的是将火炮自动打飞机的动作与人狩猎的行为作了类比，从而提出了反馈的概念。他发现人类的行为都是由负反馈调节的，并且在小脑受损的病人的行为中得到证明。

1943 年维纳、毕格罗、罗森勃吕特（1900—1970）三人发表了题为《行为、目的和目的论》的论著，指出目的性行为可以用反馈来代替，从而突破了生命和非生命的界限，把目的性行为这个生物所特有的概念赋予机器，这是控制论萌芽的重要标志。与此同时，一系列的学术成就又为控制论提供了理论根据和实验装置，这其中包括神经生理学家匹茨和数理逻辑学家麦克卡洛发表的《神经作用中的内在概念的逻辑演算》。冯·诺依曼（1903—1957）与经济学家摩根希吞合作，并于 1944 年发表《博弈论和经济行为》。而 1946 年电子计算机的诞生和运行，则又是这一成果的最好印证。这期间维纳与电子计算机的设计者和改进者如艾克特、冯·诺依曼等人交往密切，对电子计算机的设计改进曾提出过很好的建议。电子计算机的设计、制造和运行过程可以说是控制论思想的一次实践。而电子计算机的诞生反过来迫切要求人们从理论上阐明控制论思想。

在控制论形成过程中还有两项直接有关的开创性工作，一项是维纳在 1946—1947 年间与罗森勃吕特共同进行涉及反馈主题的神经方面的实验工作，取得了许多解释控制过程的实验数据，另一项是 1947 年麦克卡洛与匹茨运用控制论思想设计了一台盲人阅读装置，这些实践都为控制论的创立提供了有力的科学根据。1948 年维纳出版了《控制论》，宣告这门学科的正式诞生。

20 世纪 50—60 年代是控制论发展的时期，1954 年钱学森（1911—2009）首创了工程控制论，接着神经控制论、生物控制论、经济控制论、社会控制论等相继问世。目前控制论还在向许多领域渗透，并在形成大系统理论和智能控制两个方向上迅速扩展。

控制论的理论贡献在于把人的行为、目的及其生理基础和机械、电子运动联系起来，揭示了无机界和有机界、机器和生命之间具有一定的相似性，使物理系统与生命系统之间存在的某种对立不再成为绝对的了。它根据自动控制系统随周围环境的某些变化来决定和调整自己运动的特点，着重从信息方面来研究系统的功能，研究其作为控制系统和信息系统的共同规律及控制方法，超脱于机器、生物以至社会的具体构造特征的局限性，提供了功能模拟方法和反馈方法等科学方法，对促进科学理论向整体化、系统化、综合化方向发展具有方法论的意义。

二、自组织理论的诞生

在当代众多的系统理论中，既有比较严密的数学、物理学理论基础，又有一定的实验依据，并在自然科学领域和社会经济文化生活中得到广泛应用的，当首推耗散结构论、协同学和超循环论。这三种关于非平衡系统的自组织理论在20世纪70年代前后相继建立不是偶然的，它们是当代科学在探索复杂性、建立系统科学的过程中的重要进展。

以系统为研究对象解决复杂系统理论问题的现代系统理论，在过去几十年中形成了不同的分支和学派，它们总称为自组织理论，其研究主要是围绕动态系统结构的演化。自组织理论是当代科学最具革命性的前沿。19世纪后半叶恩格斯曾站在辩证唯物主义的立场上宣布物质运动是一个永恒的循环，而当今的自组织理论正在把这种思维中的科学转变为实证的科学结论。在自组织理论尚未发展起来时，自然界的起源与物质多样性的发展始终是一个悬而未决的问题，热力学第二定律给出一个万籁俱寂、结构逐渐消失、功能越来越低的宇宙。而事实上，各种结构却在不断生成，物质类型越来越多样化。这种矛盾被称为克劳修斯与达尔文的矛盾。19世纪的自然科学关于世界统一性的认识带着这一深刻的矛盾离我们而去。自然界是如何摆脱热力学的困境的呢？1900年法国人贝纳德观察到贝纳德对流现象，1956年贝洛索夫—萨波金斯基反应被发现，60年代激光的发明，这一系列与自组织有关现象的机理在60年代后期逐渐被揭开。自组织理论体系中一个个理论从此开始诞生。

1. 耗散结构论

最先发展起来的自组织理论是布鲁塞尔学派的领袖普里戈金（1917—2003）创立的耗散结构理论。普里戈金早年从事化学反应溶液理论研究，这使他从感性到理性上丰富了对不可逆过程的理解。在热力学发展早期，不可逆过程一般被人们看成是一种消极的因素，它导致系统从有序走向无序。但是对科学研究的历史感却使普里戈金更乐于从积极的方面看待不可逆过程。他相信在一定条件下，不可逆过程的研究可能会带来理论和实践上具有重大意义的结果。他和他的合作者几十年如一日，把他们的主要精力和学识都放在不可逆问题的研究，把每一项富有建设性的作用都归功于某种“过程”，而不是以传统的“静止”的态度对待它，这种态度的转变成为导致耗散结构论建立的起点。

20世纪前半期，普里戈金在研究近平衡态线性区的不可逆过程时，提出了最小熵产生原理。这个原理与意大利学者昂萨格（1903—1976）提出的昂萨格倒易关系、日本久保学派提出的线性区涨落耗散定律一起成为线性非平衡热力学的基本理论。这些理论研究表明，在线性非平衡区，不可逆过程将导致系统趋向平衡或尽可能接近平衡的方向发展。

普里戈金试图将在近平衡态线性区不可逆过程研究的成果推广到远离平衡态的非线性区，然而经过多年的研究，这种尝试却没有成功。人们发现在这一区域，线性关系不再适用，不可逆过程产生的结果十分复杂，取决于具体条件、具体系统而表现出多样性。以普里戈金为首的布鲁塞尔学派在挫折中得到了有益的启示，认识到远离平衡态的热力学系统性质可能与平衡态、近平衡态的热力学系统性质有本质的区别，在这种系统中，不可逆过程可能导致进化，导致从无序到有序的转变。

1967 年在一次“理论物理与生物学”国际会议上，普里戈金正式提出耗散结构理论，指出一个远离平衡态的开放系统可以通过不断地与外界交换物质、能量和信息，在外界条件达到一定阈值时，从原来的混沌无序的状态转变为一种时间上、空间上或功能上有序的状态。它指出了在开放条件下系统如何在不违反热力学第二定律的情况下自发地从无序跃变为有序结构，这为解决克劳修斯与达尔文的矛盾奠定了科学基础，对自然界存在、演化及其两种方向的关系作出了初步的科学解释。为此，普里戈金荣获 1977 年诺贝尔化学奖。耗散结构理论第一次使用了“自组织”这一概念正确地给出贝洛索夫—萨波金斯基反应的机制，在此背景下构造了一个三分子反应模型“布鲁塞尔器”。该模型可以模拟广泛的自组织宏观行为，这就使耗散结构理论不仅能够运用于物理学、化学与生物学，而且也能够运用在工程技术、医学、社会学、经济学等领域。耗散结构理论所用的方法主要是热力学方法（局域平衡）和线性稳定性分析的方法，用这一方法找到出现耗散结构的条件和判据。它科学地证明，只要具备开放、远离平衡、内部非线性相互作用的条件，远离平衡态的开放系统发生自组织就是必然的，而不是偶然的。在 19 世纪，自然界从简单到复杂、从无序到有序、从非生命到生命演化过程的必然性只是一种哲学的推断，现在，这种必然性的科学机理得到了阐释，耗散结构论为辩证的同时又是唯物的自然观提供了有力的证据。

2. 超循环论

与此同时诞生的另一个自组织理论被它的创始人艾根（1929— ）称为超循环论，艾根是一位音乐家的儿子，1929 年 5 月 9 日出生在德国的波鸿，由于在快速化学反应研究方面的杰出成就曾获得 1967 年诺贝尔化学奖。他从生物分子演化的角度考察核酸和蛋白质的起源及其相互关系，从实验和理论两方面进行了生物信息起源的开创性研究，在 1970 年提出“超循环理论”思想，并在 1971 年发表《物质的自组织和生物大分子的进化》，正式建立了超循环理论。

关于生命起源的问题，恩格斯在 19 世纪 70 年代曾经预言：“生命的起源必然是通过化学的途径实现的。”① 苏联生物学家奥巴林于 20 世纪 30 年代从科学上倡导化学进化学说。50 年代诞生了分子生物学以后，人们又在模拟原始地球的条件下，在实验室合成了构成生命的基础有机物——蛋白质和核酸。但是在理解核酸和蛋白质的关系上，又遇到了“先有核酸还是先有蛋白质”的问题，或者更抽象地说，即“先有信息还是先有功能”。

艾根指出在生物信息起源上的这种“在先”，不是指时间顺序，而是指因果关系，事实上，提出“在先”的问题，不是提出了一个科学问题，而是一个伪问题。这里有一种双向的因果关系，或者说是一种互为因果的封闭圈。核酸和蛋白质的相互作用，相当于“封闭圈”即“循环”的一个复杂的等级组织。从反应循环（酶的循环）到催化

① ［德］恩格斯：《反杜林论》，人民出版社 1970 年版，第 70 页。

循环，再到超循环就构成了一个从低级到高级的循环组织。这样一个互为因果的封闭圈的作用链，才有信息与能量的耦合并且形成循环正反馈，实现自催化反应和交叉催化反应。催化循环在整体上可看做是自复制单元。超循环就是由这样的自催化单元通过功能的循环耦合而联系起来的高级循环组织。地球上的生物有数百万种之多，其形态结构、生理机制和生态习性各异，因而存在着多样性。然而在它们的细胞中又只有一种基本的分子机构，即普适的遗传密码以及基本一致的翻译机构和一种大分子手性，其中翻译过程的实现又要求数百种分子的配合，因而又存在着统一性。艾根指出这种统一性很难想象是一下子形成的，除非是一次巨大的创世行动的结果。他认为在生命起源和发展中的化学进化阶段和生物学进化阶段之间，有一个分子自组织过程。因此进化可以划分为化学进化阶段、分子自组织进化阶段和生物学进化阶段。在分子自组织进化阶段，既要产生、保持和积累信息，又要能选择、复制和进化，从而形成统一的细胞机构，因此这个自组织过程只有采取超循环的组织形式。

艾根认为超循环组织和一般的自组织一样，必定起源于随机过程，开始于随机事件；只要条件具备，虽然其出现不是决定论的，但却是不可避免的。在超循环自组织过程中，所发生的许多随机事件能反馈到其起点，使得其本身变成某种放大作用的原因。经过因果的多重循环、自我复制和选择，功能不断完善，信息不断积累，从而向高度有序的宏观组织进化。

超循环理论深入地刻画了从非生命向生命进化的中间阶段，为生命起源的信息耦合、多样性展开、统一的基础以及偶然性与确定性间的关系提供了深刻的解释。它与其他关于非生命领域自组织的有关理论一起比较完整地提供了非生命自组织、非生命向生命自组织演化过程的描述和本质的解释，其意义不亚于当年的进化论。

3. 协同学

自组织理论的另一重要理论是协同学。它是德国科学家哈肯（1927—　）在激光研究基础上，受耗散结构理论思想和超循环理论思想启发而创立的。哈肯在研究激光时发现，激光是一种典型的非平衡态的物质状态转变，而耗散结构理论就是研究非平衡态的热力学现象的；他还发现艾根所建立的生物进化方程与他建立的激光动力学方程极为相似，两个截然不同的领域却由同样类型的方程所支配，这绝不可能是出于巧合，在这些问题的背后可能有更基本的原理在起作用。他敏锐地意识到，非平衡相变是一种自组织过程，其动力机制是系统内部大量的子系统之间的协同作用。1968 年冬在斯图加特大学的讲演中他首次引入协同的概念，1971 年与人合作发表了题为《协同学：一门合作的学说》，1975 年在《现代物理评论》上发表了《远离平衡及非物理系统中的合作效应》一文，1977 年出版了《协同学》一书，建立了协同学的理论框架。2005 年，哈肯编著的《协同学——大自然构成的奥秘》一书由上海译文出版社出版中文译本，该书以通俗易懂的语言，通过物理学相关理论和实验阐述了协同原理。

协同学最重要的贡献就是揭示了自组织的内在动力机制，综合考察了自组织发展的各种内部因素的作用，发现了系统内部大量子系统的竞争、合作产生的协同效应，以及由此带来的序参量支配过程，是系统自组织的动力。结构的产生或更有序的新结构的出现往往仅受少数几个序参量的主宰。所谓序参量是指那些在系统剧烈变化中随时间变化很慢，达到新的稳定状态所需时间较长，支配系统从旧的稳定状态经历失稳达到新的更高级的稳定状态的变量，也可以定义为支配系统运动状态，反映系统有序程度变化的状态参量。序参量概念的提出具有很大的实际意义，不仅在数学和物理学上能以最经济的方式来处理复杂问题，而且也告诉人们自然界的复杂性之中包含着简单性。协同学还指出和强调了涨落的作用，特别是系统处于高度不稳定的变动阶段时，涨落的触发作用就更具有建设性，通过关联放大从而将系统驱动进入与新的有序结构相应的状态中去。

除了上述三个主要学科以外，还有研究自组织过程中的必经阶段——突变的若干数学形式以及相变与临界现象理论的突变论。威尔逊（1936—　）将重整化群方法引入对相变过程研究而获 1982 年诺贝尔奖，这一方法推进和丰富了对自组织进程中结构与功能复杂性演化的研究，也推进了近年来发展起来的分形和混沌的研究。这些研究揭示了自组织的高度复杂结构的许多共性，如自相似性、维数与进化的关联、混沌与有序的关系等。

这些理论在极短的一个时期内相继问世，迅速发展，形成了当今自然科学探索自组织的复杂性演化的前沿学科群—非线性科学。从其发展的规模、速度，研究内容的丰富、深刻，涉及对象的广泛程度来看，可以称之为当代自然科学的又一次革命。非线性科学正在改变人们的世界观，在经典科学时期展现在人们面前的是一幅确定的、封闭的、简单的世界图景，而非线性科学则揭示了一个开放的、复杂的、演化的世界。复杂性、多样性、不确定性的根源在于系统内部、系统与环境之间的非线性关系，有序和无序是自然界的两极，而一切现实的系统都是这两极的对立统一。

第二节　综合科学方兴未艾

一、人类环境和生态意识的觉醒

自从进入工业化时代以来，人类改造自然的能力飞速发展，文明的进程大大加快。人类一方面通过改造自然获得巨大的物质财富，另一方面，对自然资源的掠夺和毫无节制地向自然界排放废弃物使环境受到污染、破坏，形成严重的“公害”，并最终威胁到人类自身的生存。20 世纪以来环境污染问题更加严重。1930 年比利时马斯河谷工业区，由于几种有害的气体和粉尘污染了空气，造成数以千计的人呼吸道发病，60 多人死亡。1952 年 12 月在伦敦烟雾事件中，仅四天中就有 4000 人死亡，事件过后两个月中，还陆续有 8000 人病死。1968 年日本多氮联苯污染食用油，使 1 万多人中毒。此外在美国发生过多诺拉烟雾事件、洛杉矶光化学烟雾事件；在日本还发生了水俣病事件、四日市哮喘病事件、骨痛病事件等，1970 年仅日本一个国家就发生 6 万多起污染事件。

20 世纪 60 年代人类进入了外太空，能够以更广阔的视角来审视我们的家园。从太空中看地球，使人们认识到地球只是宇宙中的一个小小的行星，空间和资源都极为有限，是经不起过大的冲击和压力的，否则作为生命维持系统的环境是会崩溃和瓦解的。

环境问题的严重性引起了发达国家人们的高度关切，环境问题成为社会的一个中心问题，迫使人们用新的价值观重新审视自己的行为，呼唤建立新的文明，也就是绿色文明。20世纪60年代在欧美发达国家兴起的大规模群众性的反公害环境保护运动形成了环境科学的先声。

1962年美国女生物学家雷切尔·卡逊（1907—1964）的科学读物《寂静的春天》最早向人们发出了警告。她在20世纪50年代末用了四年时间研究美国官方和民间关于使用化学杀虫剂造成环境污染情况的报告，并进行了大量的调查研究，在此基础上完成了这本书的写作。她指出工业时代的来临导致自然环境迅速被许多化学物理因素组成的人为环境所取代，给生物和人类造成严重威胁。人类制造这些污染物的速度已经超过了自然界自己调整的从容步伐，破坏了生命与其周围环境原来存在的协调和平衡状态，任其发展下去将会出现一个没有鸟儿在树上唱歌和鱼儿在河里欢跳的寂静的春天。更严重的是这些污染物通过食物链进入人体，人类正在面临前所未有的生存危机。卡逊还具体分析科学技术对环境、生态造成负面影响的原因，认为这是由于征服自然和控制自然的传统观念、对化学杀虫剂的潜在危害缺乏认识和经济实用主义所导致的结果。卡逊认为，克服科学技术给环境和生态造成负面影响的办法，最重要的是必须改变我们征服自然的传统哲学观点，放弃我们认为人类优越的态度，树立“使我们与环绕着我们的世界和谐相处”的新观念。她还在这种新观念的指导下积极提倡对昆虫进行生物控制的生物学方法，以代替对环境和人类有危害的化学控制方法，并主张建立一门新兴的生物控制学。

英国经济学家沃德和美国微生物学家杜博斯为1972年世界环境会议而撰写的背景材料《只有一个地球》是另一本推动环境科学发展的著作。58个国家152位不同领域的专家向本书提供了专业性意见而增添了它的权威性。这本书以“对一个小小行星的关怀和维护”为副标题，分五个部分阐述了地球是一个整体、科学的一致性、发达国家的问题、发展中国家的问题、地球上的秩序。这本书以大视角探讨环境问题，不仅讨论整个地球的前途，而且从人口过快增长、滥用资源、工艺技术影响、城市化及发展不平衡等社会、经济、政治方面探讨了全球生态系统受到损害的根源和解决问题的途径。

1968年4月在意大利学者贝切伊（1908—1984）倡议下，意大利、美国、德国等10个国家30位专家在意大利林赛科学院开会，共同探讨人类当前和未来面临的困境。这是有关生态危机问题的首次国际性的科学讨论，并在这次会议的基础上成立了非官方的国际性组织——罗马俱乐部，就当代社会的人口、粮食、能源、资源和环境等问题进行跨学科的综合研究。美国麻省理工学院教授米都斯向罗马俱乐部提交了第一份研究报告：《增长的极限》。这个报告应用系统方法建立了“零增长模型”或“全球均衡模型”，把世界系统中最终决定全球发展的因素——人口增长、工业生产、农业生产、资源消耗和环境污染，作为世界系统模型的五个变量，指出由于这些变量都在以指数增长，人与环境的关系正在趋于恶化，人类面临的危机在今后几十年将达到严重的程度，到21世纪某个时候，上述增长将达到极限，从而导致全球性危机。摆脱危机的出路在哪里呢？罗马俱乐部认为“人类与自然日益扩大的鸿沟是社会进步的后果”，“全新的态度是需要使社会改变方向，向均衡的目标前进，而不是增长”①。也就是说，停止人口和经济的增长才能维持全球性平衡。

除了上述学者的研究以外，世界各国也开始协调行动，维护人类生存的环境。1972年联合国在瑞典首都斯德哥尔摩召开人类环境会议，发表了《人类环境宣言》，1975年美国科学家布朗在华盛顿成立世界观察研究所，并于1981年出版了《建设一个可持续发展的社会》。1983年成立了世界环境与发展委员会，并于1987年提出了一份《我们共同的未来》的研究报告。1992年在巴西里约热内卢召开了联合国环境与发展会议，通过了《里约热内卢宣言》和《21世纪议程》。这些会议、宣言、报告和著作都成为可持续发展思想的理论基础。

二、欣欣向荣的环境科学

环境科学是研究近代、现代社会、经济发展过程中出现的环境质量变化的科学，其研究领域包括环境质量变化的起因、过程和后果，并找出解决环境问题的途径和技术措施。②

环境科学诞生于20世纪60年代，到70年代为其初创阶段，《只有一个地球》一书的发表是这一时期标志性的成就，它意味着人们环境意识的觉醒。与此同时，人们建立了相关的研究机构，高等学校开始设立环境科学专业，发表了许多专著和出版物。环境科学的主要门类也开始形成，包括环境自然科学、环境社会科学和环境工程技术三大部分，环境科学迈出了决定性的一步。但这一时期的环境科学基本上是按传统模式建立起来的，由于学科壁垒过于明显，因此在解决综合性很强的环境问题时，在理论上和技术上都暴露出一定的局限性。

1987年世界环境与发展委员会发表关于人类未来的报告——《我们共同的未来》，提出了可持续发展的观点，并以丰富的资料论述了当今世界环境与发展方面存在的问题，提出了处理这些问题的具体的和现实的行动建议。这标志着环境科学的发展进入到一个新阶段，主要进展体现在三个方面：

分支学科进一步深化。如环境化学、环境生物学、环境地质学、环境系统工程等相继建立，不同领域的专家应用各学科的理论和方法研究共同的问题——环境问题，形成环境科学的分支学科体系。

从分学科研究到跨学科研究的发展。一系列环境科学的综合性专著发表，标志着环境科学理论正在实现综合。当代人类面临的环境问题、粮食问题、人口问题、能源和资源问题等与科学技术进步和经济发展缠绕在一起，综合运用人类所掌握的全部科学和技术知识进行综合和整体的研究才是解决这些问题的根本途径。

一系列国际性大型综合研究取得进展。1970年联合国教科文组织第16届大会决定设立《人与生物圈计划》，包括我国在内的100多个国家参加了这一计划，全球1万多名科学家参加了1000多项课题研究。1986年国际科学协会理事会（国际科联）第21

① ［美］丹尼斯·米都斯：《增长的极限》，吉林人民出版社1997年版，第9页。

② 马世骏：《积极开展环境科学理论研究》，载《中国环境科学》1983年第3期。

次大会决定建立大规模国际研究计划："全球变化研究；地圈-生物圈计划（IGBP，1990—2000）。"该计划动员全球科学力量，利用包括空间技术在内的观测手段，研究地球自然界的变化以及这些变化对人类生存的影响。同年国际社会科学联合会（国际社科联）第16次大会也决定成立IGBP研究规划组，以广泛的社会科学研究补充IGBP计划。

1992年在里约热内卢召开了联合国环境与发展大会，讨论了环境问题的发生与发展，代表们普遍认识到环境问题对人类生存与发展的严重威胁，认识到解决环境问题的迫切性。并在环境与人类经济社会协调发展的问题上达成了共识，普遍接受了"可持续发展战略"的观点，这是环境科学发展史上的一个重要里程碑。

环境科学为正确认识环境问题和解决环境问题提供了科学依据。环境科学实践性的特点也在其历史沿革中得到体现。从环境科学一诞生起，其首要任务就是治理和控制环境污染，恢复已遭到破坏的生态环境；同时预防新的环境污染和生态破坏，创造良好的生存环境。在过去30年的研究中，在关于全球变化方面和环境保护模式研究方面都取得了重大进展。

目前，人类在全球变化研究方面已取得四项重大进展。

首先是关于全球大气增温的研究。确定了其主要原因是由于温室气体的排放；列出了温室气体清单，主要包括二氧化碳、甲烷、臭氧、氧化亚氮、氟利昂等，并对其排放量进行了监测；阐明了温室气体的排放规律；阐明了增温机制，即温室气体是怎样引起全球大气的增温。

其次，臭氧层耗损原因和机理的研究。研究表明臭氧层的耗损主要是由氯代烃及氮氧化物，特别是氯氟烃等进入臭氧层破坏臭氧引起的，并对臭氧层的破坏提出了相应的防治对策。1995年荷兰人克鲁岑（1933— ）由于在臭氧层耗损的原因和机理方面的研究成果而获得诺贝尔化学奖。

再次，酸雨的形成机理及其引起的一系列环境酸化效应。研究表明酸雨主要是由于人类大量使用矿物燃料向大气中排放的有害气体与大气中的水分进行化学反应而造成的。这些有害气体在大气或水滴中转化为亚硫酸、硫酸和硝酸，然后随着降水到达地表，从而破坏了地表生态系统的平衡。酸雨最早是在北欧的瑞典被发现的，当时湖泊的pH值已下降到4，湖中的生物已不能生存。

最后，全球水污染的研究。在揭示水污染的发生和发展规律，尤其是在点源污染和非点源污染方面的研究取得很大的进展，在对好氧有机物和重金属污染、氮磷引起的湖泊富营养化、微量元素污染、有毒有害的有机化合物污染和治理方面都取得了一定成效。

在全球变化问题的研究过程中，人们提出需要改变传统环境保护模式，即由末端控制发展到全过程控制，这意味着环境保护正在从被动治污转向主动防污。1972年联合国人类环境会议以后，各国在环境污染的防治方面都取得了很大的进展。当时的污染防治的措施基本上是在生产流程的最后增设一个污染物处理车间，在生产的最后才解决污染的问题，所以叫做末端控制。到20世纪90年代，人们认识到末端控制并不是一个很好的方法，应该实行清洁生产，即从生产的第一个环节开始，就实行资源最大效率利用，使生产的每一个环节都尽可能少地产生污染。

在世界环境科学与环境保护工作发展的同时，我国在环境科学发展与研究中也取得了重大的成就。我国政府历来很重视环境保护和环境发展。在20世纪70年代初期，我国政府提出了“全面规划、合理布局、综合利用、化害为利、依靠群众、大家动手、保护环境、造福人类”① 的32字工作方针。1983年12月31日至1984年1月7日，我国召开了第二次全国环境保护会议，李鹏副总理代表国务院在会议开幕式上作了重要报告，郑重宣布“环境保护是我国的一项基本国策”，“各地、各部门都要把环境保护这件关系到我们的生存条件、关系到‘四化’建设的基本国策，列入议事日程，认真负责地抓好”。② 会后，国务院作出了《关于环境保护工作的决定》，成立了国务院环境保护委员会。1994年3月国务院第16次常务会议讨论通过的《中国21世纪议程》，既是制定中国国民经济和社会发展中长期计划的指导性文件，又是中国政府认真履行1992年联合国环境与发展大会文件的原则立场和实际行动。它从中国的人口、环境与发展的总体情况出发，提出了促进中国经济、社会、资源和环境相互协调的可持续发展战略目标，并将可持续发展和科教兴国作为我国近期的一个战略发展目标。我国在全球大气增温、酸雨的形成机制和防治研究方面，也取得了一定的成果，为这门学科的发展作出了应有的贡献；在水库水源保护、湘江污染的综合防治及松花江汞污染的防治中也取得了令人瞩目的成就。

三、方兴未艾的生态学

生态学 ecology 一词由德国学者海克尔（1834—1919）于1866年提出，源于希腊文，由词 oiko 和 logos 演化而来，oikos 表示住所，logos 表示学问。海克尔认为生态学是研究生物有机体与无机环境之间相互关系的科学。生态学发展至今，其概念的内涵和外延都发生了变化，一般认为生态学是研究生物生存条件、生物及其群体与环境相互作用的过程及其规律的科学，其目的是指导人与生物圈（即自然、资源与环境）的协调发展。

古人在长期的农牧渔猎生产中积累了朴素的生态学知识，诸如作物生长与季节气候及土壤水分的关系，常见动物的物候习性等。公元前4世纪古希腊学者亚里士多德曾粗略描述动物的不同类型的栖居地，还按动物活动的环境类型将其分为陆栖和水栖两类，按其食性分为肉食、草食、杂食和特殊食性等类。亚里士多德的学生、公元前3世纪的雅典学派首领赛奥夫拉斯图斯（公元前372—前287）在其植物地理学著作中已提出类似今日植物群落的概念。公元前后出现的介绍农牧渔猎知识的专著，如古罗马1世纪普林尼（23—79）的《博物志》、6世纪中国农学家贾思勰的《齐民要术》等均记述了素朴的生态学观点。

15世纪以后许多科学家通过科学考察积累了不少宏观生态学资料。18世纪初叶，现代生态学的轮廓开始出现，如雷奥米尔（1683—1757）的6卷昆虫学著作中就有许

① 《人民日报》，1973年8月21日。

② 《人民日报》，1984年1月1日。

多昆虫生态学方面的记述；瑞典博物学家林耐（1707—1778）首先把物候学、生态学和地理学观点结合起来，综合描述外界环境条件对动物和植物的影响；法国博物学家布丰（1707—1788）强调生物变异基于环境的影响；德国植物地理学家洪堡创造性地结合气候与地理因子的影响来描述物种的分布规律。

19 世纪生态学进一步发展。一方面由于农牧业的发展促使人们开展了环境因子对作物和家畜生理影响的实验研究。如确定了 5℃为一般植物的发育起点温度，绘制了动物的温度发育曲线，提出了用光照时间与平均温度的乘积作为比较光化作用光时度指标及植物营养的最低量律和光谱结构对于动植物发育的效应等。

另一方面，马尔萨斯（1766—1834）于 1798 年发表的《人口论》一书形成了广泛的影响。费尔许尔斯特于 1833 年以其著名的逻辑斯提曲线描述人口增长速度与人口密度的关系，把数学分析方法引入生态学。19 世纪后期开展的对植物群落的定量描述也已经以统计学原理为基础。1851 年达尔文在《物种起源》一书中提出自然选择学说，强调生物进化是生物与环境交互作用的产物，引起了人们对生物与环境的相互关系的重视，更促进了生态学的发展。

20 世纪初叶人类所关心的农业、渔猎和直接与人类健康有关的环境卫生等问题，推动了农业生态学、野生动物种群生态学和媒介昆虫传病行为的研究。由于当时组织的远洋考察中都重视了对生物资源的调查，从而也丰富了水生生物学和水域生态学的内容。

20 世纪 30 年代已有不少生态学著作和教科书阐述了一些生态学的基本概念和观点，如食物链、生态位、生物量、生态系统等。生态学已基本成为具有特定研究对象、研究方法和理论体系的独立学科。

20 世纪 50 年代以来生态学吸收了数学、物理学、化学、工程技术科学的研究成果，向精确定量方向前进并形成了自己的理论体系。数理化方法、精密灵敏的仪器和电子计算机的应用，使生态学工作者有可能更广泛、深入地探索生物与环境之间相互作用的物质基础。和许多自然科学一样，生态学的发展趋势也是由定性研究趋向定量研究，由静态描述趋向动态分析，逐渐向多层次综合研究发展，与其他学科的交叉日益显著。从人类活动对环境的影响来看，生态学是自然科学与社会科学的交汇点；在方法学方面，研究环境因素的作用机制离不开生理学方法，离不开物理学和化学技术，而群体调查和系统分析更离不开数学方法和技术。在理论方面，生态系统的代谢和自稳态等概念基本上是引自生理学，而由物质流、能量流和信息流的角度来研究生物与环境的相互作用则可说是由物理学、化学、生理学、生态学和社会经济学等学科交汇的结果。

20 世纪 50 年代以来生态学与其他学科相互渗透相互促进，展现出以下特点：

整体思维成为学科发展的基本取向。这表现在动植物生态学由分别单独发展走向统一，生态系统研究成为主流；生态学不仅与生理学、遗传学、进化论等生物学各个分支以及行为学相结合形成了一系列新的领域，并且与数学、地学、化学、物理学等自然科学相交叉，产生了许多边缘学科；生态学甚至超越自然科学界限，与经济学、社会学、城市科学相结合，成为连接自然科学和社会科学的又一座桥梁；生态系统理论与农、林、牧、渔各业生产、环境保护和污染处理相结合，并发展为生态工程和生态系统工程；生态学与系统分析或系统工程相结合形成了系统生态学。

生态学研究对象的多层次性更加明显。现代生态学研究对象向宏观和微观两极多层次发展，小自分子状态、细胞生态，大至景观生态、区域生态、生物圈或全球生态。在生态学初创时期，其研究对象主要是有机体、种群、群落和生态系统几个宏观层次。今天虽然宏观研究仍是主流，但微观研究的成就同样重大而不可忽视。

生态学研究的全球合作趋势更加明显。生态问题往往超越国界，第二次世界大战以后，有上百个国家参加的国际规划一个接一个。重要的有20世纪60年代的《国际生物学计划》（IBP），70年代的《人与生物圈计划》（MAB），以及90年代的《国际地球生物圈计划》（IGBP）和《生物多样性计划》（DIVERSITAS）。为保证世界环境的质量和人类社会的持续发展，如保护臭氧层、预防全球气候变化的影响，世界各国签订了一系列重要协定。1992年各国首脑在巴西里约热内卢签署的《生物多样性公约》是近些年来对全球有较大影响力和约束力的一个国际公约，有许多方面涉及了各国的生态学问题。

生态学在理论、应用和研究方法方面获得了全面发展。

（1）生理生态学。在20世纪60年代IBP及MAB计划的带动下，生物量研究和产量生态学有关的光合生理生态研究、生物能量学研究取得了突出成就。生理生态的研究也突破了个体生态学为主的范围，向群体生理生态学发展。在生理生态学向宏观方向发展的同时，由于分子生物学、生物技术的兴起，生态学也向着细胞、分子水平发展。

（2）种群生态学。动物种群生态学大致经历了以生命表方法、关键因子分析、种群系统模型、控制作用的信息处理等发展过程。植物种群生态学经历了种群统计学、图解模型、矩阵模型研究、生活史研究及植物间相互影响、植物、动物间相互作用研究的发展过程，近期还注重遗传分化、基因流的种群统计学意义、种群与植物群落结构的关系等。德国的罗伦斯和丁伯根在行为生态学的研究方面获得重要成果，把这一领域的研究推向了新阶段；哈帕尔的巨著《植物种群生物学》，突破了植物种群研究上的难点，发展了植物种群生态学，并使长期以来各自独立发展的动、植物种群生态学融为一体。

（3）群落生态学。群落生态学由描述群落结构，发展到数量生态学，包括排序和数量分类，并进而探讨群落结构形成的机理。植被的“连续性概念”得到强调，由于采用数理统计、梯度分析和排序来研究群落的分类和演替，尤其电子计算机的应用，使植物群落生态学的研究进入了数量化、科学化的新阶段。虽然动物群落生态学起步较晚，但也取得了长足的进步，在动物群落结构、组织与物种间相互关系及环境空间异质性的关系方面开展了大量的工作。目前群落资源分享和群落组织两方面已成为动物群落生态学研究的中心问题，群落组织是指决定或塑造群落结构的有关机理，被称为“新生态学”的一个组成部分。

（4）生态系统生态学。这是生态学与系统科学和计算机科学相结合，使生态系统研究获得新的方法和思路，从而具备处理复杂系统和大量数据能力的必然结果。它丰富和发展了生态学的理论，在其发展过程中，也提出了许多新的概念，如有关结构的关键种、有关功能的功能团、体现能、能质等，都有力地推动了当代生态学的发展。

（5）应用生态学。这是联结生态学与各门类生物生产领域和人类生活环境与生活质量领域的桥梁和纽带。20 多年来呈现出两个趋势：一是经典的农、林、牧、渔各业的应用生态学由个体和种群水平向群落和生态系统水平的深度发展，如对所经营管理的生物集群注重其种间结构配置、物流、能流的合理流通与转化，并研究人工群落和人工生态系统的设计、建造和优化管理等。二是由于全球性污染和人对自然界宏观控制管理的宏观发展，如人类所面临的人口、食物保障、物种和生态系统多样性、能源、工业及城市问题方面的挑战，应用生态学的焦点已集中在全球可持续发展的战略战术方面。

在研究技术和方法上，生态学取得的进展主要包括：遥感在生态学上已普遍应用，近 20 年来遥感的范围和定量发生了巨大的变化，尤其是对全球性变化的评价，促使遥感技术去记录细小比例尺的变化格局。用放射性同位素对古生物的过去保存时间进行绝对的测定，使地质时期的古气候及其生物群落得以重建，比较现存群落和化石群落成为可能。现代分子技术使微生物生态学出现革命，并使遗传生态学获得了巨大的发展。在生态系统长期定位观测方面，自动记录和监测技术、可控环境技术已应用于实验生态，直观表达的计算机多媒体技术也获得较大发展。无论基础生态学和应用生态学，都特别强调以数学模型和数量分析方法作为其研究手段。

第三节　交叉科学突飞猛进

一、交叉科学发展的脉络

自然科学内部各学科之间、自然科学与社会科学各学科之间、社会科学内部各学科之间融合交叉产生大量交叉科学，是 20 世纪科学史上的一个奇观。从知识层面来看，随着科学的进步，自然界、人类社会的联系和发展越来越显现出整体性。学科划分过细，专业壁垒森严的状态已不再能适应人类知识发展的需要。作为认识的工具，当代科学越来越重视综合性研究，新兴交叉科学如雨后春笋般大量涌现，这不仅改变了现代科学的总体结构，而且加速了科学知识在高度分化基础上的高度整体化进程。从社会层面来看，随着现代社会的发展，人类面临着越来越多涉及自然因素和社会因素的综合性复杂问题，如能源问题、资源问题、环境问题、人口问题、复杂工程的管理问题、科技—经济—社会协调问题及各种全球性问题。这些问题的解决需要自然科学工作者和社会科学工作者联合起来，综合运用自然科学和社会科学的理论和方法。这些因素实际上就是不断产生新的交叉科学的重要生长点。可以预料，随着科学技术的发展，随着人类实践活动的不断深入，还会产生更多的综合性、复杂性问题，并将催生更多的交叉科学的诞生。

交叉科学大致产生于近代科学的早期阶段，即 17 世纪中后期。1670 年法国的莱莫瑞（1645—1715）首次提出植物化学和矿物化学概念，给予最初的交叉科学具体学科名称。1690 年，英国的经济学家威廉·配第（1623—1687）的著作《政治算术》的出版，走出了自然科学各大学科之间的壁垒，实现了大的学科体系之间的交叉，在历史上第一次提出用数学和统计学的方法研究经济问题。但在整个近代时期，出现的交叉学科多半限于自然科学的内部交叉，或数学向自然科学的渗透。如 18 世纪先后出现的植物静力学、植物动力学、解析力学。19 世纪交叉科学的发展较 18 世纪有较大进步。自然科学下属二级类学科之间的交叉相对增多，如天文分光学、光化学、晶体光学。自然科学下属二级学科内的交叉也开始出现，如微分几何、临床内分泌学等。另外，自然科学和其他（如横向学科）的学科的交叉也在 19 世纪晚期开始出现，如生物统计学。这时以自然科学和社会科学某些学科交叉的名称形式也开始出现了，如道尔顿（1766—1844）的化学哲学概念和拉马克（1744—1829）发表的《动物哲学》一书。严格说来，这些并不是真正的文理交叉学科，而是一些科学家在解释自己的理论时，寻求某种社会科学理论依据的做法。虽然它们不是本文所说的典型意义的交叉学科，但却使我们看到了始于 19 世纪早期的文理学科交叉发展的某些先兆。

交叉科学真正大发展是 20 世纪以来出现的。据初步估算，在不到 100 年的时间里，产生了 2300 多个交叉学科。到目前为止，交叉学科总量约占全部学科总数的一半左右。有人统计，“社会科学的交叉学科约 571 个，自然科学（实指自然科学的基础科学）2147 个，技术科学 711 个，综合科学 2008 个……从四大系统交叉学科的统计数字来看，自然科学和综合科学系统中的交叉学科发展最为迅速”①。

交叉科学发展的第一个特点是迅速增长。交叉科学的繁荣不仅表现在自然科学系统中，还表现在自然科学和社会科学的合流。一系列综合科学，如环境科学、生态科学、能源科学、城市科学等，需要自然科学家和社会科学家协同作战、共同探索。数学和语言学是两门最古老的学科，它们被喻为人类文明的一对翅膀，似乎构成了人类知识宝库的两极，语言学家兼数学家的学者是极其罕见的。然而，现代两者已紧密地联系起来，形成了一门新学科——数学语言学。人们开始利用电子计算机进行文学研究。还有，数学和经济学相结合产生了计量经济学。

交叉科学几乎在所有大的学科领域都成了主要的发展趋势。自然科学中，交叉学科已占该系统全部学科的 80%；社会科学中交叉学科占该学科总数的 40% 多；技术科学则占 63% 多。综合科学本身就是各个学科综合交叉的产物。这是人类仅用了几十年的时间在科学领域造就的一大奇观。

交叉科学发展的第二个特点是交叉科学还呈现出由平面线性交叉向立体网络交叉的发展态势，其表现形式就是“大科学”的出现。由不同学科移植、融合、交叉所形成的网络并非是各学科的无序拼凑、简单汇集，而是按照一定科学目的和内在机制形成的有机系统。这个大系统的核心是基础科学。在空间上，基础科学作为母体向纵深方向无限延伸，构成纵向的递阶系列。同时由于物质的统一本质，各个学科之间又交汇融合形成横向的网络结构。在时间上，随着时间的推移，在科学发展的逻辑的链条上又构成了前沿学科不断更替的无穷系列。这种由空间上的纵向、横向整合和时间上的无穷系列交织成的有机体系，人们称之为“大科学”。

交叉科学发展的第三个特点是理论的综合走向综合性理论。20 世纪以来，在许多领域由于各门学科在发展过程中彼此接触，而产生出“相干”、“共振”、“融合”或者“吸附”、“嵌入”等关系，从而形成了综合性理论。如分子生物学就是生物学、化学和

① 吴维民、林永寿：《关于交叉学科的历史考察》，载《社会科学研究》1986 年第 3 期。

物理学交汇形成的综合理论，成为生物学上的一次革命。又如核科学就是物理学、化学和生物学紧密交叉形成的综合性理论。现代管理学也是行为科学、系统科学、计算机技术等理论和技术的综合。

综合性理论的出现还表现为统一性理论的产生。在生物学领域，主要以胚胎学和进化论为中心形成的综合性理论——综合进化论，使不同方面和不同学科，如种群遗传学、细胞遗传学、分子遗传学、生物化学遗传学、选择理论、数学进化论、古生物学、胚胎学、生态学、生物地理学和许多有机界进化规律的其他学科理论、方法有了统一的理论基础。地学领域中的新全球构造理论——板块构造学说，是对大陆漂移说、海底扩张说的统一性理论。在数学领域，19 世纪后期德国数学家克莱因提出用“群”的观点来统一各种几何学的厄兰格计划；19 世纪与 20 世纪之交出现了公理化运动，以公理系统作为数学统一的基础；20 世纪 20 年代美国伯克霍夫（1884—1944）提出用“格”来统一代数系统的新理论；30 年代法国布尔巴基学派，继承公理化运动，把数学的核心部分统一在结构概念之下使之成为一个整体；与此同时，美国麦克莱恩和艾伦伯格提出以“范畴”与“函子理论”作为统一数学的基础。在现代物理学领域中，从 30 年代起人们开始探索用统一的理论和方法，把自然界的四种相互作用统一起来，目前在弱相互作用和电磁相互作用的统一理论方面已取得重大成就。

与知识的融合和交叉相适应，科学活动的组织形式也发生了变化，科学家们由分散的、专业汇聚式的研究转变为不同学科整合、优势互补的协作模式。如 20 世纪 40 年代维纳组织各种学科的科学家共同合作创立了控制论。他与生理学家罗森勃吕特等人组织了每月一次的科学方法论的讨论会进行学术探讨，参加讨论的有数理逻辑、生物学、心理学、医学、计算机、统计力学、无线电通信和工程技术等方面的专家。第二次世界大战中，英国组织了大批自然科学家，包括物理学家、数学家、生理学家、测量学家、天文学家和军事学家参加的有“马戏团”之称的混合组织，创立了多学科的综合性学科——运筹学。又如电子计算机也是组织包括数学家、控制论专家、电子学家、机械工程师、生理学家、语言学家、数理逻辑专家、心理学家等各方面专家多学科会战的结果。

二、交叉科学兴起的历史背景

现代科学和技术革命为各门科学的交叉综合奠定了科学基础。社会发展所提出的诸多综合性问题，是现代交叉科学兴起和发展的强大推动力。现代科学的综合化、整体化、数学化思想的形成，是交叉科学迅速发展的思想条件。

以 19 世纪末 20 世纪初的 X 射线、放射性和电子三大发现为开端的现代物理学革命，在 20 世纪初的 20 年中，相继诞生了爱因斯坦相对论和量子理论。在物理学革命的影响下，20 世纪 50 年代分子生物学诞生，标志生物学领域发生了一场深刻的革命。当代技术革命是从第二次世界大战前后开始的。主要包括信息技术、新材料技术、新能源开发技术、海洋开发技术、航天技术和生物技术六个方面内容。同时，系统科学也应运而生并取得重大进展。

首先，现代物理学革命在微观领域里所取得的巨大成功，为解释宏观过程的发生机制提供了坚实的基础，量子力学的理论与方法迅速渗透到各门经典科学中去，物理学、化学、生物学因而找到了统一的基础——微观粒子运动的规律。原子物理学、量子化学、量子生物学、固体物理学、粒子物理学等学科相继建立，并在此基础上来发展各项技术，从而极大提高了人类认识自然和改造自然的能力。

其次，相对于经典科学，现代科学理论具有更广阔的普适性。如牛顿力学只能解释宏观低速物体的机械运动，而相对论不仅适用于低速运动过程，而且适用于高速运动过程。同样量子力学、分子生物学、物质结构论等，都大大拓展了所属领域的解释范围，这种较大的普适性致使其被广泛应用于各个领域，形成相互渗透融合的趋势。

最后，新技术为科学发展提供了有效的手段，同时也向科学提出了更多更复杂的问题，从而促进了交叉科学的发展。激光技术与原有学科的杂交形成一批如激光物理、激光化学、激光大地测量学、激光计量学等交叉学科。电子计算机的不断发展，产生了诸如系统仿真技术、专家咨询系统，为决策科学化提供了技术手段。控制论、信息论、系统论、耗散结构论、协同学、紊乱学等自组织理论与这些技术手段结合产生的研究成果，为逻辑模型的建立以及决策的定量研究，提供了有效工具。所有这些都是自然科学与社会科学交叉融合所取得的成果。

数学化是20世纪科学发展的一个重要特征。在当代自然科学中，数学方法已被广泛地应用于各门学科的研究之中，使其普遍处于计量化的过程。所谓数学化，一方面表现在各门科学中运用数学方法，体现着科学之间的相互联系；另一方面表现在运用数学方法解决实际问题，成为科学理论和实践的中介。现代数学不仅被普遍用于描写物理实在，而且广泛渗透到生物学、医学等学科中。数学方法也越来越丰富，早期大多使用微分方程、概率论、数理统计等，现在则有了集合论、抽象代数、矩阵论、拓扑学和信息论等。数学化的创造性不断提高，加速了数学和其他学科交叉的进程。这一方面表现为科学的数学化，另一方面表现为数学的机器化。电子计算机是数学与机器的结合，这种“机器”数学的加强与扩展，成为现代数学的一个重要特征。电子计算机对于非线性、非均匀性和几何非规则性方程的求解，在原则上没有不可逾越的障碍，在数值计算方法上拥有巨大潜在的解题能力，这为数学和其他学科交叉，提供了广阔的应用前景。

总之，当代科学技术正在不断扩展和深化，一方面，自然界、人类社会和人的思维活动越来越展现出普遍联系和不断发展的本质，展示出它们内在的统一性。另一方面，世界的多样性和复杂性又呼唤人们用多样化手段和复杂性思维去认识、去把握。各门科学在追寻世界的统一性的进程中，最终将殊途同归。正如马克思所预言的那样：“自然科学将包括关于人的科学；同时，关于人的科学将包括自然科学；这将是一门科学。”①

◎ 思考题

1. 系统科学是循着怎样的途径发展起来的？它的基本思想是什么？
2. 什么是自组织理论？它的产生对当代科学思想产生了什么影响？

---

① ［德］马克思：《1844年经济学哲学手稿》，人民出版社1979年版，第80~81页。

3. 标志人类环境和生态意识觉醒的事件有哪些？

4. 20世纪50年代以来生态学呈现出哪些特点？

5. 什么是交叉科学？为什么说它的兴起具有必然性？

第十章　现代高技术与第三次技术革命

当代科学革命发端于19世纪末20世纪初的物理学革命。X射线、放射性、电子等发现，以太漂移实验的否定结果和黑体辐射能量分布理论解释的困难，从根本上动摇了以牛顿力学为基石的经典物理学理论。相对论和量子力学的建立是物理学革命的伟大成果，将对物理世界的认识，从宏观物体、低速运动，推进到微观粒子、高速运动的领域。以当代科学革命为基础的第三次技术革命产生于20世纪40—60年代并引发了高技术。所谓高技术是指在第三次科技革命中涌现出来的，以科学最新成就为基础的，知识高度密集的，对经济和社会发展起先导作用并具有重大意义的新兴技术群，主要包括信息技术、材料技术、能源技术、生物技术、空间技术等。高技术是具有知识高度密集、高经济效益和高社会效益的技术，高技术对于技术、经济、社会发展具有高战略价值的主要特点。高技术的发展水平，已经成为衡量一个国家综合国力的主要标志。

第一节　信息技术

信息技术的核心内容包括信息的获取、传输、处理和应用。信息技术的发展大致经历了古代信息技术、近代信息技术和现代信息技术3个不同的发展时期。自20世纪60年代开始随着微电子技术、电子计算机科学的发展，信息的获取、传递、加工、处理、存储等方面发生了革命性的变化，逐步形成了现代信息技术。

一、计算机技术

计算机是由电子器件及相关设备和系统软件组成的自动化的系统机器。现代电子计算机可完成算术运算、逻辑操作、数据处理、符号处理、图像处理、图形处理、文字处理、逻辑推理等功能，它的用途非常广泛，目前计算机几乎广泛运用于所有的行业和领域。

世界上第一台电子数字计算机ENIAC于1946年在美国宾夕法尼亚大学莫尔学院研制成功，总共用了18000多只电子管，功耗大约为150千瓦，总重量达30吨，运算速度为5000次/每秒。虽然功耗和重量都特别大，但它是计算机发展史上的一个重要的里程碑，它的诞生拉开了电子计算机和信息技术高速发展的序幕，在科学技术史上具有划时代的意义。

计算机的发展已经历了四代，第一代是使用电子管的数字计算机（1945—1956），第二代是使用晶体管（1956—1963），第三代是使用中、小规模集成电路（1964—1971），第四代是使用大规模集成电路（1971—　），第五代计算机可能会出现光计算机、化学计算机、生物计算机、量子计算机、智能计算机、神经网络计算机等。但我们相信计算机科学的发展很快会迎来一个又一个新的里程碑。作为第五代计算机，一般认为有这样一些主要特点：以高性能微处理器为硬件基础；具有网络计算机环境；应用图形和多媒体技术；系统软件是标准通用的软件平台；有自然友好的人机界面；体积小、功效高、可靠性强、能类似人的大脑进行逻辑思维推理等。

第三次技术革命的核心技术是电子计算机技术，电子计算机是一种代替人的脑力劳动的机器，它不仅运算速度快，处理数据量大，而且能部分模拟人的智能活动。它的出现使人类社会的信息处理方式发生了翻天覆地的变化，从根本上改变了现代社会的发展进程。为电子计算机奠定基础的是电子技术，而计算机的出现则带动了一大批高新技术的发展，使人类进入了信息时代。

二、微电子技术

微电子技术是微小型电子元器件和电路的研制、生产以及系统集成的技术。它是现代信息技术的基础，也是电子计算机的核心技术之一，在微电子技术领域中，最主要的是集成电路技术，现代微电子技术是随着集成电路技术，特别是大规模集成电路技术的发展而发展起来的一门新兴技术，与传统的电子技术相比，微电子技术不仅可以使电子设备和系统微型化，更重要的是引起了电子设备和系统的设计、工艺、封装等方面的巨大变革。传统元器件如晶体管、电阻、连线等，都将在硅基片内以整体的形式互相连接，设计的出发点不再是单个元器件，而是整个系统或设备。

1947 年美国电话电报公司的贝尔实验室的三位科学家巴丁（1908—1991）、布赖顿（1902—　）和肖克莱（1910—1989）制成第一支晶体管，它是微电子技术诞生的标志，开始了以晶体管代替电子管的时代，晶体管的出现也拉开了集成电路的序幕。1958 年出现了第一块集成电路板，微电子产业经过 40 多年的快速发展，带动了现代通信、网络等产业的高速发展，人类社会进入了信息时代，微电子技术是现代信息社会的基石。

集成电路在短短 40 年的发展中，经历了中小规模、大规模和超大规模集成时代，目前已进入了特大规模集成电路和系统芯片时代，集成的元件数从当初的十几个发展到目前的几亿个甚至几十亿个。集成电路的出现打破了电子技术中器件与线路分离的传统，开辟了电子元器件与线路甚至整个系统向一体化发展的方向，为电子设备的提高性能、降低价格、缩小体积、降低能耗提供了新途径，也为电子设备的迅速普及、走向大众奠定了基础。

集成电路的原材料主要是硅，它是地球上除氧以外最丰富的元素，目前世界上 95%以上的半导体器件是用硅制成的。一是硅占地壳总重量的 27. 7%，取材方便，成本相对低廉；二是硅禁带宽度较大，掺杂后做成的器件随温度变化比其他半导体材料要小得多，且器件性能较稳定；三是硅机械强度高，结晶性好，用其提炼和制成单晶的工艺较成熟。这种经过人们设计和一系列的特定工艺技术加工后的硅元素，能将体现信息采集、加工、运算、传输、存储和执行功能的信息系统集成并固化在硅片上，成为微电子技术的基础。

集成电路被广泛应用于计算机中。正是由于集成电路的出现才使计算机成为信息科技的核心，集成电路被广泛应用于社会的各个行业，传统工业经过应用微电子技术改造，就可以转变为数控设备，其加工水平、加工精度和效率将大幅度提高，效益大大增加。目前微电子芯片已经成为现代工业、农业、国防和家庭耐用消费品的细胞。据估算，集成电路对国民经济的贡献率远远高于其他门类的产品，如果以单位质量钢筋对GNP的贡献为1计算，则小汽车为5，彩电为30，计算机为1000，而集成电路的贡献率则高达2000，几十年来世界集成电路业的产值以大于13%的年增长率持续发展，世界上还没有哪一个产业能以如此高的速度持续增长。因此国际上普遍认为：谁控制了超大规模集成电路技术，谁就控制了世界产业。

随着微电子技术的发展和微型计算机的产生，信息技术的应用得到极其广泛的普及，人类社会将以微电子技术的发展而进入更为深远的信息时代，给人类带来更深远的信息革命。

三、通信技术

1. 数据通信

电子计算机与通信技术的结合产生了一种新的通信方式——数据通信。所谓数据通信，就是集数据的处理与传输为一体，实现数字信息的接收、存储、处理和传输，并对信息流加以控制、校对和管理的一种新型通信方式。计算机与通信线路及设备结合起来实现人与计算机、计算机与计算机之间的通信，从而极大地扩展了计算机的应用范围，提高了计算机的利用率，使各用户实现计算机软硬件资源与数据资源的共享。

数据通信网是用于数据通信的通信网，它又分为专用数据网和公用数据网。专用网的发展使用开始于20世纪70年代以前，目前使用仍比较普遍。公用数据通信自20世纪70年代开始建立并得到迅速发展，一般采用分组交换和电路交换两种交换方式，分组交换能提高电路的利用率，更灵活地满足实时数据通信的要求。

数据网的建立和发展是我国“八五计划”的重点项目。我国国内分组交换网已于1989年11月正式使用，各大城市间已开通了数据通信业务，利用这个网还能进行国际数据库的联网检索。在通信发达的国家，用户只要携带一台袖珍式电脑，与国际长途直拨电话线相连，就可以与全球任何地方进行数据信息的交换。

2. 光纤通信

光纤通信是利用激光作为信息载波、光导纤维作为载体的通信。1960年激光技术出现后，焦点集中在通信媒介的研究上。经过几年的努力，发明了光纤这种光传播媒介。光纤是一根双层同心的石英玻璃丝，中心的玻璃丝称为纤芯，其光折射率较低，外层玻璃叫做包层，其光折射率比纤芯高。纤芯和包层的折射率有差别，是为了光线在纤芯和包层之间产生全反射，使光线封闭在纤芯中通过全反射进行传播。

光纤的抗拉强度大，由千百根光纤组合制成的光缆具有寿命长、结构紧凑、体积小、性价比高、损耗低、传送距离远、使用地域广、重量轻、绝缘性能好、保密性强、成本低等优点。光纤能传送声音和图像信号，是建立综合业务数字网（ISDN）的最佳技术手段。

激光具有方向性强、频率高且稳定等特性，是进行光通信的理想光源。与电波通信相比，光纤通信能提供更多的通信通路，从理论上讲用激光传输信息容量要比微波通信的容量大1万倍，可满足大容量通信系统的需要。现在最先进的光纤可以达到1根光纤就可以传输50兆兆比特/秒。而全球所有的语音电话的通话总量才1兆兆比特/秒，仅用一根光纤来传输世界上所有语音通话就绰绰有余了。如果全世界每人都配备10M比特/秒的调制解调器，实现电视图像的网上传输，总数据流量为66666兆兆比特/秒，只需要1333条光纤就可以实现了。光纤通信为人类提供了过去难以想象的巨大通信容量和超高速率。光纤是信息传输的超高速公路。

3. 卫星通信

卫星通信是地球上的无线电通信站之间利用人造卫星作中继站而进行的通信。1945年，英国人克拉克（1917—2008）大胆地提出了利用3颗地球静止轨道人造卫星进行全球通信的设想。专门用做通信的人造卫星通称通信卫星。1960年以来卫星通信得到了迅速发展。今天通信卫星作为空间技术和无线电通信技术的美妙结合，得到了飞速的发展，成为各种卫星中最早投入商业市场、效益最为显著的一种。通信卫星具有通信距离远、覆盖面积大、不受地理条件限制、通信信道质量高、容量大、费用省、组网灵活、迅速等优点，已广泛应用于国际、国内或区域通信、军用通信、海事通信、电视广播及航天器的跟踪和数据中继等方面，对世界范围的信息交流、社会进步、各国经济发展及物质文化生活水平的提高，起到极为重要的作用。

一个卫星通信系统由通信卫星和地球站组成。通信卫星在距赤道上空35786千米的轨道上与地球的自转同步运行（同步是指卫星环绕地球运行一周的时间与地球自转一周的时间相同），而此轨道的平面与赤道平面的夹角保持为零度，使卫星相对地面静止不动，称为定点同步卫星。20世纪80年代通信卫星领域中最有意义的成就之一是甚小口径卫星数据站（VSAT）的发展，将对今后通信的发展起巨大推动作用。

我国的通信卫星研制始于20世纪70年代，1984年发射了第一颗通信卫星。经过30多年的不懈努力，形成了自己的通信卫星系列，其技术已接近国际先进水平，在轨应用的国产通信卫星为我国人民的生活、经济和政治活动提供服务，产生了明显的社会效益和经济效益，推进了我国的改革开放和经济建设。

4. 移动通信

移动通信是移动体之间或移动体与固定体之间的无线电信息传输与交换。移动通信的发展是基于微电子技术及通信技术的迅猛发展，使无线电通信产生了革命性的变化。1978年以来，美国、日本和瑞典等国先后开发出一种同频复用、大容量小区制的移动电话系统，它的工作频段是900兆赫，能在全地域自动接入公共电话交换网。这是最早的蜂窝移动电话系统。现代移动通信系统还包括多信道无中心选址通信系统及集群通信系统。20世纪80年代又研制出数字式蜂窝移动通信系统。数字移动电话能大大提高频道的容量，具有通信质量好、保密性强、兼容性强等优点，另外还具备国际漫游功能。

蜂窝移动电话还包括无线寻呼电话和无线电话，也属于无线移动通信的范畴。无线寻呼通信是现代移动电话的前身，由于现代移动电话业务的高速发展，如今基本上已被淘汰。无线电话作为移动通信的一种方式，发展迅速，普及性强。现代移动通信技术已逐步发展完善为环球移动卫星电话系统，即人们俗称的“全球通”，使地球上的每个角落不因距离遥远或偏僻都能发送或接收电话、传真、数据传输等多种通信服务。

四、网络技术

计算机网络就是利用通信设备和线路将地理位置不同的、功能独立的多个计算机系统互连起来，以功能完善的网络软件（即网络通信协议、信息交换方式、网络操作系统等）实现网络中资源共享和信息传递的系统。网络发展经历了面向终端的网络；计算机-计算机网络；开放式标准化网络三个阶段。

1. 计算机网络的分类

按网络的分布范围分，有广域网 WAN、局域网 LAN、城域网 MAN；按网络的交换方式分有电路交换、报文交换、分组交换；按网络的拓扑结构分，有星形、总线形、环形、树形、网形；按网络的传输媒体分，有双绞线、同轴电缆、光纤、无线；按网络的信道分，有窄带、宽带；按网络的用途分，有教育、科研、商业、企业；按网络的协议标准分，有 IEEE 的 802 系列、TCP/IP 协议等。

2. 计算机网络的应用

办公自动化 OA；电子数据交换 EDI；远程交换；远程教育；电子银行；电子公告板系统 BBS；证券及期货交易；广播分组交换；校园网；信息高速公路；企业网；智能大厦和结构化综合布线系统。

3. 因特网的发展和应用

互联网是由电话网和计算机网相互连接而形成的远程通信及信息处理网络，人们通常称为因特网。1969 年的 ARPANET、ARM 模型，早于 OSI 模型，低三层接近 OSI，采用 TCP/IP 协议。1988 年的 NSFNET、OSI 模型，采用标准的 TCP/IP 协议，成为 Internet 的主干网。最初主要有两种服务公司：进入因特网产品服务公司 ISP，因特网信息服务公司 ICP。

因特网发展经历了 20 世纪 60 年代起源阶段的 ARPANET；70 年代初级阶段的 TCP/IP；80 年代基础阶段的 NSFNET；90 年代发展阶段的 INTERNET；21 世纪普及阶段的 INTERNET。

互联网使信息的收发和处理变得十分方便，发展极其迅速。互联网能将语音、图像、文本、数据、传真、电子邮件等多种信息从信源传到千家万户，甚至还可以将编程的信息用于控制机器进行生产。借助互联网通信实现了国际化，并与经济全球化相适应，产生了电子商务、网上交易等各种服务，以网络为核心的新信息经济时代已经到来。互联网革命性地改变了人类的生活方式和生产方式，是人类发展史上的又一次伟大变革。

第二节 材料技术

人类社会发展的历史证明，材料是人类生存和发展、征服自然和改造自然的物质基础，是人类社会现代文明的重要支柱，是经济发展和社会进步的决定性因素。纵观人类利用材料的历史，可以清楚地看到，每一种重要新材料的发现和应用，都把人类支配自然的能力提高到一个新的水平。材料科学技术的每一次重大突破，都会引起生产技术的革命，大大加速社会发展的进程，并给社会生产和人们生活带来巨大的变化，甚至成为时代划分的标志。

材料是指能够直接用来制造各种产品的物质。材料的分类有很多种，但就大的类别来说，可以分为金属材料、无机非金属材料、有机高分子材料及复合材料四大类。按材料的使用性能来分，可分为用于力学性能的结构材料与用于光、电、磁、热、声等性能的功能材料两大类；从材料的应用对象来看，可分为信息材料、能源材料、建筑材料、生物材料、航空航天材料等。

一、金属材料

金属材料分为黑色金属和有色金属两大类。黑色金属是指铁、锰、铬及其合金。钢铁是黑色金属的主体。100多年来钢铁一直紧密联系着各国的工业化进程，是工业化建设的基本结构材料，也是反映一个国家工业化水平的主要标志之一，钢铁的生产能力也被视为衡量一个国家经济实力的尺度。由于钢材具有良好的物理、机械性能、资源丰富、价格低廉、工艺性能好、便于加工制造等优点而备受工业界的青睐。

黑色金属以外的金属统称为有色金属，有色金属有80余种，分为重金属（如锌、铜、镍、锡、铅等密度在4.5g/cm^{3}以上）、轻金属（如镁、钠、钙、铝等密度在4.5g/cm^{3}以下）、贵有色金属和稀有金属。重金属在国民经济各部门中，每种重有色金属根据其特性都有特殊的应用范围和用途。轻金属比重小、化学活性大，与氧、硫、碳和卤素的化合物都相当稳定。贵有色金属包括金（Au）、银（Ag）、铂（Pt）族元素，它们在地壳中含量少，开采和提取比较困难；其共同特点是比重大、熔点高，化学性质稳定，能抵抗酸、碱腐蚀（银和钯除外），价格都很昂贵。稀有金属通常是指那些在自然界中含量少，分布稀散或难从原料中提取的金属。如钨、钼、锆、钛等。由于有色金属具有导电、导热、耐热、耐腐蚀、化学性能稳定、工艺性能好、比重小等优点，被广泛应用于电气、机械、化工、电子、轻工、仪表、飞机、导弹、火箭、卫星、核潜艇、原子能、电子计算机等工业、军事和高科技领域。

黑色金属主要有锰、铁、铬。锰是丰富度较高的元素，在地壳中的含量为0.085%，锰的主要矿石有软锰矿 $MnO_2 \cdot xH_2O$，黑锰矿 Mn_3O_4 和水锰矿 $Mn_2O_3 \cdot H_2O$。铁元素大约占地壳之元素总量的5.5%，全世界金属总产量中钢铁占99.5%。铬元素在地壳中的含量为0.01%，最重要的铬矿是铬铁矿 $Fe(CrO_2)$。

二、无机非金属材料

无机非金属材料是指除金属以外的无机材料，主要有陶瓷、玻璃、水泥、耐火材料等，因为其都含有二氧化硅，所以又称为硅酸盐材料，它们具有耐高温、耐辐射、抗腐蚀及特殊的光学、电学性能。

1. 陶瓷

陶瓷在我国有悠久的历史。在新石器时代我们的祖先就能制造陶器，到唐宋时期制造水平已经很高。唐朝的“三彩”、宋朝的“钧瓷”闻名于世，流传至今。作为陶瓷的故乡，我国陶都宜兴的陶器和瓷都景德镇的瓷器，在世界上都享有盛誉。

陶瓷的种类很多，根据原料、烧制温度等的不同，主要分为土器、陶器、炻器、瓷器等。常见的砖、瓦属于土器，它们是用含杂质的黏土在适当温度下烧制而成的。陶器的出现是中国新石器时代的主要特征之一，它加强了早期人类定居的稳定性，丰富了人们的日常生活。陶器均为手制，泥质以红陶为主。制陶是一种专门技术，一般选用黏土，经过成型、入窑火烧而成。器形有碗、钵、盆、罐、壶、瓮、豆、盂、尊等。其纹饰有篦点纹、弧线纹、划纹、指甲纹、乳钉纹、绳纹等。陶质以夹砂为主，有红、灰、褐、灰褐等色陶器，其种类可分为彩陶、墨陶、白陶、印纹陶、彩绘陶等。炻器是介于陶器与瓷器之间的一种陶瓷制品。其特点是坯料中伊利石类黏土含量较多，结构致密，易于烧制，无釉制器，亦不透水，无透光性。我国传统中没有炻器这一名称。如今的化工陶器、建筑陶瓷应属于炻器范围。炻器有粗炻器和细炻器之分。制瓷器的要求比较高，需要纯净的黏土作原料，烧制温度也相对高些。陶瓷具有抗氧化、抗酸碱腐蚀、耐高温、绝缘、易成型等许多优点，因此，陶瓷制品一直为人们所喜爱。

陶瓷仍广泛应用于生活和生产中，如日常生活中的部分餐具，建筑中的砖、瓦，电器中的绝缘瓷，化学实验室中的坩埚、蒸发皿等，都是陶瓷制品。20 世纪 80 年代左右出现了硬度和金刚石不相上下的氧化铝陶瓷，既耐腐蚀又具有金属韧性的金属陶瓷以及透明、耐高温、机械性强的光学陶瓷。某些新型工程陶瓷材料，用于取代金属材料制造内燃机外壳。陶瓷还用做宇宙飞船和航天飞机的热防护层，以确保飞行安全，还可以用于原子反应堆等。目前科学家们已经解决了陶瓷致命的脆性弱点。陶瓷材料技术的前景十分可观，它将为现代高科技的发展注入新的血液。

2. 玻璃

玻璃是人们日常生活中普遍应用的硅酸盐材料，不仅耐腐蚀、耐酸、透光性佳，且硬度仅次于金刚石。普通玻璃的主要成分是石英，即二氧化硅，它是在加入助熔剂纯碱和起稳定作用的石灰石后，在 1500℃左右的温度下烧制而成的。除常用的普通玻璃外，还有根据特种需要研制的新型玻璃，如用于机械零件、化工用品、结构材料、炊具等的微晶玻璃、半导体玻璃、导电玻璃、磁性玻璃等，并可拉成直径为几微米到几十微米的玻璃纤维，用于光纤通信或医疗上的体内直视诊断器。

如果在制造玻璃的过程中加入某些金属氧化物，还可以制成有色玻璃。加入氧化钴后玻璃呈蓝色，加入氧化铜后的玻璃呈红色。普通玻璃一般呈淡绿色，是因为原料中混有二价铁的缘故。

玻璃的种类很多，除普通玻璃外，还有石英玻璃、光学玻璃、玻璃纤维、钢化玻璃等。各种玻璃的特性和用途不一：普通玻璃熔点较低，用于窗玻璃、玻璃瓶、玻璃杯等；石英玻璃膨胀系数小、耐酸碱、强度大、绝缘、滤光，用于化学仪器、高压水银灯、紫外灯等的灯壳；光学玻璃透光性能好、有折光和色散性，用于眼镜片、照相机、显微镜、望远镜等光学仪器；玻璃纤维耐腐蚀、不怕烧、不导电、不吸水、隔热、吸声、防虫蛀，用于太空飞行员的衣服等；钢化玻璃（玻璃钢）耐高温、耐腐蚀、强度大、质轻、抗震裂、隔音、隔热，用于运动器材、微波通信器材、车窗玻璃等。

3. 水泥

普通水泥的主要成分是硅酸三钙、硅酸二钙和铝酸三钙等。水泥、沙子和水的混合物叫水泥砂浆，是建筑用黏合剂，可把砖、石等建筑材料黏结起来。

水泥、沙子和碎石的混合物叫混凝土。混凝土常用钢筋做结构，即钢筋混凝土结构。钢筋混凝土的强度大，常用来建造高楼大厦、桥梁等高大的建筑。

4. 耐火材料

耐火材料是指能耐1500℃以上高温的材料，在工业建筑中居重要地位。黑色和有色金属冶炼炉、蒸汽机、发电厂、铁路机车的锅炉、炼焦炉以及制造水泥、玻璃、陶瓷、砖瓦的窑炉都要用耐火材料。其化学成分是氧化铝和氧化硅，可耐1700℃高温，被用做锅炉、高炉、窑炉的内衬。其他耐火材料还有高铝氧砖，可耐1800—2000℃的高温、耐碱性强的镁砖，等等，可满足人们的不同需要。

三、高分子材料

高分子是由碳、氢、氧、氮、硅、硫等元素组成的分子量足够高的有机化合物。高分子材料是由分子量高达几千、几十万甚至几百万的含碳化合物组成的材料。自然界中存在的高分子材料有棉花、羊毛、蚕丝、天然橡胶、蛋白质、淀粉等。20世纪初采用化学方法合成高分子材料，随着第三次技术革命爆发，高分子材料已步入工业化生产。人工高分子材料主要有塑料、合成纤维、合成橡胶、涂料、胶粘剂、离子交换树脂等。其中塑料、合成纤维、合成橡胶被称为现代高分子三大合成材料。

高分子材料具有性能好、制造方便、原料丰富、加工简易等优点，因而广泛应用于工业、农业、国防、科技等领域及人们的日常生活。应用最广泛的是塑料、合成纤维、合成橡胶。20世纪70年代，塑料产量从体积上已超过钢铁。如今高分子材料已经不再是金属、木、棉、麻、天然橡胶等传统材料的代用品，而是国民经济和国防建设中的基础材料之一。

高分子材料迅速发展的原因是：原料丰富、资源广、价格低，如煤、天然气、石油、农副产品等均可作为其原料；制造简便、效率高，只需经过单体合成、精制、聚合两三道工序；高分子材料加工成型，比金属方便、省工、省料；生产高分子材料耗能低，经济性价比高。

1. 塑料

塑料是人们日常生活中到处可见，经常使用的一种材料，如塑料壶、杯、瓶、盆、碗、袋等都是聚乙烯塑料制成的。如今，塑料新品种层出不穷，如光学塑料、磁性塑料、半导体塑料、感光塑料、耐高温塑料等。

2. 合成橡胶

合成橡胶是以石油、天然气为原料，以二烯烃和烯烃为单体聚合而成的高分子，在20世纪初开始生产，40年代起得到了迅速发展。合成橡胶一般在性能上不如天然橡胶全面，但它具有高弹性、绝缘性、气密性、耐油、耐高温或低温等性能，因而广泛应用于工农业、国防、交通及日常生活中。如飞机上的双壁油箱、宇宙航行中的固体燃料火箭推进剂的黏合剂、火箭喷口的高温涂层、航天服等。

3. 合成纤维

合成纤维是用石油、天然气中的苯、甲苯、乙烯、乙炔等化学物质，经过有机合成等一系列化学反应聚合成高分子化合物，再经过抽丝而制造出来的纤维。根据大分子的化学结构，合成纤维又可分为杂链纤维和碳链纤维两类。涤纶、锦纶、氨纶和芳纶等属于杂链纤维类；腈纶、丙纶、维纶、乙纶、氯纶、碳纤维、氟纤维等属于碳链纤维类。

第一种合成纤维尼龙66是美国科学家卡罗瑟斯（1896—1937）领导的小组研制成功的，1938年投入生产。合成纤维具有强度高、耐磨、比重小、弹性大、防蛀、不生霉等优点。如锦纶用于制作降落伞绳、轮胎帘子线和渔网等。腈纶用于织成炮衣、篷布；涤纶用于织成运输带；维纶用做缝合手术材料和修补疝气病人的腹壁等。其他特殊合成纤维有耐辐射纤维、光导纤维、防火纤维等。如有合成钢丝之称的“芳纶-14”，是一种超高强度纤维，其强度是一般钢丝的5倍，一根手指粗的芳纶绳能拉几十吨的火车头。

20世纪60年代以来，合成纤维在全世界得到了迅速发展，已成为纺织工业的主要原料。它广泛用于服装、装饰和产业三大领域，使用性能有的已经超过了天然纤维。20世纪90年代初我国的化学纤维（包括合成纤维和再生纤维）总产量已达到290万吨/年，占世界第二位，占纺织纤维总量的30%。到20世纪末已超过480万吨/年，占纺织纤维总量的45%。

四、先进复合材料

复合材料的历史可追溯很远，如从古沿用至今的稻草增强黏土和使用上百年的钢筋混凝土，就是由两种不同材料复合而成的。复合材料是由有机高分子、无机非金属或金属等几类不同材料通过复合工艺组合而成的新型材料。它既能保留原组成材料的主要特色，又能通过材料设计使各组成成分的性能互相补充并彼此关联，从而获得新的优越性能。先进复合材料是指用纤维、织物、晶须及颗粒等增强基体材料所制成的高级材料。

一般具有比强度大于4×106厘米和比模量大于4×108厘米的结构复合材料。先进复合材料的出现源于航空、航天工业的需要，又促进了航空、航天等工业的发展，被公认为是当代科学技术中的重大关键技术。

20世纪20年代以后发展起来的铜-钨和银-钨电触头材料、碳化钨-钴基硬质合金和其他粉末烧结材料，其实质也是复合材料。40年代，出于航空工业发展的需要，出现了玻璃纤维增强塑料（俗称玻璃钢）的雷达罩，复合材料这一名称正式被命名。50年代以后陆续发展了碳纤维、石墨纤维和硼纤维等高强度、高模量纤维；70年代又出现了芳香族聚酰胺纤维（简称芳纶纤维），如聚对苯甲酰胺纤维和碳化硅纤维。这些高强度、高模量纤维能与合成树脂、碳、石墨、陶瓷、橡胶等非金属基体，或铝、镁、钛等金属基体复合而成各具特点的材料。

先进复合材料有很多种，按基体材料的不同可分为树脂基复合材料、金属基复合材料、碳基复合材料、陶交瓷基复合材料；按增强剂不同，可分为纤维增强复合材料、晶须增强复合材料等。按功能可分为导电复合材料、导磁复合材料、阻尼复合材料、屏蔽复合材料等。

五、信息材料

信息材料就是与信息的获取、传输、存储、显示处理和运算有关的材料。计算机、微电子技术、通信技术都离不开信息材料的发展。信息材料主要包括半导体材料、信息记录材料、信息传输材料。

1. 半导体材料

半导体材料是指在室温下导电性介于导电材料和绝缘材料之间的一类功能材料。半导体是划时代的材料，使人类社会发展从工业时代进入信息时代。在人类社会的发展中，没有一种材料像半导体能迅速地推动科学技术进步和经济社会的发展。半导体时代始于发现晶体管，科学技术的发展对材料提出了更新更高的要求，1947年美国贝尔实验室的三位科学家巴丁、布赖顿和肖克莱用锗成功研制出半导体晶体管，三位科学家因发明晶体管而荣获1956年度诺贝尔物理学奖。晶体管很快取代了真空管，从此半导体广泛应用于电子工业的各个领域，使世界发生了翻天覆地的变化，从而进一步推动了微电子工业、计算机等高技术领域的发展，并使第三次技术革命广泛深入地发展，进而实现了第三次技术革命的产业化。

2. 信息记录材料

信息记录材料是用于记录语言、文字和图像的材料。随着信息时代的进一步深化，人们对信息存储的容量越来越大，因此对信息记录材料的容量、密度和速度的要求也越来越高，科技进步也正推动着信息材料的高速发展，以往的磁带、录像带逐渐不能满足人们的要求，因而研制出了新型磁性记录材料，如金属氧化物材料等。还有光存储技术具有容量大、保真度高、无噪声、无机械接触、寿命长、可进行录放和抹除等优点。现在人们常用的刻录光盘、移动硬盘等，不仅容量大，而且使用方便。

3. 信息传输材料

常用的信息传输材料有铜、铝、光纤等。铜作传输材料的容量小、易受外界磁场干扰、性价比不高。光纤是一种新型的信息传输材料，用石英纤维制成的光导纤维，容量大、重量轻、耐腐蚀、易施工、保密性强、信号损耗小、不受电磁干扰。目前光纤是信息传输材料中发展前途最大的主导材料。

六、新能源材料

在全球问题上，能源是制约经济发展的瓶颈，实施可持续发展战略是全世界各国的共识，随着工农业生产的迅速发展，对能源的需求与日俱增，解决能源问题必须依靠科技进步寻找新能源、节省能源消耗，以获取经济的可持续发展。而开发新能源、节省能源消耗的技术又都与材料密切相关，在开发新能源或节约能源技术中应用的一些特殊新材料，被统称为新能源材料。现在新能源材料主要有光电转换材料、超导材料、高温结构陶瓷等。

1. 光电转换材料

光电转换材料是把太阳的光能转换为电能的材料，主要用于制作太阳能电池。太阳是一个巨大的能源库，取之不尽、用之不竭且无污染。地球上一年接收到的太阳能高达173000TW，研究和发展光电转换材料的目的是为了利用太阳能，为人类带来新的能源。太阳能电池对光电转换材料的要求是转换效率高、能制成大面积的器件，以便更好地吸收太阳光。已使用的光电转换材料以单晶硅、多晶硅和非晶硅为主。用单晶硅制作的太阳能电池，转换效率高达20%，但其成本高，主要用于空间技术。多晶硅薄片制成的太阳能电池，虽然光电转换效率不高（约10%），但价格低廉，已获得大量应用。此外化合物半导体材料、非晶硅薄膜作为光电转换材料，也得到研究和应用。

2. 高温超导材料

高温超导材料是指在液氮温度（-196℃）电阻几乎为零的材料。1911年荷兰物理学家用液氦冷却水银，当温度下降到-269℃左右时，发现水银的电阻完全消失，这种现象就称为超导电性。用超导材料制成的电线可以大大减少电力在输送过程中的损失。同样直径的高温超导材料和普通铜材料相比，前者的导电能力是后者的100倍以上，并具有输电损耗小、制成器件体积小、重量轻、效率高等特点。用超导材料绕制的电机，可增加输电量20多倍，并可使电机重量减少90%，成本降低50%，用超导材料制造的磁悬浮列车，其速度可达550公里/小时。据香港《商报》2014年5月12日报道，西南交通大学正在做一项实验，如果让磁悬浮列车在真空隧道运行，速度可达到3000公里/小时，比超音速飞机还快。用超导材料制造的电动机、发电机、变压器、热开关、辐射检验器以及无接触转换开关、国防军工仪器等已经投入使用。当前正在用于研制开发新一代的超导变压器、超导限流器、超导电缆、超导电机、超导磁分离装置、超导磁拉单晶生产炉、超导磁悬浮列车以及超导核磁共振人体成像仪等产品，将在能源、交通、环保、医疗、军事等领域产生巨大效益。

3. 高温结构陶瓷

高温结构陶瓷材料主要是指氮化硅、碳化硅、氧化锆等。本书所指的高温结构陶瓷是指发动机、燃气轮机等所用的陶瓷，与普通的热机相比，它具有耗能省、比重轻、韧性高、脆性强、易塑造、耐高温、耐磨、抗冲击等优点。尤其在燃料消耗方面，高温结构陶瓷制造的热机比普通发动机、燃气轮机节能20%~50%。

第三节　能源技术

在人类文明史上，能源技术领域中的每一次重大突破都对社会和经济的发展产生了深远的影响。21世纪的能源技术不会沿袭20世纪传统的方式无限制地发展下去，可持续发展的概念将贯穿于当今能源技术的发展观之中。

一、能源技术的发展历程

能源技术是指开发和利用能源的技术。人类开发和利用能源有着悠久的历史，能源结构发生过多次变革，根据发展经历分为开发利用柴薪、煤炭、石油和新能源为主的四个历史阶段。

1. 柴薪时代

100多万年前，我们的祖先就学会了利用自然火，开始了自觉开发和利用能源的历史。经过漫长的劳动实践，又发明了人工取火方法，从而大大提高了开发和利用柴薪能源的能力，加快了人类的进化，导致了制陶技术的产生，进而促成了金属时代的到来。

2. 煤炭时代

在2000多年前人类学会了开发和利用煤炭能源，但相对柴薪能源，媒炭能源始终处于次要地位，直到18世纪资本主义产业革命发生，随着蒸汽机的发明和广泛利用，煤炭能源才逐步取代柴薪能源成为人类开发和利用的主导能源，实现了能源发展史上的第一次革命。第一次技术革命的爆发使煤炭登上了能源历史的舞台。

3. 石油时代

开发和利用石油、天然气等能源的历史长久，但长期处于次要地位，直到19世纪资本主义第二次产业革命所引发的电力、钢铁冶炼、铁路技术，特别是内燃机技术的大发展，汽车和内燃机的推广和应用，石油天然气终于取代煤炭成为人类的主导能源，实现了能源发展史上的第二次革命，也为科学技术的迅猛发展提供了保障。

4. 新能源时代

资本主义工业化以来，人类对常规能源无限制地开发利用，导致常规能源逐渐枯竭，越来越不能满足人类发展的需要，尤其自20世纪70年代以来，人类意识到环境在进一步恶化，生态平衡遭到破坏，甚至因为能源问题引起全球化问题，引起社会动荡、局部战争等。煤炭、石油、天然气等化石能源面临如何提高利用率、节约能源、减少对生态的破坏和环境的污染。另外要积极开发新能源，以蕴藏量丰富、可再生、无公害的新能源取代化石能源的伟大探索，各国都把新能源的开发利用作为21世纪发展战略的重要目标。

二、能源的分类

能源指自然界中存在并可能为人类用来获取能量的自然资源。依据不同的分类标准，可以将能源分为不同种类。

按其来源可分为：太阳能及相关的化石资源（如煤、石油、天然气等）、生物质能、水能、风能、海洋能等；地球能，如地热能、原子核裂变能、原子核聚变能；地球、月亮、太阳之间相互运动所形成的能，如潮汐能等。

按其可否再生可分为可再生能源，如风能、水能、太阳能、海洋能等；不可再生能源，如煤、石油、天然气、原子能等。

按其被应用的程度可分为常规能源如广泛应用的能源，如煤、石油、天然气等；新能源即新开发或利用先进科技获得的能源，如受控热核裂变能、受控核聚变能、太阳能等。

三、能源技术的开发利用

在化石能源与新能源的交替时期，世界各国对新能源技术的开发利用的积极探索，取得了显著的成效，依靠科学技术进步是解决能源问题的关键，当今开发利用的主要有洁净能源、节约能源和新能源。

1. 洁净能源技术

洁净能源技术包括洁净煤技术、洁净核能技术等。这里主要着重介绍洁净煤技术。洁净煤技术是指减少污染和提高效率的煤炭加工、燃烧、转换和污染控制等新技术的总称，是当前世界各国解决环境问题主导技术的一个重要领域。其主要优点：第一，可以大幅度减少大气污染物二氧化硫、二氧化碳等的排放，减轻对环境保护的压力，从而在环境允许的条件下，扩大煤炭利用，降低其外部成本，保证经济持续增长；第二，可以大大提高煤炭利用效率和经济效益，降低对煤炭的耗损和浪费，延长煤炭为人类社会发展做贡献的时间；第三，可以为人类能源体系由以不可再生能源为主导过渡到以可再生能源为主导的划时代转型提供必要的能源保障。

洁净煤技术包括：燃烧前的净化技术。其中有洗选处理即除去或减少原煤中所含的灰分、硫等杂质，并按不同煤种、灰分、热值和粒质分成不同品种等级，以满足不同用户需要的方法，型煤加工即用机械方法将粉煤和低品位煤制成具有一定粒度和形状的煤制品，制水煤浆即把灰分很低而挥发性高的煤，通过一定的技术手段变成煤浆的过程。这是减少污染物排放的最经济、有效的途径，是国际公认的洁净煤技术的重点。燃烧中的净化技术。一是改进电站锅炉、工业锅炉以及窑炉的设计和燃烧技术；二是采用流化床燃烧器，其作用都是减少污染物排放。提高煤的使用效率，是洁净煤技术的核心。燃烧后的净化技术，主要包括烟气除尘、脱硫、脱氮等技术，是控制煤炭燃烧过程中污染物排放的最后一个环节。煤炭的转化利用技术是以化学方法为主将煤炭转化为洁净的燃料或化工产品，包括煤炭气化、煤炭液化和燃料电池，以提高煤炭的利用效率，并减少对环境的污染。废弃物处理技术主要是对煤炭开采和利用过程中所产生的矸石、泥煤、煤层甲烷以及燃煤电站产生的粉煤灰等污染物，进行无害化处理和资源再利用。

2. 节约能源技术

节能是指采取技术上可行、经济上合理以及环境和社会可接受的一切措施，更有效地利用能源，减少能源消耗。节能技术是有效地利用能源、减少能源消耗的技术。发达国家及许多发展中国家都高度重视节约能源的工作，积极致力于发展节能技术。节能及节能技术已经成为衡量一个国家能源利用好坏的一项综合性指标，也是一个国家现代技术发展水平高低的重要标志。同时也是一个国家解决自身能源可持续发展的最可靠、最有效的途径之一。

节约能源技术主要包括：

(1) 余热回收利用技术。余热是指在某一热工过程中未被利用而排放到周围环境中的热能。现已发明了回收利用余热的三种方法：一是热电联产技术，即同时生产热和电的工艺，利用余热产生蒸气来驱动汽轮机发电，余热再用来供热的技术；二是热泵技术，即以消耗一部分高质能（机械能、电能）为补偿，使热能从低温热源向高温热源传递的技术；三是热管技术，利用封闭在具有很高传热性能的热管壳内的工作液化的相变（或沸腾或凝结）来传递热量的技术。

(2) 高效用电技术。高效用电技术包括高效电动机、高效节能照明器具、远红外加热技术等，可以大幅度提高用电效率。如高效电动机的效率比一般标准电动机高2%~7%，永磁电动机可提高效率4%~10%；节能灯比普通白炽灯提高效率50%~80%。高效用电技术是节能技术发展的主要方向之一。

(3) 电子电力技术。涉及半导体、电路、电机、微处理器和控制理论等，主要是利用功率半导体元件的交换功能。广泛应用于工业、交通运输、通信、家用电器等领域，是节约能源提高能源利用效率的重要途径和手段。

(4) 电储能技术。一是抽水储能技术，即利用电力系统低谷负荷的剩余电能抽水储能，待用电高峰时放水发电；二是压缩空气储能技术，即利用剩余电力驱动压缩机压缩空气储能，待用电高峰高压空气驱动汽轮机发电；三是新型蓄电池储能技术，即由蓄电池、控制装置、交直流变换等设施组成的电储能技术；四是超导感应储能技术，即把电能以磁场能形式储存于超导电感线圈中，待需要时再释放出来。

(5) 电热膜加热技术。它是将电子电热膜直接制作在被加热体的表面上，当通电加热时，热量会很快传给被加热体的技术。电热膜是一种导电薄膜，它按一定配比，把非金属半导体材料与另一种在高温条件下起粘接作用的粉状物调和均匀，涂在各种加热体的底部或周围，再经过烧结而成。电热膜加热效率达85%，而普通电热丝加热效率仅40%。可用于电热杯、电淋浴器、电吹风、电暖器等电热器具。电热膜加热功率在100~2000瓦范围内，使用寿命高达2000小时。

3. 新能源技术

新能源技术主要是指第三次技术革命以来开发利用新能源，除传统常规化石能源之外的现代能源技术。新能源技术主要包括：

生物质能利用技术。在人类从古至今的全过程中，生物质能的利用维系着人类的生存和延续。生物质能利用技术是特指运用现代科技开发利用生物质能的技术，具体包括热化学转换技术，即将固体生物质转换成可燃气体、焦油、木炭等优质能源产品的技术；生物化学转换技术，即通过微生物发酵将生物质转换为酒精、沼气等能源产品的技术；生物质固化成型技术，即将生物质物料，如秸秆、稻壳、锯末等，经粉碎后，挤压成型生成固体燃料的技术；生物质能发电技术，即以生物质经热化学转换或生物化学转换产生的可燃气体如沼气等为燃料发电的技术，包括沼气发电、垃圾发电、生物质气化联合循环发电等技术。生物资源丰富，每年全球产生的生物质所含能量为当前全球能耗总量的5倍。如能够利用现代科学技术加以充分利用生物质能，将可解决当前全球性的能源危机。

太阳能利用技术。太阳能是指太阳以电磁辐射形式发射的能量，在实际应用中，太阳能是指到达地球表面及大气层中的太阳辐射能。它是一种无污染的、清洁的、巨大的可再生能源。直接利用太阳能有光热转换、光电转换、光化学转换和储能技术。光热转换技术的产品最多。如热水器、开水器、干燥器、采暖和制冷、温室与太阳房、太阳灶和高温炉、太阳蒸馏器、海水淡化装置、水泵、热力发电装置及太阳能医疗器具。光电转换主要是各种规格类型的太阳电池板和供电系统。太阳电池是把太阳光直接转换成电能的一种器件。光电效率为10%~14%，产品类型主要有单晶硅、多晶硅和非晶硅。国内产品（指光电装置全部费用）价格为每峰瓦60~80元。太阳电池的应用范围很广，如人造卫星、无人气象站、通信站、电视中继站、太阳钟、电围杆、黑光灯、航标灯、铁路信号灯等。化学转换包括光合作用、光电化学作用、光敏化学作用及光分解反应，目前该技术领域尚处在实验研究阶段。基本原理是利用光照射半导体和电解液界面发生化学反应，在电解液内形成电流，并使水电离直接产生氢。

受控核能利用技术。以往的原子能基本上是通过受控核裂变反应取得的。核技术的和平利用为人类带来了新的能源，通过这种方式获取的核能将继续为人类作出贡献，但这种能源安全性低、利用率低、环境污染、原料有限等问题。因而需要新的核能技术取代核裂变核能技术，1933年发现了核聚变现象，比发现核裂变还早5年。因工程、材料技术困难，不能完全掌握受控核聚变技术而未能为人类提供能源。因为受控核聚变技术具有清洁、安全、质能比高、原料丰富等特点。科学家估计一座核聚变反应堆，可连续工作3000年之久，其原料在地球上几乎取之不尽用之不竭，被人们称为“能源之王”。但受控核聚变技术对材料、工程等要求很高，必须具备如下条件：超高温，即大约要将氘、氚等轻元素加热到1亿~2亿摄氏度，才能产生反应；高密度，中子的密度要达到50万亿/cm^3；约束时间长；高度真空，容器本身装入燃烧前，必须达到大气压

10亿分之一的高度真空的条件。

氢能利用技术。氢能即通过氢气和氧气反应释放出的能量。氢能的原料丰富，燃烧后产生的物质对环境污染很小，是一种清洁能源，是未来人类生活中重要能源之一。氢在地球上主要是以化合态存在，如水、各种有机碳水化合物及烃类等。氢能利用技术包含氢的制取、储存、运输和和平利用。氢的制取主要有水电解制氢、生化法制氢等。可采用气态或液态氢和金属氢化物储存和运输等方式。氢能的利用主要有直接以氢气作为汽车、火箭、飞机发动机的燃料；采用燃料电池的形式，将氢气与氧气反应转变为电能，作为电动汽车及发电装置的能源；将氢转化为人造石油及高载能产品等。氢能源的发展方向有利用太阳能等能源来分解水制得氢；寻找高效催化剂在常温下能分解水制氢；利用海中微生物来分解水制氢。

地热能利用技术。地热能是指地球内部所具有的热能，它主要是来源于地球内部各种放射性元素的蜕变放热，经过漫长日积月累而形成的能源。地热能属于再生比较慢的一种能源。据估算在地球表面3000~10000米以内，可利用热岩能约为860万亿吨标准煤，接近我国年度能源消耗量的26万倍。地热资源的存在形式分为蒸汽型、热水型、地层型、干热岩型、热岩浆型五种。地热能利用主要有四方面：地热发电，可分为蒸汽型地热发电和热水型地热发电两大类；地热供暖，将地热能直接用于采暖、供热和供热水是仅次于地热发电的地热利用方式；地热务农，地热在农业中的应用范围十分广阔；地热行医，地热在医疗领域的应用有诱人的前景，目前热矿水就被视为一种宝贵的资源，世界各国都很珍惜。利用地热发电比燃煤对环境污染少，也比核电站安全可靠，但是地热能的利用存在蕴藏的地区不易找到、只有少数存在于接近地面处、高温地热田数量很少等问题。我国地热资源尚有待勘探，已探明地热储量约为30亿吨标准煤，展现出良好的利用前景。

水能利用技术。水能即水流中蕴藏的能量，包括位能、压能、动能三种形式。狭义的水能主要是指江河溪流之中蕴藏的能量，广义的水能还包括海水中蕴藏的巨大的能量。一般意义上的水能，多指狭义的水能。水能利用技术主要是指把水能用适当的方法转换为机械能和电能的技术。水力发电是水能利用的主要方式。“我国水力资源世界第一，理论蕴藏量为6.8亿千瓦，可开发量为3.78亿千瓦。目前我国水电资源仅开发了13%，远远落后于发达国家的90%。”① 水电是一种可再生能源，且无污染，对保护环境而言是一种理想的能源。水电开发是我国政府扶持和倡导的事业，如三峡水电站、葛洲坝水电站等。

风能利用技术。风能是太阳能的表现形式之一，它是太阳辐射造成各部分受热不均匀，引起空气运动产生的能量。全世界每年燃烧煤获得的能量，只有风能提供能量的三千分之一。风能的利用主要是靠风力机将其转化为电能、机械能、热能等形式来实现。目前在可再生资源技术中，最值得称道的是风力电场。近20多年来世界风力发电发展速度惊人，2013年世界风力发电总装机容量已经达到了318兆瓦，德国是世界上最大

① 全国干部培训教材编审指导委员会：《21世纪干部科技修养必备》，人民出版社2002年版，第203页。

的风力发电国家，其次是美国、西班牙、丹麦等国。我国在风力资源强大的东南沿海、西部广大地区都有发展风力发电的优势。更大的风力发电机组，更好的制造技术，加上适当的选址，使风力电场的造价从 1981 年的 2600 美元/千瓦下降到 1998 年的 800 美元/千瓦，现已降至 800 美元/千瓦以下，风力电场的造价已经能与燃煤电站相竞争，并将成为许多国家最经济的电源，是世界产业界的新星。

海洋能利用技术。海洋能的利用是指将各种海洋能转换成为电能或其他可利用形式的能。海洋能是海水运动过程中产生的可再生能，主要包括温差能、潮汐能、波浪能、潮流能、海流能、盐差能等。潮汐能和潮流能源自月球、太阳和其他星球引力，其他海洋能均源自太阳辐射。海洋能的特点是蕴藏量大，并且可以再生不绝。海洋面积占地球表面约 3/4，是一种取之不尽，用之不竭，无污染的清洁能源。

第四节　空间技术

空间技术也称为航天技术和太空技术，是研究如何使空间飞行器飞离大气层，进入宇宙空间，并在那里探索、研究、开发和利用太空以及地球以外天体的高度综合性技术。主要包括人造地球卫星、火箭、载人航天、空间站、深空探测等，是第三次技术革命的重要标志性技术之一，也是衡量一个国家科学技术发展水平和工业发展程度的重要标志之一，是高技术的综合体现。空间技术的形成以 1957 年 10 月 4 日前苏联发射第一颗人造地球卫星为标志，此后，美国、法国、日本和中国等国也先后发射了自己的人造卫星。半个世纪以来，人类在航天运载工具、人造地球卫星、载人航天和深空探测等方面取得了巨大的成就。空间技术的日益发展，使人类能够摆脱世代生息的地球的束缚，飞向广阔无垠的空间去探索宇宙的奥秘。空间技术广泛应用于对地观测、通信、气象、导航等许多方面，渗透到自然科学的众多领域，对发展生产力、改善人们生活、推动社会进步、起到越来越大的作用，影响越来越深远。

一、人造地球卫星

人造地球卫星即绕地球轨道运行的无人航天器，简称人造卫星。人造地球卫星在军事和经济上具有重要价值，因此是发射数量最多、用途最广、效益最大、发展最快的航天器。

按其用途人造卫星可分为科学卫星、技术试验卫星和应用卫星。科学卫星是用于科学探测和研究的卫星，主要包括空间物理探测卫星和天文卫星，用来研究高层大气、地球辐射带、地球磁层、宇宙线、太阳辐射等，并可以观测其他星体。技术试验卫星是进行新技术试验或为应用卫星进行试验的卫星。航天技术中有很多新原理、新材料、新仪器，必须在太空进行试验以决定能否使用；一种新卫星的性能，也只有把它发射到太空去实际锻炼，试验成功后才能应用；人上太空之前必须先进行动物试验等，这些都是技术试验卫星的使命。应用卫星是直接为人类服务的卫星，种类最多、数量最大，其中包括通信卫星、气象卫星、侦察卫星、导航卫星、测地卫星、地球资源卫星、截击卫星等。

按其运行轨道可分为近地轨道卫星、中高轨道卫星、地球静止轨道卫星、大椭圆轨道卫星、极轨道卫星和太阳同步卫星等。地球同步轨道是运行周期与地球自转周期相同的顺行轨道。但其中有一种十分特殊的轨道，叫地球静止轨道。这种轨道的倾角为零，在地球赤道上空 35786 千米。地面上的人看来，在这条轨道上运行的卫星是静止不动的。一般通信卫星、广播卫星、气象卫星选用这种轨道比较有利。地球同步轨道有无数条，而地球静止轨道只有一条。太阳同步轨道是轨道平面绕地球自转轴旋转、方向与地球公转方向相同、旋转角速度等于地球公转的平均角速度（360 度/年）的轨道，距地球的高度不超过 6000 千米。在这条轨道上运行的卫星以相同的方向经过同一纬度的当地时间是相同的。气象卫星、地球资源卫星一般采用这种轨道。极轨轨道是倾角为 90°运行的卫星每圈都要经过地球两极上空，可以俯视整个地球表面。气象卫星、地球资源卫星、侦察卫星常采用此轨道。

在数以千计的卫星中，大部分为军事卫星，包括侦察卫星、导弹预警卫星、通信卫星、导航卫星和军事气象卫星。海湾战争中，美国曾动用了 50 颗卫星参加作战。美国的“大鸟”高分辨率侦察卫星，既可对地面目标进行拍照，再用回收舱以胶卷的形式送回地面，又可以电视的形式将图像直接传输到地面，分辨率高达 1 米。中国也十分重视发展应用卫星技术，初步建立了气象卫星、资源卫星、卫星广播、通信、卫星定位等系统，已经对国民经济发展、国防力量增强、相关科学技术进步发挥了重要作用。

二、运载火箭

火箭起源于中国，是中国古代的重大发明之一。古代中国火药的发明和使用，为火箭的问世创造了条件。南宋时期中国民间出现了利用燃烧火药产生的高速气体推进箭只的技术。明朝初年军用火箭就相当完善并广泛用于战场，被称为军中利器。利用火箭作动力制造飞天装置也是中国人的发明创造。蒙古人西征把火箭技术传到了西方，西方人进一步改进了火箭技术，其中贡献最大的是英国人康格里夫（1772—1828）。他制造的固体火药火箭的射程达到了近 3 公里。现代火箭航天技术的先驱是俄国科学家齐奥尔科夫斯基（1857—1935），他设想的液体火箭由美国人戈达德（1882—1945）首先研制成功。1926 年 3 月 26 日第一枚以液氧和汽油为燃料的液体火箭在麻省发射成功。罗马尼亚出生的德国科学家奥伯特（1894—1989）一直在从事火箭的研究，并于 1923 年出版了《向星际空间发射火箭》一书，建立了航宇火箭的数学理论。在戈达德试验的鼓舞下，他于 1929 年开始研制液体火箭。1930 年他的学生冯·布劳恩（1912—1977）发明了液氧和煤油混合燃料。1933 年制成了 A1 火箭，次年制成了 A2 火箭。1936 年又制成了 A3 火箭，射程已达 18 公里；1942 年 A4 火箭射程已达 190 公里，速度为 2 公里/每秒。1954 年赫鲁晓夫上台后，非常重视和支持洲际导弹研制计划。1957 年 8 月 21 日苏联发射成功了第一枚洲际弹道火箭，射程达 8000 公里。

运载火箭的用途是把人造地球卫星、载人飞船、航天站或空间探测器等有效载荷送入预定轨道。火箭是目前唯一能使物体达到宇宙速度，克服或摆脱地球引力，进入宇宙空间的运载工具。运载火箭是第二次世界大战后在导弹的基础上开始发展的。第一枚成功发射卫星的运载火箭是前苏联用洲际导弹改装的卫星号运载火箭。到20世纪80年代苏联、美国、法国、日本、中国、英国、印度和欧洲空间局已研制成功20多种大、中、小运载能力的火箭。最小的仅重10.2吨，推力125千牛（约12.7吨力），只能将1.48公斤重的人造卫星送入近地轨道；最大的重2900多吨，推力33350千牛（3400吨力），能将120多吨重的载荷送入近地轨道。主要的运载火箭有“大力神”号运载火箭、“德尔塔”号运载火箭、“土星”号运载火箭、“东方”号运载火箭、“宇宙”号运载火箭、“阿里安”号运载火箭、N号运载火箭、“长征”号运载火箭等。

现代运载火箭必须采用多级火箭，以接力的方式将航天器送入太空轨道。火箭用于运载航天器叫航天运载火箭，用于运载军用炸弹叫火箭武器（无控制）或导弹（有控制）。航天运载火箭一般由动力系统、控制系统和结构系统组成，有的还加遥测、安全自毁和其他附加系统。

多级火箭各级之间有串联、并联和串并联几种连接方式。串联就是把几枚单级火箭串联在一条直线上；并联就是把一枚较大的单级火箭放在中间，叫芯级，在它的周围捆绑多枚较小的火箭，一般叫助推火箭（助推器），即助推级；串并联式多级火箭的芯级也是一枚多级火箭。

多级火箭各级之间、火箭和有效载荷及整流罩之间，通过连接—分离机构（常简称为分离机构）实现连接和分离。分离机构由爆炸螺栓（或爆炸索）和弹射装置（或小火箭）组成。平时由爆炸螺栓或爆炸索连成一个整体；分离时，爆炸螺栓或爆炸索爆炸，使连接解锁，然后由弹射装置或小火箭将其分开，也有借助前面一级火箭发动机启动后的强大射流分开的。

火箭技术是一项十分复杂的综合性技术，主要包括火箭推进技术、总体设计技术、火箭结构技术、控制和制导技术、计划管理技术、可靠性和质量控制技术、试验技术，对导弹来说还有弹头制导和控制、突防、再入防热、核加固和小型化等弹头技术。

三、载人航天

载人航天是指人类驾驶和乘坐载人航天器在太空从事各种探测、研究、试验、生产等应用的往返飞行活动。载人航天主要目的在于突破地球大气的屏障和克服地球引力，把人类的活动范围从陆地、海洋和大气层扩展到太空，从而更广泛和更深入地认识整个宇宙，并充分利用太空和载人航天器的特殊环境进行各种研究和试验活动，开发太空极其丰富的资源。

1961年4月苏联成功地发射第一个载人航天器——“东方”号载人飞船，宇航员尤里·加加林（1934—1968）代表人类第一次叩开了宇宙之门。1969年7月20日，美国“阿波罗登月计划”成功实施，登月舱在月球表面着陆。宇航员阿姆斯特朗（1930— ）率先踏上月球荒凉沉寂的土地，接着奥尔德林（1930— ）也开始在月球表面行走，成为世界上最先踏足月球的人。2003年，我国首次将自行研制的载人飞船“神舟”五号发射升空，杨利伟成为第一位搭乘中国自行研制的载人航天器在太空飞行的中国人。到目前为止，美国和苏联（俄罗斯）已发射数十个载人航天器，其中包括载人飞船、太空实验室、航天飞机和长期运行的载人空间站，乘坐载人航天器的太空人超过300名。载人航天系统由载人航天器、运载器、航天器发射场和回收设施、航天测控网等组成，有时还包括其他地面保障系统，如地面模拟设备和航天员训练设施。根据飞行和工作方式的不同，载人航天器可分为载人飞船、太空站和航天飞机三类。载人飞船按乘坐人员多少，可分为单人式飞船和多人式飞船；按运行范围不同，可分为卫星式载人飞船和登陆式载人飞船。

1. 载人飞船

载人飞船是能保障宇航员在外层空间生活和工作，以执行航天任务并返回地面的航天器，又称宇宙飞船。它的运行时间有限，是仅能一次使用的返回型载人航天器。载人飞船可以独立进行航天活动，也可作为往返于地面和太空站之间的“渡船”，还能与太空站或其他航天器对接后进行联合飞行。载人飞船容积较小，受到所运载消耗性物资数量的限制，不具备再补给的能力，而且不能重复工作。

载人飞船的用途主要有：进行近地轨道飞行，试验各种载人航天技术，如轨道交会和对接以及宇航员在轨道上出舱，进入太空活动等；考察轨道上失重和空间辐射等因素对人体的影响；为太空站接送人员和运送物资；进行军事侦察、地球资源勘测等。

载人飞船一般由乘员返回座舱、轨道舱、服务舱、对接舱和应急救生装置等部分组成，登月飞船还具有登月舱。返回座舱是载人飞船的核心舱段，也是整个飞船的控制中心。返回座舱不仅和其他舱段一样要承受起飞、上升和轨道运行阶段的各种应力和环境条件，而且还要经受再入大气层和返回地面阶段的减速过载和气动加热。轨道舱是宇航员在轨道上的工作场所，里面装有各种实验仪器和设备。服务舱通常安装推进系统、电源和气源等设备，对飞船起服务保障作用。对接舱是用来与空间站或其他航天器对接的舱段。

1965年5月25日美国总统肯尼迪批准了阿波罗载人登月计划，这个计划是20世纪人类三大工程之一。1967年7月16日一枚“土星5”火箭载着“阿波罗”11号飞船在肯尼迪航天中心点火发射，经过109小时7分33秒的飞行后，阿姆斯特朗和奥尔德林乘坐登月舱安全降落在月球上。此后美国又成功进行了5次载人登月飞行，前后共有12名宇航员踏上了神秘的月球。

2. 航天飞机

航天飞机是可以重复使用、往返于地球表面和近地轨道之间运送人员和货物的飞行器。它在轨道上运行时，可在机载有效载荷和乘员的配合下完成多种任务。航天飞机通常设计成火箭推进式，返回地面时能像常规飞机那样下滑和着陆。航天飞机为人类自由来往太空提供了极佳的运载工具，是航天史上的一个重要里程碑。

航天飞机的飞行轨道通常是近地轨道，高度在1000千米以下。需要在高轨道运行的有效载荷，也可以由运载火箭送上近地轨道后再从这个轨道发射进入高轨道。航天飞机的运载能力较大，往往采用多级组合的形式，可以串联或并联，也可以串并联结合。

航天飞机进入轨道的部分叫做轨道器。它具有一般航天器所具有的各种分系统，可以完成多种功能，包括人造地球卫星、货运飞船、载人飞船甚至小型太空站的许多功能。它还可以完成一般航天器所没有的功能，如向近地轨道施放卫星，向高轨道发射卫星、从轨道上捕捉、维修和回收卫星等。

1972 年美国正式实施航天飞机计划，1981 年 4 月 12 日首架航天飞机“哥伦比亚”号首次载人发射实验取得圆满成功。后又经过三次试验飞行，正式投入商业发射，但其发射成本极高，甚至大大超过了运载火箭。迄今美国相继研制了“挑战者”号、“发现”号、“亚特兰蒂斯”号和“奋进”号等航天飞机。“挑战者”号航天飞机于 1986 年 1 月 28 日失事。2003 年 1 月 16 日“哥伦比亚”号航天飞机发射升空，2 月 1 日在返回地面前 16 分钟时与地面控制中心失去联系，后在得克萨斯州中北部地区上空解体坠毁，机上 7 名宇航员全部遇难。这是“哥伦比亚”号的第 28 次飞行，也是美国航天飞机 22 年来的第 113 次飞行。航天飞机代表了航天发展的一个新阶段。

3. 空间站

空间站是指可供多名航天员长期工作、居住和往返巡访的长期性载人航天器。其结构复杂，规模比一般航天器大得多，通常由对接舱、气闸舱、服务舱、专用设备舱和太阳电池阵等组成。空间站分为单一式和组合式两种。单一式空间站由航天飞机或运载火箭直接发射入轨；组合式空间站由运载火箭多次发射或航天飞机多次飞行，把空间站的组合件送到轨道上组装而成。

空间站的用途十分广泛，包括天文观测、地球资源勘测、军事侦察和空间武器试验、医学和生物学研究、空间材料科学试验和加工、航天飞行中转站和发射基地等。各国政府以及全世界的科学家们都意识到，发展空间站是充分利用太空高远位置、高真空、高洁净、超低温、微重力、强辐射等空间资源的最佳途径，是促进空间工业化、商业化、军事化，促使材料科学、生命科学、天文学、物理学等产生新突破的最有效方式。空间站技术的发展与完善必将对人类社会的政治、经济、文化、军事以及日常生活等产生越来越深刻的变化和影响。

阿波罗计划之后，前苏联优先发展空间站，美国则优先发展航天飞机。从 1971 年起前苏联先后发射了 3 代 8 座空间站，接待了 60 名宇航员，完成了大量科学观测、地球资源观测、人体医学研究和技术实验。1986 年 2 月 20 日“和平”号核心舱发射升空。到 1996 年 4 月五个专业舱先后发射与核心舱对接，标志着“和平”号空间站最终建成，这是人类空间技术发展的一个里程碑。2001 年 3 月 23 日“和平”号空间站在完成 15 年的空中作业使命后，平安坠落在南太平洋预定海域。“和平”号空间站运行的 15 年成果辉煌，在太空医学、微重力实验、特种药品制备、对地观测、新技术开发和天文观测方面取得了重要成果。

四、空间环境的探测

深空探测主要是对太阳系各大行星和它的环境进行探测，世界上已发射 100 多颗深空探测器，已有许多重大发现。从地球周围来看，已发现地球周围的内、外辐射带，了解了地磁场的分布，太阳系各大行星周围的环境、大气环、小卫星等。如美国的“旅行者”1 号太空探测器，带着地球文明的各种标志，如人类各国语言的录音等，能保存几万年。这艘探测器正飞往银河系，探索宇宙，2014 年 9 月，该探测器已飞离太阳系，正飞向别的恒星。苏联曾用月球车到月球上进行考察，调查月球表面的状态。

航天技术发展的 30 多年来，从开始运载火箭只能将几十公斤重的卫星送入太空至今可将上百吨重的卫星送入太空，卫星获取信息、传递信息的能力从早期只有几十路到现在的几万路，卫星的寿命从早期的在天上只能待几天到今天的几年甚至十几年，从早期的宇航员只能绕地球一圈到今天的宇航员在太空中工作一年以上。主要技术指标都提高了几个数量级，航天活动的价格却大幅度下降。当代航天技术的应用不仅在经济和军事建设方面，而且已深入到每个家庭和个人生活之中。

第五节　生物技术

生物技术也称为生物工程，是在分子生物学、细胞生物学和生物化学等的理论基础上建立起来的一个综合性技术体系。生物技术是既古老而又新兴的技术，是现代高新技术之一。按历史发展和使用方法可分为传统生物技术和现代生物技术两大类。传统生物技术主要是指发酵工程、酶工程、遗传育种技术等，现代生物技术主要是指基因工程、蛋白质工程和克隆技术等，其中基因工程技术是现代生物技术的核心技术。生物技术是 21 世纪现代高技术的核心，它直接关系到农业、医药卫生事业的发展，又对环境、能源技术等领域有很强的渗透力。

一、基因工程技术

基因工程技术是根据人们的意愿，对不同生物的遗传物质，主要在分子水平上在体外通过工具酶进行剪切、拼接，建成重组的 DNA 分子，然后通过载体转入微生物或动、植物细胞中，进行无性繁殖，并使重新组合的遗传物质在细胞中表达，产生人类所需要的产物或组建成新的生物类型，又称重组 DNA 技术。

基因工程技术涉及从生物体的基因组中分离目的 DNA 序列（基因），通常包括 DNA 的纯化技术、酶促消化或机械切割、以游离目的 DNA 序列。建立人工的重组 DNA 分子（有时称为 rDNA），即将目的基因插入一个主细胞中复制的 DNA 分子，即克隆载体，对细菌细胞来说，合适的克隆载体有质粒和细菌噬菌体。将重组 DNA 分子转到合适的宿主中，如大肠杆菌，当利用质粒时，对一重组的病菌载体来说此过程又称为转化或转染。利用细胞培养技术，培养筛选转化的细胞，一个转化的宿主细胞能生长并产生遗传上相同的克隆细胞，每个细胞都携带着转化的目的基因，即“基因克隆”或“分子克隆”。

1973 年基因工程在美国首先获得成功，1976 年美国成立了第一家基因工程公司 Genentech，1981 年第一个基因工程产品——重组人体胰岛素正式投产。目前重要的基因工程产品有干扰素、胰岛素、红细胞生成素、粒细胞集落刺激因子、乙型肝炎疫苗等。将基因工程技术用于动物和植物就可以产生各种转基因动、植物。最近基因工程已开始用来将基因导入人类细胞，使某种重要的基因直接在人体内表达，从而达到治疗各种疾病的目的，此即基因治疗。

基因工程使整个生物技术跨入了一个崭新的发展时期，传统的生物技术与基因工程的结合形成了真正有生命力的现代生物技术。基因工程技术几乎涉及人类生存所必需的各个行业。如将一个具有杀虫效果的基因转移到棉花、水稻等农作物物种中，这些转基因作物就有了抗虫能力，因此基因工程被应用到农业领域；要是把抗虫基因转移到杨树、松树等树木中，基因工程就被应用到林业领域；要是把生物激素基因转移到生物中去，这就与渔业和畜牧业有关了；如果利用微生物或动物细胞来生产多肽药物，那么基因工程就可以应用到医学领域。总之，基因工程应用范围将是十分广泛的，但它必须符合人们的科学伦理和科学政策。

目前在我国争议很大的转基因技术就是基因工程技术之一。转基因技术的理论基础来源于进化论衍生来的分子生物学。基因片段的来源可以是提取特定生物体基因组中所需要的目的基因，也可以是人工合成指定序列的 DNA 片段。DNA 片段被转入特定生物中，与其本身的基因组进行重组，再从重组体中进行数代的人工选育，从而获得具有稳定表现特定的遗传性状的个体。该技术可以使重组生物增加人们所期望的新性状，培育出新品种。人们常说的“遗传工程”、“基因工程”、“遗传转化”均为转基因的同义词。转基因过程按照途径可分为人工转基因和自然转基因，按照对象可分为植物转基因技术、动物转基因技术和微生物基因重组技术。转基因技术的原理是将人工分离和修饰过的优质基因，导入到生物体基因组中，从而达到改造生物的目的。由于导入基因的表达，引起生物体的性状，可遗传的修饰改变，这一技术称为人工转基因技术。

二、蛋白质工程

蛋白质工程是基因工程的延续，是应用现代生物学和工程学知识，借助现代技术手段，改造蛋白质的结构和功能，以生产出人类需要的产品的过程。一般包括通过基因工程技术了解蛋白质的 DNA 编码序列；对蛋白质的分离纯化；分析研究蛋白质的序列、结构和功能；蛋白质结晶和动力学分析；计算机辅助设计突变区；对蛋白质的 DNA 进行突变改造等。

蛋白质工程就是根据蛋白质的精细结构和生物活力的作用机制之间的关系，利用基因工程的手段，按照人类自身的需要，定向地改造天然的蛋白质，甚至于创造新的、自然界本不存在的、具有优良特性的蛋白质分子。天然蛋白质都是通过漫长的进化过程自然选择而来的，而蛋白质工程对天然蛋白质的改造，好比是在实验室里加快了的进化过程，期望能更快、更有效地为人类的需要服务。

蛋白质是重要的生物大分子，参与生命体系绝大多数的过程。血红蛋白在红血球中载氧，胶原蛋白组成皮肤的大部分，各种酶催化生命活动中众多的反应。具有如此繁多功能的蛋白质，在组成和结构上有一些规律，使得人们可以着手对它进行研究和改造。蛋白质都是由一类叫做氨基酸的小分子化合物构成，这些氨基酸按特定的排列顺序首尾相连，形成特定长度的肽链。在生理条件下，由于肽链内部相邻氨基酸残基之间的相互作用，以及在顺序上相隔较远，但在空间上相互接近的氨基酸残基之间的相互作用，使得肽链总是倾向于采取一种能量最低的空间结构，来达到稳定存在的形式。这样特定的空间结构，与蛋白质特有的功能密切相关。由此可以发现，蛋白质的空间结构是由其氨基酸的组成和排列顺序决定的。这就可以通过改变蛋白质的氨基酸组成和排列顺序来改变其空间结构，进而影响蛋白质的功能。蛋白质工程为工业或医药蛋白质（包括酶）的实用化开拓了美好的前景，进而大大推动蛋白质和酶学的研究，进而大大推动生物学及其相关学科的发展。

三、克隆技术

克隆是英文 clone 的译音，其含义是无性繁殖。克隆也是一系列生物技术的综合，按照克隆对象和操作层次的不同，可以分为分子克隆（基因克隆）、细胞克隆以及个体水平上的克隆（如微生物克隆、植物克隆、动物克隆）等，最基础的是分子克隆，也称作基因的无性繁殖。

1938 年德国胚胎学家首次提出克隆设想，将分化的细胞核移植到卵母细胞，从而开创性地进行无性繁殖技术研究。在人们看来，只有植物细胞具有无性繁殖功能，即任何一个植物单细胞都可以发育、分化出完整的个体，也就是可以无性繁殖，动物细胞，如哺乳类动物的体细胞则不具有这种全能性，动物个体必须经过雌雄交配，雄性个体的精子（精细胞）和雌性个体的卵子（卵细胞）结合后，才可能发育分化出完整的个体，也就是必须经过有性繁殖。除了精细胞和卵细胞结合形成的合子，动物其他的体细胞，都没有独立发育成动物个体的能力，即不能无性繁殖。

1952 年两名美国科学家建立了两栖类的核移植技术后，使克隆的设想得以实现。他们用紫外线照射蛙卵，使其遗传物质失活，然后用玻璃微管将蛙胚胎细胞核注射到卵内，构建重组胚，并得到了重组胚发育而成的蝌蚪和蛙，即克隆蛙。这是人类最早克隆的动物。

1970 年克隆青蛙实验取得突破，青蛙卵发育成了蝌蚪，但是在开始进食后死亡。1981 年科学家进行克隆鼠实验，据称用鼠胚胎细胞培育出了正常的鼠。1984 年第一只胚胎克隆羊诞生。1997 年 2 月 24 日英国罗斯林研究所宣布克隆羊培育成功。科学家用取自一只 6 岁成年羊的乳腺细胞培育成功一只克隆绵羊，名叫“多莉”。1998 年 2 月 23 日英国 PPL 医疗公司宣布克隆出一头牛犊“杰弗逊先生”。7 月 5 日日本科学家宣布利用成年动物体细胞克隆的两头牛犊诞生。7 月 22 日科学家采用一种新克隆技术，用成年鼠的体细胞成功地培育出了第三代共 50 多只克隆鼠，这是人类第一次用克隆动物克隆出克隆动物。1999 年 5 月 31 日美国夏威夷大学的科学家利用成年体细胞克隆出第一只雄性老鼠。6 月 17 日以美籍华人科学家杨向中为首的研究小组利用一头 13 岁高龄的母牛耳朵上取出的细胞克隆出小牛。2000 年 1 月 3 日杨向东用体外长期培养后的公牛耳皮细胞成功克隆出 6 头牛犊。1 月 14 日，美国科学家宣布克隆猴成功，这只恒河猴被命名“泰特拉”。3 月 14 日，英国 PPL 公司宣布成功培育出 5 头克隆猪。

四、人类基因组计划

1985 年美国能源部提出，要将共包含约 30 亿碱基对的人类基因组全部碱基序列分析清楚。1986 年美国宣布启动“人类基因组启动计划”；1989 年，美国国家卫生研究院建立国家人类基因组研究中心；1990 年美国国家卫生研究院和美国能源部联合提出美国“人类基因组计划”，计划从1990年10月1日起到2005年9月30日结束，耗资30亿美元。此计划是一个国际合作计划，有6个国家的16个中心共上千名科学家参加。份额分配为美国54%、英国33%、日本7%、法国3%、德国2%、中国1%。

人类基因组计划的目的是要找出人体所有基因碱基对在DNA链上的准确位置，弄清各个基因的功能，对它们进行编目，最终绘制出包含人体全部遗传密码的图谱。这一计划的科学意义重大，将揭示冠心病、高血压、糖尿病、癌症、精神病、自身免疫性疾病等基因病的病因，找到致病基因或易感基因，并建立各种疾病的诊断和治疗方法，从而为保护人类的健康作出贡献，并将推动整个生命科学的发展。

2001年2月12日，中、美、日、德、法、英等6国科学家和美国塞莱拉公司联合宣布了人类基因组图谱分析结果：人类基因组由32亿个碱基对组成，共有3万至3.5万个基因，远小于早先估计的10万个基因。这个项目的完成，使21世纪生命科学将获得一个非常宝贵的资源库，标志人类在研究自身过程中具有里程碑式的重大成就，并将促进生物学不同领域的发展与革命。

◎ 思考题

1. 简述高技术及其特点。
2. 简述玻璃的种类、特性和用途。
3. 简述能源技术的发展历程和分类。
4. 简述洁净煤技术的内容和主要特点。
5. 简述新能源技术及其特点。
6. 简述人造地球卫星的分类。
7. 简述载人航天器的分类及其用途。
8. 什么是基因工程技术？它包括哪些步骤？
9. 简述蛋白质工程的主要内容。

第十一章　现代科学技术的特点、结构与发展趋势

与近代小科学时代相比，大科学时代的现代科学技术革命具有其自身的特点、结构和发展趋势。科学技术自身的快速发展及其对社会的巨大推动作用，使人们对其功能的认识发生了变化，以至于出现了“科学主义”，而围绕科学主义的讨论实际上成为对现代科学技术发展趋势的讨论；诺贝尔奖已历经100多年，其历史也反映了现代科学技术发展的某些特点和趋势。

第一节　大科学时代科学技术革命的特点

人类的进步与科学技术的发展是密切联系的。科学技术发展的程度往往能够成为社会进步的标志。当科学技术发展到20世纪时，我们称人类社会已经进入到了“大科学时代”，也即科学技术社会化的时代。

一、人类已进入大科学时代

1961年美国物理学家温伯格（1933—　）最先指出当代科学发生了极大的变化，从小科学变成了大科学。1963年美国科学学家普赖斯（1922—1983）在《小科学，大科学》一书中又指出，由于现代科学取得了如此辉煌的成就，科学已经成为国民经济的重要支柱，现代科学的规模如此之大，社会对科学的投入如此之巨，以至于我们不能不用“大科学”一词来称呼它。

大科学显然是相对于小科学而言的。所谓小科学，是指历史上那种传统的以增长人类知识为主要目的、以个人的自由研究为主要特征的科学。与小科学相比，大科学具有自己鲜明的特点：

第一，大科学是大规模社会建制化的科学，是科学技术高度社会化的产物。古代、近代的科学研究，主要以个人自由研究为主，现代科学研究已经成为一种高度社会化的活动，其规模越来越大，已发展到国家规模甚至国际规模。科学技术的社会系统越来越庞大和复杂，它的社会支持系统也日益扩大和完备。始于1942年的美国研制原子武器的“曼哈顿工程”，可以看做是大科学开始出现的标志。它动员了15万科技人员，耗资逾20亿美元，第一次显示了大科学的浩大规模和社会化协作的特点。大科学不仅规模大、建制大，而且需要投入的人力、物力、财力也大，其经济、社会的效益和战略意义更大。可以说，大科学是科学、技术、经济、社会高度协同的科学。

第二，大科学是科学技术一体化的科学，是科学的技术化和技术的科学化相结合的产物。当代的科学革命和技术革命已经汇合到一起，科学与技术的结合日益紧密。一方

面，现代科学的发展在越来越大的程度上依赖于现代技术为它提供的研究手段；另一方面，现代技术的发展也在越来越大的程度上依赖现代科学为它提供的理论基础。同时，科学技术的研究对象在越来越大的程度上相互交叉，已很难在科学与技术之间划出一条截然分明的界线。科学技术的一体化，还表现在从基础研究到应用研究再到技术研究与开发的过程更加集约化及其周期的日益缩短上。在现代高技术研究中，许多基础研究课题、应用基础研究课题，几乎是与应用研究课题、发展研究课题同时进行的。

第三，大科学是系统化、整体化的科学，是科学整体化和技术群体化发展的必然结果。自然界是一个统一的整体，科学作为对自然界的认识，也应是内在统一的。它之所以被分为各门学科，是人类认识上的需要。随着科学的发展，各门学科理论和方法越来越相互渗透，一系列边缘学科、横向学科、综合学科的涌现又加强了各门学科的联系，现代科学已越来越整体化。同样，现代技术各个领域的相互联系亦日趋紧密。每项技术的发展，都需要其他技术的支持。每项技术的应用，都不是某种单一技术的应用而是一系列相关技术协同的综合应用。因而，现代技术的突破很少只限于单一技术的突破，而是相关的一系列技术的突破。现代技术的发展常常是表现为一个技术群或几个技术群的发展。如信息技术就是一个技术群，并且是正在形成的新的技术体系的主导技术群。

二、大科学时代科学技术革命的特点

进入20世纪，工具机需要发展，动力机需要完善，工艺水平需要提高，这些都对开发更强大的能源、提供性能更优异的材料提出了更高的要求。这时X射线等三大实验的发现、相对论和量子力学的创立，拉开了现代科学革命的序幕。不久，随着科学技术化、技术科学化、科学技术一体化过程的推进，20世纪40年代以来，以系列高技术群为标志的第三次技术革命拉开了序幕。这一次科学革命和技术革命统称为现代科学技术革命。这次科学技术革命恰恰为满足工业革命中的这些新技术领域的要求奠定了必要的理论基础和提供了必要的技术支撑。这次科学技术革命的特点如下：

第一，现代科学技术革命的进行导致了一个新的科学技术群及其相关产业群。它们是以系统论、信息论、控制论、相对论、量子论、耗散结构论、协同论、突变论、超循环论、管理科学等为主要内容的科学群；以材料技术、能源技术、信息技术、海洋技术、生物技术、环境科学技术、城市工程等为主要内容的高技术群；以及由科学技术群延伸而来的如生物业、航天业、核能业、IT业等高科技产业群。这样，在原有基础上，科学技术的要素增多，系统增大，其结构也日渐复杂。

第二，现代科学技术革命造成了一个高度分化与高度综合的现代科学技术体系。20世纪上半叶，科学技术表现出了明显的分化趋势，各种新的学科不断产生，而且学科的划分越来越细。60年代以来科学技术表现出强烈的综合化趋势。就产业而言，高技术农业、新能源、环境保护、航空航天等无一不是诸多学科综合研究与应用的结果。与此同时，科学技术系统中的各个要素相互关系也越来越密切。与综合化趋势相应的问题就是科学技术研究与开发的“计划化”。科学技术综合化带来了科学技术研究与开发的大规模化，进而需要有组织、有计划地开展科学技术研究工作，对科学技术研究进行有目的、高效的控制和管理。在科学技术发展的综合化及其研究规模的大型化和计划化的驱

使下，人类进入到大科学与高技术并存的时代。

第三，现代科学技术革命正在深刻地改变着自然科学与人文社会科学的传统关系。两大门类长期存在的壁垒正在被打破，鸿沟正在被填平，科学技术与人文社会科学相互交织在一起，成为历史的必然。数学开始在人文社会科学的诸多学科如经济学、管理学、社会学等方面广泛应用；自然科学的一些方法和工具正在向它们迅速转移，使这些学科向定量与定性及精密化方向综合发展；各种边缘学科、交叉学科、横向学科、综合学科大量涌现，例如，环境科学技术、空间科学技术、海洋科学技术、能源科学技术、物理化学、生物化学、科学技术学、系统科学技术等。现代科学技术革命中产生的新型综合性、横向性学科，如系统论、信息论、控制论等横跨于自然科学与人文社会科学的许多学科领域，在控制关系、信息本质、系统属性上，二者达到高度一致。这些边缘学科、交叉学科、横向学科、综合学科等新兴学科的出现标志着整个现代科学技术体系初步形成。

第四，现代科学技术革命正在促进科技社会化、社会科技化。这一方面表现在科学研究正在成为社会事业，深入到人类社会运行的整个过程和每一个环节，成为社会发展的根本动力。另一方面表现在科学技术越来越走在社会生产的前面，指导生产。据统计，由于采用科学技术成果而实现的生产力的增加，20 世纪初为 5%~20%，到七八十年代已达到 60%~80%，有的产业、部门则为 100%。现代“科学—技术—生产”的周期越来越短。科技社会化，社会科技化，使得科学技术与社会生产紧密结合成同一个整体，世界进入了知识经济时代。

第二节　科学技术的系统结构

一、科学技术的层次分类

按照现有的认识，科学技术可以分为科学和技术两大层次。而按照钱学森的观点，原则上，每一个大的科学部门则可以相对细分为 3 个层次，即基础科学、技术科学、应用科学（工程技术）。

基础科学是指以理论形态存在的、专门研究自然物质是什么和自然现象为什么，从而达到认识自然的一类科学。基础科学是科学技术的一个大的层次，包含如物理学、生物学、化学等许多分支学科。

应用科学（工程技术）是具体化了的、实用性极强并且可以直接并入生产过程导致产品的一类科学，主要是在面对自然现实的情况下解决怎么做的问题。应用科学作为科学技术的一个大的层次，按照不同的划分标准，包含如材料工程、农业工程、能源工程等具体的学科。

技术科学是介于基础科学和应用科学之间的一个层次。在作用上既研究是什么、为什么，也解决怎么做。不过其基础性不如基础科学，其应用性不如应用科学，是二者之间的桥梁。

技术科学既具有科学的特点，又具有技术的特点。从科学性的表现看，技术科学具有逻辑性或者理论性，如电子学、晶体学、水产学、临床医学等具体学科。从技术性的表现看，技术科学具有一定的具体性、应用性。

具体的技术形态，可根据不同的标准来划分。按照应用于生产的直接程度分，有实验技术、专业技术、生产技术。按照自然界的基本运动形式分，有物理技术、化学技术、生物技术等。按照技术的结果和功能分，有生产技术和非生产技术。生产技术中，按照不同的具体功能，有机械技术、动力技术、加工技术等。按照不同的载体划分，技术科学有人化态技术（其载体是人）、物化态技术（其载体是物）、文献态技术（其载体是文献）三类。按照实业领域分，技术可分为工业技术、农业技术、运输技术、制造技术等。如果从动态的应用角度来看，技术又有如下内容：一是技术动机，即技术的发明必然与特定人的物质需要相联系，表现为思想、愿望；二是技术过程，即技术的发明或应用总是伴随着特定的时间过程；三是技术效果，即一定技术应用后产生的结果，尤其表现为物质产品。

二、科学技术的空间结构

科学技术的空间结构是指在某一时期或者是某一发展水平上科学技术的要素及其相互之间的关系。这里的要素往往是指系统内科学技术的具体内容。从学科角度看，这可能是其二级、三级或多级学科中的分支学科。不同时期的分支学科是不同的。

科学技术发展的不同时期具有不同的空间结构。按照钱学森的观点，现代科学技术的空间结构如图 11-1 所示。从纵向看，科学技术分为三个方面，即基础科学、技术科学、应用科学。这三类科学虽然在应用时似乎表现出一定的时间先后顺序，但它们也同时并列地存在着，因此呈现出明显的空间结构。从横向看，科学技术分为两个方面，即科学（或者理论）和技术。作为理论的科学和作为应用手段的技术，其形态越来越多样化。

理论可分为基础理论、技术理论、应用理论；技术可分为实验技术、专业技术和生产技术。

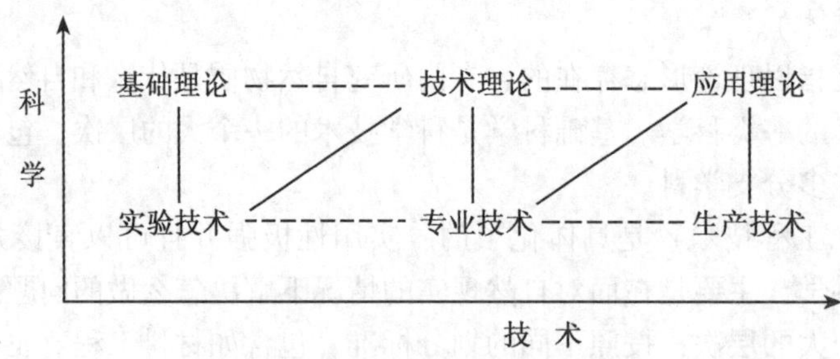

图 11-1　现代科学技术的空间结构

基础、技术、应用三种理论各有其自身的含义和特点。

基础理论总的特点是基础性。相对于理论的其他组成部分，其基础性具体表现为以下几个方面：

第一，以自然界物质的基本问题为研究内容。这些基本问题是物质的历史和现状，具体包括组成、结构、起源、演化、功能等。自然界作为一个结构和功能的整体，不同的基础理论研究的侧面可能不同，但都离不开这些基本问题或基本问题的基本方面。纯粹数学是从数量关系和空间形式角度来研究自然界的；理论物理主要立足于物质运动和基本构成的普遍规律；在原子、分子层次上，物质化合和分解的规律成为独立对象时，化学才成为科学；生命是自然界的一类特殊物质，生物学仍是以这类特殊物质的基本问题为研究对象的……不同基础理论研究的对象，层次可以是特殊的，问题却是基本的，结构和功能成为核心。

第二，具有广泛的适用性。基础理论的广泛适用性，既可以溯因于理论的概括性、抽象性，又取决于研究对象的广泛性，直接制约于第一个特点。理论的来源和应用之间是可逆的：来源于较少对象，也即具有专门对象的理论，应用面狭窄；基础理论广泛的适用性，也表明了其对象的普遍性。

第三，转化为生产的周期相对长。科学技术转化为生产，获得物质资料，是通过物化为生产力要素来实现的。物化过程与工艺水平直接相关。工艺性强，转化直接且速度快；反之，则需要相对复杂且长时间的转化过程。基础理论以其基础性决定了它与工艺技术之间的距离，其间必然经历专业化、工艺化的转化过程。基础理论有着广泛的应用面，但需要相对复杂、长期的转化过程，这正是它的辩证性质之一。

技术理论是具体研究共用技术的一般规律的理论，如电子学、激光理论、空间科学、遗传工程、材料科学等。与通过基础研究导致基础理论一样，通过专业研究形成技术理论。一般情况下，这种研究是从基础理论出发的演绎过程，也即将具有普遍性的理论转化为特殊理论，并使之具有较强的应用性的过程。

技术理论表现出它的过程性或两重性。在基础理论和应用理论之间，它是过渡环节，是联系二者的纽带。相对于基础理论，它具有应用性，转化较为直接和容易；相对于应用理论，它具有基础性，转化、应用面较宽。正如电子学，它是物理学的具体化，接受物理学的指导；同时，它又不是具体的电子学理论，如工业电子学、农业电子学，甚至显像管理论、阴极射线管理论。由于技术理论的这一特点，建立时的方法也与其他理论有别，它往往与技术设计、大量计算相联系。

应用理论是运用基础理论尤其是技术理论的成果，具体研究如何利用、改造自然的手段和方法，研究技术中的实际问题，以便形成新工艺、新产品的理论。应用理论来自于应用研究。

应用理论应用的结果，主要在于设计和研制出新的工艺、工具、材料等产品。这些成果可以直接并入实际生产过程，从而使对自然界的认识和改造衔接起来，使关于自然界的知识和社会生产衔接起来，成为联系自然和社会的最重要的、直接的中介。

应用理论最突出的特点是应用性，也即与社会，尤其是社会生产联系的直接性。这来源于应用理论的具体性和现实性。理论的具体性取决于对象的具体性。与基础理论、技术理论相比，应用理论是以具体的事物为对象，既不以普遍的事物为对象，又不以某一大类事物为对象，只是相对的个别。从具体对象概括出来的理论再应用于实践，应用性强成为必然。理论的现实性也取决于对象的具体性。研究的对象越具体，研究中思维的抽象性越低，研究的结果越接近现实，从而取得了理论的现实性。抽象的理论使得应用过程复杂、间接；相反，现实的理论使得应用过程简单、直接。因此，具有现实性的应用理论，必然具有很强的应用性。

理论作为一个整体，联系着自然和社会，联系着认识和应用。基础理论是对自然界的认识；技术理论既是对自然的认识，又可对自然加以改造，但都不具有典型性；应用理论则是直接与改造利用自然相联系。这不仅说明应用理论是理论的必然组成部分，而且说明在理论的整体结构中，三者缺一不可。

三种技术各有其自身的含义。实验技术是科学研究人员借助于一定的科学仪器获得的一般的技巧和工艺。专业技术是指在一定的领域内适用的相对具体的技巧和工艺。生产技术是能够直接应用于具体的生产线从而生产产品的特殊的技巧和工艺。

三、科学技术空间结构中要素的关系

前面图 11-1 显示的科学技术的空间结构包含了以下纵、横两个角度，三组要素之间的关系。

1. 基础理论、技术理论、应用理论的关系

基础理论是基础的科学理论，是描述或揭示自然界物质的结构及运动规律，探索未知现象的答案，涉及面十分广泛的概念、判断和推理的逻辑体系，具体表现为物理学、化学、生物学、天文学、地质学等。在这一意义上，基础理论是其他一切理论之母。

技术理论是基础理论的具体化，它是比基础理论更加接近实际应用的理论。如果说物理学是基础理论，那么核物理学则属于技术理论。显然，核物理学从属于物理学，更接近于实际应用。核物理学作为技术理论既可以由基础理论演绎而来，也可以归纳个别而上升为基础理论。在这里，核物理学是作为个别出现的，不过相对于其他理论，则表现出一般的性质。

应用理论相对于技术理论而言则属于个别，是可以直接应用于生产的理论。核反应理论是由核物理学派生而来，在一定的意义上，它应该属于应用理论。核反应理论包括链式反应理论、热核控制理论等。20 世纪 40 年代初，美国制造原子弹的“曼哈顿计划”就是建立在哈恩和费米研究的这一基础之上的。

从基础理论到技术理论再到应用理论，是三种理论之间的第一种关系，在现代表现得越来越充分。从应用理论到技术理论再到基础理论，是三种理论之间的另外一种关系，在近代以前尤其古代表现充分，在现代也有所体现。这两种关系实际是三种理论之间的线性可逆关系。除此之外，它们之间还存在闭合的循环关系，即基础理论与应用理论也是相互联系的。在特殊情况下，一定的基础理论可以直接转化为应用理论；反之，应用理论也可以直接上升为基础理论而不经过技术理论这一阶段。

2. 实验技术、专业技术、生产技术的关系

实验技术在近、现代科学技术的运动中产生，是最为基础的技术；生产技术是生产过程中最具实用性、目的性的技术；而专业技术在基础性和实用性上则是介于两者之间的技术，具有鲜明的过渡性。

在基础性方面，实验技术和三种理论中的基础理论相似；在实用性或者应用性方面，生产技术和应用理论相似；在上述两方面，专业技术与技术理论相似。因此，实验、专业、生产三方面技术之间的关系与基础、技术、应用三方面理论之间的关系十分相似。

技术和理论是相互联系的。一定的技术不仅与其他技术相关，而且也与一定的理论相关。任何一种技术或者理论的转化途径均是多元的。如技术理论的来源和转化都具有多样性：在正向关系上，技术理论既可由基础理论而来，又可由实验技术而来；既可转化为应用理论，又可转化为专业技术。在反向关系上，技术理论既可由应用理论而来，又可由生产技术而来；既可转化为基础理论，又可转化为实验技术。

3. 基础科学、技术科学、应用科学的关系

在上述科学技术的分类体系中，可以看到，基础科学是整个科学技术体系的基本内容和发展的基础。因为基础科学研究的是最基本、最普遍的物质运用形式，只有在这个基础上才能进一步认识更复杂的运动形式。例如，数学研究现实世界的空间形式和数量关系，对数学的运用标志着一门科学的完善程度。在某种意义上说，没有数学便没有科学的进步；力学研究物体的机械运动的规律，机械运动是自然界最普遍的运动形式。因为“一切运动都是和某种位置移动相联系的，不论是天体的、地上物体的、分子的、原子的或以太粒子的位置移动”。所以，16 世纪最先发展起来的是力学。同样，物理学研究的也是物质的最基本最普遍的运动形式，它包括机械运动、分子热运动、电磁运动、原子和原子核内部的运动等，普遍地存在于其他更高级的、更复杂的物质运动形式之中，所以物理学也是其他科学和技术的基础。在实践上，技术创新和经济发展都需要有一定的基础研究为指导，在基础理论上没有进展，在技术上就不可能有突破。没有现代物理学理论，便没有电子显微镜、射电望远镜、射光光谱仪、X 射线探测技术等科学仪器，也不可能有工业上一系列的技术进步。同样，没有现代化学和生物学在基本理论上的突破，便不可能有现代农业、医学方面的一系列巨大的进展。总之，基础科学是整个科学技术赖以发展的基石。

在上述科学技术的分类体系中，同样可以看到，应用科学是整个科学技术体系运动的目的性环节。科学技术研究的目的全在于应用。尤其是在现代社会中，科学研究无不与一定的政治、经济、文化需要相适应。应用科学以其自身的特点，有效地适应了这种需要。

基础科学，顾名思义，可以理解为最基础的科学，是其他科学的理论基础，因此具有基础性。在现代科学技术高度发展的条件下，这种基础性表现得尤为突出。应用科学是在具体领域内适用的技术，是科学技术运动的归宿，具有具体性。技术科学则是联系基础科学和应用科学的桥梁，既是基础科学的应用，又是应用科学的理论基础，具有过渡性和中介性。

第三节　百年诺贝尔奖回顾与反思

2001年12月10日是一个值得纪念的日子，这一天既是诺贝尔（1833—1896）逝世105周年，又是诺贝尔奖设立100周年。站在新世纪的门口，缅怀诺贝尔的科学研究精神，回首诺贝尔奖的发展历程，无疑能为正在一心一意从事科学研究并争取获得诺贝尔奖的人们提供某种有益的启示。

1901年发现X射线的伦琴（1845—1923）、研究立体化学的范特霍夫（1852—1911）、研究血清疗法的贝林（1854—1917）同时第一次站到了诺贝尔奖领奖台上，从而拉开了诺贝尔物理、化学、生理及医学三大奖的序幕。从此直到1999年，主要因为战争，物理奖中断6年，实际颁奖93届，奖给了159人（次）；化学奖中断8年，实际颁奖91届，获奖者132人（次）；生理及医学奖中断9年，颁奖90届，奖给了167人（次）。①

物理、化学、生理及医学三大奖中断的时间，除20世纪20年代和30年代外，主要在两次世界大战期间。可见政治环境对科学技术的影响是至关重要的。严酷的政治环境不仅使科技活动无法开展，而且还影响到诺贝尔奖评审的公正性。1937年，德国人哈恩（1879—1968）等发现了铀核裂变，第二次世界大战期间评审这一成果时，由于它与制造原子弹有关，由于它的学科性质、研究过程，该成果应不应获奖？应获物理奖还是化学奖？应奖给哈恩一人还是由哈恩与迈特纳（1878—1968）共享？在这些问题上，评审者之间以至于外界发生了很大分歧。最后是1944年哈恩因铀核裂变成果而独获本年度化学奖。因此人们产生了怀疑：战争破坏了诺贝尔奖的公正性。另外1986年美国人科恩（1922—　）和意大利人列维·蒙塔尔西尼（1909—2012）二人因为发现了“帮助调节细胞生长的化学物质”而共享了生理及医学奖。几年以后有材料宣称，列维·蒙塔尔西尼采取了行贿、收买等不正当手段，编织实用数据，欺骗评委，从而引发了对这一年度获奖成果真实性的议论，最后也导致了人们对诺贝尔奖公正性的怀疑。

但是无论是瑞典人获奖的情况，还是美国、德国人获奖次数曲线，尤其是世人对该奖的重视程度等方面的整体看，诺贝尔自然科学奖仍是公正的，仍不愧为世界科学最高、最具权威的奖项。

一、获奖者国度的比较

到1999年止，三大奖共有26个国家、458人次获得。在26个国家中，有9个仅获得一人次；有9个在9人次以下；另有8个国家在10人次以上。这8个国家的情况如表11-1所示。

---

① 杨德才：《百年诺贝尔三大奖的比较》，载《中国软科学》2000年第10期。

表 11-1　　　　　　　　　　**8 个国家的获奖情况表**

国别	美国	英国	德国	法国	瑞士	瑞典	荷兰	苏联
物理	69	20	19	11	4	4	8	7
化学	47	25	26	7	5	4	3	1
生理	79	23	15	8	6	6	2	2
总计	195	68	60	26	15	14	13	10

如表 11-1 所示，物理、化学、生理三大奖在各国总获奖人次中所占比例差别较大，似乎各有侧重。美国在 195 人次中，获生理奖的最多，达 79 人次，占其总获奖人次的 40%以上。德国的化学奖占其总获奖人次的 43%；法国的物理奖达 42%；瑞士的生理及医学奖达 40%；瑞典的生理及医学奖达 42%；荷兰的物理奖达 62%；苏联物理奖高达 70%。看来美国、瑞士、瑞典人注重生理及医学；德国、英国人相对注重化学；而法国、荷兰、苏联人则关注物理。这既与这些国家的科学传统有关，也与政策导向、人们的需要有关，更与经济状况有关。

从时间角度分析，不同的国家在 20 世纪三大奖曲线起伏程度不同：有的爆发式上升；有的平稳延伸；有的则日薄西山。若以美国、德国、英国、瑞典为例，从 1901 年开始每 10 年为一组的四国获奖趋势比较如图 11-2 所示。

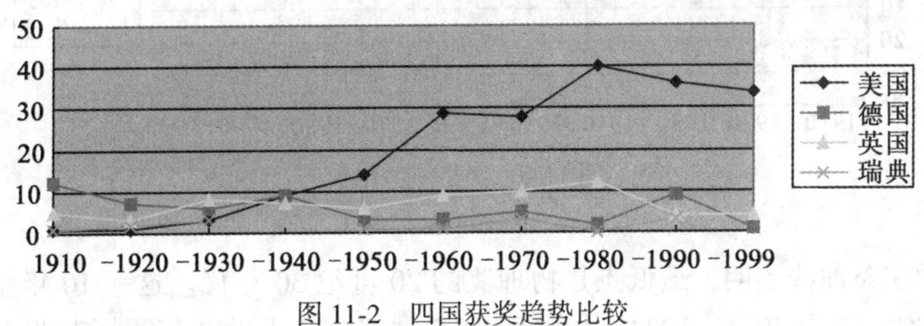

图 11-2　四国获奖趋势比较

图 11-2 显示，在 10 年组中，美国的获奖次数呈急剧上升趋势，1940 年前才 14 人次，而 1941—1999 年高达 181 人次。德国呈现出一定的下降趋势，1950 年前和 1951 年后分别为 37 和 23 人次。英国和瑞典大体呈现平稳延伸的曲线。

以上关于各个国家总获奖人次的分布、各国总人次在物理、化学、生理三科中的分布、各国总人次在各 10 年组中的分布，明显地展示出：第一，科学研究需要稳定的政治环境，战争无疑是科学研究的大忌，即使不安、躁动的政治气氛也于科学研究不利。第二，经济条件是科学研究的基础，尤其是生理及医学、化学，没有必要的甚至充足的科研经费、实验条件，是绝不可能获得重要成果的，青霉素的合成并获奖过程充分说明了这一点。

复旦大学的陈其荣教授也对诺贝尔奖自然科学奖做了研究，截至 2010 年，美国有诺贝尔自然科学奖得主 251 人，占整个诺贝尔自然科学奖获奖人数的 46. 1%，遥遥领先于其他国家，高居世界榜首；英国和德国名列第二与第三，分别有 80 人、64 人，分别占 14.7%、11.7%；法国位于美、英、德三国之后，名列第四，有 33 人，占 6.1%；排名第五至第十位的，是瑞士、瑞典、俄罗斯、日本、荷兰、丹麦、奥地利，分别有 23 人、16 人、12 人、11 人、9 人、8 人、8 人，各占 4.2%、2.9%、2.2%、2.0%、1.7%、1.5%、1.5%。①

二、获奖者年龄的比较

在物理、化学、生理及医学三大奖中，历年获奖者年龄最小的是“用 X 射线研究晶体机构”的小布拉格（1890—1971）（父子共享该年度物理奖），且 20 多岁的获奖者仅此 1 人；年龄最大的是 1960 年发现劳斯肿瘤病毒的劳斯（1879—1970）和 1973 年“得出生物个体和社会行为模式”的弗里希（1886—1982），二人均获生理奖，获奖时均为 87 岁。可见诺贝尔奖早期获得者年龄偏小，后期偏大；物理奖获得者年龄偏小，生理及医学奖获得者年龄偏大，化学居中。

关于年龄的 10 年组图，即分别将三大奖依次分为 10 组，每 10 年中所有获奖者年龄的统计平均值为该 10 年组的标志年龄，如图 11-3 所示。

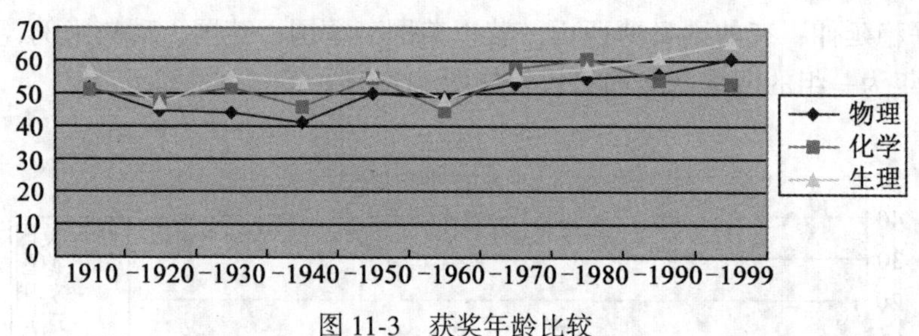

图 11-3　获奖年龄比较

图中的三条曲线表明，最低点是物理奖的 20 世纪 30 年代。这一 10 年组的标志年龄为 41.2 岁。因为 1931、1934、1940 三年未颁奖。余下的 7 年里，获奖者为 10 人。其中，海森伯（1901—1976）、狄拉克（1902—1984）、安得森（1905—1991）获奖时年龄均为 31 岁，费米、劳伦斯（1901—1958）稍大，分别为 37 岁、38 岁。这 10 人中最大的戴维森（1881—1958）也仅 56 岁。从前 8 个 10 年组看，标志年龄最大的是 20 世纪 70 年代的化学奖，为 60.5 岁。但从现有统计看，最大者是 80、90 年代的生理及医学奖。如 1981、1982、1983 年度的 7 位获得者中，55 岁以下仅 1 人。1998、1999 两个年度的 4 位获得者中，年龄最小者是 62 岁，最大者达 82 岁。以 10 年为一组，从该统计确实可以看出，三大奖的中、早期获得者年龄偏小，后期偏大；物理奖获得者年龄偏小，生理奖偏大。

在 10 年组的基础上，进一步统计发现，物理奖有 5 个 10 年组的标志年龄在 50 岁

① 陈其荣：《诺贝尔自然科学奖与创新型国家》，载《上海大学学报（社会科学版）》2011 年第 11 期。

以下；化学奖为3个；生理及医学奖仅2个，且这两个中小的也达47岁，大的为48.4岁。前90年各科获奖者的平均年龄是：物理为50.4岁，化学为52.1岁，生理及医学为55.8岁。统计数字进一步说明：获奖者在20世纪的中前期年龄偏小，后期和早期偏大；物理学偏小，生理及医学偏大，化学居中。这种年龄分布反映了整个世纪各个阶段的社会背景和社会需要，也反映了这三个学科自身的特点。

实践表明，从科研成果的取得到获得诺贝尔奖之间的时间，少则1年，多则20多年，但是大多处于5~10年之间。按前80年平均年龄计算，取得物理学研究成果的最佳年龄应该是38.5~43.5岁，化学则是41.8~46.8岁，生理及医学是43.8~48.8岁。若从三个学科整体考虑，并以前80年为据，平均获奖年龄为51.37岁。这也即在一般情况下，取得自然科学研究成果的最佳年龄是41.37~46.37岁。

复旦大学陈其荣教授在《诺贝尔自然科学奖获得者的创造峰值研究》中指出，1901—2008年整个诺贝尔自然科学奖获得者取得获奖成果时的平均年龄为39.3岁；在各个单项奖中，物理学奖获得者取得获奖成果时的平均年龄为37.0岁；化学奖与生理学或医学奖获得者取得获奖成果时的平均年龄较为接近，分别为40.3岁、40.7岁。诺贝尔自然科学奖获得者做出世界一流科学成果的最佳年龄区在28~48岁之间，最佳峰值年龄为39岁左右，表明了在科学家一生之中，有一个记忆力方兴未艾、而理解力明显增强的时期，即记忆力和理解力都最佳的时期，在这个时期，科学家的ABC即进取心（ambition）、事业心（benefit）和好奇心（curiosity）最为强烈，他们不仅有渊博的知识积累，而且有丰富的实践实验，不仅能把握本学科及相关学科领域的历史知识和前沿进展，而且有敢想敢干的创新精神，精力旺盛又富有高度的创造力，因而最容易做出杰出的成果。①

三、学科研究合作程度的比较

从获奖者年龄的考察中发现，多数多人获奖的年度里，获奖者的年龄似乎互补。正如1982年生理及医学奖获得者中，三人分别出生于1916、1927、1934年，其年龄近乎于等差级数。这虽然过于典型和极端，但其中确实存在着直接或者间接合作的问题。研究诺贝尔奖获得者合作研究的规律，在具体考察获奖者的基础上，分析多人共享一个年度奖的情况是一种比较直观、有效的方法。

多人获奖包括2人和3人共享同一年度奖。以10年组计，如图11-4所示。

多人获奖总年度，生理及医学为最高。在总共90届中，占了59%；化学奖多人获奖年度最少，只有30个，在总共91届中仅占33%；物理奖居中，共有45个，在总奖年度93中占49%。这似乎表明生理及医学家们善于并最需要合作，而化学家们则相反。

应该说在多人共享一个年度奖的情况下，3人共享一个年度奖更能说明科学研究中的合作。就此比较，到1999年止，3人共享一个年度奖的状况与上述结果非常接近，也即生理及医学奖仍然最高，达24个年度，占总奖年度的27%。物理学奖次之，有20个年度，占总奖年度的22%。化学奖仍然最少，仅10个年度，占总奖年度的11%。3

① 陈其荣：《诺贝尔自然科学奖获得者的创造峰值研究》，载《河池学院学报》2009年第6期。

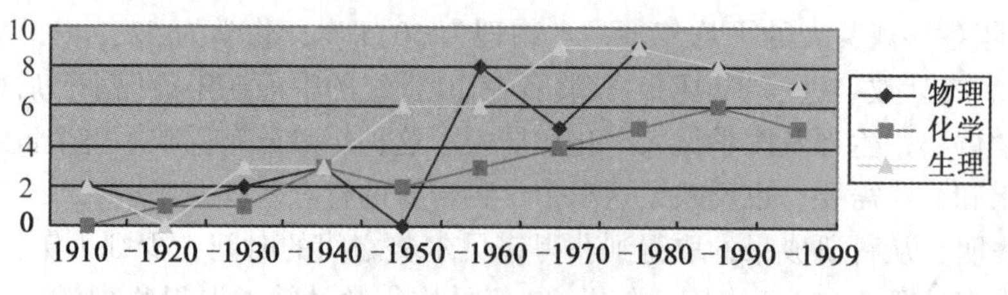

图 11-4　合作研究比较

人共享一个年度的奖，并不意味着 3 人自始至终、全力合作。但是，在物理学的 20 个 3 人获奖年度中，竟有 13 个年度是 2 人为同国人；还有 6 个年度的 3 人均为同国人。生理及医学奖也类似，3 人中有 2 人为同国人者是 13 个年度，3 人全为同国人的年度则达 9 个。另外有些同年度、同科获奖者尽管不是同国人，却仍是有力的合作者。1945 年，弗莱明（1881—1955）、钱恩（1906—1979）和弗洛里（1898—1968）共享了生理及医学奖，弗洛里虽然不是英国人，1898 年诞生在澳大利亚，然而 1922 年他就到了英国，并一直在那里进行研究，并和弗莱明尤其与钱恩保持着密切的合作关系。

不仅从多人获奖的年度、尤其 3 人获奖的年度及其在总获奖年度中的比例，可以看出生理及医学研究的合作性最强，物理学研究次之，化学研究的最少，而且还可以从多人获奖年度的与日俱增看出科学研究中的合作日益增强。在 10 个 10 年组中，3 个学科的多人获奖年度均是前少后多。1940 年前化学的前 4 个 10 年组，无一个年度 3 人共奖，甚至第一个 10 年组连 2 人共奖的年度也没有。1951 年后化学多人获奖的年度是 1950 年前的 9 倍。生理及医学多人共奖年度增长的速度虽然不及化学突出，但是 1951 年后，3 人共享的年度也为 1950 年前的 8 倍，而且 60 年代的 10 个年度中，竟有 7 年为 3 人获奖；多人获奖的年度数，1951 年后为 1950 年前的 3 倍多。物理学 3 人获奖及多人获奖年度数，1951 年后相对于 1950 年前依次分别为 19 倍和 5 倍多。

由此可以看出，物理、化学、生理及医学研究中的合作性均很强；三个学科中，生理及医学的合作性最强，物理次之，化学最弱；随着科学的发展，研究的深入，这种合作性还会增强。

艾凉琼在《从诺贝尔自然科学奖看现代科研合作》一文中研究也指出，从 2008 年到 2010 年 3 年来，诺贝尔自然科学奖的获得者共有 23 位自然科学家。因为每年的诺贝尔自然科学奖只有 3 项，分别是物理、化学、医学（生理学），按照诺贝尔的遗嘱，每一个奖项都不能超过 3 人，这使诺贝尔自然科学奖的获奖人数的递增每年都是有限的。2008 年诺贝尔自然科学奖颁给了 8 名科学家，其中 4 人是因科研合作成果而获得诺奖。2008 年诺贝尔医学奖由 3 名法国科学家包揽，其中蒙塔尼和巴尔-西诺西两人是在同一个实验室开展合作研究发现了艾滋病病毒。2008 年诺贝尔物理学奖由 3 名科学家获得，其中两位日本科学家小林诚和益川敏英在日本京都大学的合作研究成果得奖。2009 年的诺贝尔自然科学奖颁给了 9 名科学家，其中 5 名科学家的获奖成果是典型的科研合作的结果。2009 年的诺贝尔医学奖的 3 名科学家——布来克苯（Elizabeth Blackburn）和格雷德（Carol Grei-der）、绍斯塔克，他们的成果是端粒研究。2009年诺贝尔物理学奖的研究成果之一是电荷耦合器件，（CCD）图像传感器，这是贝尔实验的两位科学家威拉德·博伊尔和乔治·史密斯通力合作的成果。2010年诺贝尔自然科学奖授予了6名科学家，其中4名科学家的科研合作成果获得诺奖。2010年的诺贝尔医学奖是由英国生理学家罗伯特·爱德华滋因体外受精技术的研究而得奖，但是他的合作研究者帕特里克·斯特普托在2010年颁奖时已经去世，非常遗憾未能与他的合作者分享诺奖。2010年诺贝尔物理学奖的获得者安德烈·海姆和康斯坦丁·诺沃肖洛夫是师生关系，也是长期的科研合作者，他们共同的研究成果石墨烯被授予了2010年诺贝尔物理学奖。可以看出，近3年诺贝尔自然科学奖研究成果的获得者有一半以上是在科研合作的形式下进行的。因此可以说，科研合作是现代科研主体之间促进科学进步的重要形式之一，同时也说明现代科研合作的普遍性。①

四、学科研究中交叉程度的比较

就学科的整体规律而言，其研究的合作性越强，表明其内容与其他学科交叉、综合越多。诺贝尔奖揭示的规律与这基本一致。

考察各届获奖内容，发现其与原有三大基础学科的内涵不尽一致，体现出某种学科交叉，如图11-5所示。

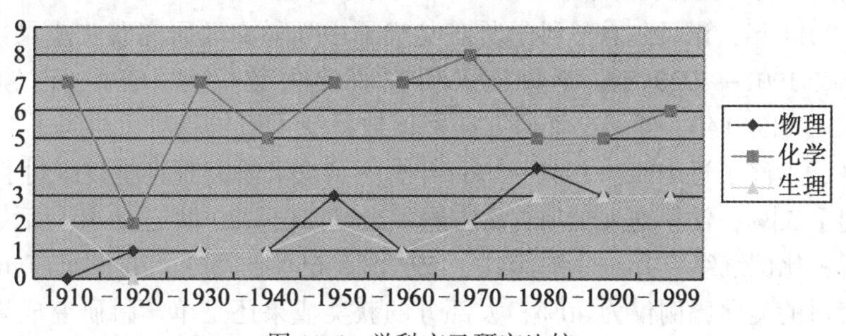

图11-5 学科交叉研究比较

由于每一年度同一学科获奖成果是同样的内容，因此，学科交叉的情况可以用年度来统计。因学科交叉研究而获奖的奖项中，生理及医学是18个年度，占总奖年度90的20%；物理学是19个年度，占总奖年度93的20.4%；化学是59个年度，占总奖年度91的65%。这说明这三个学科在20世纪相互交叉、渗透相当普遍，化学十分突出。如果说19世纪前是自然科学分析的时代，那么20世纪科学已经进入相互交叉、综合的时代，这时单纯在原来划定的学科范围内孤军奋战，已很难有所作为。同时研究对象也不再像以前那样单一，而是显现出亦此亦彼的局面。所以学科之间普遍出现交叉、渗透。三大奖所对应的三个学科中，化学与其他学科交叉最多，其原因除所有学科都倾向于相互交叉之外，还有其自身的因素。什么是化学？这一直是一个纠缠不清的问题。在物

① 艾凉琼：《从诺贝尔自然科学奖看现代科研合作》，载《科技管理研究》2012年第10期。

理、生物、天文、地学等各自对象已经确定的情况下，化学似乎失去了自己的领域：研究微观层次的化合、分解，会涉及物理学；研究生命现象中的化学反应，不可避免地涉及生物学；研究天体中的化学演化，又势必与天文学结缘。这或许是化学奖中因交叉、渗透而获奖的年度如此之多的根本原因。

从发展趋势看，化学因交叉而获奖的年度，1950 年前为 28 个，1951 年后为 31 个，前后差别不大，而且每一个 10 年组中，除 1911—1920 年这一组为 2 个外（这一组有 3 年停奖），其他各组均在 5~8 个年度之间震荡。物理则不一样，前 50 年均处于低交叉时期，总共才 6 个年度；1951 年后高达 13 个。这表明物理学和其他学科的交叉日益增多。生理及医学与物理相似。随着时间的推移，分子生物学的出现，使之与物理、化学的关系日益密切，交叉研究也越来越多。诺贝尔奖呈现的这种趋势，不仅再次证明"化学正在被肢解"①，而且所有经典学科之间的界限都将为环境科学、生命科学、能源科学、材料科学等所模糊、掩盖。这一点是科研人员已经看到了并需今后进一步重视的。

惠森在"诺贝尔自然科学奖获奖成果中的学科交叉现象研究"的论文中指出，1901 年到 2011 年，获得诺贝尔自然科学奖的研究成果共有 365 项，其中学科交叉研究成果获得的奖项共 198 项占获奖数目的 55%，可以看出，学科交叉成果获得的奖项所占的比例呈直线上升趋势。由此可见，物理、化学、生理学或医学的发展呈现学科间或学科内部的交叉趋势，这正是学科交叉发展时代背景的缩影。

1901—2011 年，诺贝尔自然科学奖获奖成果中学科交叉研究获奖成果 198 项比例高达 54. 2%。1901—1920 年，学科交叉研究获奖项数仅为 16 项，占颁奖成果的 32. 3%，1921—1940 年，学科交叉研究获奖项数呈现了增长趋势，达到了 25 项，占颁奖成果 42%，上涨了近 10%；1941—1960 年，学科交叉研究获奖项数达到了 33 项，所占比例达到了 53%，学科交叉奖项首次占据了半壁江山。20 世纪 60 年代后，学科交叉获奖成果所占比例继续上升，分别达到了 59. 3%、65%、75%。20 世纪前 40 年，学科交叉成果获得的奖项比例仅为 40%，大部分的获奖成果还是单学科研究成果；1941 年到 2011 年这 70 年间，学科交叉研究获奖成果从 53%到 75%，呈现稳步上升趋势，这个趋势也与 20 世纪交叉科学的发展历程相吻合。②

五、各学科研究涉及微观程度的比较

材料、信息、能源、环境、生命科学作为交叉或者综合科学，是各种研究对象相互作用的结果，是交叉学科的最初表现；而宏观、微观科学是研究领域相互作用的结果，是交叉学科延伸后的表现。因此诺贝尔奖揭示的学科日益交叉的规律必然反映到微观领域，也即物理、化学、生理及医学随着 20 世纪的发展，应该在微观领域内汇集。

若从研究对象是否涉及微观、高速来划分现代、近代科学，那么自 1897 年汤姆逊

① 杨德才：《化学正在被肢解》，载《科技导报》1995 年第 10 期。

② 惠森：《诺贝尔自然科学奖获奖成果中的学科交叉现象研究》，郑州大学 2014 年硕士学位论文。

发现电子之后人们开始研究原子结构及分子的组成起，就开始了以微观研究为己任的现代科学，也即说明以原子为中心包括粒子的行为、分子的组成，属于微观领域。按此标准，对诺贝尔三大奖进行统计，可以得到物理、化学、生理及医学的微观研究比较图，如图 11-6 所示。

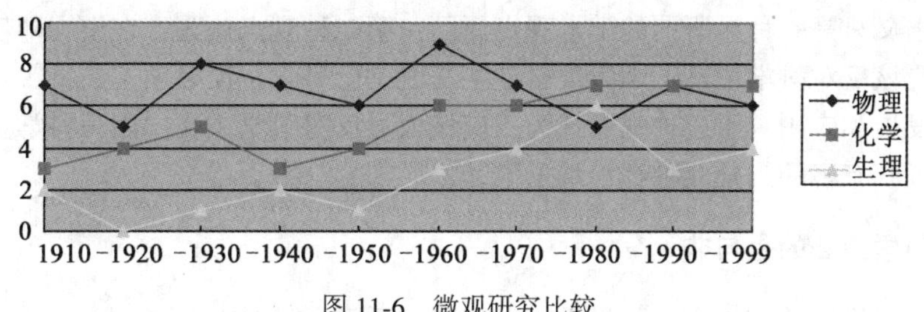

图 11-6　微观研究比较

尽管科学原子论奠定于 19 世纪初化学研究的基础上，可是 19 世纪末对原子的深入探索成了物理学的专利。这种探索很快反映在 20 世纪第一个 10 年组的诺贝尔物理奖中。由于对放射性、电子的研究，从而拉开了物理学微观研究的序幕，进而给整个自然科学注入了微观研究的动力。由此推测物理学应该成为微观研究的领头羊。实际上三大奖中呈现的微观研究成果，物理奖最多有 67 个，在 93 个年度中，高达 72%。紧随其后的是化学为 52 个，在 91 个年度中，也达到了 57%。生理及医学最少仅为 26 个，在 90 个年度中只占 29%，不过这也是一个不可忽视的比例。

微观研究在各自整体中所占的比例，如果反映在发展趋势上，则刚好相反。生理及医学的微观研究内容增长最快。1950 年前因微观研究而获奖的年度才 6 个，而 1951 年后则达 20 个，是前 50 年的 3 倍多。这可能源于微观研究的技术准备。1953 年 DNA 双螺旋结构发现之后，生物大分子研究时代才到来。事实上沃森、克里克 1953 年的发现，直至 1962 年才获奖。这决定了 60 年代及其后微观研究内容逐渐增多。所以 70 年代出现了一个高峰：10 个年度中有 6 个是关于微观研究的。微观内容增长的速度化学居于第二。因微观研究而获奖的年度，1950 年前为 19，此后达到 33，近乎于前者的两倍。20 世纪 70—90 年代的微观研究内容基本处于高含量水平上。物理学的微观内容增长最慢。因微观研究而获奖的年度，1950 年前为 30 个，1951 年后为 37 个，前后基本持平。10 个 10 年组中，因微观研究而获奖的年度曲线，基本保持水平延伸状态。

按此发展趋势，物理、化学的微观研究将在高水平上保持稳定，生理及医学的微观研究内容还会有所上升；按人们的需要，微观内容上升的趋势不会毫无限制。对此，李政道曾经认为，今后微观研究与宏观研究应该结合起来，借研究微观机制而达到宏观应用的目的。除李政道外，不少人认为新世纪里自然科学研究一方面应该注重微观领域里的进一步探索，另一方面必须将微观研究的成果与宏观表现和应用结合起来，不能顾此失彼，为微观研究而微观研究。

诺贝尔自然科学奖是基于科学技术活动的一种科学社会现象。在科学技术活动日益社会化、科学技术竞争日益激烈化的今天，研究这一社会现象具有重要的历史和现实意义。

第四节　科学主义的是与非

近几十年来，有关科学主义的争论很多。在中国对其有不同的见解，大致可以分为这样几种。一种观点认为，在我国目前科学还很不发达的情况下，不可能产生科学主义，科学主义只是一种无所谓的学术观点而已；第二种观点认为，在中国即使有科学主义，也不应该反对科学主义，因为反科学主义就是反科学，反科学主义将影响科学以至于社会的发展和应用；第三种观点认为，应该大力反对科学主义，因为科学主义对中国的发展是极其有害的。凡此种种，谁是谁非？

一、科学内涵的是与非

科学主义概念的核心之一是科学。对于科学看法的不同，可能导致对“科学主义”看法的不同。

关于科学的内涵，在对“科学主义”的争论中，有如下几种观点。

其一，科学仅仅指“精密科学”。这种观点认为，所谓“科学”（science），在西方原有的语境中，通常是指“精密科学”，如天文学、物理学等。所以经常是“科学”、“数学”、“医学”三者并列，因为数学不必和自然界打交道，故不是科学；医学至今仍未完全脱离经验的阶段，故不是精密科学。另外，“技术”和“科学”的区分也是非常明确的。根据这样的界定，所谓“社会科学”这一名称当然无法成立。

其二，科学就是指自然科学或者是指科学技术。坚持这种观点的人中包括某些实证论者。他们认为，科学是能够实证的。不能重复或者不能为实验证明的理论便不是科学。在他们看来，以哲学为首的人文科学等，由于其具有极大的抽象性和不可重复性，显然不能算作科学。

其三，“科学”是指“方法”或者“精神”。有人认为，“科学”以及它的精神，都是从西方智慧那里来的，而我们所说的“赛先生”，又是从西方启蒙以后的思想传统中来的，且不说我们是否搞清楚了这位“赛先生”与西方启蒙以前的思想传统的血缘联系；仅仅是这位“赛先生”的思想，我们是否搞清楚了，也还是个问题，这个问题的一个子问题是“科学”作为一种方法与“科学”作为一种精神之间的联系和区别。

无论科学的内涵是什么，科学表现出的作用在不同的人看来也是不一样的。

一种人认为，科学是人类认识的结果，这种结果具有客观性，故科学的作用只能，也永远是积极的。

另一种人则认为，科学的作用是有限的。他们批判了过分肯定科学的作用的人，并且认为，20世纪之后今日的科学表现得五彩缤纷，所以吸引了许多崇拜科学的人；在这些人看来科学也俨然以宗教的姿态出现；只要有人挂上这块招牌或穿上科学家的外衣，便可使一般人五体投地视为神圣不可侵犯的了；这些善男信女们将科学局部的知识视为人类全部的知识，将科学有限的范围视为唯一的境界，将科学相对的学说视为绝对的真理，且以为在科学之外其他的学问都是没有探讨的价值的；他们以为科学可以解决人生一切的问题，所以高唱“科学万能”。显然，这种人认为科学的作用是有限的。

总的看来，在关于科学主义的争论中，其中所涉及的科学，主要还是指自然科学。将科学仅仅视为精密科学和将科学等同于方法或者精神的人，处于少数。

二、科学主义内涵的是与非

科学主义也称为唯科学主义。随着人们理解的不同，科学主义的内涵也不同。

首先是相对于人文主义的科学主义。这种科学主义强调自然科学包括技术的重要性，认为科学技术才是认识的真谛，没有科学技术，人类及其发展将是不可想象的。至于人文社会科学等，很难称得上科学，其作用也是微不足道的。

其次是相对于技术主义的科学主义。这种科学主义强调自然科学也即科学理论的重要性，认为科学理论才是根本。至于技术之不过是科学理论的一种延伸而已。没有科学的理论，就没有实用的技术。这是一种理论至上的观点。

在近些年激烈争论的科学主义中，焦点主要还是指前一种。

例如有人认为，科学主义可分为学科内的科学主义和学科外的（更广的社会范围内的）科学主义。学科内的科学主义者是从学科之内来考虑问题的。至于学科外的科学主义，显然是从学科之外来考虑问题的。这种学科内的科学主义和学科外的科学主义的划分方法，实际上和相对于技术主义的科学主义与相对于人文主义的科学主义的划分方法具有异曲同工之效。

而关于学科外的科学主义也即相对于人文主义的科学主义，不少人认为还可以进一步划分。在其分类体系中，具体分为以下几种。

一是关于认识的科学主义。它主张："我们知道的唯一的实在只是科学已经认识的。""所有的真正的认识或者是科学认识，或者是能够归并、还原或转变为科学认识的那样一些认识。"

二是关于理性的科学主义。这指的是："我们有理性的保证去相信的只是那些能够被科学辩护的或对于科学是可知的。"

三是关于本体论的科学主义。

四是关于价值论的科学主义。典型的内涵是："科学是人类生活中的唯一真实的、有价值的领域，科学的东西要比非科学的东西具有更大的价值，所有其他的领域只有微不足道的价值。"终有一天，"传统伦理观不仅由科学来解释，而且还将被科学所代替"。

五是关于拯救的科学主义。这指的是："科学单独就能够解释并且代替宗教。"

六是关于综合的科学主义。这指的是："随着科学的发展，它将单独能够并逐渐解决人类所面临的所有的，或者是几乎所有的真正的难题。"

三、科学主义功能的是与非

对于科学主义的评价，也即关于科学主义的功能，主要存在以下观点。

1. 对科学主义的肯定

这种观点认为，最近几年在中国由于学者们的不断"关怀"，"科学主义"一词时常被提起，更被视为贬义词而不加分析地拒斥。这种做法常与学术反科学运动有某种内在联系，当然也与对科学的无知、忌妒有关。

其实，"科学主义"在历史上曾经是受到人们的重视，其功能也是得到了人们的充分认识和肯定的。

这种观点还认为，从历史的渊源看，近代自然科学不是在中国诞生，而是在西方诞生的。中国对西方科学技术的引进、吸收、利用、发展有一个过程。它必然与中国先于它存在的、与它的理念相违背的各种文化传统、意识形态产生碰撞，以完成它在中国的建制化和专业化，确立它的地位。碰撞的第一波是鸦片战争，引来了中国人对西方科技的觉悟。西方的船坚炮利使许多有识之士深刻地意识到只有利用西方的科技才能挽救危难的国家，魏源的"师夷长技以制夷"、洋务运动、中体西用等体现了这一点。这一时期对科学的引进主要集中在科技的物质价值层面上。碰撞的第二波是五四启蒙运动，明确提出"民主"与"科学"的口号，把原来仅停留在器物层面的科学提升到了形而上的层面。发生于20世纪30年代左右的著名的"科玄论战"，核心内容就是讨论科学能否解决人生观问题，论战的结果是科学最终战胜了"玄学鬼"。至此，科学主义在中国扎下了根。

2. 对科学主义的有限的否定

在对科学主义的讨论中，对科学主义的有限否定者认为科学主义者相信科学知识是至高无上的知识体系，甚至相信它的模式可以延伸到一切人类文化之中；唯科学主义者还相信，一切社会问题都可以通过科学技术的发展而得到解决。

这种看法实际上是认为，科学主义者过多欣赏西方近代科学所取得的灿烂成就，以致对近代科学体系产生了迷信；科学主义者另一个认识论错误可能是把科学这个要素在社会结构中的位置绝对化。

这种观点又认为：科学主义与科学不是一回事，它是对科学的盲目乐观的看法，是对科学的盲目崇拜；科学主义与科学精神不是一回事，相反却是对科学缺乏理性批判的表现，是与科学精神相违背的。可以说，科学主义是对科学方法普遍有效性、科学理论正确性、科学的社会应用价值的一种绝对的肯定和夸大，同时又贬低甚至否定了其他人文社会科学的方法的有效性、认识的正确性以及对于人类社会生活的价值和意义，由此造成科学文化与人文文化的对立和冲突，会使人们产生科技乐观论、科技万能论以及轻视人文社会科学，因而是错误的，应该批判。问题是应该如何批判呢？

这种观点还认为，科学主义似乎可以分为破坏性的反科学主义和建设性的反科学主义。其中，建设性的反科学主义或反"科学主义"最为重要。这种观点：不反对科学本身，而是反对将科学绝对化；不否定科学是具有相对真理性的知识体系，却反对绝对的科学真理观；不否定自然科学知识的准确性、有效性，却反对视科学认识为唯一有效的认识形式而否定一些非科学认识及其形式，如伦理学、宗教等；不反对科学的方法可以应用到人文社会科学中去，却反对机械地将科学方法盲目地应用到人文社会科学中去；不反对科学对人类生活所具有的不可忽视的价值，却反对其他某些非科学领域对人类生活所具有的价值；不否定科学作为我们判断认识、树立信念等的根据，却反对将此作为唯一的根据；不否定科学能够为人类解决很多问题，却反对科学单独就能够解决或逐步解决人类所面临的所有问题或所有的真正的问题；不反对科学、技术能够给人们带来幸福，却反对视科学、技术为导向人类幸福的唯一工具；不反对科学所起的广泛作用，却反对科学、技术万能的观念。总之，建设性的科学主义不反对科学的发展以及科学的应用，不反对科学的主导文化地位，而反对科学主义对科学、人文社会科学以及两者之间的关系的错误认识。

3. 对科学主义的绝对否定

20 世纪下半叶西方学术界出现了一股时髦的反科学思潮。这具体表现在激进的后现代主义、“强纲领”科学知识社会学、后殖民地科学观、多元文化论、地域性科学、种族科学、极端的环境主义者以及女性主义科学观等的有关论述中。其中心含义是：科学知识是社会建构的，与自然无关，是科学共同体内部成员之间相互谈判和妥协的结果；科学与真理没有关系，所有知识体系在认识论上与现代科学同样有效，非正统的“认知形式”应当给予与科学同样的地位；科学是一个与其他文化形态一样的、没有特殊优先地位的东西；西方科学的出现与西方男性统治、种族主义和帝国主义有着紧密的联系，西方科学发展了西方霸权的工具，并导致了非西方的衰落。综合他们的观点，就是完全否定科学的真理性和进步性，片面夸大科技所产生的负效应，消解了科学的进步性、权威性和主导的社会文化地位，走向了科技悲观论甚至反科学。这样的反科学主义可称之为激进的反科学主义或“反科学”主义，是错误的，应该反对。

4. 对科学主义的重建

应该说，对科学主义的绝对肯定和对科学主义的绝对否定，都是错误的。对科学主义的绝对肯定意味着自然科学的唯我独尊；对科学主义的绝对否定意味着自然科学的价值否定。自然科学是重要的，但是它需要和其他科学结盟。如果“科学”是广义的，内在地包含了自然科学和人文社会科学，那么，自然科学和人文社会科学的结盟成为必由之路。

李醒民（1942—　）在他的《走向科学的人文主义和人文的科学主义》一文中谈道，“科学的人文主义”是在保持和光大人文主义优良传统的基础上，给其注入旧人文主义所匮乏的科学要素和科学精神。它的新颖之处在于树立科学的宇宙观或世界图像，明白人在自然界中的地位，以此作为安身立命的根基之一；尊重自然规律和科学法则，对激进的唯意志论和极端的浪漫主义适当加以节制。总而言之，科学的本性包含着人性，科学的价值即人的价值，科学的人文主义就是人文主义的科学化。

人文的科学主义是在发掘和弘扬科学主义的宝贵遗产的前提下，给其增添旧科学主义所不足的仁爱情怀和人文精神。它的鲜明特色是，人为的科学理应是而且必须是为人的，为的是人的最高的和长远的福祉，它因此必须听命道德的律令，这是一切科学工作的出发点和立足点。总之，人性应该寓居于科学之中，人的智慧亦是科学的智慧，人文的科学主义就是科学主义的人性化。

实际上，科学主义正在走向科学的人文主义和人文的科学主义。

首先，自然科学、社会科学、人文学科出现了相互渗透、相互融会的趋势，已经产生了一批交叉学科或边缘学科。其次，科学哲学、科学史、科学社会学，或者有中国特点的自然辩证法正在成为联结自然科学、社会科学和人文学科的纽带，沟通科学文化和人文文化的桥梁。再次，人文主义和科学主义两大流派也呈现出相互取长补短的会通态势，催生出所谓的文化哲学。最后，现今人们已经认识到通才教育文理齐头并进，知识教学与素质教育并重，理论与实践经验密切结合，既是智力的训练也是人性的修养，这为未来的理性科学家和科学的人文家的涌现创造了前提条件。照此势头发展下去，两种文化的汇流和整合就不是遥遥无期的了。

就此而言，李醒民的看法是值得肯定的：正确的科学主义也即重建之后的科学主义，就是人文的科学主义或者说是科学的人文主义。

20世纪中后期，关于科学主义的争论，说到底是对科学技术的作用或功能的争论。就其本性看，科学技术的作用是无可置疑的，没有科学技术，就没有人类社会的今天；就其具体的表现形态而言，任何科学技术均是具体的人研究的结果，并且还需要具体的人去完成转化和应用，深深地烙上了人的印记，从而使科学技术的作用具有了两面性。

◎ 思考题

1. 简述大科学的含义和特点。
2. 简述现代科学技术革命的发展特点。
3. 诺贝尔奖的百年历史反映了科学技术发展的哪些特点？对我们有何启示意义？
4. 试评析科学主义的是与非。

第十二章　中国科学技术的现代发展

16 世纪以后，近代科学革命在西方发生，中国正处于明清之际。当西方的启蒙运动蓬勃开展时，中国正处于雍正、乾隆两朝，虽然号称盛世，却实行闭关自守的政策，以“天朝大国”自居，对世界科学技术的巨大发展视而不见。迈入 19 世纪，古老的帝国被西方列强肆意凌辱、摇摇欲坠。19 世纪后期开展的“洋务运动”，西方科技开始成规模进入中国，但科学技术事业真正体制化的发展则是在 20 世纪。经过五四运动的洗礼，科学开始确立了它在中国现代社会中的地位，但是日本对中国的侵略几乎摧毁了刚刚形成了一定基础的各类大学和科研机构，严重影响了现代中国科学技术的发展。①

从新中国成立到现在的 60 多年里，中国科学技术的进步极大地改变了中国社会的面貌。各基础学科从机构设置到研究队伍培养均有了较全面的布局与发展，在研究成果方面也有了较大的进展；应用技术的研究与技术成果向现实生产力转化得到了重视与提高；随着科学技术的发展，中国软科学事业也逐步兴起。与时俱进的中国科学技术事业，不仅为中国政治、经济、文化作出了巨大贡献，而且为中国在新世纪的和平发展提供了强有力的支持。

第一节　基础科学的进展

基础科学是当代科学体系的重要组成部分，是应用技术的理论基础，对当代科学技术的发展，尤其是对高科技的发展及社会前进起着举足轻重的推动作用。在新中国成立之初，在基础条件薄弱的情况下，成立了一支以中国科学院为主的基础科学研究队伍，并确立了基础研究的主要领域。经过几代科学工作者的努力，我国的基础科学水平发生了质的飞越。

一、生物学

近代生物学于 20 世纪初传入我国，但由于基础薄弱，进展缓慢。中华人民共和国成立后，在政府的高度重视下，生物学得到全面发展，到 50 年代末已初步形成科目较为齐全的研究体系，相继取得了一系列的研究成果。如 1965 年 9 月 17 日我国的人工合成胰岛素工作获得成功，成为世界上第一个人工合成蛋白质的国家。贝时璋（1903—2009），实验生物学家，细胞生物学家，教育家，中国细胞学、胚胎学的创始人之一，中国生物物理学的奠基人。他于 70 年代提出了细胞重建学说，其细胞重建的研究在国

① 路甬祥：《中国近现代科学的回顾与展望》载《自然辩证法研究》2002 年第 8 期。

内外都有很大的影响。20 世纪 80 年代我国在生物化学领域取得了重大进展：酵母丙氨酸转移核糖核酸的人工合成，实现了人类在探索生命构成方面的重大突破；蛋白质功能基因的修饰与其生物活力之间定量关系的计算机模拟方法的产生，开辟了研究蛋白质生物活性与必需基因之间关系的新途径。白春礼（1953—　）等人首次观察到脱氧核糖核酸的三辫链状新结构是研究生物信息、生命起源等问题的一条新的途径。1992 年，南开大学的陈德风（1965—　）首先发现了核酸识别序列外甲基化对限制性内切酶活性的抑制作用；我国学者在世界上第一个分离纯化出衣原体 ATP 酶，发现并提出了非双层膜脂对膜蛋白的功能有重要影响，并找到两种水稻抗冷性鉴定的指标。这些成果均达到了当时的世界先进水平。

基因组学、生物信息学、重大疾病相关基因的识别、分子生物学与生物化学、细胞与发育生物学、神经生物学、动植物区系的系统演化与协同进化等是我国生命科学优先发展的领域。我国近年来在生命科学领域取得了不小的成就，主要体现在基因组学研究、生物医学、生态学与生物多样性以及系统演化与古生物学等领域。

1. 基因组学领域

从 1994 年起，我国科学家开始利用基因技术解读虾病病毒。1997 年，国家海洋局第三研究所徐洵院士（1934—　）率领的小组在世界上率先分离纯化到一批完整的病毒基因组 DNA，构建了基因组文库，并测定了 1500 个病毒基因组克隆片段，占基因组全长的 90%。随着上海基康生物技术有限公司的加盟，1999 年 6 月，病毒基因组全部被破译。而国际同行同期仅完成了对虾病毒 1%的测序任务。这一成果不仅标志着我国基因组研究从人到动物再到农作物之后，又向海洋生物延伸，而且为防治虾病和发展对虾养殖业奠定了分子生物学基础。

破译人类遗传密码不仅被认为是达尔文时代以来生物学领域最重大的事件，同时也被认为是人类历史上最重要的科研工程。我国于 1999 年 9 月加入人类基因组研究计划，负责测定人类基因组全部序列的 1%，也就是 3 号染色体上的 3000 万个碱基对。我国科学家仅用了半年时间就基本完成了所承担的人类基因组测序任务，为国际人类基因组研究作出了自己的贡献，也证明了我国科学家有能力在重大国际合作中发挥积极的作用。

2002 年，中国科学院国家基因研究中心杨焕明（1952—　）领导的科研小组率先绘制出水稻基因组精细图和水稻第 4 号染色体精确测序图。中国科学院国家基因研究中心等单位完成的水稻基因组精细图，覆盖了籼稻 97%的基因序列，其中 97%的基因被精确定位在染色体上，覆盖基因组 94%染色体定位序列的单碱基准确性达 99. 99%，已达到国际公认的基因精细图标准。同时圆满完成国际水稻基因组计划第 4 号染色体精确测序图，这是迄今为止中国独立完成的最大的基因组单条染色体的精确测序，将为人类最终揭开水稻遗传奥秘作出重要贡献。

2. 生物医学领域

2000 年，第四军医大学教授杨安钢（1954—　）和他的同事们采用基因重组技术，将识别癌基因产物 HER2 的抗体与毒素分子（PE40）基因联结到一起，构建出免疫毒素基因，再导入在体外培养的 T 淋巴细胞，成功建立了一类新型抗原特异性杀伤细胞，这种细胞能够长期产生和分泌免疫毒素，有效地杀灭肿瘤细胞。此外，他们用同样的方法还培养出了抗人体免疫缺陷病的特异性杀伤细胞，在实验中也可以成功地杀死人体免疫缺陷病毒感染细胞，抑制和阻止病毒的繁殖。

2001 年，中国科学院上海生命科学院研究员贺林博士（1953— ），继找到家族性短指致病基因的位点后，又成功地发现并克隆了导致“A-1 型短指（趾）症”的 IHH 基因，首次揭示了 IHH 基因在引起人类遗传疾病中的作用。这一研究成果发表在国际权威刊物《自然遗传学杂志》（2001）上，为进一步揭开人类骨骼发育和身高之谜提供了重要的分子遗传学依据。

2003 年 4 月，军事医学科学院微生物流行病研究所祝庆余（1950— ）和秦鄂德（1949— ）率领的专家组与中国科学院基因组研究所的专家组合作，从非典患者的标本中分离出冠状病毒并成功完成了对非典冠状病毒的全基因组序列测定，为非典诊断与防治奠定了重要的基础。2003 年 6 月，中国科学院院士、军事医学科学院放射医学研究所所长贺福初（1962— ）率领科研攻关小组率先完成了目前最大规模的非典冠状病毒天然结构蛋白的鉴定，从中发现三种天然的病毒抗原蛋白质，对于进一步阐明非典病毒特性、发病机制及疫苗、新药的研究，具有重要的指导意义。

3. 系统演化与古生物学领域

2001 年我国科学家在研究云南禄丰的化石时，发现巨颅兽生活在距今 1.95 亿年前，这项发现使这类哺乳动物的历史向前推进了 4500 万年，达到侏罗纪早期，改写了哺乳动物的早期历史。由中国科学院古脊椎动物与古人类研究所的孙艾玲研究员和美国宾夕法尼亚州匹兹堡市卡内基自然历史博物馆的罗哲西博士等人共同完成的关于巨颅兽的研究成果发表在 2001 年 5 月 25 日的《科学》杂志上。我国学者在对辽宁西部发现的 1.3 亿年前的哺乳动物爬兽和戈壁兽化石的研究中，首次提供了解决哺乳动物化石下颌内侧浅沟与麦氏软骨关系问题的直接证据，有力地支持了“哺乳动物中耳是一次起源”的观点。

2003 年我国学者在鸟类飞行起源研究方面取得重大突破，中国科学院古脊椎动物与古人类研究所的徐星（1969— ）、周忠和（1965— ）及其同事通过研究恐龙化石材料，发现鸟类的恐龙祖先长着 4 个翅膀，很可能具有滑翔能力，这为鸟类飞行起源于树栖动物、经历了一个滑翔阶段的假说提供了关键性证据。这一工作被评论为有关鸟类起源研究有史以来最为重要的工作，其意义不仅仅在于揭示了鸟类飞行的起源，更重要的是由于这一发现，古生物界的科学家们必须重新审视一些经典性的成果。

寒武纪大爆发是令科学界最为困惑的一个科学问题，而澄江动物群化石再现了距今 5.3 亿年前海洋生物世界的真实面貌，为揭示寒武纪大爆发的奥秘提供了极其宝贵的证据。2004 年西北大学舒德干教授（1946— ）等人承担的“澄江动物群与寒武纪大爆发”研究项目通过对澄江动物群化石的不断挖掘发现和深入系统研究，诠释并回答了寒武纪大爆发这一重大疑难科学问题，探索了脊椎动物、真节肢、螯肢和甲壳等动物的起源，证实了现生动物门和亚门以及复杂生态体系起源于早寒武世，挑战了自下而上倒锥形进化理论模型，为自上而下的爆发式理论模型提供了化石证据。该研究提出了神经脊动物的概念，创建了无脊椎动物向脊椎动物演化5个阶段的假说。共发表高水平学术论文90余篇，其中《自然》和《科学》14篇，出版专著6部；《自然》和《科学》发表专评9篇。该研究引起了国际学术界的广泛关注，产生了震撼性的影响并荣获国家自然科学奖一等奖。

4. 生态学与生物的多样性领域

中国科学院张亚平研究员（1965— ）致力于研究动物的进化历史和遗传多样性，在分子水平系统内澄清了一些重要动物类群的演化之谜，并与同事们合力建起了中国最大的野生动物DNA库。张亚平的工作有助于揭示动物的遗传多样性与物种濒危的关系，为制订有效的保护计划提供科学依据。对中国主要家养动物的起源、不同民族人群基因多样性的研究，为揭示人类的扩散与迁移历史，也提供了新的线索。

吴征镒（1916—2013），植物学家，中国科学院院士，中国著名的、具有国际声誉的植物学家，植物区系研究的权威学者，专长植物分类地理学和药用植物学。获2007年中国国家最高科学技术奖。

论证了我国植物区系的三大历史来源和15种地理成分，提出了北纬20°~40°间的中国南部、西南部是古南大陆、古北大陆和古地中海植物区系的发生和发展的关键地区的观点。主编的200万字《中国植被》是植物学有关学科及农、林、牧业生产的一部重要科学资料。组织领导了全国，特别是云南植物资源的调查，并指出植物的有用物质的形成和植物种原分布区及形成历史有一定相关性。主编了若干全国性和地区性植物志。提出了“东亚植物区”的概念，认为是一最古老的植物区，还提出了被子植物起源“多系—多期—多域”的理论。

吴征镒和中国科学院植物研究所陈心启（1931— ）主编的《中国植物志》出版共80卷，记录维管植物30000余种；《中国动物志》也已出版150卷。

中国先后资助了一批生物多样性方面的研究项目，其中已完成和目前正在研究的一些国家级大项目包括洪德元（1937— ）主持的“长江流域的生物多样性”，马克平（1958— ）和孙儒泳（1951— ）主持、陈家宽（1947— ）参与的“中国关键地区的生物多样性研究”，以及葛颂（1961— ）主持的“被子植物重要类群的分子系统学和演化”，路安民（1939— ）主持的“基础被子植物的系统学”，张亚平（1965— ）主持的“分子进化与进化基因组学”，顾红雅（1960— ）主持的“植物特征性基因在系统发育和分子进化中的应用”，施苏华（1956— ）主持的“红树植物的适应性进化”等，这些研究项目都将为中国生物多样性研究的发展作出重要的贡献。

二、物理学

20世纪的物理学从宏观领域向微观领域，把人类对自然界的认识推进到前所未有的深度和广度，物理学的两大理论支柱——量子论和相对论，为现代新兴科学奠定了坚实的理论基础，从根本上改变了人类对时空和宇宙的看法。物理学的发展为人类提供了核能新能源、半导体、激光、计算机等新技术，推动了人类社会的进步，改变了人类的生产方式和生活方式。进入21世纪以后，物理学仍然是最重要的基础学科之一，我们仍能看到许多应用技术领域都离不开物理学的指导。

1. 核物理研究领域

于敏（1926—　），中国科学院院士，核物理学家，国家最高科技奖获得者，中国“氢弹之父，”2014年获国家最高科学技术奖。他在中国氢弹原理突破中解决了一系列基础问题，提出了从原理到构形基本完整的设想，起了关键作用。于敏把原子核理论分为三个层次，即实验现象和规律、唯象理论和理论基础；在平均场独立粒子方面做出了令人瞩目的成绩。

赵忠尧（1902—1998），中科院院士，核物理学家，中国核物理研究的开拓者，中国核事业的先驱之一。1955年，赵忠尧主持建成了中国第一台质子静电加速器，并进行了原子核反应的研究，9年之后，中国第一团“蘑菇云”在祖国大西北升空。2001年，中国科学院近代物理所的科研人员郭俊盛（1938—　）首次合成了质量数为259的超重新核素Db，实现了对母核及子核a活性的精确测量，成功地测得259Db的a衰变能量，使我国的新核素合成和研究跨入了超重核区的大门，向超重元素的合成迈进了一大步。中国科学院近代物理所的科研人员袁双贵（1940—　）首次测得230Ac的基态β-缓发裂变事件，并首次在国际学术刊物上确认了β-缓发裂变先驱核230Ac，这是在重要国际学术期刊上发表的第一例基态β-缓发裂变证据，率先登上了核科学家梦寐以求的缓发裂变岛，使我国在新核素合成和研究方面取得了两项世界第一。

我国在可控热核聚变研究方面也取得了突破性进展。可控热核聚变研究是综合性重大基础理论研究，也是人类解决能源危机的希望所在。中国科学院等离子体研究所从HT-7超导托卡马实验中获得超过一分钟的等离子体放电，是世界上第二个能产生分钟量级的高温等离子体的实验装置。研究人员还第一次找到了影响等离子体约束和输运的带状流存在的直接实验证据，观察到了由电子漂移波驱动的电子温度梯度模，这些实验结果有可能对深入理解等离子体约束和输运产生重要影响。中国超导托卡马克可控热核聚变研究跃居世界前2位，位居世界前列。

2. 纳米研究领域

2000年，中国科学院物理研究所解思深研究员（1942—　）带领的课题组、香港科技大学汤子康博士（1959—　）率领的课题组、中国科学院物理所研究员、北京大学特聘教授彭练矛（1962—　）课题组先后制备出或合成出直径小于0.5纳米的纳米碳管。其成果分别发表在《科学》、《自然》和《物理评论快报》等杂志上，标志着我国在纳米碳管的研究与制备方面已处于国际领先水平。

2000年，由中国科学院金属研究所沈阳材料科学国家（联合）实验室卢柯院士（1965—　）领导的研究组在纳米材料的研究方面取得了重大的进展。研究人员利用金属的表面纳米化技术，对纯铁进行表面纳米化处理。性能测试结果表明，在300℃下形成的表面氮化层具有很高的硬度、耐磨性和耐腐蚀性，说明通过表面纳米化技术可以实现材料表面结构选择性化学反应，这对传统产业技术的升级改造具有重要的指导意义。

2003年，中国科学院物理研究所的国际量子结构中心薛其坤（1963—　）领导的研究小组研制成功一种新型的纳米材料——全同金属纳米团簇，在硅金属的基片上成功种入了铝原子，其大小为1.5纳米，而且分布非常均匀，形成了一种人工的两维晶体。他们已经这样制备了16种不同的人工晶体，具有十分诱人的应用前景。《科学》、《自然》、《物理评论快报》等分别报道了这一研究成果。

3. 量子研究领域

中国科技大学潘建伟教授（1970—　）等通过实验，成功地使一定空间范围内的5个光子之间存在"感应"效应，从而在国际上首次实现了五粒子纠缠态，并在此基础上实现了终端开放的量子态隐形传输，为分布式的量子信息处理提供了一个新的可能性。这表明我国在多粒子纠缠态的研究以及在量子信息方面的研究已超越了美国、法国和奥地利等国家，处于国际领先地位。2004年7月1日《自然》杂志发表了这一重大研究成果。

4. 粒子物理研究领域

1959年，王淦昌（1907—1998）领导的研究小组在世界上首次发现反西格马超子，为任何基本粒子都有反粒子这一相对论量子力学的理论提供了新证据，从而在基本粒子研究中作出了重要贡献。1965年，朱洪元、胡宁、何祚庥等人建立了一种通过强子研究强子结构，阐明强子性质及其相互关系的理论，即"层子模型"，被国际著名科学家赞誉为"第一流的科学工作"。

至2001年，我国粲夸克偶素物理实验研究获重大进展。中国科学院高能物理研究所顾以藩（1934—　）等科学家利用北京正负电子对撞机完成了6个粲夸克偶素大批重要参数的系统测量。国际权威粒子物理手册《粒子物理评论》（2001年）收录了51项结果，其中21项为国际首次测量，大部分数据具有当今最高精度。有关结果应用于当前热点的理论或实验研究，揭示出多项重要物理性质。通过对比分析，还首先观察到一系列强衰变反常现象，挑战现有理论图像，成为探讨粲夸克偶素衰变机制的新一轮理论热点。粲夸克偶素物理领域的深入研究，为检验、发展粒子物理标准模型的强作用理论发挥了重要作用。

5. 理论物理研究领域

黄昆（1919—2005），世界著名物理学家、中国固体和半导体物理学奠基人之一、杰出教育家，浙江嘉兴人，北京大学教授，中国科学院半导体研究所研究员、所长、名誉所长，中科院院士。2001年获国家最高科学技术奖。西南联大毕业后从事物理理论研究，大胆预言与晶格中杂质有关的X光漫散射，后称为黄散射。受邀与玻恩著《晶格动力学》，至今仍是该领域权威著作。提出"黄方程"和由此引申的极化元的重要概念，对理论物理发展作出了重要贡献。

三、化学

在20世纪上半叶，我国的化学研究发展比较缓慢，许多领域处于空白状态。新中国成立后，科学家们在对化学的各个领域展开全面研究的同时，针对国家建设的需要，开始了有重点的化学研究。如在20世纪50年代，我国化学研究所用精馏法试制重氧水，发展了重水和重氧水分析的密度法，包括精密浮沉子法和广量程的落滴法，处于当时国际先进水平；1954年朱子清（1900—1989）等的“贝母植物碱的研究”首次提出贝母碱的基本骨架，并在国际上得到承认。汪猷（1910—1997）等系统研究了桔霉素的结构与合成，并证明沃尔夫伦提出的链霉素结构有部分错误，改正了链霉素结构的空白构型，这些成果为当时我国的抗生素试制与生产提供了理论依据。重有机合成工业也逐渐发展起来，从50年代开始，从煤焦油中分离出苯、苯酚、甲苯、菲、蒽等，再由这些原料合成了我国急需的染料和药物，建立了我国合成药物和合成染料工业。我国生物化学家和有机化学家通力协作，1965年用人工方法合成了具有生物活性的结晶牛胰岛素，使我国在人工合成生物大分子方面一跃而处于世界领先水平。1965年以来，我国化学家唐敖庆（1915—2008）关于配位场理论的研究具有创造性的发展，成为当时关于络合物的最得力的理论。1981年戴安邦（1901—1999）对硅酸聚合作用的新发现，有力地推动了对硅酸聚合反应动力学的研究。1992年，我国化学家湛昌国（1960— ）建立了最大重叠对称性分子轨道模型，实现了对价键理论的突破。

近50年来，我国化学学科取得了一系列的研究成果。截至2004年，先后获得国家自然科学奖一等奖5项，二等奖49项，三等奖37项，四等奖16项。21世纪，随着化学研究的不断深入，化学向其他学科的渗透趋势更加明显，尤其是在化学与生物、化学与物理等方面。

1. 有机化学研究领域

皂甙类化合物具有强抗癌作用，但人工合成较为复杂。中国科学院上海有机化学研究所邓绍江博士（1972— ）及其团队采取高效的技术路径，率先完成这一分子全合成工作，一次性合成达20多毫克。不仅使在实验室大量合成这种抗癌物质成为可能，也使我国科学家在人工合成抗癌物质领域走在了世界前沿。

2. 物理化学研究领域

张存浩（1928— ），物理化学家，中国科学院院士，第三世界科学院院士，2013年获得中国最高科学技术奖。张存浩长期从事催化、化工、化学反应动力学直到火箭推进剂、化学激光、激发态化学等前沿科技领域的研究。主要研究方向：双共振光谱学和分子碰撞传能，短波长化学激光新体系。20世纪50年代与合作者进行水煤气合成液体燃料研究，研制出高效熔铁催化剂。60年代，他和合作者在国内开创了激波管高温快速反应动力学和气体爆轰波脉动结构的研究，并取得了较高水平。70年代，他领导了中国第一台超音速扩散型氟化氢（氘）激光器的研制工作，取得的成果相当于当时美国发表的水平，为发展中国国防高科技事业作出了重要贡献。80年代以来与合作者从事双共振多光子电离光谱，激发态分子光谱及化学，量子态分辨的分子传能及新型化学激光体系等方面的研究，在激光化学和新型化学激光器等领域进行了大量开拓性工作。1983 年他与合作者开展脉冲氧碘化学激光器的研究，首次发展出光引发/放电引发脉冲氟碘化学激光器。激光器的化学效率达 34%，超过前苏联 1988 年发表的水平，处于世界领先地位。

中国科学院上海有机所蒋锡夔（1926—　）、计国桢（1942—　）等科学家建立了当前国际上最完整、最可靠的反映取代基自旋离域能力的参数 σjj，并把此参数成功应用于多种自由基反应和波谱参数的相关分析，提出自由基化学中结构性能相关分析的四种规律性假设，解决了自由基化学界长期存在的两个重要问题。他们还探索用物理有机化学的研究方法，在分子水平上阐明了动脉粥样硬化的可能病因，并提出解簇集概念，研制出有效解簇剂。这是世界上首次提出并用实验验证动脉粥样硬化病因与分子共簇集倾向性有直接关系，对治疗动脉粥样硬化疾病药物的分子设计具有特别重要的意义，为我国新药的分子设计和制造提供了有益启示。由于有机分子簇集和自由基研究的重大成果，他们获得了 2002 年国家自然科学奖一等奖。

3. 生物化学领域

2000 年，哈尔滨工业大学的任南琪（1959—　）和王宝贞（1932—　），利用细菌从污水中分解收集氢气，并在世界上首次完成生物制氢中试研究，使工业化生物制氢成为可能。这一成果不仅具有环保意义，还表明了人类找到了一种新的可再生洁净能源，即能从土地中培育出高效能源。

4. 量子化学领域

徐光宪（1920—　），中国科学院院士，著名物理化学家，无机化学家，教育家，2008 年获得国家最高科学技术奖。徐光宪与合作者在量子化学领域中，提出了原子价的新概念 nxcπ 结构规则和分子的周期律、同系线性规律的量子化学基础和稀土化合物的电子结构特征，被授予国家自然科学二等奖。他编著的《物质结构》被授予国家优秀教材特等奖。20 世纪 50 年代，徐光宪发表论文《旋光理论中的邻近作用》，揭示了化学键四极矩对分子旋光性的主导作用；他改进仪器设备，把极谱法的测量精度提高了两个数量级，在国际上较早测定了碱金属和碱土金属与一些阴离子的配位平衡常数。根据弱配位平衡与吸附平衡的相似性，提出配合物平衡的吸附理论，可以简便地描述溶液中弱配位平衡过程。1957 年，徐光宪被调往技术物理系工作，开展核燃料萃取化学的研究，1962 年提出了被国内普遍采纳的萃取体系分类法。

从 70 年代末开始，徐光宪主持开展了对稀土量子化学和稀土化合物结构规律性的研究。1982 年，徐光宪通过总结实验资料和分析量子化学计算的结果，提出原子价的新定义及其量子化学定义，圆满解决了 Pauling、Mayer 等人定义中存在的问题。

四、天文学

1859 年，我国学者李善兰与英国人伟烈亚力合译《谈天》，这是中国人首次接触现代天文学。《谈天》又名《天文学纲要》（*Outlines of Astronomy*），是英国天文学家 J. F. 赫歇耳的名著，全书不仅对太阳系的结构和运动有比较详细的叙述，而且介绍了有关恒星系统的一些知识。伴随着西方列强对中国的殖民化进程，近代天文机构也开始在中国出现。1873 年，法国天主教会在上海建立徐家汇天文台，开展天文、气象和地球物理等综合性观测和研究工作，同时为各国海运和中外商界提供气象和时间等服务。1900 年建立佘山天文台，配置了当时亚洲最大的 40 厘米折射望远镜，开展对星团、星云、双星、新星、太阳和彗星等的观测研究工作。与此同时，德国、日本也先后在我国的青岛和台湾等地区建立了观象台。

1927 年 4 月，南京"国民政府"成立"时政委员会"以编制、颁布国民历。1928 年成立天文研究所，选择紫金山作为天文台台址，先后建成子午仪、赤道仪、变星仪等天文观测仪器，这是第一座真正由中国人独立创建起来的天文台。1934 年紫金山天文台正式建成。其任务是观测天体方位，以从事理论天文学研究；观测天体形态、光度、光谱，以从事天体物理学研究；编历授时；测量经纬度及子午线等。早年留学归国的学者高鲁、秦汾、王士魁、李珩、吴大猷、沈睿、周培源、张云、张钰哲、程茂兰、潘璞、戴文赛等人引进西方现代天文学，建立起中国自己的天文研究机构，使天文彻底摆脱了在中国古代被赋予的官方性、政治性和神秘性，成为现代科学体系中的一门分支学科。

新中国成立以后，天文学研究和教育虽然历经曲折但仍然取得了举世瞩目的巨大进展。至 1978 年，中国从无到有地建立了射电天文学、理论天体物理学和高能天体物理学以及空间天文学等学科；填补了天文年历编算、天文仪器制造等方面的空白；组织起了自己的时间服务系统、纬度和极移服务系统；在诸如世界时测定、光电等高仪制造、人造卫星轨道计算、恒星和太阳的观测与理论、高能天体物理学理论研究以及天文学史的研究等方面取得不少重要的成果。

改革开放以来，中国天文学突飞猛进，天文台（站）建设与装备，以及天文学研究、教育和普及都取得了前所未有的进步。

在天体测量研究方面，1986 年陕西天文台建成了高精度长波授时台。地球自转参数测定实现了由经典仪器向人造卫星激光测距仪和甚长基线干涉仪等现代化仪器的过渡。星表研究成为我国天体测量中的一项有特色的研究，既满足了国内大地测量的要求，又为星表作出了贡献。地球自转研究同地球动力学结合起来，发展成为天文地球动力学。

在天体力学研究方面，突出开展了人造卫星动力学和小行星运动研究。我国天文观测者多次圆满完成人造卫星观测任务，并且发展了精密定轨和轨道改进的技术和理论，为我国航天事业赶超世界先进水平作出了巨大的贡献。发现并已获永久编号的小行星 100 多颗。

在太阳物理研究方面，在 21 周和 22 周太阳活动峰年期间，我国天文工作者进行了多次联合观测，组织和参与了"日不落"连续太阳磁场国际合作观测，取得了大批有价值的耀斑资料；发现了毫秒级射电爆发许多特征，增长了对太阳活动规律的认识，成功地进行了太阳活动预报。此外，还成功地组织了多次日食观测，取得了大量宝贵的资料。

在恒星物理研究方面，我国天文学家发现了许多耀斑、共生星、行星状星云、超新星和一些有趣的恒星活动现象。在恒星对流和中子星类别方面提出了有特色的理论。在星系和宇宙学方面，发展了搜索类星体候选天体的技术，成功地发现了大量类星体候选天体。

五、地质学

地质学作为近代自然科学的一部分诞生于18世纪末至19世纪初，但中国人进入这一领域比西方人晚了一百多年。1909年京师大学堂（后北京大学）设地质学门，这是近代中国第一个地质学机构。辛亥革命后的十多年里，一些从海外归来的学者们开拓拼搏，奠定了中国地质学的基础。1922年中国地质学会成立，有创立会员26人。1928年中央研究院地质研究所成立，许多大学也纷纷设立地质学专业。

从20世纪初到40年代，中国地质事业克服重重困难向前迈进，中国地质学家们的研究成果得到了国际同行的承认和尊重。我国地质学界在地层学、古生物学、构造地质学和大地构造学方面建立了扎实的基础，其中，区域地质学取得了重要进展，完成了1：300万的中国地质图，发现了一批矿藏资源；水文地质学、工程地质学和地球物理探矿也开始萌芽。其中，重大成果有：1929年和1936年发现北京猿人头盖骨；1939年李四光在伦敦出版《中国地质学》；30年代和40年代之交发现玉门油田并提出陆相生油理论；1943年黄汲清发表中国历史大地构造研究的奠基之作《中国主要地质构造单位》。章鸿钊、丁文江、翁文灏和李四光是我国地质学的创始人，而黄汲清、谢家荣、赵亚曾、孙云铸和杨钟健则是这一时期中国地质学界的杰出代表。

新中国成立以后，地质学和地质事业作为“建设的尖兵”备受重视，1960年国家设立地质部，统筹地质事业的发展。地质勘探、研究和教学机构得到优先支持，学科体系不断健全和完善，国家急需的地质专门人才大量培养出来。地质系统成为全国科技战线上最活跃的部门之一。

60多年来，我国地质学界在学科建设方面取得了重大进展。

刘东生（1917—2008），我国著名地质学家，中国科学院院士，2003年获得国家最高科学技术奖。1958年，他从黄土地层研究中根据黄土与古土壤的多旋回特点，发现第四纪气候冷暖交替远不止四次，发展了传统的四次冰期学说，成为全球环境变化研究的一个重大转折，奠基了环境变化的“多旋回学说”。20世纪80年代，刘东生基于中国黄土重建了250万年以来的气候变化历史，使黄土与深海沉积、极地冰芯并列成为全球环境变化研究的三大支柱，为全球气候变化研究做出了重要贡献，为国际科学界所信服。

在地层学方面，相继完成了中国各断代层总结、中国地层和各系界线研究等总结性专著，我国命名的乐平世及其两期进入国际地质年表；在构造地质学方面，发展了区域构造、矿田构造、椎覆构造、伸展构造、韧性剪切带和显微构造研究；地质力学、多旋回学说、断块学说、地洼学说等不断深入发展，并指导实践取得许多成果；矿物学发展了许多新分支学科并指导发现大量新矿物。沉积学、古地理学、地球化学、同位素地质学、地磁学、地热学、遥感地质学等都有长足的进步。近年来全球环境变化研究为世人瞩目，我国地质学界在相关领域进行的研究也取得重大进展，在20世纪80年代进行的黄土古土壤序列气候旋回与冰期和间冰期旋回对应基础上开展的第四纪气候变化研究，成为国际“地圈—生物圈计划”的重要研究方向，对了解古环境的演化史有重要意义。1986—1989年一部总结性、综合性专著《中国地质学》的出版代表了新时期中国地质学的学术水平。1996年第30届国际地质大会在北京隆重召开，体现了中国地质界在国际地质学界享有的崇高地位。学科的发展不仅为推动地球科学理论的进步作出了贡献，也为解决我国资源、能源、环境、工程建设和防治地质灾害方面的重大问题和新技术的开发打下了坚实的基础。

1. 区域地质调查

这一工作既为探明各种矿产资源提供了地质背景，又是一些地质分支学科新理论和新方法的重要来源，因此是一项具有战略意义的基础地质工作。我国从1955年起进行1∶20万区域地质调查，到1997年已完成全国陆地面积88%以上图幅的测制以及大量相关的工作，为全国年代地层学框架的建立奠定了基础。从1999年开始的新一轮国土资源大调查，有力地保证了西部大开发战略的实施。

2. 石油天然气勘探

20世纪二三十年代，以谢家荣、潘钟祥、黄汲清、孙健初等为代表的地质学家先后到陕北高原、河西走廊、四川盆地及天山南北进行油气地质调查，分别于1937年和1939年在陆相盆地中找到了新疆独山子油田和甘肃玉门老君庙油田。1941年，潘钟祥发表题为“中国陕北和四川白垩系陆相生油”的论文，为在中国陆相盆地中找到大量石油提供理论了依据。① 1955年，我国以空前规模开展了石油普查活动，形成了完整的陆相生油和成藏理论。基于我国地质构造特征和陆相生油理论，我国地质工作者于1959年在松辽盆地发现了世界级特大油田——大庆油田。通过20世纪50年代开始的石油地质地球物理工作，发展了油气区的地质构造、沉积盆地、沉积相、储层地质学、复式油气区控制和规律分析理论和方法，建立起陆相石油勘探的整套技术。石油天然气资源的开发使石油石化工业成为我国的支柱产业。我国不仅是一个大陆国家，同时也是拥有大片蓝色国土的海洋国家，我国从20世纪60年代开始进行海域油气资源调查，80年代开始开发，到2000年海洋石油产量已达1800万吨，天然气40亿立方米。

3. 矿产资源勘探

60多年来，通过发展与应用地质成矿理论和地球物理、地球化学、遥感等专业知识和钻探技术，我国已发现矿床和矿点20多万处，到2013年全国45种主要矿产储量的潜在价值总量在世界上占第三位，使我国成为世界上矿种齐全、总量丰富的少数国家之一。其中，有37种在增长，6种减少，2种平稳。

① 胡社荣：《中国早期陆相生油理论新考》，载《石油学报》1999年第2期。

4. 防治地质灾害方面

我国地质构造复杂，地质灾害频繁，防治地质灾害和确保重大工程安全就成为地球科学和技术必须面对的重要课题。通过半个多世纪的努力，我国在地震研究方面取得了重大的进步，为地震预报这一科学难题的最终解决积累了研究基础和经验。对于山区普遍发生的滑坡、泥石流等突发性自然灾害发生规律和整治方法的研究也取得了可喜的成绩。地质学与工程科学交融的工程地质学的发展则为诸如武汉长江大桥、成昆铁路、三峡工程等一大批重大工程提供了安全保障。

六、数学

1840年鸦片战争后，随着中国国门被迫开放，也掀起了第二次翻译引进西方学术著作的高潮。主要译者和著作有：李善兰与英国传教士伟烈亚力合译的《几何原本》后9卷（1857），使中国有了完整的《几何原本》中译本。此后，《代数学》13卷（1859）、《代微积拾级》18卷（1859）相继出版。李善兰与英国传教士艾约瑟合译《圆锥曲线说》3卷；华蘅芳与英国传教士傅兰雅合译《代数术》25卷（1872），《微积溯源》8卷（1874），《决疑数学》10卷（1880）等。在这些译著中，创造了许多数学名词和术语，沿用至今。

中国现代数学的建立则是从20世纪初开始的。清末民初的留学活动为中国培养了第一代数学家和数学教育家，如1903年留学日本的冯祖荀，1908年留学美国的郑之蕃，1910年留学美国的胡明复和赵元任，1911年留学美国的姜立夫，1912年留学法国的何鲁，1913年留学日本的陈建功和留学比利时的熊庆来（1915年转留学法国），1919年留学日本的苏步青（1902—2003）等人，为中国近现代数学发展作出了重要贡献。随着留学人员的回国，各地大学的数学教育逐步开展起来。最初只有北京大学1912年成立时建立数学系，1920年姜立夫在天津南开大学创建数学系，1921年和1926年熊庆来分别在东南大学（今南京大学）和清华大学建立数学系，不久武汉大学、齐鲁大学、浙江大学、中山大学陆续设立了数学系，到1932年各地已有32所大学设立了数学系或数理系。1930年熊庆来在清华大学首创数学研究部，开始招收研究生，陈省身、吴大任成为国内最早的数学研究生。30年代出国学习数学的还有江泽涵（1902—1994）、陈省身（1911—2004）、华罗庚（1910—1985）等人，他们都成为中国现代数学发展的骨干力量。

1935年中国数学会成立大会在上海召开，共有33名代表出席。1936年《中国数学会学报》和《数学杂志》相继问世，标志着中国现代数学研究的进一步发展。解放以前的数学研究集中在纯数学领域，在国内外共发表论著600余种。在分析学方面，陈建功的三角级数论、熊庆来的亚纯函数与整函数论研究是代表作，另外还有泛函分析、变分法、微分方程与积分方程的成果；在数论与代数方面，华罗庚等人的解析数论、几何数论和代数数论以及近世代数研究取得令世人瞩目的成就；在几何与拓扑学方面，苏步青的微分几何学、江泽涵的代数拓扑学、陈省身的纤维丛理论和示性类理论等研究做了开创性的工作。李俨和钱宝琮开创了中国数学史的研究，他们在古算史料的注释整理和考证分析方面做了许多奠基性的工作，使我国的民族文化遗产重放光彩。

新中国成立后，我国基础数学研究取得了长足进步。20 世纪 50 年代华罗庚在解析数论和多复变函数研究方面，苏步青在一般空间上的微分几何学领域，陈建功的直交级论研究，吴文俊的示性类与示嵌论研究都不断取得新进展。在国家统一部署下，一个完整的数学研究体系逐步建立起来。到 1966 年，共发表各种数学论文约 2 万余篇。除了在数论、代数、几何、拓扑、函数论、概率论与数理统计、数学史等学科继续取得新成果外，还在微分方程、计算技术、运筹学、数理逻辑与数学基础等分支有所突破，有许多论著达到世界先进水平，同时培养和成长起来了一大批优秀数学家。

20 世纪 60 年代后期，中国的数学界在片面学习前苏联模式的过程中，逐渐偏离国际数学研究主流，十年“文革”更是受到严重摧残，研究基本停止，教育瘫痪、人员丧失、对外交流中断，后经多方努力状况略有改变。中国数学界在完全封闭的情况下，虽然也作出过一些技巧性很高的研究，但整体上与国际前沿差距越来越大。1978 年 11 月中国数学会召开第三次代表大会，标志着中国数学的复苏。此后，一大批优秀成果涌现出来，长期偏离世界主流的倾向得以纠正，在整体微分几何、解析数论、拓扑学、代数几何、非线性泛函分析、多复变函数论等主流方向上跨入世界先进行列，并且在数学机械化、速算法、计算数学等领域取得了原创性的成果，居于世界领先地位。

在解析数论领域，20 世纪 60 年代陈景润（1933—1996）在华林问题和狄利克雷问题研究上取得很大进展，1973 年陈景润又在哥德巴赫猜想的研究中取得突出成就。

在函数理论研究领域，杨乐（1939—　）、张广厚（1937—1987）两人长期从事复变函数论研究，两人密切合作，在国际上首次提出并建立了值分布论中过去被认为彼此无关的两个基本概念——“亏值”和“奇异方向”的联系，并且作出了定量的表达。他们的研究，推动了函数理论的发展。关肇直（1919—1982）院士在泛函分析、中子迁移理论和现代控制理论等方面的研究成果居于国际学术研究的前列，他的研究推动了中国的泛函分析专门化和现代控制理论专门化。

在微分几何学领域，苏步青院士是我国在该领域研究的开拓者。20 世纪 80 年代，我国学者钟家庆（1937—1987）开辟了多复变函数论与微分几何的交叉研究领域，在复微分几何与相关问题的研究上做出了国际领先的成果。

在数学机械化领域，吴文俊（1919—　）院士从几何定理的机器证明入手，创立了一整套机械化数学理论，在国际上被誉为“吴方法”。该方法已在计算机图形学、机械设计、理论物理等领域获得重要应用，它将引起数学研究方式的变革。

吴文俊院士的研究工作涉及数学的诸多领域，其主要成就表现在拓扑学和数学机械化两个领域，他为拓扑学做了奠基性的工作。他的示性类和示嵌类研究被国际数学界称为“吴公式”、“吴示性类”、“吴示嵌类”至今仍被国际同行广泛引用，他在拓扑学、自动推理、机器证明、代数几何、中国数学史、对策论等研究领域均有杰出的贡献，在国内外享有盛誉。他在拓扑学的示性类、示嵌类的研究方面取得一系列重要成果，是拓扑学中的奠基性工作并有许多重要应用。他的“吴方法”在国际机器证明领域产生巨大的影响，有广泛重要的应用价值。当前国际流行的主要符号计算软件都实现了吴文俊教授的算法。2000 年，吴文俊获得首届国家最高科学技术奖。

在应用数学方面，冯康（1920—1993）院士首次系统地提出了哈密尔顿系统的辛几何算法，解决了一系列理论和数值计算问题，获得了远优于现有方法的计算效果。这一开创性工作已带动了国际上多辛格式的研究，并在天体力学、分子动力学、刚体和多刚体运动、场论等领域的研究中得到成功应用，从而开创了一个充满活力、发展前景广阔的新领域。此外，中国数学家在函数论、马尔可夫过程、概率应用、运筹学、优选法、生物数学、组合数学等方面也取得了相当可观的成就。

谷超豪（1926—2012），数学家，中国科学院院士，复旦大学教授，撰有《数学物理方程》等专著。研究成果"规范场数学结构"、"非线性双曲型方程组和混合型偏微分方程的研究"、"经典规范场"分获全国科学大会奖、国家自然科学二等奖、三等奖。2010 年 1 月 11 日，谷超豪获得 2009 年度国家最高科学技术奖。

第二节　高新技术的成就

一、空间技术

中国是世界上第三个掌握卫星回收技术的国家，卫星回收成功率达到国际先进水平。中国还是世界上第五个独立研制和发射地球静止轨道通信卫星的国家。

1. 地球卫星

1970 年 4 月 24 日，中国成功地发射了第一颗人造地球卫星"东方红 1 号"，成为世界上第五个独立完成研制和发射人造地球卫星的国家。从东方红 1 号成功发射至 2005 年，我国依靠自己的力量研制并发射了 10 多种类型、60 多颗人造地球卫星，这不仅仅是一个简单的量的变化，而是中国空间科学事业发展史上质的飞跃。

1971 年 3 月 3 日，实践 1 号科学试验卫星由长征 1 号火箭发射升空并进入近地轨道。它在轨道上运行了 8 年多，向地面发回了大量科学探测和试验数据。1981 年 9 月，我国用一枚运载火箭同时发射了实践 2 号、实践 2 号甲和实践 2 号乙三颗科学实验卫星，实现了一箭多星的目标。以后又相继发射了"实践 4 号"、"实践 5 号"卫星，获取了大量空间探测数据，在多项空间科学试验以及卫星工程新技术试验方面都取得了圆满成功。

1984 年 4 月，东方红 2 号地球静止轨道通信卫星发射和定点成功之后，圆满完成了各种卫星通信试验。在此基础上研制和发射了 4 颗东方红 2 号甲实用通信卫星。1997 年 5 月发射的东方红 3 号通信广播卫星，已纳入我国卫星通信业务系统，为很多部门提供了服务，社会经济效益十分明显。

1988 年 9 月 7 日，中国第一颗气象卫星风云 1 号发射升空，传回了高质量卫星遥感图像，得到了世界气象部门的认可。在风云 1 号的基础上，又研制了中国的第一颗静止轨道气象卫星风云 2 号，于 1997 年 12 月 1 日正式交付使用。

1999 年 10 月，中国与巴西联合研制的资源 1 号卫星发射成功。2000 年 9 月，我国自行研制的更为先进的资源 2 号卫星发射成功，所接收到的卫星图像资料，广泛应用于农业、林业、水利、矿产、能源、测绘、环保等众多领域。资源卫星的研制和发射成功，标志着我国传输型遥感卫星研制取得了突破性进展。

我国自行研制的第一颗导航定位卫星——北斗导航试验卫星，于2000年10月31日凌晨0时2分在西昌卫星发射中心发射升空，并准确进入预定轨道。同年12月，第二颗北斗导航试验卫星从西昌卫星发射中心升空并入轨。北斗导航系统是全天候、全天时提供卫星导航信息的区域导航系统。2003年5月25日，我国又成功将第三颗北斗导航试验卫星送入太空。卫星导航系统建成后，主要为公路交通、铁路运输、海上作业等领域提供导航服务，对我国国防和经济建设起到积极推动作用。2012年12月北斗导航业务正式对亚太地区提供无源定位、导航、授时服务，成为继美国全球卫星定位系统（GPS）和俄罗斯全球卫星导航系统（GLONASS）之后第三个成熟的卫星导航系统。

2004年4月18日23时59分，我国在西昌卫星发射中心用长征2号丙运载火箭，成功地将试验卫星1号和纳星1号科学实验小卫星送入太空，这标志着我国小卫星研制技术取得了重要突破。试验卫星1号是我国第一颗传输型立体测绘小卫星，主要用于国土资源摄影测量、地理环境监测和测图科学试验。纳星1号是一颗用于高新技术探索试验的纳型卫星，卫星的成熟技术将用于光学成像观测和环境、资源、水文、地理勘察及气象观测、科学实验等。

2. 运载火箭技术

中国自主研制了12种不同型号的长征系列运载火箭，适用于发射近地轨道、地球静止轨道和太阳同步轨道卫星。截至2015年3月30日，长征系列运载火箭共进行了207次发射，成功地将90余颗中国和外国制造的卫星、5艘神舟无人飞船和神舟5号载人飞船送上太空。1996—2005年，长征系列运载火箭已经连续42次获得发射成功。

长征系列运载火箭近地轨道最大运载能力达到9200千克的长征2E捆绑火箭，经适当改进后，还可以用来发射小型载人飞船。

在长征2号火箭基础上于1984年成功研制出长征3号运载火箭。其成功发射标志着中国运载火箭技术跨入世界先进行列，是中国火箭发展上的一个重要里程碑：它首次采用了液氢、液氧作火箭推进剂；首次实现火箭的多次启动；首次将有效载荷送入地球同步转移轨道。

长征系列近地轨道最大运载能力达到13000千克，地球同步转移轨道最大运载能力达到5500千克，基本能够满足不同用户的需求。1985年中国政府将长征系列运载火箭投入国际商业发射市场，已将27颗外国制造的卫星成功地送入太空，在国际商业卫星发射服务市场中占有了一席之地。

3. 航天发射中心

中国已建成酒泉、西昌、太原三个航天器发射中心，中国航天器发射中心能完成国内发射任务，又具有为国际商业发射服务和开展其他国际航天合作的能力。

酒泉卫星发射中心始建于1958年，是中国建设最早、规模最大的卫星发射中心，主要用于执行中轨道、低轨道和高倾角轨道的科学实验卫星及返回式卫星的发射任务。

以创下发射第一枚近程弹道导弹、发射第一枚地地导弹、发射第一枚导弹核武器、发射第一颗人造地球卫星、发射第一颗返回式卫星、胜利地实现第一次洲际导弹的太平洋发射、第一次“一箭三星”、第一次向国外卫星提供搭载服务、建成中国第一个现代化的载人航天发射场九个第一而载入中国史册。在我国成功发射的卫星中，有三分之二由该中心发射。我国的七艘神舟号飞船都是在此成功发射的。

西昌卫星发射中心从1970年开始筹建到1983年建成的，共有测试发射、指挥控制、跟踪测量、通信、气象和技术勤务六大系统，拥有上万台先进精良的设备仪器，是世界上一流的发射中心。为适应对外发射服务，中心建成了亚洲最高大的卫星厂房，还是中国目前唯一地球同步轨道卫星发射中心，迄今已先后将30多颗国内外卫星送入地球同步轨道。西昌已被确定为举世瞩目的“嫦娥工程”的发射场系统所在地。从单一型号火箭发射到多种型号火箭发射，从发射国产卫星到承担国际商业发射，从发射地球同步卫星、极轨卫星到将要开展探月卫星发射等，如今的西昌卫星发射中心已跻身世界先进行列。

太原卫星发射中心于1967年建成投入使用，能够完成气象、资源、通信等多种型号的中、低轨道卫星的发射任务。已成功完成了多种运载火箭、风云1号气象卫星、铱星模拟星、铱星等大型发射试验任务。除美国摩托罗拉公司的铱星通信卫星外，中国与巴西合作的资源卫星等也陆续在此发射。

4. 载人航天和探月工程

中国的载人航天研究成果骄人。1975年，我国成功地发射并收回了第一颗返回式卫星，使我国成为世界上继美国和前苏联之后第三个掌握了卫星回收技术的国家，为我国开展载人航天技术的研究打下了坚实的基础。

1992年1月，中国政府批准正式启动载人航天工程。

1999年11月20日，我国自主研制的第一艘试验飞船神舟一号首次成功发射，经过21小时11分的太空飞行，神舟一号顺利返回地球。

2001年1月10日，我国又成功发射了神舟二号无人飞船，按照预定轨道在太空飞行近7天、环绕地球108圈后返回，这是新世纪全世界第一次航天发射，标志着中国载人航天事业取得了新进展，向实现载人航天飞行迈出了可喜的一步。

2002年3月25日，神舟三号无人飞船成功发射并于4月1日顺利返回，这是中国发射的第一艘完全处于载人状态的无人飞船，表明中国航天已掌握了天地往返技术，并突破了一系列关键技术。

2002年12月30日，神舟四号无人飞船，这是中国载人航天工程进行的第四次无人飞行试验，也是“神舟”飞船在无人状态下考核最全面的一次飞行试验。

2003年10月15日，神舟五号载人飞船在酒泉发射中心成功发射，将中国第一名航天员杨利伟送上太空，飞船连续绕地球飞行14圈以后，于16日6时安全着陆。这次航天飞行任务的圆满完成，使中国成为继俄罗斯和美国后世界上第三个将人类送入太空的国家。

2006年10月12日至16日，航天员费俊龙、聂海胜乘神舟六号进入太空并胜利返回。

2008年9月25日，中国航天员翟志刚、刘伯明、景海鹏乘神舟七号飞船进入太空，9月27日由翟志刚身着国产舱外航天服进入太空，首次完成太空行走，在我国航天史上谱写了辉煌的一页。

2011年11月3日，神舟八号无人飞船执行与天宫一号的首次和第二次自动空间交汇对接任务，为今后空间站的建立打下了基础。神舟八号无人飞船成功执行与天宫一号的首次自动空间交汇对接任务，标志着中国成为继俄、美后第3个自主掌握次自动交汇对接的国家，也标志着中国已经初步掌握了自动空间交汇对接技术。

2012年6月16日，神舟九号飞船在酒泉卫星发射中心发射升空。这是中国实施的首次载人空间交会对接。航天员：刘洋（女）、景海鹏、刘旺。神舟九号载人飞船第一次将中国女航天员刘洋载入天空。

2013年6月11日神舟十号成功发射，在轨飞行15天，并首次开展中国航天员太空授课活动。飞行乘组由男航天员聂海胜、张晓光和女航天员王亚平组成，6月26日，神舟十号载人飞船返回舱返回地面。

中国现已拥有完整的航天测控网，包括陆地测控站和海上测控船，圆满完成了从近地轨道卫星到地球静止轨道卫星、从卫星到试验飞船的航天测控任务。中国航天测控网已具备国际联网共享测控资源的能力，测控技术达到了世界先进水平。

2004年，中国正式开展月球探测工程，并命名为“嫦娥工程”。嫦娥工程分为“无人月球探测”、“载人登月”和“建立月球基地”三个阶段以及五大工程目标：研制和发射中国第一颗探月卫星；初步掌握绕月探测基本技术；首次开展月球科学探测；初步构建月球探测航天工程系统；为月球探测后续工程积累经验。

2007年10月24日，“嫦娥一号”成功发射升空，在圆满完成各项使命后，于2009年按预定计划受控撞月。2010年10月1日，“嫦娥二号”顺利发射，也已圆满并超额完成各项既定任务。2013年12月2日“嫦娥三号”从西昌卫星发射中心发射成功，嫦娥三号由着陆器和巡视探测器（即“玉兔号”月球车）组成，这是中国的第一艘月球车，并实现了中国首次月面软着陆。

二、核技术

我国的核技术研究始于1955年初，1958年我国第一座实验性重水型原子反应堆正式运转，1964年10月我国成功试爆第一颗原子弹震惊了全世界，使中国成为继美国、苏联、英国后第四个掌握原子弹的国家。1967年6月后又成功地进行了首次氢弹空爆试验。1971年9月中国的第一艘核动力潜艇下水。“两弹一艇”尖端武器设备的成功，标志我国进入核大国行列，增强了国防实力和综合国力，成功地打破了超级大国的核垄断与核讹诈；使我国在一些原属空白的重要科技领域取得了重大进展，缩短了与世界发达国家的差距。

经过20多年的努力，我国于1991年自主设计建成第一座核电站——秦山核电站，装机容量为31万千瓦。第一座百万千瓦级（2×98.4万千瓦）核电站——大亚湾核电站则由中法合作建设，于1994年2月投入商业营运，每年发电量超过100亿度。截至

2014年9月，我国共有20台核电机组投入运行，装机容量达到1257万千瓦。通过核能发电，我国每年可以减少燃煤消耗，从而大大减少导致温室效应和酸雨的气体排放量，包括减少二氧化碳、二氧化硫、一氧化氮排放，以及减少空气中的尘埃数。1991年12月，我国与巴基斯坦签订出口30万千瓦核电站合同，是当时中国最大的核出口项目，成为世界上为数不多的能够出口核电站的国家之一。2004年5月，中国与巴基斯坦又签订了合作建设恰希玛二期核电站项目合同。

核技术应用的产业化领域主要有核医学应用、同辐技术在工业上的应用、同辐技术在环境治理中的应用三个方面。我国核技术应用主要在放射源生产、核医学诊断和集装箱检测系统等方面取得了一定的成果，有些技术成果达到世界一流水平。截至2003年，我国已有7个放射性药物生产基地，千家医院采用核医疗技术，大大提高了医疗水平，每年约有2000多万人次接受放射免疫检测和体内治疗。我国利用辐射诱变技术已在40多种植物上累计育成500多个新品种植物，约占世界辐射诱变育成品种总数的四分之一，每年为国家增产粮食30亿~40亿公斤。食品辐照技术得到大力推广，辐照数量也日益扩大。截至2004年，我国的年食品辐照量已超过了10万吨以上，是世界上食品辐照量最多的国家。我国自行开发的微中子源反应堆，先后出口到4个发展中国家，我国还向巴基斯坦出口了核电站技术，向西方国家出口了核电站用的核燃料。

我国的核技术水平总体来说，已接近世界先进水平，部分技术甚至已达到世界领先水平。

三、激光技术

激光作为一种具有方向性好、高亮度、高质量、单色性好、相干性好等多项优异特点的新光源，被广泛应用于医学、工业、国防、通信等领域，成为当代高新技术的代表之一。1960年世界上第一台激光器产生。1961年在王之江教授（1930—　）的带领下，中国科学院上海光学精密机械研究所成功研制了我国第一台红宝石激光器。1964年我国用激光演示传送电视图像，并实现了远距离（3~30公里）通话。1965年5月激光打孔机成功地用于拉丝模打孔生产。1965年6月激光视网膜焊接器进行了动物和临床实验。1965年12月研制成功激光漫反射测距机（精度为10米/10公里），1966年4月研制出遥控脉冲激光多普勒测速仪，用于国防工程。我国初期的激光技术的发展速度是很快的，与当时的国际水平接近。

1964年我国启动了“6403”高能钕玻璃激光系统研究，使我国激光技术的水平上了一个台阶。1965年又开始了高功率激光系统核聚变研究，1966年制定了研制15种军用激光整机等重点项目。这些工作的开展与实施，有力地带动了激光技术在各个领域的发展，也为以后的研究与应用奠定了基础。

核聚变是地球未来清洁能源的希望所在，激光驱动装置是实现受控核聚变的关键设备。我国于1987年建成的第一台惯性约束聚变激光驱动器——神光1号，输出功率为2万亿瓦，达到国际同类装置的先进水平。该装置在ICF和X射线激光等前沿领域取得了一系列重大成果。其后，中国科学院上海光学精密机械研究所等单位对神光1号装置进行改造升级，研制了规模扩大4倍、性能更为先进的神光2号装置，其总体性能位居全世界前五名，对基础科学研究、高技术应用和国家安全具有重要意义。目前，神光3号装置已开始研制，总体设计和关键技术研究都取得了一些高水平的成果。

在新型激光器技术方面，我国研制的3.8微米的氟氘激光器（DF）和1.315微米短波长氧碘激光器（COIL）在功率和光束质量方面仅次于美国，达到国际先进水平。在自由电子激光器和多波长可调谐激光方面也取得了很大的进展。我国发明的BBO、LBO晶体，以及KTP、钛宝石等晶体也以优异的质量在国际市场享有盛誉，并占有一定的份额。

谢家麟（1920—　），加速器物理学家，中国科学院院士，2011年获得国家最高科学技术奖。20世纪80年代，他领导建成北京正负电子对撞机使中国高能物理研究迅速赶上世界先进水平。北京正负电子对撞机性能优异，我国从此在τ-粲物理领域占国际领先地位，中国科学院高能物理研究所成为世界八大高能加速器中心之一。

20世纪90年代，他基于国内的工业基础，领导建成亚洲第一台自由电子激光装置，研制总投资只是国外同类装置的十分之一。这是亚洲第一台产生激光并实现饱和振荡的装置，多项技术指标达到国际先进水平，使中国成为继美国及西欧之后实现红外自由电子激光饱和振荡的国家，奠定了我国自由电子激光光源发展的基础。这一重大突破受到国内外科技界的广泛重视，被列入当年全国十大科技新闻。

2000年，谢家麟院士突破加速器设计原理，将电子直线加速器几十年沿用的三大系统精简为两个系统，简化了加速器结构，大大降低了制造成本。经过四年努力，研制成功世界上第一台简易结构加速器样机，验证了设计理论的可行性，并申请了国际专利。

四、新材料技术

新材料作为高新技术的基础和先导，应用范围极其广泛，涉及人类生活各个方面，在国民经济中也占有着越来越重要的地位，并以其高性能、多功能、低成本等特点而备受推崇和高度重视。我国对新材料的研究开发及应用给予高度重视，促进新材料技术成果的广泛应用，主要表现在加大新材料成果的转化，先后在各地批准兴建了一批颇具规模的新材料产业基地，在稀土永磁、人工晶体、超导材料、纳米材料等领域的开发，已达到国际先进水平。世界上5家大型锂离子电池企业中，我国占了2家。

师昌绪（1920—　），金属学及材料科学家，中国科学院院士、中国工程院院士，2010年获得国家最高科学技术奖。师昌绪院士是中国高温合金开拓者之一，发展了中国第一个铁基高温合金，领导开发中国第一代空心气冷铸造镍基高温合金涡轮叶片。材料腐蚀领域的开拓者，更是参与国家科技政策制定的战略家，为中国的材料科学作出了巨大贡献。

赵忠贤（1941—　），中科院院士，1987年他和他的研究小组发现了液氮温度超导体，并首先在国际上公布了它的化学成分——Ba-Y-Cu-O，这个研究成果推动了许多国家的超导研究。

2004年，中国科学院的科学家江雷（1965—　）领导的研究小组成功地通过调节光和温度实现了纳米结构表面材料超疏水与超亲水之间的可逆转变，制备出超疏水/超亲水开关材料，这两项研究成果应用于基因传输、无损失液体输送、微流体、生物芯片、药物缓释等领域，前景极为广阔。同时该小组还致力于纳米材料的产业化工作，将功能纳米界面材料技术应用于纺织、建材等领域，成功地开发了一系列具有超双疏、超双亲特性的自清洁领带、丝巾、羊绒衫、西服等纺织产品和自清洁玻璃、瓷砖、涂料等建材产品。

2005 年，由中国科学院长春应用化学研究所研制的一种新型防燃爆材料——稀土复合涂料，可以有效防护采煤作业由于物体摩擦、碰撞产生火花，引起空气中的瓦斯爆炸，从而大大增强了煤矿生产的安全。此涂料不仅应用于煤矿作业中，还可用于航空、航天、建筑、石油、化工等领域。

2004 年，清华大学新型陶瓷国家重点实验室的研究成果——高性能纳米陶瓷粉体材料、抗菌保健功能纤维及其制品，被北京赛奇特种陶瓷功能制品工程研究中心开发成具有保健功能的内衣、护具和床上用品等纳米陶瓷复合功能纤维纺织品及化妆品、养生功能饮水器具等生活用品。该项技术成果已达到国际先进水平。

我国在高分子材料（硅橡胶、热收缩材料）、复合材料（镀膜材料、人造金刚石及硬质合金）、先进陶瓷材料（压电陶瓷、结构陶瓷、信息陶瓷）、纳米材料等方面也打下了很好的基础。新材料产业正日益成为我国一个新的经济增长热点。

五、计算机技术

1946 年，世界上第一台电子计算机在美国诞生，当时我国的科学大师华罗庚、钱三强等人就开始思考计算机在我国的发展前景。1951 年起，他们开始聚集相关领域的人才，并加入到计算机事业的行列中。1956 年我国制定 12 年科学技术发展规划，将计算机技术列入优先发展的项目，中国科学院成立了计算技术、半导体、电子学及自动化四个研究所。1958 年，在前苏联专家的帮助下，我国成功地研制出每秒运算 2500 次的数字式电子计算机——103 机，次年又研制出每秒运算 10000 次的 104 机。我国自行设计的第一个编译系统也于 1961 年试验成功。1964 年，我国研制出每秒运算 50000 次的电子管计算机，这是当时运算速度最快的电子管计算机，但当时美国等先进国家已转入研制晶体管计算机。同年，哈尔滨军事工程学院慈云桂教授等人自行研制了我国第一台晶体管计算机——441B 机，每秒运算 8000 次。次年，441B 改进到每秒运算 20000 次。1973 年我国自行研制的集成电路计算机 150 突破了每秒运算百万次大关，该机的操作系统也由北京大学自行设计。

1973 年国防科委副主任钱学森根据飞行体设计的需要，要求中科院计算所在 20 世纪 70 年代研制出一亿次高性能巨型机，80 年代完成十亿次和百亿次高性能巨型机，并且指出必须考虑并行计算的道路。这项任务由于受到“文革”以及“四人帮”干扰破坏，到 1984 年才初步完成。1993 年，10 亿次巨型机银河Ⅱ型通过鉴定。2002 年 8 月，我国每秒万亿次的联想深腾问世。2004 年 6 月，10 万亿次的曙光 4000A 交付使用。2010 年，“天河一号 A”让中国第一次拥有了全球最快的超级计算机。为中国的中长期天气预报、模拟风洞实验、三维地震数据处理、以至于新武器的开发和航天事业作出了巨大的贡献。

金怡濂（1929— ），我国高性能计算机领域的著名专家，是中国巨型计算机事业的开拓者之一，2002年获得国家最高科学技术奖。半个世纪以来，金怡濂作为主要技术负责人，先后提出多种类型、各个时期居国内领先或国际先进水平的大型、巨型计算机系统的设计思想和技术方案，并组织科技人员共同攻关，取得了一系列创造性的成果，为我国高性能计算机技术的跨越式发展和赶超世界计算机先进水平作出了重要贡献。

个人计算机在我国计算机产业中占有相当重要的地位，1977年9月电子部计算机工业管理局召开了第一次微型计算机专业会议，确立了根据我国国情，充分利用有利时机和一切可能条件，直接采用世界上新的又适合我国需要的先进技术，加速我国微机工业发展的思路。并提出计算机工业以微小为主的方针，跟踪主流机型和主流器件，面向各行业推广应用。

在我国计算机工业的形成阶段，由于计算机配套需要，带动了集成电路工厂IC芯片的生产，并使计算机工业生产逐步形成规模；由于确立了两小两微的发展方针，为计算机工业生产的发展奠定了良好的基础，产业结构逐步趋于合理，计算机应用市场也得到大力开拓。

计算机产业是一个产业链。软件发展依赖于整机和应用需求的发展，整机的发展依赖于芯片、部件及需求的发展，芯片的发展依赖于“集成电路生产线大三角形”的发展，这里集成电路生产线大三角形是指集成电路生产线的三大部分，即大底座、中间层和顶层。大底座是由半导体材料制造，中间层是各种高速低功耗电路设计，顶层是硅编译等软件，即把逻辑设计图变成为工程布线图。20世纪70年代后期开始研制的计算机，几乎全部都使用进口元器件、进口部件。国产集成电路等计算机元器件远远不能满足需要。21世纪以来，李德磊的方舟、胡伟武负责的龙芯以及多思、国安等“中国芯”不断涌现，计算机产业链国产化又前进了一大步。

龙芯系列微处理器是以中国科学院计算技术研究所研制的龙芯通用微处理器为基础的，并与国际上同类主流微处理器兼容。用龙芯微处理器可以构成更安全的计算机系统，对防御黑客与病毒攻击有重要作用。2002年龙芯一号通用微处理器的研制成功，标志着我国在现代通用微处理器设计方面实现了“零”的突破；打破了我国长期依赖国外CPU产品的无芯的历史，也标志着国产安全服务器CPU和通用的嵌入式微处理器产业化的开始。国内一批知名龙头IT企业发起并成立了龙芯产业化联盟，标志着我国一条自主知识产权的IT产业链条已经正式启动，形成国产关键技术的强大推动力。

六、农业和医药技术

中国是一个人口大国，粮食产量始终是困扰中国建设与发展的一大问题。杂交水稻的发明是我国农业科技取得的最突出的成就。1960年，袁隆平（1930— ）开始进行水稻的有性杂交试验，发现了“天然杂交稻”，1966年他发表论文《水稻的雄性不孕性》，论述了水稻具有雄性不孕性，并预言：通过进一步选育，可以从中获得雄性不育系、保持系和恢复系，实现三系配套，使利用杂交水稻第一代优势成为可能，带来大幅度、大面积增产。1970年，袁隆平团队在籼型杂交稻三系配套研究方面取得突破，1975年杂交水稻大面积制种成功，使该项研究成果进入大面积推广阶段。到1988年中国杂交稻面积1.94亿亩，占水稻面积的39.6%，而总产量占18.5%。10年中国累计种植杂交稻面积12.56亿亩，累计增产稻谷1000亿公斤以上，增加总产值280亿元，取得了巨大的经济效益和社会效益。除杂交水稻以外，其他新品种的培育和大面积推广应用、粮食丰产等重大农业科技工程的实施，使全国主要农作物良种覆盖率达95%以上，粮食综合生产能力大幅度提高，以不足世界10%的耕地养活了占世界22%的人口。

李振声（1931—　），遗传学家，小麦远缘杂交的奠基人，中国科学院院士2006年国家最高科学技术奖获得者，中国科学院院士、第三世界科学院院士，著名小麦遗传育种学家，中国小麦远缘杂交育种奠基人，有“当代后稷”和“中国小麦远缘杂交之父”之称。

在医药领域，1955年，汤飞凡（1897—1958）在世界上首次分离出沙眼衣原体，成为世界上发现重要病原体的第一个中国人，并将沙眼发病率从将近95%降至10%以下。1963年1月2日，我国第一次成功地将断肢再植手术应用于人体，1966年1月，又成功地进行了断指再植手术。断手、断肢的再植成功，使我国在此领域达到了世界先进水平。1971年，屠呦呦（1930—　）首先从黄花蒿中发现抗疟有效提取物，1972年又分离出新型结构的抗疟有效成分青蒿素，这一发明挽救了全球特别是发展中国家的数百万人的生命。1979年屠呦呦获国家发明奖二等奖，2011年9月获得拉斯克临床医学奖。

吴孟超（1922—　），中国科学院院士。2005年度国家最高科学技术奖获得者，著名肝胆外科专家。擅长肝胆疾病的各种外科手术治疗，尤其擅长肝癌、肝血管瘤等疾病的外科手术治疗，被誉为“中国肝胆外科之父”。2011年5月，中国将17606号小行星命名为“吴孟超星”。

王忠诚（1925—2012），2008年度国家最高科学技术奖获得者，中国工程院原院士。王忠诚是中国神经外科事业的开拓者和创始人之一，世界著名神经外科专家。他带领中国神经外科从无到有，从小到大，直至步入国际先进行列。王忠诚在脑干肿瘤、脑动脉瘤、脑血管畸形、脊髓内肿瘤等方面都有独到之处和重大贡献，解决了一系列神经外科领域公认的世界难题。

王振义（1924—　），内科血液学专家，中国工程院院士。他在医学上的最主要贡献是首次利用全反式维甲酸诱导急性早幼粒细胞白血病细胞分化，在临床上极大地提高急性早幼粒细胞白血病病人的完全缓解率和长期生存率。2011年1月14日，获得国家最高科学技术奖。

新中国成立60年多来，我国科技事业在艰难中起步，在改革中前行，在创新中发展，取得了长足的进步，为经济发展、社会进步、民生改善和国家安全提供了强有力的支撑。① 我国已经建立了比较完整的科学技术体系，形成了位居世界第一的科技

① 科技部：《新中国成立六十年来科学技术发展的成就与启示》，http：//www.most.gov.cn/kjbgz/200910/t20091026_ 73824.htm。

人力资源总量，取得了举世瞩目的科技成果，为国家经济建设和民生福利作出了重要贡献。

第三节　软科学的形成与发展

一、软科学含义

软科学的名称是借助计算机软硬件之名而得来的，软科学发展的开端就是管理科学的建立，最初的管理是为了加快生产速度和提高效率，就是按照科学方法分析人在劳动中所需要的精确的工作操作，省去多余的不必要的动作，实行高度精确的计算，制定完善的监督制度促使工人提高劳动强度以便提高效率。这种最初的管理注重的是效率技巧。然而随着科学的进步、生产规模的扩大，管理的问题也越来越复杂，管理的对象也日趋复杂化，最初的凭借经验而进行的简单的管理已不适应社会发展的需要，于是人们借助数学等一些自然科学的方法来进行管理，特别是电子计算机的发明以及后来广泛应用于管理方面，大大地推动管理的进一步发展，产生了管理科学，也就是最初的软科学。

钱学森认为："软科学作为一门新兴的科学技术，主要在我国社会主义建设中解决组织、管理和决策这几个方面的问题，为领导提出咨询意见。所以说软科学不仅是科学、还包括许多技术工作。实际是软科学技术，软科学又是社会科学的应用，所以也可以成为社会技术。这就是软科学的性质。"①

夏禹龙（1928—　）等主编的《软科学》中的定义："软科学是一门高度综合的新兴科学，也可以是一类学科的总称。它综合应用自然科学、社会科学以及数学哲学的理论和方法，去解决现代科学、技术、生产的发展而带来的各种复杂的社会现象和问题。研究经济、科学、技术、管理、教育等社会环节之间的内在联系及其发展规律，从而为它们的发展提供最优化的方案和决策。"②

成思危（1935—　）为《软科学纲要》写的序中称："软科学是一门新兴的综合性学科，它的研究对象是复杂的社会、经济、技术系统。包括其组织、计划、控制、指挥、协调、交流等各方面的问题。其主要目的是为各种类型及各个层次的决策提供科学依据。"③

综上所述，软科学是一个涉及自然科学、社会科学、人文科学等众多科学的学科群；软科学研究的对象是包括人在内的复杂的社会系统；软科学研究的方法是综合运用数学、物理、哲学等各种学科的方法、技术（如定量分析、定性分析及电子计算机技术）；软科学研究的目的是为决策科学化、民主化服务的。

① 转引自冯之浚：《软科学纲要》，生活·读书·新知三联书店2003年版，第1页。

② 夏禹龙等：《软科学》，知识出版社1982年版，第2页。

③ 冯之浚：《软科学纲要》，生活·读书·新知三联书店2003年版，第1页。

二、中国软科学的发展历程与成果

我国软科学的形成不是偶然的现象，而是科学技术、经济、社会发展到一定阶段的需要，我国软科学的兴起，标志着我国正逐步实现管理、决策、组织等方面的民主化、科学化与规范化。中国软科学研究的发展大致可以分为四个阶段。

第一阶段，从 1950 年至 1977 年，起步与缓慢发展的阶段。

新中国的经济的发展、经济的繁荣、科学技术的进步，也相应地带来一系列的复杂的问题：国家、部门和企业的宏观管理的问题；社会、经济、科技的协调发展的问题；制定相应的科技政策和科技规划的问题等。解决这些问题引起科学家们的高度重视，并促使科学家们在发展科学技术并把科学技术成果应用于国家建设发展的同时，对软科学研究领域也进行了深入的探讨。我国早期的软科学研究就是在这样的一个背景下开始起步的。1956 年中国科学院成立了我国第一个运筹学小组，1958 年成立了我国第一个软科学研究学术团体——中国运筹学研究会，1960 年年底，中国科学院的力学所和数学所的两个运筹学小组合并为运筹学研究室，开始了系统工程的基础理论研究，面向全国推广数量管理。

20 世纪 50 年代末，我国著名的数学家华罗庚教授从运筹学方法中并归纳出“统筹法”与“优选法”并直接运用到各个行业，如在交通运输部门中解决运输问题的最优决策方法——“图上作业法”；在农村运用的“打麦场设计方法”等这些都是具有当时中国特色的软科学方法。

在我国的第一个五年计划 156 项重点工程建设方案的制定和设计的过程中，都进行了大量的技术经济分析，这有利于加快我国经济建设的步伐。1956—1967 年的 12 年科学技术发展规划是我国颇有成效的一个科技发展规划，也是我国早期软科学研究的成就之一。该规划是我国集中了大量的人力，在对我国经济状况进行了系统的分析，对国内外的科技发展趋势进行了科学预测的基础上制定出来的。

系统科学在我国得到了初步的发展。计划协调技术、计划程序预算系统以及一些预测技术和决策技术等被引入我国，广泛地应用于导弹、原子弹以及空间科学事业的发展中。我国著名科学家钱学森非常重视系统科学的研究，在他的大力倡导下，一些大型自然科学研究机构纷纷开始对系统科学展开研究，并建立了系统工程研究室。系统科学开始被应用于国民经济的宏观管理和组织决策。20 世纪 60 年代初期中国科学院成立了专门的研究小组，研究投入产出法，为国家宏观管理部门平衡测算国民经济计划，分析国民经济活动及制定经济、科技和社会协调发展规划提供了科学的方法和技术手段。

我国科学家将运筹学、系统工程运用到国民经济的管理、决策的过程中，直接推动了我国软科学的发展。这些都表现出当时的软科学研究在我国受到了相当的重视。

第二阶段，从 1978 年至 1985 年，稳步发展阶段。

1978 年党的十一届三中全会以后，我国的社会主义现代化建设进入了一个全新的时期，迎来了我国经济与科学技术蓬勃发展的新局面。软科学被应用到社会主义现代化建设的各个部门、各个层次中去，软科学自身也在实际应用中不断得到发展壮大。

随着软科学在各领域的广泛应用，软科学研究的范围也日益扩大，遇到的决策问题越来越复杂，科学家们意识到仅仅依靠以往的经验型决策已远远不能适应各部门各层次发展的需要，一个正确决策的制定，不仅要依靠个人或个体单位的长期积累的经验和智慧，还要听取领导层的经验与建议，更重要的是还要咨询到所要提供决策的这一行业的专家学者们，依靠各种现代智囊机构，应用多学科知识来弥补决策者个人的才智和知识的不足，以保证决策的正确性、严谨性、科学性。

20 世纪 70 年代末期，我国已经开始软科学的引进活动，活跃了学术气氛，取得了大量成果，并应用到经济建设和社会发展中。我国还建立了一批软科学研究机构，1982 年 4 月建立了我国著名的农村政策研究机构——国务院农村研究发展中心；1982 年 5 月国务院成立了国际问题研究中心；1982 年 6 月在国家科委、中国科学院和中国科协的联合支持下，成立了中国科学学与科技政策研究会；1982 年 10 月建立了我国科学系统最具权威性的软科学研究机构——中国科学技术促进发展研究中心；1984 年年底建立了我国第一所以中青年经济学家为主组成的在经济体制改革方面为国务院的重大决策提供咨询服务的智囊机构——中国经济体制改革研究所；1985 年 6 月国务院将我国最早的国家级“智囊团”即经济研究中心、技术经济研究中心和价格研究中心合并，成立了国务院经济技术社会发展研究中心。

很多地方政府将作为机关职能部门的政策研究室等扩大成为独立的软科学研究机构。许多高等院校设立了软科学研究专业，展开了软科学的研究活动。在社会上，由于社会发展的需要，一批咨询机构也相继成立。许多自然科学研究机构也建立了专门的软科学研究组织，许多自然科学家们和工程技术人员也关注软科学研究领域，并展开深入研究。

软科学界的各类学术研讨会相继举行，掀起了软科学研究的一次高潮，各种新观点、新思想、新理论层出不穷，大批专著和论文纷纷出版发行，大量研究成果被采用，有的成果直接为领导者与管理者在决策与管理中所采用，有的成果为决策与管理提供了数据、信息与背景资料，有的成果则为进一步研究提供了基础。这些成果的应用带来了显著的经济效益和社会效益。

“截至 1985 年年底，全国有各类软科学研究机构 420 个，从事软科学活动人员 15000 余人，完成各类软科学课题 1700 余项。”①

第三阶段，从 1986 年至 2000 年，飞速发展阶段。

1986 年 7 月全国软科学研究工作座谈会在北京召开。国务院副总理万里在会上作了题为“决策民主化和科学化是政治体制改革的一个重要课题”的报告。有关部门的领导出席了会议，并作了相关发言。与会代表积极发言，交流意见，总结经验，共商我国的软科学事业的发展问题。这次会议的召开，标志着我国的软科学研究进入了一个新的历史发展时期，是我国软科学发展史上的一个重要转折点。

在这个阶段，我国陆续已建立一批专为高层次决策服务的专业性软科学机构得到了很大的发展。如中国科学院的科技政策与管理科学研究所是我国在科技领域的另一个综合性软科学研究机构，是我国科学学、运筹学方面权威性软科学研究机构。主要研究国

① 甘师俊等：《软科学在中国》，华中理工大学出版社 1989 年版，第 49 页。

民经济发展中宏观经济管理有关技术经济的问题，为国家制定宏观经济政策提供咨询服务的国家计委技术经济研究所。

至此，我国已有20多个比较著名的软科学研究机构，有国家的、地方的、高校的等多种形式。其所研究的课题有国家级的宏观管理和决策问题，有行业、地区发展的问题，也有具体到工厂、产品经营开发的微观问题。软科学研究不仅在国家级宏观管理决策中、在区域产业发展中产生了显著的效益，在企业管理、工程技术上也产生了十分明显的经济效益。如在1986年发布了能源、交通运输、通信等12项技术政策，其制定都是建立在软科学研究基础之上的；上海饮用水水质改善的可行性研究、上海港新灌区选址可行性研究、上海市2000年科技发展战略研究等，不仅解答了上海市领导面临的许多重大决策问题，还取得了巨大的经济效益；有一些濒临倒闭的工厂，通过实施软科学研究所提供的有关方案而恢复了生气；有些企业中的老大难问题，通过软科学研究找到了解决的方法。

随着软科学研究活动的不断增多，软科学研究队伍的不断扩大，软科学的应用显得越来越重要，我国陆续设立了软科学工作管理机构和研究机构，拨付专项经费，围绕部门的战略、规划、政策、宏观管理等开展一系列软科学研究。国家科技进步奖评审委员会为了鼓励广大科技人员从事软科学研究，把软科学成果也纳入了国家科技进步奖评审范围，省部级科技进步奖评审委员会也对此做出了积极的响应，软科学研究成果的奖励体系逐步形成，极大地推动了软科学事业的发展。1999—2000年，我国有软科学研究机构1323个，从事软科学工作的人员达到3.7万余人，对软科学研究共投入经费58547万元，完成软科学课题7000多项。①

第四阶段，21世纪，超越发展阶段。

进入21世纪以后，许多国际国内、经济社会、科学技术等问题纷至沓来，面对这种复杂形势，某些局部的单项的科学技术或经济社会措施已经很难适应，只有在加强自身软科学研究的基础上，加大国际国内交流与合作，借助国外的先进经验，依靠各种学科的协调发展与各路专家的群策群力来解决。

近几年来，我国与世界各国在软科学研究方面的国际交流与合作日益活跃和频繁。我国与美国一些著名的思想库，如兰德公司、斯坦福国际咨询研究所、东西方中心、国际技术评价办公室、布鲁金斯研究所、巴特尔公司等，以及加州理工学院、佐治亚理工学院、普林斯顿大学、芝加哥大学、华盛顿大学等一些著名大学的软科学研究机构建立了联系，并通过签订协议、培训人员、人员互访等方式，广泛地开展了软科学合作研究工作。我国与德国政府建立了科技政策和管理研究方面的长期合作关系。两国的软科学机构开展了技术创新、科技预测、中小企业发展和能源供给和需求及优化分配模型的合作研究，并就科技政策、科技管理、预测、评估、战略等开展了广泛的学术交流。我国与法国、英国、日本、澳大利亚、泰国、新加坡等国家的软科学研究机构和软科学专家也建立了联系，合作研究与交流也在不断发展。

---

① 数据来源：中国软科学网，《软科学研究的发展历程》，http：//softscience.cssm.com.cn，2003年8月29日。

“2001—2002 年中国对软科学研究新开课题共投入经费 8.86 亿元人民币，完成软科学课题 9000 多项，其中国际合作 1000 多项，发表软科学论文 6 万多篇，为提高决策的科学性、预测的可靠性以及对经济社会重大问题预警作出重要贡献。至 2003 年全国共有软科学研究机构 1634 个，科研人员近 5 万人。”①

21 世纪初我国的决策机制也发生了重大的转变，更加民主、更加开放、更加透明。首次面向社会公开招标国家五年规划研究课题，从解放初的领导决策，改革开放时期的问计于民、集体决策，一直到 21 世纪的人人皆可建言献策，反映了我国社会越来越进步，政治越来越民主。

我国的软科学是在改革开放的实践中发展起来的，作为科学技术的重要内容之一，软科学始终贯彻“经济建设必须依靠科学技术，科学技术工作必须面向经济建设”的基本方针，在各方面、各领域、各层次开展研究工作，取得了大量的研究成果，为各级领导进行科学决策与现代化管理提供了可靠的依据，成为政府进行决策与制定政策、法规、规划的重要依据，促进了我国决策民主化、科学化的进程与我国现代化建设，取得了显著的社会效益与经济效益。

我国软科学主要研究的方面有：政策与法规研究、战略与规划研究、体制改革研究、重大决策问题和重大项目可行性论证、管理研究等。其代表性的成果主要有：在政策与法规研究方面是为制定政策与法规提供咨询服务，如 14 项技术政策的研究，这是我国历史上规模最大的软科学研究工程之一，明确指出了我国的 14 个领域的技术发展目标，提出了促进技术进步的路线与措施。所提交的技术政策要点被国家有关部门采用，并由国务院正式发布实施，对我国的科技攻关、技术改造、技术引进和产业结构调整等发挥了重要的作用；在战略与规划研究方面，2000 年中国首次进行国家级经济科技社会发展战略的研究，为我国今后的发展描绘了蓝图，提出了富国裕民的总体战略及实现发展战略的配套政策体系，对“十三五”计划起到了重要的参考作用，也对行业战略和地方战略的研究起了指导与推动作用；在体制改革方面，物价改革研究、住房制度改革研究、工资制度改革研究、科技体制改革研究、社会保障制度的研究等，这些均属我国实行改革开放所急需的决策咨询，为我国的改革开放指引了正确的方向，避免了改革的盲目进行；在重大问题决策研究和重大项目可行性论证方面，世界新技术革命和我国对策研究为我国发展高新技术的重大决策提供了依据，三峡工程可行性研究、大庆油田开发与地面工程规划方案优选的研究、宝钢长江引水工程可行性研究、发展干线飞机的研究等，为领导的决策发挥了重要的咨询作用；在管理研究方面，人口系统定量研究及其应用为我国制定人口政策、人口规划、对人口系统进行宏观管理提供了科学的理论、方法与工具。我国的软科学工作者还运用现代软科学理论方法与计算机技术相结合，开发了一批先进的管理信息系统和决策支持系统等。如科技计划管理信息系统、财务管理信息系统、人事管理信息系统等，大大提高了管理效率和水平，也促进了软科学的商品化和产业化。

---

① 数据来源：中国软科学网，《软科学研究的发展历程》，http://softscience.cssm.com.cn，2003 年 8 月 29 日。

我国的软科学研究是沿着经济建设和社会发展的需要而发展的，取得了大量的成果，对国家的经济、社会和科技的发展作出了重大的贡献。

第四节　中国的科技进步与和平发展

在一百多年前，中国还是一个科学技术非常落后的国家，那时的中国几乎没有现代科技，到了21世纪初，中国的高科技水平与世界先进水平的整体差距明显缩小，在这一百多年间，中国的科学技术无论是发展速度还是发展成就都取得了辉煌的成果，特别是新中国成立后和改革开放的30多年是中国科学技术进步的黄金发展时期，科学技术发展取得了令世人瞩目的成就。

伴随着科学技术的进步和综合国力的增强，中国在和平崛起，中国的和平崛起与科学技术的进步紧密相关。中国走的是和平发展的道路，是建立在发展科学技术基础上的战略选择。中国的和平发展将进一步展现中国作为爱好和平的大国力量，有利于世界的和平与稳定，有利于建立更为公平的世界新秩序，将使世界格局更趋均衡，世界和平更有保障。

一、"两弹一星"构筑和平发展的坚实基础

争取和平的最有效手段是发展国防科技，以备战求和平。新中国成立之初，西方列强不承认新中国，不愿意看到一个强大的中国在东方崛起。1950年美国将侵略战火烧到鸭绿江边，美国军队进驻台湾海峡，美国总统杜鲁门宣称，考虑使用原子弹。中国时刻受到战争甚至核战争的威胁，严峻的现实迫使中国不得不考虑研制自己的原子弹。

中国需要和平，但和平需要盾牌。1956年在周恩来、陈毅、李富春、聂荣臻主持下，中国制定了《1956至1957年科学技术发展远景规划纲要》，把发展以原子弹、氢弹为代表的尖端技术放在突出位置。1958年5月，毛泽东主席在中共八大二次会议上说："我们也要搞人造卫星！"以毛泽东同志为核心的中共第一代领导集体高瞻远瞩，审时度势，果断做出了发展"两弹一星"的战略决策。一大批优秀科技工作者，包括许多在国外已有杰出成就的科学家，纷纷放弃国外优越的条件，义无反顾地投身到这一神圣而伟大的事业中来。

1964年10月16日15时，我国第一颗原子弹爆炸成功。中国终于用现代科技证明了自己强大的生命力和创造力。两年之后的1966年10月27日，我国第一颗装有核弹头的地地导弹飞行爆炸成功。1967年6月17日，我国第一颗氢弹空爆成功。1970年4月24日，我国第一颗人造卫星发射成功。

美国从1939年开始研究原子弹，到1957年生产导弹核武器，用了近18年时间；中国从1956年开始导弹和原子弹的研究，到1966年成功进行导弹核试验，仅用了10年时间。从第一颗原子弹爆炸到氢弹爆炸，美国用了7年零3个月，前苏联用了4年，英国用了4年零7个月；中国只用了两年多时间，就以最快速度完成了从原子弹到氢弹这两个发展阶段的跨越。中国第一颗人造卫星东方红一号重量为173公斤，比苏联、美国、法国、日本等国的第一颗人造卫星重量总和还要重。卫星的跟踪手段、信号传递方

式、星上温控系统也都超过了其他国家第一颗卫星的水平。

1999年9月18日，在中华人民共和国成立五十周年之际，党中央、国务院、中央军委隆重表彰为我国“两弹一星”事业作出突出贡献的23位科技专家，并授予他们“两弹一星功勋奖章”。“两弹一星”最初是指原子弹、导弹和人造卫星。“两弹”中的一弹是原子弹，后来演变为原子弹和氢弹的合称；另一弹是指导弹。“一星”则是人造地球卫星。

“两弹一星”的研制成功，是中华民族为之自豪的伟大成就。为了在新形势下大力弘扬研制“两弹一星”的革命精神和优良传统，党中央、国务院、中央军委决定，对当年为研制“两弹一星”作出突出贡献的23位科技专家予以表彰，并授予于敏、王大珩、王希季、朱光亚、孙家栋、任新民、吴自良、陈芳允、陈能宽、杨嘉墀、周光召、钱学森、屠守锷、黄纬禄、程开甲、彭桓武“两弹一星”功勋奖章，追授王淦昌、邓稼先、赵九章、姚桐斌、钱骥、钱三强、郭永怀“两弹一星”功勋奖章。这23位科技专家，是中华人民共和国的功臣，是老一辈科技工作者的杰出代表，是新一代科技工作者的光辉榜样。让所有中国人让住他们!

“两弹一星”抢占了科技制高点，并带动了其他科学领域的研究，增强了我国科技实力和国防实力，奠定了我国在国际舞台上的重要地位，为我国的和平崛起打下了坚实的基础。正如邓小平同志所指出的，“如果六十年代以来，中国没有原子弹、氢弹，没有发射卫星，中国就不能叫有重要影响的大国，就没有现在这样的国际地位。这些东西反映一个民族的能力，也是一个民族、一个国家兴旺发达的标志”①。

二、改革科技体制激活和平发展的动力

现代科学技术的发展离不开现代化的管理，科技体制要适应科技本身发展的规律和特点，一个国家，一个部门，最可怕的落后，莫过于管理体制的落后。中国的科技长期运行在计划管理体制的轨道上，该体制属于高度集中型的管理体制。科学技术是经济发展的主要动力，是不断提高综合国力的重要基础，中国科技体制必须改革，以适应当今科技的发展，以推动中国和平发展的进程。

我国原有科技体制是在计划经济体制下和国际封锁背景下逐步建立起来的。随着改革开放政策的实施和党的工作重心向经济建设转移，原有科技体制对新时期经济、社会发展要求的不适应开始显现。

20世纪80年代初，在党中央、国务院领导下，以促进科技与经济结合、提高科技自身发展能力为核心，开始了科技体制改革的探索。1985年《中共中央关于科技体制改革的决定》明确提出了“科学技术面向经济建设，经济建设依靠科学技术”的战略方针，并提出以改革拨款制度、推动科技成果商品化为突破口，在科技工作的运行和管理中引入市场机制。

20世纪80年代以来，政府陆续推出了一系列科学技术研究发展的整体计划，旨在战略性地全面提高国家在21世纪的综合科技竞争力。1986年3月，经数百名中国科学

① 《邓小平文选》第3卷，人民出版社1993年版，第279页。

家广泛、全面、严格的科学论证，《高技术研究发展计划》（简称863计划）出台，该计划选择了生物、航天、信息、激光、自动化、能源和新材料等高技术领域作为中国高技术研究发展的重点，1996年又增加了海洋技术领域。为了保证该计划的顺利实施，在借鉴国外高技术管理有益经验的基础上，也吸收了60年代我国搞“两弹一星”的组织管理和近年来科技体制改革中的成功经验，制定了一系列行之有效的政策和措施为科技体制改革和科研组织管理开辟出一条新路。截至2001年，该计划共获国内外专利2000多项，累计创造新增产值560多亿元，产生间接经济效益2000多亿元。培育出了高技术产业生长点，不仅极大地带动了中国高技术及其产业的发展，也为传统产业的发展提供了高技术支撑。

星火计划是另一项始于1986年的全国性科技计划。旨在依靠科技进步振兴农村经济，在农村普及科学技术、带动农民致富。星火计划通过大批先进适用技术的推广示范，促进了农业技术进步，为农村经济发展注入了新的动力和活力。星火计划率先打破了传统的计划管理方式，以市场为导向，开创了政府利用经济杠杆实施科技计划的新途径。仅在1996—2000年间，星火计划就累计创利2810多亿元，产生了显著的经济效益和社会效益。

1988年国家宣布在全国范围内开始实施一项高科技产业化发展计划——火炬计划。经过10多年的发展，建设和发展了国家高新区，促进了国民经济的快速增长。53个国家高新区为国民经济持续快速健康发展作出了积极的贡献。从1991年到2002年，全国53家高新区营业总收入从87.3亿元增长到15326.4亿元，区内企业的出口创汇从1991年的1.8亿美元，增长到2002年的329.2亿美元。通过建立一批被称为孵化器的机构（也称创业服务中心）来加速高新技术成果的转化，至2003年全国已有各类科技企业孵化器400多家，已有6000多家企业从孵化器中毕业，其中30家已成为上市公司。为促进我国软件产业的发展，已建立了22个国家火炬计划软件产业基地，吸引了国内外大量的软件企业入驻，汇集了大批软件人才，成为培育软件产业成长的沃土，2002年全国22家火炬计划软件产业基地实现软件收入808.7亿元，占全国软件产业收入的73.5%。通过项目的实施与引导，高新技术企业从小到大、滚动发展，收入超亿元的企业从1991年的7家上升为目前的1800多家，并扶持和培育了一批如联想、方正、华为、海尔、地奥等著名的高新技术企业。

科技体制改革取得了巨大成就，初步形成了以市场需求为主要导向、按照市场经济规律和科技自身发展规律构筑的研究开发新格局，科技自身得到快速发展的同时，为经济、社会发展提供了强有力的支撑，为中国的和平发展注入了新的活力。

三、科教兴国战略提升和平发展的综合国力

1995年5月中共中央、国务院发布了《关于加速科学技术进步的决定》，动员全党全社会实施科教兴国战略，加速全社会科技进步。同时召开了全国科学技术大会。强调把科技和教育摆在经济、社会发展的重要位置，增强国家的科技实力及向现实生产力转化的能力，提高全民族科技文化素质，把经济建设转移到依靠科技进步和提高劳动者素质轨道上来，加速实现国家的繁荣强盛。中共十五大再次提出把科技兴国战略和可持续

发展战略作为跨世纪的国家发展战略，把加速科技进步放在经济社会发展的关键地位。

科技和教育发展提升了国家综合经济实力，综合国力的不断提升是中国不断崛起的基石。科技是经济发展的动力源泉，教育是科技进步的根本。实行科教兴国战略，让人民享有接受良好教育的机会，既是中华民族伟大复兴的战略举措，更能从根本上促进人与社会的全面发展，全面提高国家的综合实力。

党的十六届四中全会也指出，要大力实施科教兴国战略，加快国家创新体系建设，充分发挥科学技术是第一生产力的作用。国家创新体系是指由科研机构、大学、企业及政府等为一系列共同的社会和经济目标，通过建设性的相互作用而构成的机构网络，其主要活动是启发、引进、改造与扩散新技术。创新是这个体系变化发展的根本动力，能更加有效地提升创新能力和创新效率，使得科学技术与社会经济融为一体协调发展。于1995年开始实施“211工程”，1996年实施了“技术创新工程”，1998年正式启动“知识创新工程”和“面向21世纪教育振兴计划”，形成了比较完整的国家创新体系。国际经验警示我们，技术创新是经济增长的发动机、倍增器，是发展高新技术产业、提升国际竞争力的重要前提，也是一个国家科技创新能力的重要标志。它以最新科学成就为基础，应用知识创新的成果与新技术、新工艺相结合，采用新的生产方式和经营管理模式来提高产品质量、开发新产品，从而推动企业发展，实现经济持续增长。技术创新战略的选择，决定着我国的发展前景与未来命运。为此，必须从国家层次上整合创新资源的角度进行组织与制度的创新，加快国家创新体系的建设，提高自主技术创新能力，实现经济的高速增长和社会进步，提高综合国力，加速和平崛起的进程。

四、自主创新引领中国走向创新型国家

2005年年底，国务院发布的《国家中长期科学和技术发展规划纲要（2006—2020年）》（简称《纲要》）对我国未来15年科学和技术的发展做出了全面规划和部署，是新时期指导我国建设创新型国家的纲领性文件。《纲要》指出，到2020年，中国科技进步对经济增长的贡献率要提高到60%左右，研发投入占GDP比重要提高到2.5%。数据表明，自中华人民共和国成立以来，中国科技进步对经济增长的贡献率仅为39%，科技投入占GDP的比重最高是1960年的2.32%，2004年为1.23%，2014年为2.1%，与2.5%的目标还有差距。根据瑞士洛桑国际管理学院发布的《国际竞争力年度报告》，2004年，在科技创新能力方面，中国在占世界国内生产总值92%的49个主要国家中仅排名第24位，目前已上升到第18位，而进入创新型国家行列的标志是进入前10名，中国距这一目标还有8位之遥。在未来的15年中，我国必须依靠自主创新，增强科技促进经济社会发展和保障国家安全的能力，增强基础科学和前沿技术研究综合实力，力争取得一批在世界具有重大影响的科学技术成果，超越常规技术发展阶段，迅速进入创新型国家行列。

2006年1月，全国科学技术大会在北京召开，国家主席胡锦涛在大会上发表了题为“坚持走中国特色自主创新道路，为建设创新型国家而努力奋斗”的重要讲话。他强调，21世纪头20年，是中国经济社会发展的重要机遇期，也是中国科技事业发展的重要战略机遇期。必须认清形势，坚定信心，抢抓机遇，奋起直追，围绕建设创新型国

家的奋斗目标，进一步深化科技改革，大力推进科技进步和创新，大力提高自主创新能力，推动经济社会发展切实转入科学发展的轨道。

会议明确提出了“坚持自主创新，建设创新型国家”的科技发展战略，强调了自主创新在建设创新型国家中的重要地位：建设创新型国家，核心就是把增强自主创新能力作为发展科学技术的战略基点，走中国特色自主创新道路，推动科学技术的跨越式发展；就是把增强自主创新能力作为调整产业结构、转变增长方式的中心环节，建设资源节约型、环境友好型社会，推动国民经济又好又快地发展；就是把增强自主创新能力作为国家战略，贯彻到现代化建设各个方面，激发全民族创新精神，培养高水平创新人才，形成有利于自主创新的体制机制，大力推进理论创新、制度创新、科技创新，不断巩固和发展中国特色社会主义伟大事业。这为我国未来 15 年科技发展指明了方向，中国将走上一条以自主创新为核心、以建设创新型国家为目标的发展之路。

新中国成立以来，中国的科技发展正是坚持走自主创新的道路，取得了一大批基础性、战略性、原创性重大科技成果，“两弹一星”、多复变函数论、陆相成油理论、人工合成牛胰岛素等成就，高温超导、中微子物理、量子反常霍尔效应、纳米科技、干细胞研究、人类基因组测序等基础科学突破，超级杂交水稻、汉字激光照排、高性能计算机、三峡工程、载人航天、探月工程、移动通信、量子通信、北斗导航、载人深潜、高速铁路、航空母舰等工程技术成果，为我国经济社会发展提供了坚强支撑，为国防安全作出了历史性贡献，也为我国作为一个有世界影响的大国奠定了重要基础。

面向未来，增强自主创新能力，最重要的就是要坚定不移走中国特色自主创新道路，坚持“自主创新、重点跨越、支撑发展、引领未来”的方针，加快创新型国家建设步伐。

五、实施创新驱动发展战略实现中华民族伟大复兴的中国梦

2012 年党的十八大作出了实施创新驱动发展战略的重大部署，强调科技创新是提高社会生产力和综合国力的战略支撑，必须摆在国家发展全局的核心位置。2013 年 9 月 30 日，中共中央政治局以实施创新驱动发展战略为题举行第九次集体学习，中共中央总书记习近平强调，实施创新驱动发展战略决定着中华民族前途命运。全党全社会都要充分认识科技创新的巨大作用，敏锐把握世界科技创新发展趋势，紧紧抓住和用好新一轮科技革命和产业变革的机遇，把创新驱动发展作为面向未来的一项重大战略来实施好。

习近平指出，当前，从全球范围看，科学技术越来越成为推动经济社会发展的主要力量，创新驱动是大势所趋。新一轮科技革命和产业变革正在孕育兴起，一些重要科学问题和关键核心技术已经呈现出革命性突破的先兆，带动了关键技术交叉融合、群体跃进，变革突破的能量正在不断积累。即将出现的新一轮科技革命和产业变革与我国加快转变经济发展方式形成历史性交汇，为我们实施创新驱动发展战略提供了难得的重大机遇。机会稍纵即逝，抓住了就是机遇，抓不住就是挑战。我们必须增强忧患意识，紧紧抓住和用好新一轮科技革命和产业变革的机遇，不能等待、不能观望、不能懈怠。

习近平强调，从国内看，创新驱动是形势所迫。我国经济总量已跃居世界第二位，

社会生产力、综合国力、科技实力迈上了一个新的大台阶。同时，我国发展中不平衡、不协调、不可持续问题依然突出，人口、资源、环境压力越来越大。物质资源必然越用越少，而科技和人才却会越用越多。我们要推动新型工业化、信息化、城镇化、农业现代化同步发展，必须及早转入创新驱动发展轨道，把科技创新潜力更好释放出来，充分发挥科技进步和创新的作用。

实施创新驱动发展战略是一项系统工程，需要我们做好五个方面的任务。一是着力推动科技创新与经济社会发展紧密结合。关键是要处理好政府和市场的关系，通过深化改革，进一步打通科技和经济社会发展之间的通道，让市场真正成为配置创新资源的力量，让企业真正成为技术创新的主体。政府在关系国计民生和产业命脉的领域要积极作为，加强支持和协调，总体确定技术方向和路线，用好国家科技重大专项和重大工程等抓手，集中力量抢占制高点。二是着力增强自主创新能力。关键是要大幅提高自主创新能力，努力掌握关键核心技术。当务之急是要健全激励机制、完善政策环境，从物质和精神两个方面激发科技创新的积极性和主动性，坚持科技面向经济社会发展的导向，围绕产业链部署创新链，围绕创新链完善资金链，消除科技创新中的"孤岛现象"，破除制约科技成果转移扩散的障碍，提升国家创新体系整体效能。三是着力完善人才发展机制。要用好用活人才，建立更为灵活的人才管理机制，打通人才流动、使用、发挥作用中的体制机制障碍，最大限度支持和帮助科技人员创新创业。要深化教育改革，推进素质教育，创新教育方法，提高人才培养质量，努力形成有利于创新人才成长的育人环境。要积极引进海外优秀人才，制定更加积极的国际人才引进计划，吸引更多海外创新人才到我国工作。四是着力营造良好政策环境。要加大政府科技投入力度，引导企业和社会增加研发投入，加强知识产权保护工作，完善推动企业技术创新的税收政策，加大资本市场对科技型企业的支持力度。五是着力扩大科技开放合作。要深化国际交流合作，充分利用全球创新资源，在更高起点上推进自主创新，并同国际科技界携手努力为应对全球共同挑战作出应有贡献。

实现中华民族伟大复兴，是近代以来中国人民最伟大的梦想，我们称之为"中国梦"，基本内涵是实现国家富强、民族振兴、人民幸福。我们的奋斗目标是，到 2020 年国内生产总值和城乡居民人均收入在 2010 年基础上翻一番，全面建成小康社会。到本世纪中叶，建成富强民主文明和谐的社会主义现代化国家，实现中华民族伟大复兴的中国梦。

实现中国梦，必须坚持和平发展。我们将始终不渝走和平发展道路，始终不渝奉行互利共赢的开放战略，不仅致力于中国自身发展，也强调对世界的责任和贡献；不仅造福中国人民，而且造福世界人民。

◎ 思考题

1. 试述中国基础科学的研究成果及其意义。
2. 试述中国高新技术的主要成果及其历史意义。
3. 什么是软科学？试述中国软科学的发展历程及其成果。
4. 试论中国科技进步与和平发展的关系。

第十三章　现代科学技术与人类社会

现代科学技术与人类社会有着密切的联系。现代科学技术不仅是生产力，而且是第一生产力，对生产力和生产关系都有着决定性的影响。现代科学技术是决定世界政治经济格局的必要条件，对当前国际政治斗争的重要内容、国际格局的重大变化、战争在国际政治中的地位和作用、世界经济一体化、国际政治全球化等都产生着重大影响。在经济全球化中，科学技术的进步促进了世界经济一体化、加深了各国间的相互依赖，特别是对世界经济结构、生产的专业化和国际化、国际贸易的变化、世界经济国际化趋势、资本的国际化、国际金融市场的形成产生了重大的影响，并加剧了世界财富的不平衡和世界经济发展的不平衡。现代科学技术还是把“双刃剑”，在给人类带来诸多正面的积极作用的同时，也给人类带来了不少负面的消极影响，即全球问题，如人口爆炸、自然资源短缺、生态环境恶化等，使人类面临着毁灭性的灾难。

第一节　现代科学技术与生产力

从马克思关于“科学是生产力”① 的洞见，到邓小平关于“科学技术是第一生产力”② 的论断，刻画了理论随时代不断更新的脉络，为人们提供了正确认识现代生产力和现代科学技术的基点。

一、科学技术是第一生产力

科学技术是生产力的观点，是马克思主义科技观的基本原理之一。马克思是把科学技术纳入生产力范畴的开创者。马克思、恩格斯是在研究资本主义机器工业生产方式时，在考察科学技术与生产力的关系中充分认识了科学技术的力量，明确了科学技术的生产力功能，鲜明地提出了科学技术是生产力的观点。马克思、恩格斯不仅赞誉了科学的力量，还明确指出，“生产力中也包括科学”③，不仅揭示了科学技术对生产力发展的伟大变革作用，而且指明了科学在生产力中的首要地位。按照马克思主义的观点，科学在知识形态上是一般社会生产力，是一种潜在的生产力。一旦科学并入生产过程，形成技术，这种知识形态的生产力就会转化为现实的、直接的生产力。

恩格斯在马克思墓前的演讲说：“在马克思看来，科学是一种在历史上起推动作用

---

① 《马克思恩格斯全集》第46卷（下），人民出版社1980年版，第211页。

② 《邓小平文选》第3卷，人民出版社1993年版，第274页。

③ 《马克思恩格斯全集》第46卷（下），人民出版社1980年版，第211页。

的、革命的力量。任何一门理论科学中的每一个新发现，即使它的实际应用甚至还无法预见，都使马克思感到衷心喜悦，但是当有了立即会对工业、对一般历史发展产生革命影响的发现的时候，他的喜悦就完全不同了。"① 恩格斯高度评价马克思的科学观——关于科学的基本思想，认为这是马克思的与唯物史观、剩余价值理论一样重要的贡献。

"科学是生产力"的论断，在马克思主义宝库中具有基本理论的意义，但长期以来没有得到应有的重视。在中国社会主义的实践中，第一次真正有意义地把现代科技发展与社会主义的命运连接起来的是邓小平，他在结束"文化大革命"后不久即高瞻远瞩地说："我们国家要赶上世界先进水平，从何着手呢？我想，要从科学和教育着手。"② 他根据当代科学技术为生产开辟道路，给世界经济和社会各个领域带来巨大变化的事实，深刻地指出："四个现代化，关键是科学技术的现代化。没有现代科学技术，就不可能建设现代农业、现代工业、现代国防。没有科学技术的高速度发展，也就不可能有国民经济的高速度发展。"③ 邓小平在一系列的讲话特别是 1978 年 3 月在全国科学大会开幕式上的讲话中，对当时一系列颠倒了的历史功过与理论是非进行了拨乱反正，着重阐述了科学技术是生产力和科技人员是工人阶级的一部分这两个关键问题，为我国新时期制定发展科学技术的方针政策、在社会上确立"尊重知识，尊重人才"的风气，奠定了有力的理论基础。

1988 年正当我国的改革开放事业进入一个关键阶段之际，邓小平又及时指出："马克思讲过科学技术是生产力，这是非常正确的，现在看来这样说可能不够，恐怕是第一生产力。"④ 这里强调科学技术是第一生产力，是因为现代科学技术处于一切生产力形式、过程和因素中的首位，现代科学技术是生产力中相对独立的要素，是生产力诸因素中起决定性作用的主导因素。邓小平还特别讲到解决好少数高级知识分子待遇的问题，把"科学技术是第一生产力"的理论与社会主义现代化的实践紧密结合在一起。此后，邓小平多次重申这一科学论断，强调最终可能是科学解决问题。1992 年年初，他在南方谈话中进一步指出科学技术是解决经济建设问题的根本出路。

科学成为生产力发展的独立因素和主导因素，是资本主义生产方式建立以后的事情。马克思指出："自然因素的应用——在一定程度上自然因素被列入资本的组成部分——是同科学作为生产过程的独立因素的发展相一致的。生产过程成了科学的应用，而科学反过来成了生产过程的因素即所谓职能。每一项发现都成了新的发明或生产方法的新的改进的基础。只有资本主义生产方式才第一次使自然科学为直接的生产过程服务。"⑤ 现代科学技术不仅渗透在传统生产力的诸要素中，而且在社会生产力的发展中起着比劳动者自身、生产工具和劳动对象更为重要的作用。现代科学技术除了决定着生产力的发展水平和速度、生产的效率和质量，还决定着生产中的产业结构、组织结构、

① 《马克思恩格斯全集》第 19 卷（下），人民出版社 1963 年版，第 375 页。

② 《邓小平文选》第 2 卷，人民出版社 1994 年版，第 48 页。

③ 《邓小平文选》第 2 卷，人民出版社 1994 年版，第 86 页。

④ 《邓小平文选》第 3 卷，人民出版社 1993 年版，第 275 页。

⑤ 《马克思恩格斯全集》第 47 卷，人民出版社 1979 年版，第 570 页。

产品结构与劳动方式，它不单使生产力在量上增加，而且使生产力在质上发生飞跃，导引着未来的生产方向。所以现代科学技术在生产力系统中已上升到主导的地位，在资本、劳动、科技三个因素对经济增长的作用中，科技已愈来愈显重要，在发达国家几乎占70%。现在，向生产的深度和广度进军，不能只靠劳动力和资本，更要靠科学技术。

“科学技术是第一生产力”这个命题的重要意义，首先在于肯定科学技术现代化是社会主义现代化的关键，因此大力发展科学技术，正确看待脑力劳动和科技人才，做好他们的工作，发挥他们的作用，就是全党全国的战略任务。其次，强调要解决科学技术进步与社会经济发展之间的相互关系问题，做到依靠科学技术发展国民经济，使现代科技真正发挥第一生产力的作用。

二、现代科学技术对生产力和生产关系的决定性影响

1. 现代科学技术决定了生产力的三个基本要素发生了巨大变革

劳动者素质的变革。生产劳动是一种有目的、有意识的活动。通过科技教育，提高劳动者的科学技术水平和劳动技能，是发展社会生产力的重要途径。值得注意的是，科技进步将促使劳动力在产业间发生转移，使得“蓝领”减少，“白领”增多。劳动生产率提高的速度越快，劳动力转移的速度也就越快。第二次世界大战以后，经济发达国家和一些新兴国家第三产业的迅猛发展充分证明了这一点。

劳动工具的变革。劳动工具既是生产力发展程度的重要标志，又是科学技术发展水平的显示器。劳动工具的重大变革，常常带来社会生产力的飞跃。蒸汽机和电动机的出现，带来了经济的飞速发展；电子计算机的出现，部分取代并增强了人脑的功能，使人们得以摆脱大量繁重的重复的脑力劳动，有更多的时间从事创造性的工作。劳动工具是人制造的，是人类智慧的物化。人们运用科学原理，通过技术发明，物化为现代化的机器设备。

劳动对象也随着科学技术的发展而不断变革。科学技术不仅使人类利用新的自然资源，而且开发已有资源的新用途，把一些“废料”重新投入到物质循环中去。现代科技还研制出自然界未曾有过的新物质品种，如新型的人造材料、合成材料和复合材料，形成新的劳动对象。科学技术扩大了人类劳动对象的范围，扩大了人类对自然资源的利用。

由此可见，随着现代科学技术的发展，在生产力的各要素中，科技型人员将成为主体劳动者；自动控制的、智能化的机器设备将日益成为最重要的劳动工具；再生型和扩展型资源正成为主要劳动对象。据此，现代科学技术与生产力诸要素的关系，可表达为一个公式，即：

$$生产力=（劳动者+劳动工具+劳动对象）\times 科学技术$$

有人认为，管理也是生产力，也是生产力的一个要素（同科学、技术、教育、信息等一起属于生产力的非实体性因素——“软件”，而劳动者、劳动工具、劳动对象属

于生产力的实体性因素——“硬件”)，科技的发展尤其是现代科技的高速发展，为科学管理提供了新的理论和方法，促进了管理水平的不断提高。反之，管理水平的提高又能更有效地促进生产力的发展。据此，现代科学技术与生产力诸要素的关系，又可表达为如下公式：

生产力=［（劳动者+劳动工具+劳动对象）+生产管理］×科学技术

由于乘法效应，科学技术附着并渗透到了生产力的各要素之中，放大了生产力各要素的组合作用。从这个意义上来说，科学技术就上升到了关键的“第一”的地位。

2. 现代科学技术对生产关系的变革产生巨大影响

产业结构发生显著变化。产业结构软化。在社会生产和再生产过程中，体力劳动和物质资源的投入相对减少，脑力劳动和科学的投入相对增大。钢铁、汽车、橡胶、造船等传统工业被称为“夕阳”工业，从20世纪50年代中期起，它们在经济中的地位明显下降。而像激光、光导纤维、生物工程、新能源等新兴的“朝阳”工业蒸蒸日上；以微电子技术为基础的信息产业发展尤快。这些都导致了就业结构的变化。

(1) 促使新的产业和产业部门形成。技术上一旦有了重大突破，就会极大地刺激新的需求，推动新产业的形成和发展。如石油精炼技术和高分子化学合成技术的发明，使得能源工业和化学工业发生了巨大的变化，从而使石油需求量大增，几乎改变了整个世界的需求结构，产业结构也发生了巨变。再者，技术进步使资源消耗强度下降，可替代资源增加，也将改变需求结构，使产业结构发生变化。

(2) 改造原有产业部门。由于科技的进步，便有可能采用新技术、新工艺和新装备来改造原有产业，提高其水平，改变其生产面貌，促进原有生产部门和产品的更新换代并提高产品质量，甚至创造出全新的产品。最明显的例子是采用电子和信息技术改造传统产业，使机械工业实现机电一体化。

(3) 产业结构高级化或现代化。在产业结构中，科技密集型产业所占的比重越来越大，劳动和资源密集型产业所占比重不断下降。知识产业逐渐上升为主导产业。越来越多的企业从诞生之日起便是知识密集型企业。

(4) 劳动方式发生质的变化。科技进步促进了“用脑生产”方式的根本革新。员工“干”得少了，“想”得多了。与“用脑生产”相适应的是“知识”替代“劳动”。脑力工作重要性的上升，半导体微型芯片的制造成本大约70%是来自“知识”投入，即研制和实验的成本，而劳动成本在芯片产品中只占12%。制药业是知识性很强的信息企业，药品的成本中，劳动力的成本只占15%，而知识投入要占成本的50%。

(5) 社会管理科学化。资本家把科学技术与管理称作工业的两条腿。其实这两条腿本身又是相关的。第一次产业革命期间，对应的管理是经验管理。利用分工原则，来发挥工人所长，提高劳动生产率，降低产品成本，管理是资本家根据经验直接进行管理。随着科技进步和劳动工具的变革，对企业的管理要求越来越高，经验管理已不适应新的形势，泰罗的科学管理理论就是在19世纪末、20世纪初新的科技革命期间诞生的。企业管理向标准化、专业化、同步化、集中化、大型化和集权化相互联系的方面发展，而且出现了一种受资本家雇佣的专门从事管理的人员——经理、厂长等。第二次世界大战之后，管理又有了新的变化，运用现代科学成果和技术手段实现了管理组织的现代化、管理方法的现代化和管理手段的现代化。

（6）阶级关系发生重大变化。在产业革命期间，由于机器代替了手工工具，大工厂代替了手工工场，从而改变了生产体系中人与人之间的相互关系，导致社会财富的重新分配，并引起社会阶级结构的大变动，出现了资产阶级和无产阶级两大阶级。新技术革命极大地促进了社会结构的重组。特别引人注目的是出现了一个以知识和能力为“资本”的经理阶层，以及一个构成社会基本力量的中间阶级，它们使阶级斗争的形式发生了巨大的变化。

科技进步既推动了生产力的发展，又推动了生产关系的变革，作为生产力与生产关系统一体的生产方式，必然随着科技的发展而改变自己的形式。马克思说过，生产方式的变革，在工场手工业中以劳动力为起点，在大工业中以劳动资料为起点。或许还可以这样说，在当代产业结构中则以科学技术为起点。

第二节 现代科学技术与世界政治经济格局的演变

一、世界政治经济格局的概念

当科学技术尤其是现代科学技术发展到一定程度，由于交通的便利和通信的方便，打破了不同国家、不同地区的封闭状态，因而出现了世界格局、世界政治格局、世界经济格局等概念。

世界格局，也可称为国际格局，意指在世界范围内，各种主要的政治集团尤其是国家集团之间的矛盾与斗争、协调与共处的相对稳定的布局和态势。其特点是：牵动地域范围大，影响整个世界；维持时间长，不能轻易改变；矛盾性相对缓和，其间的主要矛盾往往取相对稳定的状态。

世界格局主要包括世界政治格局、世界经济格局。另外还有世界军事格局等，但军事是政治的延伸和继续，因此世界军事格局也可包括在世界政治格局之内。世界政治格局，意指在世界范围内，各种主要的政治集团尤其是国家集团之间的在政治方面的矛盾与斗争、协调与共处的相对稳定的布局和态势。世界经济格局，意指在世界范围内，各种主要的政治、经济集团尤其是国家集团之间的在经济方面的矛盾与斗争、协调与共处的相对稳定的布局和态势。世界政治格局与世界经济格局，可以合称为世界政治经济格局，简称世界格局。

二、20 世纪的科学技术与世界格局

20 世纪的现代科学技术是 19 世纪近代科学技术发展的继续，科学—技术关系模式已发展为“科学—技术—生产”的模式，科学总体范式的变革已转变为“大科学”。

由技术革命和工业革命而形成的先进科学技术极大地推动了工业发展，使美国在第

一次世界大战前夕一跃而成为世界第一经济强国，德国也迅速赶超英国，居世界第二位，但其拥有的殖民地面积却不及英国的1/11和法国的1/3。为了改变这种不平衡状况和追求更大的殖民利益，德奥同盟国集团发动了第一次世界大战，但最终以失败告终。胜利的协约国集团美、英、法、日等构筑了凡尔赛—华盛顿体系。第一次世界大战使美国的国际地位明显上升，苏联则建立了社会主义国家。

第一次世界大战之后，德国又以先进的科学技术促进经济的发展，很快再度崛起。崛起的德国伙同意大利、日本，又一次发动了第二次世界大战。第二次世界大战中，世界反法西斯力量依靠其强大的经济、科技和军事实力，最终赢得了战争胜利。战争结束时，美、英、苏设计了雅尔塔体系。但此后几十年，冷战的发端和冷战的结束，在很大程度上偏离了雅尔塔体系的框架。

美国以其雄厚的国力和发达的科学技术，在第二次世界大战中发挥了重要作用，不仅赢得了战争胜利，而且还因此奠定了战后以美苏对峙的两极格局。苏联亦凭借其科技、经济实力，在战后与美国展开了激烈的争霸，并使两极格局维持长达40余年之久。

由此可以看出，科学技术的进步是国际战略格局得以形成与发展的重要物质基础。科技对于国际战略格局形成的影响，主要是通过促进社会生产力的发展，增强政治、经济、军事实力，改变国际关系行为主体的实力地位，从而导致世界政治体系调整来实现的。

三、第三次科技革命与现代国际关系

从18世纪中叶以来，世界经历了三次科技革命，每一次科技革命都十分深刻地改变了人类的发展史，都对当时及其后的世界格局（国际关系）产生了深刻影响。

18世纪60年代至19世纪中叶的第一次科技革命形成了英国主宰世界的国际战略格局和以欧洲为中心的世界经济体系，现代意义上的国际政治体系也由此而产生。

19世纪下半叶至20世纪初的第二次科技革命，形成了以少数欧洲国家为中心的、在政治上、经济上对世界上绝大多数居民实行殖民压迫和剥削的完整的全球体系，并导致了强权政治、霸权主义以及帝国主义国家之间的战争、殖民地革命和无产阶级革命等一系列国际政治现象的出现。第二次科技革命最终导致了具有政治、经济、军事、文化、意识形态等方面极其丰富内容的国际关系的形成。现代国际关系具有全球化、整体性、多样性和复杂性。

20世纪中期开始，特别是70年代后期以后大发展的第三次科技革命，又称新技术革命。这是人类历史上规模最大和最深刻的一次科技革命，它对国际关系已经并将继续产生极其深远的影响。它不仅影响着各国的综合国力、地区性集团的国际竞争能力，而且直接影响并推动着国际战略格局的形成和发展。

近现代国际关系是伴随着近现代科技革命而开始的。古代的国际关系仅可视为国家间关系。而近代国际关系，从行为主体来看，国家主权是国家最重要的属性，并在中世纪之后，逐渐形成了民族国家的概念；从内容看，不仅仅表现为政治与军事关系，而是日益凸显为经济贸易关系，并成为国家间关系的基础，同时也成为国际社会形成的基础；从宏观角度看，即从国际体系看，当代国家之间出现了相互依存和相互加深的趋

势。不仅国与国之间相互依存，国家与国际社会之间的依存度也大大提高。

随着科学技术的进步和经济一体化的发展，当代国际社会中的国际行为主体不仅表现为民族国家一种类型，而且不断涌现出各种非国家行为主体，如政府间国际组织和非政府间国际组织以及跨国公司等。因此，当代国际社会的全部内容就不仅仅是“国家间关系”，而是当代国际关系。当代国际关系就是国际社会中国际行为主体之间各种关系的总和。

今天，世界政治经济的格局又在进行重新组合。今天的国际体系一般是指超越国界的，由既松散又复杂的多变的关系和过程所形成的统一体。它的每个部分、每种因素都以一定的方式联系在一起，并互相作用、互相渗透，形成统一的依某种规律运动着的社会大系统。由于科技的发展，交通和通信的便利，今天的国际社会已成为“地球村”，眼下的国际体系也就成为“全球体系”。

历次科技革命不仅推动了社会生产力的发展，改变了人类的经济生活和经济关系，而且也给人类的政治生活和政治关系带来了一系列新的内容，成为国际政治经济发展的不可忽视的重要因素。因此，马克思主义经典作家将科技革命看成是第一生产力，看成是历史的有力的杠杆，看成是最高意义上的革命力量。

四、现代科学技术对世界政治经济格局的影响

现代科学技术对世界政治经济格局及其演变产生重大影响主要有几个方面。

1. 科技战已成为当前国际政治斗争的重要内容

科学技术是一个国家综合国力的关键因素，国家的强弱兴衰，在很大程度上取决于科学技术水平。在当今方兴未艾的科技革命浪潮中，各国政府纷纷调整战略，加快科技领域的创新和进步。美国是当今世界第一科技和经济大国，为保证其在未来世界格局中的“一超”地位，美国政府制定了巩固和扩大目前科技优势的科技发展战略，提出要在 21 世纪全面占领科技前沿。日本政府提出“科技创新立国”的口号，并通过了《科技基本法》和《科技基本规划》，追求在世界高科技领域的优势，欧盟于 1985 年提出了发展高科技的“尤里卡计划”，又于 1997 年发表了《2000 年议程》，明确提出将建设知识化欧洲放在最优先地位。中国、印度、巴西等发展中国家也都投入了一定的力量，争取在科技领域的某些方面取得突破性进展。各国在全球范围内展开了一场空前的科技战。

科技实力地位的变化促成国际战略格局的调整。新旧格局的交替，从本质上说是国际战略力量的大变动、大调整。旧格局的解体意味着一些国家或国家集团的衰落，新格局的产生则标志着另一些国家或国家集团的兴起；决定这种变化的根本因素是综合国力水平的高低，而科技实力地位的强弱又是其中的关键。

在国际关系和国际斗争中，综合国力的竞争表现在经济、科技、军事等领域，其中经济、科技发挥着重要作用，并对军事领域的竞争产生重大影响。科技发展直接影响着国家的战略地位。科技大国或迟或早会成为政治、军事大国，而政治、军事大国的地位必须得到先进的科学技术力量的支持。

科学技术对国家和政治集团的地位及作用产生巨大影响，在未来国际战略格局中，居于战略主导地位的国家，必定是科技、经济实力最强的国家。目前，美、欧、日、俄以及中国等，在科技发展格局和经济发展格局中占据的位置越来越重要，由此也必将巩固和增强他们在未来世界多极化格局中的地位。这种状态无疑将直接影响到有关国家的科技实力和发展潜力。拥有科技优势的国家，在经济发展上将会获取更大的活力，在未来的国际关系和国际斗争中也将会争取到更多的主动权。

科技合作体系与国际战略格局有着密切的联系，在国际关系和国际斗争中，经济实力和科技水平是国际战略格局得以形成和发展的基础。同时，随着科学技术的日益综合和不断更新，各国科学技术发展的相互依赖性日益增大，所以加强国际间的科学技术合作成为科技发展的重要趋势，由此也形成了相应的科技合作体系并对有关国家之间的关系和国际战略格局产生了直接影响。如美国于 20 世纪 80 年代实施的星球大战计划，英、法、德、意、丹麦、荷兰及日本都不同程度地参加了研制和合作，从而形成了一种国际科技合作体系。1985 年欧洲各国提出发展高科技的“尤里卡计划”，1987 年组成“欧洲共同体科研中心”，从而以联合力量推动了西欧科技实力及经济实力的增长。

国际政治、经济乃至军事多极化的发展趋势，从根本上说与科学技术合作体系的多极化发展有着直接的关系。冷战时期，科技合作体系的建立和合作，是在东西方冷战的大背景下进行的。两大政治、军事集团内部，都建立了相应的经济、科技合作体系，并对维护集团的共同利益关系产生了重要影响。冷战后随着两极格局的瓦解，在欧洲、北美、亚太形成了新的经济、科技合作体系。这种经济、科技多极化的发展趋势，对加速形成国际战略多极化格局，无疑将会产生越来越大的影响。

2. 新技术革命导致国际格局的重大变化

在国际关系中，世界经济、科技是国际格局得以构成和发展的坚实基础。一定的国际格局总是建立在一定的世界经济技术体系基础之上。科技对国际格局的影响，主要是通过改变国际关系行为主体的实力，从而调整世界政治体系来实现的。国际关系的变化，归根结底是力量对比的变化，而科技是这一变化的基础。科技革命引起某些国家经济实力和军事实力的革命性增长，从而导致国际格局和国际关系的根本性变化，这是科技革命对国际关系的最重要影响。

苏联国力的兴衰对两极体系的维持和解体起了决定性作用。苏联大起于 20 世纪 50—70 年代初，大落于 70 年代中期以后，其大起大落与科技革命紧密相关。第二次世界大战后，苏联一直实行高度集中的计划体制，奉行“国防优先”的战略和军事技术领先的发展模式。这种体制、战略和模式与当时的科技革命的特征相符合，因而推动了苏联的科技进步和经济发展，把苏联推上了超级军事强国的宝座，具备了与美国抗衡的超级大国实力。然而 70 年代中期以后，这种体制、战略、模式与新技术革命的特征相背离，使它原先的优势变为劣势。由于经济结构的封闭性，苏联对这场悄然而至的新科技革命麻木不仁，致使其技术尤其是高新科技停滞不前，至 20 世纪 90 年代，除在航天技术等少数领域尚有优势外，总体而言，与西方发达国家相比，苏联落后了一个科技时代——信息时代。

美国在冷战时期采取的是“军民并举”的发展战略，并相应地形成了一种有弹性、适应性较强的军民结合型技术发展模式，在新技术革命的浪潮中大力发展高新技术。冷战结束后，美国从国际军事科技中抽出身来，大力发展国内民用技术，在高科技领域再次明显处于领先地位。为了发展高科技，美国先后实施了“曼哈顿计划”、“阿波罗计划”和“星球大战计划”，科技的发展促进了经济的增长，使美国一直保持着世界第一经济强国的地位。强大的科技实力和经济实力支撑着美国头号强国地位，在与苏联的较量中，由两国旗鼓相当到占绝对优势，并最终拖垮了日趋衰落的苏联，推动了两极格局的瓦解。冷战结束后，美国凭借其科技、经济的领先地位，依然继续保持着唯一的超级大国地位。可见，科技实力和经济实力是推动两极格局瓦解的主要力量。

20世纪80年代以来，世界多元化的趋势日益明显，这与新技术革命有紧密联系。新技术引起了世界性的国家实力相对均衡化，改变了作为两极化世界基础的国家实力的高度非均衡化，从而推动了世界的多极化趋势。日本在这场新技术革命过程中，提出了“科技立国”的战略，重视发展科技，巧妙地吸收欧美的基础，又大力发展高技术产业，使高技术领域处于世界领先地位；相应地，经济上也一跃成为世界经济大国，同时又在谋求政治大国甚至军事大国的地位。德、法等西欧国家联合起来实施“尤里卡计划”，重新走上了科技振兴之路，经济迅速跃升，防务力量也大为增强。随着欧盟的建立和欧洲一体化进程的加速发展，欧洲已经成为世界的一支重要力量。一些新兴工业国也都通过大力发展新技术来促进经济的迅速增长，以提高竞争力，增强自己在国际格局中的地位。新技术革命的发展已经引起并将继续引起世界性的国家实力的相对均衡化，最终必将促进形成一个多极化的新世界。

3. 科技因素使得战争在国际政治中的地位与作用更加复杂化

国际战争是国际政治关系的高级形式，因为战争通过直接较量而迅速实现其国家利益，战争也因此成为实现政治目的的有效手段。而战争的规模和结局与武器的性质和水平有着直接关系，武器的性质和水平又直接取决于当时科技的发展水平。

人类历史上已经发生和正在发生的武器革命共有三次。第一次是由长矛大刀等冷兵器向火药枪炮等热兵器的变革；第二次是由常规武器向核武器的发展；目前进行的第三次变革是由地面武器向太空武器发展。这三次武器革命都是在一定的科学技术水平之上发展起来的。如核能的控制与利用技术、空间航天技术、电子信息处理技术是推动当前武器变革的决定性因素。

武器的性质与水平决定了战争的规模与结局形式。冷热兵器时代战争的范围有限，结局的胜负也很清楚。现代核武器、洲际导弹和太空武器的出现和发展使未来战争的范围空前扩大，成为真正全球性战争。目前世界核武器总量其破坏性足以毁灭整个地球，因此，核大战已经没有胜者败者之分，作为一种实际战争手段，已经没有任何现实意义。

科技发展对于国际战略格局调整的牵动和影响，往往在军事上体现得更为突出。战争是政治的继续，同时也是经济、科技的较量。历史上国际战略格局所发生的重大变动和调整，几乎都是经过战争实现的。先进的科学技术往往被优先应用于军事，并通过战争来显示和运用科学技术的力量，用暴力手段打破旧格局，重建新格局。在每一次大的战争行动中，胜利者往往一跃而起，并按照自己的意志建立起新的国际政治体制；战败者则一落千丈，沦为附庸，旧的国际政治体制随之消失。历史上诸如英国取得海上霸权，确定了世界统治地位；法国取代英国在欧洲政治舞台上称雄一时；德国为了从英法手中夺取世界霸权地位，先后两次发动世界大战；冷战以后美国和苏联所进行的长达40余年的争霸斗争，无一不是通过战争方式或冷战来谋求自身的有利地位，而这一切又都是以强大的科技、经济实力作为坚强后盾。

新技术革命使世界性军备竞赛的模式发生了变化，以质量为主的军备竞赛取代了以数量为主的军备竞赛，尤其是在20世纪80年代美国提出星球大战计划后，这种变化更为明显。主要表现在：武器系统发展加快，各国竞相研制生产、部署新式武器，新式武器层出不穷；不仅核武器系统，而且常规武器系统、通信指挥系统、后勤保障系统全面高技术化；出现了军备竞赛新领域——宇宙间军事化。

新技术革命导致了战争与和平问题的新局面。长期以来，世界格局的更替，都是通过战争来实现的。拿破仑战争之后建立的维也纳体系，形成英、俄、普、奥、法的欧洲多极格局，第一次世界大战之后的凡尔赛—华盛顿体系以及第二次世界大战之后的雅尔塔体系都是如此。但是，这次美苏两极格局的瓦解，新的多极体系的逐步形成却是例外，没有经过一场大规模的战争，这是和新技术革命密切相关的。核武器的出现和发展，使全人类面临核大战的严重威胁，但核大战并没有爆发。20世纪80年代中期以来，人们普遍认为，爆发世界大战的可能性大大减小，全世界人民可以享受长时期的和平局面，和平与发展已成为当今时代的两大主题。因为核武器和其他各种高技术武器将使战争双方遭受无法承受的灾难甚至将毁灭整个人类，因此谁也不敢动手，形成了“恐怖平衡”的局面，“战争是政治的继续”这一概念发生了变化。现代高技术尖端武器的巨大威力成了一剂医治大战狂症的镇静剂，新科学技术造就的战争工具成为遏制世界大战的重要因素。

4. 科技革命的发展进一步加速了国际政治的全球化

一方面，科学技术的发展和应用，使世界经济国际化的趋势深入到各国和各个领域，各国之间的政治经济联系也随之日益密切。科技发展带来了交通工具和通信手段的变革，这种快速交通和高效通信的发展，使得世界各国的地理距离日益缩小。这种时空关系的相对变化，又使得在任何遥远的角落里发生的任何事件都能迅速地影响到整个世界。地球变成了与所有居民都息息相关的地球村，过去那种被自然疆界限制的地区文明变成了世界文明，地区性国际社会被纳入了全球化国际社会，世界因此而变得更加透明和更加连为一体，各国之间的相互依存也进一步加深了，这是导致国际政治全球化的基础。

另一方面，科学技术的应用不仅推动了社会生产力的巨大发展和世界经济的繁荣，同时也开拓了人类社会活动的新领域和新空间，如海洋资源和宇宙资源的开发、核能的利用等。由此也产生了一系列经济及社会问题，如核武器的威胁、全球环境污染、生态平衡的破坏以及资源枯竭、人口爆炸等。所有这些问题在相互依存的世界里，已经直接威胁到全人类的生存利益，而且只有依靠各国的共同努力才能最终解决。在一系列全球性的共同问题被列入国际政治议事日程的同时，人们的价值观念也因此发生了变化，并进而产生了世界范围内普遍的政治运动和政治倾向，如世界和平运动、环境保护运动等绿色政治倾向。国际政治本身也呈现出多样化和全球化的发展趋势。

第三节　现代科学技术与全球化

一、全球化的概念

全球化的历史渊源也许可以追溯到自哥伦布发现美洲大陆所标志的欧洲文明向世界扩张之际，但其概念的提出是在 20 世纪冷战的晚期。1985 年美国学者 T. 莱维最早提出“全球化”一词，用这个词形容此前 20 年间国际经济的巨大变化，即商品、服务、资本和技术在世界性生产、消费和投资领域中的扩散。因此，尽管学术界可以从多角度、多视野来审视、界定“全球化”，比如从经济学角度、从政治学角度、从社会学角度等，但是，当人们讲到“全球化”时，就其原意来说也是指经济的全球化。

经济全球化是指世界各国、各地区通过密切的经济交往和经济协调，在经济上相互联系和依存、相互渗透和扩张、相互竞争和制约，从资源配置、生产到流通和消费的多层次和多形式的交织和融合，使全球经济形成为一个不可分割的有机整体。这种经济发展态势、过程、趋势，称为经济全球化。经济全球化的低级形式是国际化或区域化——表明经济打破国界，从封闭经济走向开放经济的事实以及地区一体化，其高级形式则是全球一体化。无论是国际化、区域化、地区一体化还是全球一体化，都属于经济全球化。经济全球化是当今世界经济发展的客观过程，是在现代高科技条件下经济社会化和国际化的历史新阶段。

经济的跨国发展和国际化可以追溯到一个世纪或更久以前，经济全球化则始于第二次世界大战以后，发达国家之间贸易往来和相互投资获得巨大发展，各种国际经济机制开始形成，跨国公司成为世界经济增长的发动机，大批发展中国家进入国际经济体系，各国经济相互渗透、相互依存、趋于一体。到 20 世纪 80 年代，经济全球化的雏形已经显露。90 年代以来国际经济政治出现历史性变革，经济全球化出现加速发展之势。生产要素的跨国配置，加强了相互依存的全球分工体系，信息技术促进全球资本流动和技术转移，使经济周期规律出现新的变化。今天，经济全球化已经成为强劲的时代潮流。

经济全球化一方面由地区一体化发展而来，是地区一体化在全球范围的继续，同时也是以全球信息化为主导的第四次产业革命在全球社会扩张的产物。地区一体化，首先表现为经济一体化，其开路先锋乃是贸易一体化，进而是投资、金融一体化。贸易自由化、金融全球化和生产一体化是世界经济一体化总趋势的三个组成部分。其中贸易自由化是发展先导；金融全球化是关键环节；生产一体化是深刻表现。贸易从产品交换阶段、金融从要素配置阶段，而跨国经营则从生产阶段体现国际经济的联系。三者构成整个生产过程，体现了世界经济一体化在现阶段发展的全面性。

经济全球化是各国经济对外开放和国际化的结果，同时也是各国经济体制市场化的结果。经济全球化不仅使大部分国家融入世界经济的整体运行中，而且也深刻影响着各国经济的增长与发展。经济全球化使全球商品与服务的国际流通高度自由化，使生产要素的国际配置更加合理，为整个世界的增长与发展提供了更多的有利条件。

当前经济全球化主要表现在以下几个方面：

——贸易自由化的范围迅速扩大。1994 年关贸总协定乌拉圭回合协议实现了贸易自由化，1996 年基本实现了保护投资自由化的措施，促进了资金、技术、人员在全球范围内更加自由、更大规模的流动。1997 年在世界贸易组织的主持下，有关国家和地区相继达成了基础电信协议、信息技术协议、金融服务贸易协议。将对信息市场和信息经济的发展起到促进作用，并要求各国和各地区开放银行、保险、证券和金融信息市场，同等对待本国和外国公司等。仅 1997 年就实现商品及服务贸易额合计高达 6.7 万亿美元，此后逐年增长，预计 2010 年将增加到 16.6 万亿美元。这样，从货物到投资的各项服务的世界贸易自由化在有效地展开，全球统一大市场正在逐步形成。

——金融国际化的进程明显加快。时间、地域、国界对资本流动已不构成最大的障碍，目前每年通过国际金融市场实现的融资安排在 1 万亿美元以上。

生产网络化的体系逐步形成。作为经济全球化载体的跨国公司至 2001 年已有 6.3 万家，其设在境外的分支机构多达 80 万家。这些跨国公司“以世界为工厂，以各国为车间”进行生产。

——投资外向化的现象日趋凸显。1970 年国际直接投资数额为 400 亿美元，1997 年达到 4000 亿美元，发达国家的对外直接投资是国际直接投资的主体，发展中国家对外直接投资额也在稳步增长。

——区域集团化的趋势正加速发展。20 世纪末已有 146 个国家和地区参加各种形式的 35 个区域性经济集团。这些区域经济集团不仅内部的商品和资本流动加快，共同大市场竞争形成，而且外部的开放程度也在提高，经济区域化与经济全球化“并行不悖”。

展望 21 世纪的经济全球化，可以预见贸易自由化将进一步走向法制化，生产一体化进一步走向深层次，而金融全球化正在寻求更加强有力的制度保障。

驱使经济全球化的最根本动因在于对利润最大化的追求。但总体而言，全球化既是一个事实又是一个过程。

科技与经济的发展，尤其是新技术革命的突飞猛进，是全球化发展的直接与正面的动因；同时，科技革新、经济发展对人类生存环境、自然资源等造成的挑战，全球社会共同面临的诸如金融危机、环境危机、人口爆炸等社会问题，武器扩散、地区冲突等国际政治问题……种种负面因素所形成的巨大挑战，则是促使国际协调与全球化发展的强大间接动因。

二、现代科学技术对经济全球化的影响

新技术革命对世界经济的发展产生了广泛而深远的影响，已成为当前世界经济最重要和最活跃的因素。

新技术革命对世界经济结构产生了重大影响。首先，新技术革命引起了世界性产业结构的调整。各国（特别是发达国家）越来越集中于发展知识技术密集型产业，而把劳动密集型产业和那些污染环境的机械、化工企业转移到发展中国家。在发达国家，农业、工业的比重下降，第三产业地位上升。信息产业等高技术产业发展特别迅速，已占发达国家国内生产总值近一半，新兴工业化国家也不断促进产业结构升级换代，转移劳动密集企业，发展资本密集型和技术密集型企业，以加强竞争能力。广大发展中国家为适应改革开放和自身经济发展，也在不断调整本国的产业结构，这种产业结构的调整是全球性的。

其次，新技术革命促成了新的国际分工格局。科学技术进步从三个方面直接影响国际分工的变化：①传统的世界工厂和世界农村的分工格局逐渐削弱。发展中国家制造业有了发展，在世界农产品出口总额中比重下降，一些新兴工业国家开始向发达国家出口制成品，而发达国家反倒成为世界农产品的主要出口国。②出现了新兴部门与传统部门的分工。按产品专业化、零部件专业化、工艺技术专业化来划分的国际分工有所扩大并得到强化。如同一种类不同品种或规格的产品在发达国家的某些部门形成专业化生产，某一产品的不同零部件和工艺在不同国家的部门间加工。③劳动力素质的差别成为国际分工的重要因素。如发达国家将一些劳动密集型工业转移到发展中国家，形成了制造业的资本密集型和劳动密集型、高精尖工业和一般工业的特殊分工，出现了制造业内部的世界工厂和世界农村的格局。即新兴技术的应用，使生产力要素不断重新组合，改变了以往的国际分工模式。

新技术革命极大地促进了生产的专业化和国际化并使国际分工向纵深发展。由于各国的不同特点和技术发展的不平衡，逐利行为驱使企业从全球的角度来考虑最优的生产配置，以降低成本，增强竞争力。大型企业的所有产品如果都靠自己生产，这在经济上是不合算的，也不符合生产社会化趋势。当代技术进步使社会分工从部门间转向部门内、车间内，使零部件、配件、半成品、中间产品的生产越来越专业化。现代大型跨国公司在深度和广度的拓展，进一步促进了这种经济国际化的趋势。

新技术革命引起国际贸易的变化。高技术产品在国际贸易中占有越来越重要的地位。高技术产品已成为发达国家和新兴工业化国家的主要出口产品之一。据统计，1965年美国、英国、法国、联邦德国、意大利、加拿大、奥地利、比利时、丹麦、卢森堡、荷兰、挪威、瑞士、日本14个国家出口的全部知识密集型产品的价值为164亿美元，1982年增长到2015亿美元，其后逐年增长。同时，以高技术转让为主要内容的技术贸易迅速发展，其增长速度大大超过商品贸易的增长速度，使技术贸易成为国际贸易的一种重要形式，特别是发达国家之间的技术贸易发展更快，技术贸易金额已接近于商品贸易金额。技术革命影响国际贸易的另一个突出特点是初级产品在国际贸易中的地位不断下降，价格疲软，有的甚至降到第二次世界大战结束后的最低水平。在初级产品中，原料的比重下降最大，其次是食品，而工业制成品中发展最快的是以微电子技术为中心的机电产品和化学产品，机电产品占世界出口总值的30%以上，化学产品占13%。高技术产品市场竞争十分激烈，如美、日的半导体市场之争，美欧间航天产品市场的争夺，其影响已超出经济领域，影响到国家间的政治关系。而且新技术革命使市场竞争手段发生巨大变化，如通过计算机网络进行期货贸易等。

新技术革命促进了世界经济国际化趋势。新技术革命促进高科技产业的形成，如巨型飞机、新型汽车、航天器、大规模集成电路等产业的发展，投资高、规模大、综合化、技术变革速度快、市场竞争激烈，单靠一个国家难以完成，需要许多国家资源、资金和技术的合作和配合，因而出现了生产的国际化；而现代科学技术的发展，为经济国际化提供了各种条件。现代化的交通工具迅速将生产所需要的零部件从一国运送到另一国，将制成品运往世界各地销售；通信卫星、计算机网络使信息传送非常迅速，有利于统一协调和合作；诸如这些形成了产品零件、配件、技术开发的国际化。如美国波音747飞机，是由6个国家的1.1万家大企业和1.5万家中小企业协作生产的。福特汽车公司，在比利时生产传动装置，在英国生产发动机和液压装置，在美国生产变速齿轮系统，然后装配成拖拉机销往世界各地。为了在新的国际竞争中争夺优势，20世纪80年代以来，跨国公司出现了向多元化、立体化、综合化联盟演化的新趋向，进一步推动了世界经济国际化。因为跨国公司联盟的合作关系是在更深层次上的合作，即以提高国际竞争力、占领市场为目标的从研究、开发到生产、销售、服务的一揽子根本性合作。这种合作关系已使双方成为唇齿相依的两部分，它们共享技术、共同分割市场。如为了使电信技术与计算机技术数字转换系统的形式进行融合，IBM公司与意大利都灵电话服务公司以及日本电报电话公司签订了关于发展计算机—通信服务事业的协议；日本三菱公司为了在欧洲统一市场形成后，继续保持在欧洲的市场份额，不得不与实力雄厚的德国戴姆勒奔驰公司组建联盟；20世纪90年代初，IBM公司与西门子公司为对付日本在集成电路领域咄咄逼人的攻势，双方开始合作开发新一代动态存储芯片——64兆位芯片，以期共同增强国际竞争力。据联合国跨国公司中心对151家大型跨国公司联盟的调查显示，在高技术领域中达成的国际协议占总数的90%以上，其中电子信息占了72%。跨国公司联盟推动世界经济的国际化趋势正向深度和广度拓展。

经济国际化还表现为资本的国际化，即国际资本输出剧增，而且输出的重点转向发达国家及高技术产业。20世纪80年代后期，在西欧、北美和日本三地区掀起了一股跨国家、跨地区的投资狂潮，投资的重点集中于发达国家，占总数的3/4以上。这是因为，新技术特别是最新技术，通过对外直接投资，在国外建厂，可以最大限度地发挥争夺市场的效用，并能确保对技术本身的控制。新科技革命大大提高了技术、知识密集型产业（主要集中于发达国家）在经济中的地位，从而降低了资源、劳动密集型产业（主要集中在发展中国家）在经济中的地位。

20世纪90年代，一场被称为人类历史上第五次产业革命的信息技术革命，进一步推进了世界经济的全球化和国际化。自美国宣布从1994年起实施“信息高速公路”的庞大计划以来，法、英、日、德等国纷纷摩拳擦掌，一些有条件的发展中国家也跃跃欲试。美国的计划是用光纤光缆把全国乃至全世界的电脑、电视、录像和电话等功能连接起来，建成一个四通八达、传递迅速的信息网络；迅速收集、存储、处理、分析全国和全世界的信息，为整个社会服务，就像50年代建立高速公路一样，信息高速公路网络将使世界经济从工业化阶段进入信息化阶段，从而使生产、投资、成本、销售、市场等发生很大变化。经济机构和企业将会迅速、及时获得全国和全世界的大量信息，紧密跟上市场的变化和需求的变动，并且根据信息来指挥组织生产，大大提高劳动生产率，以适应市场竞争的需要。在信息技术革命的新时代，世界各国之间的经济联系和合作将增加。为争取更多的市场份额，跨国公司在全球范围内继续扩展，国际资金流通加快，全球对外直接投资迅速增长，生产设备和技术将从一些发达地区向能够取得更多利润的发展中地区转移。在信息技术革命新时代，世界将变得越来越小，世界经济的全球化和国际化将进一步加深。

新技术革命为全球性国际金融市场的形成提供了最重要的技术手段——通信卫星和计算机网络。依靠这些技术手段，现已形成了包括纽约、东京、伦敦、香港、巴黎的真正的全球性国际金融市场，大大促进了国际资本流动的速度和规模，每年达数万亿美元，这对国际经济产生了巨大影响。

伴随着生产的专业化和国际化，科技革命也推动了全球贸易和金融的发展。通信卫星、光电通信、电子计算机网络、数据库等高技术的开发和运用，进一步把世界主要国家的经济、金融、贸易和生产联结成一个完整的网络。现在，任何国家的经济都不可能同世界经济相隔绝，更不能不受其影响。一国要发展，必须对外开放，必须参与国际分工和循环。应该看到，当前的世界经济一体化更多的是以区域经济集团化的方式表现出来的，各个经济集团在其内部生产要素自由流动，资本相互渗透，加深了集团内的国际分工与相互依存。从历史的眼光看，区域集团化体现了不同层次的全球一体化，是全球一体化的一个阶梯，最终会走向全球一体化的经济。

由于在新技术革命发展的过程中存在着国际技术流动的不平衡，从而加剧了世界财富增长的不平衡和世界经济发展的不平衡。国际技术流动不平衡发展包括：国际技术流动总体上的不平衡；工业发达资本主义国家间技术流动的不平衡；发展中国家和地区技术流动的不平衡。技术流动的不平衡加剧了发展中国家的相对落后，因为科学永远是财富之源，富国与穷国的差距就在于掌握知识的多少，没有科技的发展，就没有持续稳定的经济增长。

科技进步大大推动了世界经济生活的国际化，加深了各国之间的依赖程度，而相互依赖的加深意味着各个国家的行动与政策的实现，越来越多地受到其他国家的牵制，这在以民族国家为基础建立的世界体系中不可避免地存在一些问题。

首先，就发达国家而言，20 世纪 80 年代以来国际经济竞争明显加剧，各国之间贸易战、经济摩擦愈演愈烈，美日摩擦、日欧摩擦、欧美摩擦、美加贸易争端等花样翻新、层出不穷。其原因就在于新技术革命加剧了资本主义发展的不平衡，改变了发达国家间的实力对比。

其次，就发展中国家而言，科学技术的发展和世界经济一体化使发展中国家优势丧失，依附性增强，南北关系变得更加复杂、尖锐。随着高科技的进步，世界经济向知识密集型和智力密集型转化，经济产品中的劳动力成分所占比例越来越小，再加上科学技术的发展使得每个劳动力创造的价值大幅度上升，因此发达国家对发展中国家所具有的优势——廉价劳动力的依赖性降低。而且，在高新技术的劳动和改造下，传统的能源消耗型和资源消耗型生产逐渐转变为低能耗的生产；新材料技术和新工艺的不断发展，也使得现代工业品对原材料的依赖性相对减少。原材料和能源的相对减少使初级产品和能源价格下跌，如初级产品价格大多保持在70年代中期的水平。发展中国家优势的丧失不仅使其在国际经贸中处于劣势，而且也减少了与发达国家在国际事务上的讨价还价的筹码。

第四节 现代科学技术与全球问题

现代科学技术作为第一生产力，在影响并决定世界政治经济格局，促成并加快经济全球化，突出人类主体地位，体现人类极大能动性的同时，却也把人类所可能面临的毁灭性灾难——即全球问题，现实地摆在人类面前。

全球问题可以分为两大类：一类涉及人类社会与自然界的不协调问题，主要是指人类的生态环境问题；另一类是人类社会自身矛盾的不协调问题，主要是和平与发展问题，具体说是核战争、东西对抗和发展不平衡问题。后一类不协调问题的产生及其解决途径，最终都可到人与自然的关系中去寻找。换句话说，人类命运将在两对矛盾——人与自然的矛盾和人与人的矛盾——的双重变奏中展开新的乐章。人类的命运掌握在自己手里，但必须以协调人与自然的关系为前提处理一切问题，才能做到这一点。

一、全球问题的概念和现状

1. 全球问题的概念

"全球问题"这个概念是由欧美未来学的一个研究机构罗马俱乐部最先于20世纪60年代提出的。罗马俱乐部把全球问题的研究又称做"人类困境研究"，这也就是全球问题研究的本义，即专指那些可能导致现在和未来"人类困境"的若干重大问题的研究。

关于全球问题的具体内容，罗马俱乐部的发起人和首任主席、匈牙利籍意大利实业家、经济学家和社会活动家奥尔利欧·佩奇曾概括为"衰退的十点表现"，即：军备竞赛和战争威胁；人口爆炸；全球近1/4人口生活在赤贫和绝望之中；生物圈被破坏；世界性经济危机；被忽视的深刻的社会弊病；发展科技无计划；制度僵硬老化；东西方对峙；思想和政治领导层的失职。①

1972年美国的丹尼斯·米都斯等人提交罗马俱乐部的第一份研究报告《增长的极限》，把作为"人类困境"之基本要素的全球性问题归结为世界人口、粮食供应、工业增长、环境污染、不可再生资源的消耗五大参数。②

一般认为全球问题的特征至少应该包括以下几个方面：问题存在的规模是全球性的，至少是区域性的、超出国界范围的；问题不同程度地触及全人类、世界所有国家的

① ［匈］奥尔利欧·佩奇：《世界的未来——关于未来问题一百页》，中国对外翻译出版公司1985年版，第41~43页。

② ［美］丹尼斯·米都斯：《增长的极限——罗马俱乐部关于人类困境的报告》，吉林人民出版社1997年版，第9页。

当前或未来的利益；全球问题系统的综合性、复杂性和动态性，以及与此相连的问题解决的困难性；问题的严峻性和紧迫性，若不能有效解决，将危及人类文明的存在和发展；问题解决需要国际的或世界范围的集体努力和协同一致的行动。

2. 全球问题的现状

对于全球问题的控制和解决，许多国家的政府和人民，都或先或后地采取措施，做出了不同程度的努力。但是总的情况仍没有根本性的好转，很多问题就目前来看仍十分严重。人口爆炸、资源短缺、环境恶化是当今世界最大的三种全球问题。

（1）人口爆炸。人口发展是连续的历史过程。影响人口发展的基本因素是人口出生率和死亡率，以及由这两者变化所决定的人口自然增长率。在人类大部分历史中，世界人口增长是相当缓慢的，每十年增长远低于1%。在工业化以前，每隔一段时间因食物供应增多、疾病减少，人口出现增长；当大幅度出现饥饿、疾病流行，则导致死亡激增，人口数量降低。二战后，由于医药科学的发展，人口死亡率下降很快，而生育率却没有下降，所以人口增长率空前提高。现在是，全世界每秒钟增加3人，每天增加25万人。人口爆炸将产生一系列深远影响：粮食供给不足；就业问题严重；人民生活贫困化；妨碍人力资本形成；产生持久的环境压力。

（2）资源短缺。这里的资源特指自然资源。自然资源是自然界中能为人类所利用的物质和能量的总称。它是人类生活和生产资料的来源，是人类社会和经济发展的物质基础，也是构成人类生存环境的基本要素。按其物质属性，自然资源可分为可更新资源和不可更新资源。前者具有可更新、可循环、可再生的特点，如生物资源、水资源；后者为不可再生、不可循环、不可更新资源，如煤等矿产资源。自然资源的过度消耗源于人口增长、技术进步、工业发展及社会生活城市化进程的加速等。耕地是最重要的农业资源，但目前全球每分钟就有10公顷土地沙化，每年约有600万公顷土地沦为沙漠。沙漠化土地已占全球陆地面积的35%，有2/3的国家面临沙漠化的威胁。淡水资源的消耗也十分惊人，20世纪以来，农业用水增加了7倍，工业用水增加了20倍，由于天气干旱、水体污染等原因，全世界大约有20亿人口居住在缺水地区，占全球陆地面积的60%，还有10亿人正在饮用被污染过的水。世界森林资源也处在危机中。煤、石油等矿物性燃料和非燃料矿物资源的消耗量剧增也引起有识之士关于“能源耗竭”的惊呼。因为地球是有限的，决定了这些不可再生资源储量终归是有限的。

（3）环境恶化。环境是指与人类密切相关的、影响人类生活和生产活动的各种自然力量或作用的总和。它不仅包括各种自然要素的组合，还包括人类与自然要素间相互形成的各种生态关系的组合。构成环境的基本要求有：光、热、土、气、动植物，以及这些自然要素与人类长期共处所产生的各种依存关系。环境一方面是人类生存和发展的终极物质来源；另一方面又承受着人类活动产生的废弃物和各种作用的结果。构成环境的各种要素是人类生活和生产的物质基础。一个良好的生态环境是人类发展最主要的前提，同时也是人类赖以生存、社会得以安定的基本条件。

生态环境的恶化和自然资源的消耗、破坏，是并行不悖的两个方面。从某种意义上说，人类在自己的活动中引起生态环境的破坏，同人类利用自然资源的历史一样悠久。

但直到20世纪30年代以来连续发生了多起造成许多人死亡和痛苦的重大环境公害事件①之后，人类才逐渐认识到环境问题的严重性。

当前全球环境恶化的状况主要表现如下：

温室效应和全球气候变暖。大气中存在的一些气体，如二氧化碳、甲烷等，具有吸收红外线的能力，由于它们在地球上空过多聚集，能阻止地表辐射热的散失，造成地表温度上升，这种现象被称为“温室效应”。人类活动，特别是大量化石燃料燃烧产生的二氧化碳，数百年来以很大的速度增长，导致了温室效应的加速，从而导致全球气候变暖。

酸雨。通常，正常降雨略显酸性，其酸碱度不小于5.6。由于人类大量使用化石燃料，它们燃烧产生的二氧化硫、氮氧化物残留在大气中，经复杂的化学反应后，形成硫酸、硝酸溶入雨水中，降低了雨水的酸碱度。人们把酸碱度小于5.6的雨水称为酸雨。酸雨实质上是一化学燃料燃烧污染大气的严重后果之一。30多年以前，酸雨还是个别国家的局部问题，但很快逐渐蔓延，目前几乎遍及全球，而且酸雨频数增大，酸碱度趋小。

臭氧层遭破坏。在地球大气中，臭氧主要分布在离地球25~30千米的范围内，即在大气平流层中部，那里形成了一个相对稳定的臭氧层，其总重量约为30亿吨。臭氧能屏蔽太阳光中过多的紫外线，它如同一道天然屏障，保护了地球上的人类和其他生物免遭紫外线的伤害。由于人类活动的加剧，数十年前，高空中的臭氧层正呈逐渐减少的趋势，而且南极上空还出现了巨大的臭氧层空洞。究其原因，主要是人类大量使用制冷剂，还有氧化亚氮等物质进入高空，它们在光解反应后的产物，像催化剂一样，会加速臭氧分子的分解，致使大气中臭氧浓度下降，导致了臭氧层的破坏。

海洋环境恶化。在地球表面，海洋面积约占71%，地球犹如一个“大水球”。海洋是人类的资源宝库。然而，近年来，海洋变成了一个大垃圾桶，大量来自陆地、海上人类活动的废弃物，肆无忌惮地进入海洋。海洋环境污染日益加剧，严重威胁着人类的资源宝库。

生物多样性遭破坏。地球上包括动物、植物和微生物在内的生物总数约有1300万~1400万种，它们的生存与发展，是构成生态平衡的重要环节之一。它们与人类同在生物圈内，是人类的朋友，是地球环境赐给人类的最宝贵的财富。由于人类对环境资源过度地开发利用及人口增长、环境污染等一系列问题，已经并正在危及整个生物圈，使生物多样性遭到了破坏。近50年来，鸟类已灭绝约80种，兽类灭绝了约40种。目前世界上约有2500种植物、1000多种动物也濒临灭绝的境地。生物多样性的破坏严重地威胁着人类的生存和发展。

全球环境恶化的表现还有淡水资源危机、土壤退化和土地沙漠化、有害化学品泛滥、森林的减少与破坏等。

然而更为严重的问题是，目前全球问题仍有日益严重化、尖锐化的趋势，而人类却

① 如指发生于20世纪30年代到70年代的“马斯河谷烟雾事件”、“洛杉矶光化学烟雾事件”、“多诺拉烟雾事件”、“伦敦烟雾事件”、“四日市事件”、“富山骨痛病事件”、“水俣病事件”、“爱知米糠油事件”等公害事件。

没有找到足以控制这种发展趋势的有效途径和方法。

二、全球问题的背景、根源及解决途径

1. 全球问题的背景

20世纪上半叶欧美主要国家已经陆续完成产业革命，煤炭、钢铁、机械、石油、化工、电力等工业技术开始向世界其他国家和地区推进和扩展。新材料、生物基因、激光、原子能、宇航、海洋开发、计算机等新技术、新产业也在一些发达国家出现。科学革命、技术革命、产业革命造成了空前巨大的生产力，大大增强了人类对自然界的作用力量。这种作用力的增大，一方面标志着人类社会的进步，另一方面也意味着自然界负担的加重，以及随之而来的人类生存环境的恶化。对自然资源的保护，就成了空前突出的问题。

第二次世界大战后，帝国主义各国之间的矛盾并没有得到解决。相反，为了追求超额利润，为了争夺霸权和势力范围，凭借新的科技成果，扩充经济和军事实力，从陆地到海洋、到外层空间，彼此竞争、激烈角逐。东西方冷战对峙，无疑也加剧了这场角逐。其结果是客观上造成了技术活动领域大大扩展，整个地球和近地宇宙空间都成为人类科学技术活动的舞台。技术的力量一方面使人们的预期目的在更大范围内得以实现；另一方面也在更大规模、更多方面、更深程度上造成对人类生存和发展的威胁，如核灾难。

还需要提到的是，现代化交通运输和通信技术的发达，使各国、各地区之间的经济、政治、文化和科技联系更加密切、频繁和广泛，更加相互依赖。这虽然有利于经济、技术成果的积极推广，使全人类普遍受益，但同时也在客观上为技术应用中的各种消极后果的传播和扩展提供了途径，促使了全球问题的形成。

2. 全球问题的根源

全球问题的产生和尖锐化似乎是由科学技术的发展和它所引起的产业革命所致。但是，辩证地看就会发现，现代科学技术和生产力的进步与全球问题的联系，并不意味着全球问题的出现就是现代科技发展的必然结果。稍作观察和分析就可以看到这样的事实：人口爆炸尽管有科技发展的因素，但从世界范围看，人口增速最快的地区，并不是医疗科学技术，甚或整个科学技术最先进的发达地区和国家，而是在这方面相对落后的发展中国家。科技发展本身既包含了恶化环境的可能，又提供了治理环境问题的手段。这些客观事实说明了这样一个问题：没有相应的科学技术进步及其在工业生产中的应用，的确不会有这么多的全球问题，但现代科学技术的发展本身，并不足以构成全球问题产生和加剧的充分条件。全球问题的根源除科技发展的因素外，更重要的还在于认识的、实践的和社会的诸多因素的综合作用。

（1）人对自然的受动性和能动性对立，导致人与自然失谐。恩格斯在《自然辩证法》一书中曾指出“自然主义的历史观”的片面性在于：“认为只是自然界作用于人，只是自然条件到处在决定人的历史发展，它忘记了人也反作用于自然界，改变自然界，

为自己创造新的生存条件。”另一方面，恩格斯也警告人们，决不能“像征服者统治异民族”那样统治自然界，而应该“认识到自身和自然界的一致”。① 这体现了关于人与自然界关系的一种全面观点和科学态度，亦即马克思所说，人对自然的能动性和受动性的统一。可是，人类却忽视了这种统一，盲目发挥人对自然的能动性，特别是近两三个世纪以来，科学技术和生产力的发展及由此体现的人类对于自然界的胜利，使人类片面地认为自己是来自自然界外部的征服者、统治者和索取者，完全可以不顾自然规律的要求，更不受这种规律的支配；而自然界也似乎是百依百顺的被征服者，是人类作用的被动承受者，根本不会有对人类行为的反抗、报复和反作用。在人类对自然资源的肆意掠夺与挥霍和对自然环境的恣意破坏行为中，这种观念和态度暴露无遗。

自然资源的消耗和破坏及人类生存环境和整个生态环境的恶化，迫使人们不得不重新审视人类自身在同自然界相处中存在的问题。人类如果不改变对自然界关系中上述的认识和态度，全球问题将进一步加剧，“人类困境”的严重化将不可控制。

（2）科学技术是把双刃剑。科学技术是人类改造自然的手段，科学技术的进步也就是人类社会的进步，它为人类社会所带来的巨大的、广泛而深刻的积极变化是有目共睹的。但是科学技术的进步也正如世界上的任何事物一样，绝不是不包含矛盾的单纯的东西，而是如恩格斯讲到有机界时所说的“每一进化同时又是退化”。燃煤技术及农药、化肥等科技产品既为人类造福无穷，也给人类造成了严重的环境破坏和生态恶化。无数事实表明科学技术是把双刃剑。它同世界上的万事万物一样，对人类既有利又有弊；既能造福万代，也可能遗患无穷。对这一点是否认识，是盲目地还是自觉地、是科学地还是错误地应用科学技术，其结果将会有很大的不同。当科学技术和生产力的发展水平较低时，它给人类社会生活造成的进步和福利有限，其副作用和给人类带来的不利影响，也是微弱的、不明显的。这又反过来限制了人类对科学技术应用的后果之两重性的认识，使科技进步的某些不利影响未能得到及时的抑制。随着科学技术的发展，一方面必然是人类驾驭自然、改造自然能力的空前提高；另一方面也将使科技进步的消极后果更加显露出来。如果人类认识到科学技术在给人类带来繁荣进步的同时，也完全可能带来灾祸，从而自觉地兴利除弊，停止各种形式的对科技成果的滥用，开辟科学应用的新途径，这样就会在相当大的程度上限制副作用和消极后果。不幸的是，长期以来由于种种原因，人类对此缺乏必要的认识，处于盲目状态，从而有意无意地促使很多全球问题的产生和加剧。

（3）多种社会因素的作用。这些作用主要表现为在全世界仍占统治地位的资本主义生产方式、社会制度、生产关系、社会关系及与之相联系的生活方式、上层建筑、价值观念、社会习惯等的影响，如直接根植于私有制和阶级剥削制度的战争。除了物毁人亡的直接结果外，每一次战争都会使生态环境付出沉重代价。核灾难、贫富两极分化等也都源于此，而恐怖主义、极端民族主义、宗教极端主义、毒品犯罪、艾滋病等也无不与此相联系。每一个全球性问题的产生或加剧，都包含着各式各样的、不同程度的社会因素的作用。这些社会因素的总根源，就在于特定的生产方式的局限。需要强调的是，

---

① 《马克思恩格斯选集》第 4 卷，人民出版社 1995 年版，第 383、384 页。

几乎在社会因素起作用的一切场合，都存在来自科学技术发展和应用的因素，但是导致全球问题加剧的主要的、决定的因素却是社会因素。种种社会因素的综合作用，导致科学技术进步的成果被滥用或误用，最终造成许多全球问题的尖锐化。

3. 解决全球问题的基本途径

既然全球问题已经对人类生存构成威胁，人类当然要设法予以控制和解决。“解铃还须系铃人”，控制和解决的途径仍然要从导致全球问题产生与加剧的诸因素中去寻找。在实践过程中，可以通过多种途径来努力。

（1）构建人与自然和谐发展的观念。人类不仅要与自然作“斗争”，而且要与自然“友好相处”；不仅要制天、用天，而且要顺天；亦即通过人的适当的干预和利用自然本身的力量，形成适合于人类长远和可持续发展的动态平衡。此即和谐论。在此要反对宿命论和征服论这两种错误观点。宿命论认为，人们主要是受自然力控制和支配的，在自然界面前乃是弱者，是自然界的奴仆，只能顺从天命，消极地适应自然，而无所作为。征服论认为，随着人类力量的增强尤其是凭借科学技术的巨大力量，人们就可以越来越多地控制自然力，在自然界面前逐渐成为强者，成为大自然的主人，而过分地强调征服自然、人定胜天。宿命论和征服论都不利于人与自然的协调发展。

（2）高度发展的科学技术是其必不可少的物质前提。在同自然界交往的历史中，人类曾经无数次地遇到一个又一个的难题，如食物、居所、疾病、天灾、能源等，这些问题无一不是依靠科学技术和生产力的进步来解决的。高度发展的科学技术仍然是解决全球问题的必不可少的物质前提和基础。必须继续大力发展科学技术和生产力，反对认为全球问题的造成是由于科学技术和生产力发展过度或者达到了极限，全球问题的解决就只能使科学技术和生产力停止发展甚至向后倒退的技术悲观主义或反技术主义的荒谬观点。

（3）协调发展：人类共同的责任。协调发展包括科技与社会的协调发展和自然与人的协调发展两层含义。科技与社会的协调发展是科技发展与社会发展之间的彼此配合和相互促进形成良性互动，动态地体现了科技与社会的辩证关系，包含着层层递进的深刻内涵，反映了科技尤其是技术的自然属性和社会属性的相互契合。自然与人的协调发展，马克思作了最好的诠释：“社会化的人，联合起来的生产者，将合理地调节他们和自然之间的物质变换，它置于他们的共同控制之下，而不让他们作为盲目的力量统治自己；消耗最小的力量，在最无愧于和适合于他们的人类本性的条件下来进行这种物质变换。”① 它要求人们树立人与自然是相互依存的有机统一体的观念。

（4）坚持走可持续发展道路。可持续发展是正确处理人类、社会和自然关系的一种全新的发展战略和模式。1987 年世界环境与发展委员会长篇专题报告《我们共同的未来》第一次给可持续发展下了明确的定义，即“满足当代需求，而又不削弱满足子孙后代需要的发展”。其基本内容是：在协调人与自然关系的前提下，提高人的生活质量；在满足当代人需要的同时，也保证满足子孙后代的需要。它要求人们正确规范

① 《马克思恩格斯全集》第 25 卷，人民出版社 1980 年版，第 926 页。

“人与自然”之间的关系和“人与人”（尤其是当代人与后代人）之间的关系，要求人类以高度的科学认知与道德责任感，自觉地规范自己的行为，从而创造一个和谐发展的世界。

（5）贯彻落实科学发展观，建立循环型社会。中国共产党十六届三中全会所作出的《中共中央关于完善社会主义市场经济体制若干问题的决定》提出，“坚持以人为本，树立全面、协调、可持续的发展观，促进经济社会和人的全面发展”；坚持“统筹城乡发展、统筹区域发展、统筹经济社会发展、统筹人与自然和谐发展、统筹国内发展和对外开放的要求”。这是目前为止中外对科学发展观的最完整、最科学表述，被称为“北京模式”。贯彻落实科学发展观，建立循环型社会，是解决全球问题的最佳途径。

（6）调整社会关系，加强生态文明制度建设。生态文明建设已经成为我党治国理政的核心理念，党的十七大报告指出：“建设生态文明，基本形成节约资源能源和保护生态环境的产业结构、增长方式、消费模式。”党的十八大报告提出加强生态文明制度建设。生态文明是人类社会进步的重大成果。人类经历了原始文明、农业文明、工业文明，生态文明是工业文明发展到一定阶段的产物，是实现人与自然和谐发展的新要求。建设生态文明，不是要放弃工业文明，回到原始的生产生活方式，而是要以资源环境承载能力为基础，以自然规律为准则，以可持续发展、人与自然和谐为目标，建设生产发展、生活富裕、生态良好的文明社会。

◎ 思考题

1. 为什么说科学技术是第一生产力？
2. 现代科学技术对世界政治经济格局有哪些影响？
3. 现代科学技术对经济全球化有哪些影响？
4. 全球问题的根源有哪些？如何解决全球问题？

主要参考文献

[1] 陈昌曙，远德玉．自然科学发展简史［M］．沈阳：辽宁科学技术出版社，1984.
[2] 郑积源．科学技术简史［M］．上海：上海人民出版社，1987.
[3] 李思孟，宋子良．科学技术史［M］．武汉：华中理工大学出版社，2000.
[4] 关士续．科学技术史教程［M］．北京：高等教育出版社，1989.
[5] 李少白．科学技术史［M］．武汉：华中工学院出版社，1984.
[6] W. C. 丹皮尔．科学史［M］．李珩译，北京：商务印书馆，1975.
[7] S. F. 梅森．自然科学史［M］．周煦良等译，上海：上海译文出版社，1980.
[8] 申漳．简明科学技术史话［M］．北京：中国青年出版社，1981.
[9] 张家治，邢润川．科学技术史简明教程［M］．北京：科学出版社，1988.
[10] 王士舫，董自励．科学技术发展简史［M］．北京：北京大学出版社，1997.
[11] 王德胜．科学史［M］．沈阳：沈阳出版社，1992.
[12] 王鸿生．世界科学技术史［M］．北京：中国人民大学出版社，1996.
[13] 黎德扬，李怀忠．科学技术的进化［M］．武汉：湖北教育出版社，1990.
[14] R. J. 弗伯斯，E. J. 狄克斯特霍伊斯，科学技术史［M］．刘君君等译，北京：求实出版社，1985.
[15] 贝尔纳．历史上的科学［M］．伍况甫译，北京：科学出版社，1983.
[16] 高达生，汪广仁．近现代科学技术史简编［M］．北京：中国科学技术出版社，1994.
[17] 王贵友．科学的观念变革与理论进程［M］．武汉：武汉出版社，2003.
[18] 童鹰．世界近代科学技术发展史［M］．上海：上海人民出版社，1990.
[19] 张瑞琨等．近代自然科学史概论［M］．上海：华东师范大学出版社，1999.
[20] G. 萨顿．科学的历史研究［M］．刘兵等译，北京：科学出版社，1990.
[21] 王玉仓．科学技术史［M］．北京：中国人民大学出版社，1993.
[22] 潘永祥．自然科学发展简史［M］．北京：北京大学出版社，1984.
[23] 马建章．科学技术史概要［M］．北京：科技文献出版社，1989.
[24] 孙守春．科技史概论［M］．长春：吉林人民出版社，2002.
[25] 刘建统．科学技术史［M］．长沙：国防科技大学出版社，1986.
[26] 宣焕灿．天文学史［M］．北京：高等教育出版社，1992.
[27] 丁士章，王安筑．简明物理学史［M］．太原：山西人民出版社，1988.
[28] 申先甲，张铝鑫，祁有龙．物理学史简编［M］．济南：山东教育出版社，1985.
[29] 孙荣圭．地质科学史纲［M］．北京：北京大学出版社，1984.

[30] 小林英夫．地质学发展史［M］．刘兴义等译，北京：地质出版社，1983.
[31] 王子恒，王恒礼．简明地质学史［M］．郑州：河南科技出版社，1983.
[32] 洛伊斯·N. 玛格纳．生命科学史［M］．李难译，武汉：华中理工大学出版社，1985.
[33] 仓孝和．自然科学史简编——科学在历史上的作用及历史对科学的影响［M］．北京：北京出版社，1988.
[34] 张华夏，杨维增．自然科学发展史［M］．广州：中山大学出版社，1985.
[35] 胡显章，曾国屏．科学技术概论［M］．北京：高等教育出版社，1998.
[36] 国家教委社会科学研究与艺术教育司．自然辩证法概论［M］．北京：高等教育出版社，1989.
[37] 杨德才．高新科学技术与世界格局［M］．武汉：湖北人民出版社，1998.
[38] 刘洪涛．中国古代科技史［M］．天津：南开大学出版社，1991.
[39] 曾谨言．量子力学［M］．北京：科学出版社，2000.
[40] 钱临照，许良英．世界著名科学家传记［M］．北京：科学出版社，1999.
[41] 赵峥．探求上帝的秘密［M］．北京：北京师范大学出版社，1999.
[42] 吴国盛．科学的历程［M］．北京：北京大学出版社，2002.
[43] 魏风文，申先甲．20 世纪物理学史［M］．南昌：江西教育出版社，1994.
[44] 李艳平，申先甲．物理学史教程［M］．北京：科学出版社，2003.
[45] 林成滔．科学的故事［M］．北京：中国档案出版社，2001.
[46] 杨福家．原子物理学［M］．北京：高等教育出版社，2000.
[47] 褚圣麟．原子物理学［M］．北京：高等教育出版社，1995.
[48] 戴能雄等．亚原子物理学手册［M］．北京：科学出版社，1995.
[49] 普雷斯科特．微生物学［M］．沈萍，彭珍荣译，北京：高等教育出版社，2003.
[50] 朱玉贤，李毅．现代分子生物学［M］．北京：高等教育出版社，2002.
[51] 史蒂芬·霍金．果壳中的宇宙［M］．吴忠超译，长沙：湖南科学技术出版社，2002.
[52] 赵峥．探求上帝的秘密［M］．北京：北京师范大学出版社，1999.
[53] 陈国达．地洼学说的新进展［M］．北京：科学出版社，1992.
[54] 毕思文．地球系统科学与可持续发展［M］．北京：地质出版社，1998.
[55] 杨学祥．地球差异旋转动力学［M］．长春：吉林大学出版社，1998.
[56] 邓晋福，赵海玲，莫宣学等．中国大陆根、柱构造、大陆动力学的钥匙［M］．北京：地质出版社，1996.
[57] 李四光．天文、地质、古生物［M］．北京：科学出版社，1972.
[58] 葛雷．希尔伯特的 23 个数学问题［M］．胡守仁译，台北：天下文化，2002.
[59] 康斯坦丝·瑞德．希尔伯特——数学世界的亚历山大［M］．袁向东，李文林译，上海：上海科学技术出版社，2001.
[60] 树禾．数学思想史［M］．北京：国防工业出版社，2003.

[61] 西蒙·辛格．费马大定理——一个困惑了世间智者358年的谜［M］．薛密译，上海：上海译文出版社，1998.
[62] 李佩珊，许良英．20世纪科学技术简史［M］．北京：科学出版社，1999.
[63] H. 哈肯．协同学——大自然成功的奥秘［M］．凌复华译．上海：上海译文出版社，2005.
[64] 解恩泽等．交叉科学概论［M］．济南：山东教育出版社，1991.
[65] M. 艾根．超循环论［M］．曾国屏，沈小峰译．上海：上海译文出版社，1990.
[66] 沈小峰等．自组织的哲学——一种新的自然观和科学观［M］．北京：中共中央党校出版社，1993.
[67] 伊·普里戈金．从混沌到有序——人与自然的对话［M］．曾庆宏等译，上海：上海译文出版社，1987.
[68] 魏宏森，宋永华等．开创复杂性研究的新学科——系统科学纵览［M］．成都：四川教育出版社，1991.
[69] 陈筠泉，殷登祥等．科技革命与当代社会［M］．北京：人民出版社，2001.
[70] 清华大学自然辩证法教研组．科学技术史讲义［M］．北京：清华大学出版社，1982.
[71] 宋健．现代科学技术基础知识［M］．北京：科学出版社、中共中央党校出版社，1996.
[72] 全国干部培训教材编审指导委员会．21世纪干部科技修养必备［M］．北京：人民出版社，2002.
[73] 石萍之．科学与技术［M］．北京：中央广播电视大学出版社，2003.
[74] 周庆行．现代科技与科技管理［M］．重庆：重庆大学出版社，2004.
[75] 赵祖华．现代科学技术概论［M］．北京：北京理工大学出版社，1999.
[76] 马克思，恩格斯．马克思恩格斯选集．第四卷［M］．北京：人民出版社，1995.
[77] 杨沈．自然科学简史［M］．武汉：武汉大学出版社，1986.
[78] 杨德才，关铃，李庆祝．20世纪中国科学技术史稿［M］．武汉：武汉大学出版社，1998.
[79] 中国科学院．2004科学发展报告［M］．北京：科学出版社，2004.
[80] 中国科学院．2003科学发展报告［M］．北京：科学出版社，2003.
[81] 中国科学院．2002科学发展报告［M］．北京：科学出版社，2002.
[82] 中国科学院．2001科学发展报告［M］．北京：科学出版社，2001.
[83] 中国科学院．2000科学发展报告［M］．北京：科学出版社，2000.
[84] 甘师俊，余建华，崔冠杰．软科学在中国［M］．武汉：华中理工大学出版社，1989.
[85] 冯之浚．软科学断想［M］．北京：中共中央党校出版社，1999.
[86] 杨德才．科学技术的社会应用［M］．武汉：湖北人民出版社，2003.
[87] 国家科学技术委员会．中国软科学（1978—1992）［M］．武汉：华中理工大学出版社，1993.

[88] 陈建新，赵玉林，关前．当代中国科学技术发展史［M］．武汉：湖北教育出版社，1994.

[89] 刘大椿．科学技术哲学导论［M］．北京：中国人民大学出版社，2000.

[90] 段联合，曹胜斌．科学技术哲学教程［M］．北京：科学出版社，2003.

[91] 吴祥兴．现代科技概论［M］．北京：世界图书出版公司，2002.

[92] 冯宋彻．科技革命与世界格局［M］．北京：北京广播学院出版社，2003.

[93] 俞正梁等．全球化时代的国际关系［M］．上海：复旦大学出版社，2000.

[94] 吴光宗，戴桂康．现代科学技术与当代社会（修订本）［M］．北京：北京航空航天大学出版社，1995.

[95] 中国科学技术协会．2009—2010 科学技术史学科发展报告［M］．北京：中国科学技术出版社，2010.

[96] 张密生．古代中、西科学技术的发展特点．［J］．中国科技成果，2006（11）：17-19.

[97] 施若谷．试论科技教育与科技中心转移的关系［J］．自然辩证法研究，1999（11）：43-46.

[98] 张钢．德国科学的体制化与科学文化的发展［J］．浙江大学学报，1991（4）：14-18.

[99] 李婷．试析对中医之“气”的理解中的思维方式［J］．南京中医药大学学报（社会科学版），2002，3（1）：1-4.

[100] 陈和生．世纪之交的中国粒子物理［J］．中国科学院院刊，2004（5）：342-346.

[101] 张德兴，蔡绍洪．关于量子力学发展早期的学派之争的评述［J］．大学物理，2000（2）：38-42.

[102] 莫亦荣，高加力．量子力学和分子力学组合方法及其应用［J］．化学学报，2000（12）：1504-1510.

[103] 樊阳程，杜扬．第四届全国科学方法论学术讨论会综述［J］．自然辩证法通讯，2004（1）：108.

[104] 吴玮，宋凌春，莫亦荣等．现代价键理论研究进展［J］．厦门大学学报（自然科学版），2001（2）：338-343.

[105] 杨德才．百年诺贝尔三大奖的比较［J］．中国软科学，2000（10）：57-60.

[106] 杨德才．化学正在被肢解［J］．科技导报，1995（10）：19-24.

[107] 徐学红、张楚瑜、杨德才．液晶生物学——正在崛起的交叉学科［J］．自然辩证法通讯，1997（2）：76-80.

[108] 赵乐静．战争影响了诺贝尔奖评选的公正性［J］．世界科学，1996（12）：33-37.

[109] 陈其荣．诺贝尔自然科学奖与创新型国家［J］．上海大学学报（社会科学版），2011（11）：3.

[110] 陈其荣．诺贝尔自然科学奖获得者的创造峰值研究［J］．河池学院学报，2009（6）：6.

[111] 艾凉琼．从诺贝尔自然科学奖看现代科研合作［J］．科技管理研究，2012.10，230.

[112] 惠森．诺贝尔自然科学奖获奖成果中的学科交叉现象研究［D］，2014 年硕士学位论文，11-12.

[113] Prusiner，S B. Novel Proteinaceous Infectious Particles Cause Scrapie［J］. Science，1982，216（4542）：136-44.

[114] Watson，J D Crick F H C. Molecular Stucture of Nucleic Acids，a Structure for Deoxyribose Nucleic Acid［J］. Nature，1953，171：737-738.

[115] Mendel J G Experiments in Plant Hybridization［J］. Verhandlungen des Naturforschenden Vereines in Brünn，1866，4：3-47.

[116] Morgan T H. Sex-Limited Inheritance in Drosophila［J］. Science，1910，32：120-122.

[117] Hayes W. Genetic Transformation：a Retrospective Appreciation［J］. J. Gen. Microbiol，1966，45：385-397.

[118] Avery，O T，Macleod，C M，McCarty，M. Studies of the Chemical Nature of the Substance Inducing Transformation of Pneumococcal Types［J］. J. Exp. Med，1944，79：137-158.

[119] Beadle G W，Tatum E L. Genetic Control of Biochemical Reactions in Neurospora［J］. Proc. Natl. Acad. Sci，1941，27：499-506.

[120] Hershey A D，Chase M. Independent Functions of Viral Protein and Nucleic Acid in Growth of Bacteriophage［J］. J Gen Physiol，1952，36：39-56.

[121] Griffith F. The Significance of Pneumococcal Types［J］. J Hyg，1928，27：113-159.

[122] Sanger F，Tuppy H，The Amino-acid Sequence in the Phenylalanyl Chain of Insulin. The Investigation of Peptides from Enzymic Hydrolysates［J］. Biochem. J. 1951，49：481-490.

[123] Nirenberg M W，Matthaei H J. The Dependence of Cell-free Protein Synthesis in E. coli upon naturally Occurring or Synthetic Polyribonucleotides［J］. Proc. Natl. Acad. Sci. USA，1961，47：1580-1588.

[124] Baltimore D. RNA-dependent DNA Polymerase in Virions of RNA Tumor Viruses［J］. Nature，1970，226：1209-1211.

[125] Temin H M，Mizutani S. RNA-dependent DNA Polymerase in Virions of Rous Sarcoma［J］. Virus. Nature，1970，226：1211-1213.

[126] Prusiner S B. Molecular Biology of Prion Diseases［J］. Science，1991，252：1515.